“十三五”国家重点图书出版规划项目

国家出版基金项目

SYSTEMATIC STUDIES ON DACNUSINI OF CHINA
(HYMENOPTERA: BRACONIDAE ALYSIINAE)

中国离颚茧蜂族

（膜翅目：茧蜂科 反颚茧蜂亚科）

陈家骅　郑敏琳 ◎著

海峡出版发行集团
THE STRAITS PUBLISHING & DISTRIBUTING GROUP

福建科学技术出版社
FUJIAN SCIENCE & TECHNOLOGY PUBLISHING HOUSE

图书在版编目（CIP）数据

中国离颚茧蜂族. 膜翅目. 茧蜂科. 反颚茧蜂亚科 / 陈家骅，郑敏琳著.—福州: 福建科学技术出版社，2020.4

ISBN 978-7-5335-6164-2

Ⅰ. ①中…　Ⅱ. ①陈…②郑…　Ⅲ. ①膜翅目—研究—中国　Ⅳ. ①Q969.540.8

中国版本图书馆CIP数据核字(2020)第088763号

书　　名	**中国离颚茧蜂族（膜翅目：茧蜂科　反颚茧蜂亚科）**
著　　者	陈家骅　郑敏琳
出版发行	福建科学技术出版社
社　　址	福州市东水路76号（邮编350001）
网　　址	www.fjstp.com
经　　销	福建新华发行（集团）有限责任公司
印　　刷	福州德安彩色印刷有限公司
开　　本	787毫米×1092毫米　1 / 16
印　　张	28
图　　文	448码
版　　次	2020年4月第1版
印　　次	2020年4月第1次印刷
书　　号	ISBN 978-7-5335-6164-2
定　　价	298.00元

书中如有印装质量问题，可直接向本社调换

前　言

QIANYAN

　　离颚茧蜂族 Dacnusini 隶属于膜翅目 Hymenoptera 茧蜂科 Braconidae 反颚茧蜂亚科 Alysiinae。到目前为止，反颚茧蜂亚科包含两个族，即反颚茧蜂族 Alysiini 和离颚茧蜂族 Dacnusini。Quicke 和 C. van Achterberg（1990）曾将 Wharton 于 1978 年建立的异颚茧蜂族 Exodontiellini（原属于堎腹茧蜂亚科 Gnamptodontinae）移入反颚茧蜂亚科，成为该亚科的第三个族，但 Wharton（1994）最后将其保留在了蝇茧蜂亚科 Opiinae 中。区别反颚茧蜂族和离颚茧蜂族最重要的特征为：离颚族茧蜂的前翅径中横脉（r-m）不存在，而反颚族茧蜂存在。离颚茧蜂族全世界已描述 880 种，占整个亚科已知种类数量的 37.5%，且全世界广泛分布（Yu 等，2016）。

　　离颚茧蜂是一类极其重要的害虫寄生性天敌，其寄主绝大部分为双翅目蝇类。目前已知寄主约 360 种，主要分属于双翅目的潜蝇科 Agromyzidae、秆蝇科 Chloropidae、水蝇科 Ephydridae、实蝇科 Tephritidae、果蝇科 Drosophilidae、花蝇科 Anthomyiidae、尖翅蝇科 Lonchopteridae、蝇科 Muscidae、斑蝇科 Otitidae、茎蝇科 Psilidae、剑虻科 Therevidae 和瘿蚊科 Cecidomyiidae 等，有少数种类分别寄生鳞翅目、鞘翅目、膜翅目、同翅目及脉翅目中的个别种类。离颚茧蜂是农业、林业、畜牧业以及双翅目蝇类卫生害虫的重要天敌，在这些害虫的自然控制和生物防治上发挥着十分重要的作用。例如，荷兰在温室番茄种植产业中释放西伯利亚离颚茧蜂 Dacnusa（Pachysema）sibirica Telenga，有效地控制番茄斑潜蝇 Liriomyza bryoniae（Kaltenbach）当年第一、二代的发生，抑制该害虫一整年的发生和为害（Hendrikse 等，1980）；Dacnusa dryas（Nixon）被广泛应用于防治苜蓿斑潜蝇 Agromyza frontella（Rondani），该寄生蜂在加拿大安大略省对苜蓿斑潜蝇的田间寄生率达 65%—95%，平均寄生率达 84%（Harcourt 等，1986）；日本利用西伯利亚离颚茧蜂防治由美国入侵的三叶草斑潜蝇 Liriomyza trifolii（Burgess），产生了良好的效益（Ozawa 等，2001）；问锦曾等（2004）发现客离颚茧蜂 Dacnusa hospita（Foerster）对南美斑潜蝇具有很强的寄生能力，有较大的应用潜力；杨华等（2005）在新疆乌鲁木齐、昌吉等地的农场作物害虫天敌的调查中，发现西伯利亚茧蜂是新疆地区斑潜蝇害虫的优势寄生蜂。

总之，该族茧蜂中的许多种类在害虫（特别是双翅目蝇类害虫）生物防治领域有着重大的应用潜力。因此，系统地对离颚茧蜂族进行资源调查和分类鉴定研究是极为重要的，这也是有效地保护和利用该族寄生蜂的基础。

全世界对离颚茧蜂族茧蜂的分类研究最早始于 19 世纪初期的西欧和北欧地区，已有 200 多年的历史。到目前为止，对该族茧蜂研究最多的还是欧洲地区，其次为北美地区。近年来，随着许多学者的研究视野拓宽，离颚茧蜂族的研究范围已逐渐扩展至全世界的各个陆栖动物地理区系。例如，美国的 Wharton（1991）开展了澳洲地区离颚茧蜂的研究；奥地利的 Fischer（1997—2006）对非洲及亚洲部分地区的离颚茧蜂进行了一些研究；匈牙利的 Papp（2003—2009）较系统地研究了蒙古和韩国的离颚茧蜂；等等。陈家骅等（1994）曾对中国的反颚茧蜂族进行了较为系统的研究，但关于离颚茧蜂族，本书出版之前国内仅零星报道了约 20 个种类。

我国地处古北区东部和东洋区，幅员辽阔，植被复杂多样，动植物的物种极为丰富，离颚茧蜂种类也必定丰富，而我们目前所收藏的采自全国许多地区的茧蜂标本中，至少已知离颚茧蜂在数量上是十分庞大的。所以，开展中国离颚茧蜂族的分类研究，探清该类群寄生蜂的种类、分布和生物学特性等，对于了解我国寄生蜂的生物多样性、有效开发和利用该天敌资源，并正确指导害虫生物防治和综合治理都有着十分重要的意义。

本专著是在检查、鉴定了中国离颚族茧蜂 8000 多号标本的基础上完成的。这些标本是由福建农林大学益虫研究所新老几代人经近 40 年辛苦采集而来的，主要来自中国东北、华北、华中、西北、西南以及东南各地或其代表性地区：东北的黑龙江、吉林和辽宁；华北的山西、河北和内蒙古等；华中地区主要以湖北神农架为代表；西北地区的陕西、宁夏、青海、新疆及西藏；西南地区以云南西双版纳为代表；东南部地区以福建的武夷山、龙栖山自然保护区及海南的尖峰岭自然保护区等为代表。这些标本采集地基本涵盖了中国各大地理区系，其气候环境特点和植被种类情况等都较有代表性，故对其寄生蜂种类的资源调查研究将具有较高的实际价值。

本专著是对我国离颚茧蜂族分类系统的初次构建，在研究和撰写过程中，笔者力求完整、准确，但因一些实际条件限制，其中可能存在一些不尽完善甚至错误之处，敬盼批评和指正，以求在今后的继续研究过程中不断充实和完善。

作者

2019 年 11 月于福州

目 录

MULU

总 论

各 论

总论
ZONGLUN

一、研究简史

（一）分类沿革及分类系统

离颚茧蜂族的分类研究始于 19 世纪初期的西欧和北欧地区，已有 200 多年历史。Latreille（1804）首次确认了反颚茧蜂是具有向外扩展上颚的一类茧蜂。Gravenhorst（1807）是最早描述离颚茧蜂族 Dacnusini 中一个种的学者，这个种即 *Coelinius circulator*（Gravenhorst）。

之后，Nees 发表了（1811，1814，1816，1818，1834）一系列著作，记录了许多新种。在他的主要著作《膜翅目姬蜂科亲缘关系》专题论文（1834）中将"姬蜂科 Adsciti"（现在的茧蜂科）分为了两组，即"Ichneumonides Braconoidei"和"Ichneumonides Alysioidei"，划分依据是 Braconoidei 下颚须具 5 节，而 Alysioidei 具 6 节。大多数后来的离颚茧蜂（除 *Trachionus*、*Chaenusa* 和 *Coelinius* 属种类以外）都被记录在了反颚茧蜂属 *Alysia* Latreille。Wesmael（1835）批判了 Nees 的分类方法，将注意力转移到了上颚的重要性，并据此将茧蜂分成了两个亚族"Braconides endodontes"和"Braconides exodontes"，后者已经被后来的所有学者认作为一个同质单元，即反颚茧蜂亚科 Alysiinae，但他未发表任何关于其 Exodontes 的具体描述。同时，他基于近祖型特征的观点，认为 Braconides endodontes 是异质的。Haliday（1833）在关于属的分类概述之后，分别发表了英国（1838）和爱尔兰（1839）种的详细描述，并且他将反颚茧蜂全部归到了反颚茧蜂属 *Alysia*，又将叉齿反颚茧蜂属 *Chasmodon*、长齿反颚茧蜂属 *Alloea*、尔诺涅离颚茧蜂属 *Oenone*（= 甲腹离颚茧蜂属 *Trachionus*）、离颚茧蜂属 *Dacnusa*、繁离颚茧蜂属 *Chorebus*、开颚离颚茧蜂属 *Chaenusa* 和狭腹离颚茧蜂属 *Coelinius* 作为其亚属。这个分类系统被后来的许多研究者所采用，只做了较小的修改，但该分类系统的主要缺点是 *Dacnusa* 的异质性。Nees 和 Haliday 所做的工作包括了较完整的种的描述，但一些现在被认为是重要的形态特征，在当时却被忽略了。在这一时期，Curtis（1829）、Schiodte（1837）和 Zetterstedt（1838）也分别描述了一些反颚茧蜂种类。

在 Nees、Haliday 和 Wesmael 所做工作之后的近二十年里，学者对离颚茧蜂的相关研究很少：仅 Ratzeburg（1852）和 Ruthe（1859）描述了个别种；还有 Goureau（1851）关于一些饲养种的很不充分描述，其命名的种名当时也难于被采用。

到了 19 世纪 60 年代，Foerster（1862）在 Wesmael 茧蜂科分类系统的基础上，首次对其进行修订，并定义了 26 个亚科，均以"–oidae"为后缀名，反颚茧蜂在其中被分成了"Alysioidae"和"Dacnusoidae"两个亚科。自此之后，离颚茧蜂亚科的地位在随后的较长时期都未被改变。他在离颚茧蜂亚科记录了 19 个属，其中 18 个为新建立的属，而这些新属都只有简短的描述，这在当时引起了相当大的命名困扰，以致接下来的许多学者由于不太理解他的检索表，而更多选择继续采用 Haliday 的分类系统。而 Foerster 为离颚茧蜂亚科记录的 19 个属名也仅有 9 个被后来学者认定为有效属名（Marshall，1891，1895，1897；Thomson，1895）。虽然 Foerster 的研究存在不少问题，但他的分类系统还是为茧蜂科的亚科分类奠定了重要基础。Dalla Torre（1898）对 19 世纪的离颚茧蜂亚科进行了整理修订，并最终将其确定为 20 个属。Ashmead（1900）以反颚茧蜂亚科为模式建立反颚茧蜂科 Alysiidae，其下包含反颚茧蜂亚科 Alysiinae 和离颚茧蜂亚科 Dacnusinae。后来一些学者的研究，如 Szepligeti（1904）将茧蜂科修订划分成了 31 个亚科以及 Fahringer（1925）为茧蜂科重新建立的分亚科检索表等，始终也都保持了反颚茧蜂亚科 Alysiinae 和离颚茧蜂亚科 Dacnusinae 的亚科地位。

到了 20 世纪中期，Nixon（1937，1942，1943—1954）做了大量离颚茧蜂系统分类研究，后来许多学者认为他的研究工作是自 Nees 和 Haliday 时期起到当时对离颚茧蜂族 Dacnusini 所做最为重要的贡献。Nixon 是第一个依据有足够代表性的标本对该类群进行了较全面的修订，为该类群分类奠定了较充分的基础。他对属的分类体现了比之前研究者更明显的改进，解决了之前包含在"*Dacnusa*"中的异质性（heterogeneous）问题（Griffiths，1964）。Nixon（1943）在其专著《欧洲离颚茧蜂族修订》中，根据腹部背板刚毛的分布特征从离颚茧蜂亚科 Dacnusinae 中划分出离颚茧蜂族 Dacnusini（包含 *Dacnusa* 和其他几个相关属）；但这时的离颚茧蜂族 Dacnusini Nixon 和后来学者们所认定的离颚茧蜂族 Dacnusini Foerster 是不同的，实际上前者是包含于后者之中的属团。在 Nixon 研究的基础上，Stelfox（1952，1954，1957）、Burghele（1959b，1960b）、Fischer（1957，1961）和 Docavo（1962）分别发表了一些离颚茧蜂的简单研究论文，描述了个别属或一些种。Tobias（1962）发表了一篇较长篇幅的研究论文，对俄罗斯列宁格勒地区的离颚茧蜂进行了探讨，并描述了一些新种。

离颚茧蜂研究发展至此，其亚科地位仍未改变，且研究地域范围几乎全都集中于欧洲（主要是欧洲温带区域），欧洲以外关于离颚茧蜂的研究很少，仅有十分零散的少数研究报道。例如，Riegel（1950，1952）分别描述了北美洲和南美洲地区的离颚茧蜂若干种，Watanabe（1951）描述了日本的狭腹离颚茧蜂属 *Coelinius* 2 个新种，等等。而 Griffiths（1964）的研究则开创了离颚茧蜂系统分类另一个里程碑式的时代。

Griffiths（1964）将反颚茧蜂亚科和离颚茧蜂亚科合并为一个亚科，即反颚茧蜂亚科 Alysiinae，并将原先两亚科分别降为两个族，即反颚茧蜂族 Alysiini 和离颚茧蜂族 Dacnusini。后来 Capek（1970）通过对反颚茧蜂大量种类幼虫的研究，进一步证实了 Griffiths（1964）将两亚科合并为一个亚科观点的正确性。自此以后，反颚茧蜂亚科其下两个族被学者普遍接受。Griffiths（1964，1966，1967，1968，1984）所发表的一系列重要研究著作，比较全面、系统地对古北区欧洲部分的离颚茧蜂族进行了重新修订，并通过详细整理欧洲种，把离颚茧蜂族的系统发育学同其潜蝇类寄主联系起来。他的研究对离颚茧蜂族后来的发展起到十分重要的作用。这一时期（20世纪60—80年代）另一位重要的研究者Tobias（1962，1970，1971，1977，1979，1985，1986）系统研究了苏联欧洲部分的离颚茧蜂族，他同Griffiths间的交流较密切，相互调整和修订了一些种类，相继发表了一些属和种，并对自己的研究成果做了系统整理和分析，将分类现状、生物学特征等信息记录在册。Tobias和Jakimavicius（1986）发表了苏联欧洲部分反颚茧蜂亚科Alysiinae（离颚茧蜂族Dacnusini）和蝇茧蜂亚科Opiinae的分类专著，其中对Chorebus、Dacnusa、Exotela和Coelinius等属进行了亚属的划分，这些亚属主要是根据Griffiths划分的一些种团或Nixon的一些属或种团发展而来，并建立了重要的分属、种检索表。Shenefelt（1974）汇总编制了当时为止全世界反颚茧蜂亚科的信息目录。Riegel（1982）在其博士论文研究的基础上，发表了美国离颚茧蜂亚科分类研究，他的研究记述了除Nixon的离颚茧蜂族所包含属的种以外的大量美国离颚茧蜂种类。

20世纪90年代以后，离颚茧蜂族的分类研究进入了较为快速发展的时期，这主要体现在研究地域范围的扩大，区系的增多，以及属、种建立和修订速度的加快。主要研究者及研究内容简述如下：Wharton（1991）研究了澳洲区的离颚茧蜂，他发现该区域的离颚茧蜂种类比较少，并只记录了Chorebus、Coelinius、Chaenusa和Dacnusa 4个属；Wharton（1994）还对新北区离颚茧蜂族的Coelinius、Epimicta、Laotris和Synelix等属进行了讨论；C. van Achterberg（1997）对Haliday的离颚茧蜂标本信息进行了整理，并恢复了Trachionus Haliday属名的使用，替换了原来广泛使用的同属属名Symphya Foerster；Tobias（1998）对俄罗斯及远东地区的离颚茧蜂族进行了系统研究和重新修订，建立了几个新属，描述了一些种类，并制定了俄罗斯及远东地区离颚茧蜂族分属和分种检索表，他的研究是对东古北区离颚茧蜂族概况做出的首次系统总结；Perepochayenko（2000）对古北区的离颚茧蜂族进行了部分修订，建立了个别新属，并对古北区甲腹离颚茧蜂属Trachionus Haliday进行了全面修订，将其划分成Trachionus s.l. 和Planiricus两个亚属；Papp在进入21世纪后，开始比较集中于对离颚茧蜂族的分类研究，他除了研究欧洲的离颚茧蜂，还分别对亚洲的韩国和蒙古的离颚茧蜂进行了一系列研究，建立了个别属，如Tobiasnusa Papp，还记述了大量种（Papp，2003，2004，2005，2007，2009，2013）；Fischer从20世纪60年代开始至今都保持着对离颚茧蜂族几乎不间断的研究，他的研究地域范围也由欧洲逐步扩展到亚洲、非洲等区域，其间亦描述了大量的离颚茧蜂种类，对该族多个属都进行了修订，还建立了目前离颚茧蜂族中最新的一个属，即Coeliniaspis Fischer，2010；Kula（2008，2009）对新北区的开颚离颚茧蜂属Chaenusa Haliday进行了修订；Yu等（2005—2016）将全世界几乎所有离颚茧蜂族的研究资料信息都纳入他所建立的现代电子目录数据库"Taxapad"中，为该族茧蜂研究过程中获取研究信息资料提供了极大的便利。

发展至今，离颚茧蜂族记录已知属 33 个，已描述种类 880 多种。然而，目前关于离颚茧蜂族中部分属的分类地位还存在较大争议，该族的单种属数量约占 1/3，其分类地位仍有待于进一步探讨和确认。当前，许多开展离颚茧蜂族研究的专家和学者仍在努力核对世界范围内的离颚茧蜂族标本，不断修订、调整和完善该族内部结构，推动着离颚茧蜂族的不断发展。

本专著重点参考了 Griffiths（1967，1968）的分类系统，并部分参照 Tobias（1998）的分类系统，以及结合 Yu 等（2016）最新收入整理的离颚茧蜂族相关分类信息资料。

（二）中国离颚茧蜂族研究概况

我国关于离颚茧蜂族 Dacnusini 还未有过系统的研究，正式发表或在线发布的主要相关研究信息如下：资料记载最早是由外国学者 Fahringer（1935）记述了中国离颚茧蜂族的 2 属 3 种，分别为分布于甘肃的 *Dacnusa（Dacnusa）laevipectus* Thomson 以及分布于四川的 *Chorebus（Phaenolexis）petiolatus*（Nees）和 *Chorebus（Stiphrocera）aphantus*（Marshall）。之后，关于中国离颚茧蜂的研究几乎处于停滞状态。2000 年至今，又陆续有关于我国该类群寄生蜂的报道，其中，唐健等（2001）报道了 1 中国新记录种奥氏开颚茧蜂 *Chaenusa orghidani* Burghele；Fischer（2004）报道了中国贵州和北京的 2 种，即 *Chorebus（Chorebus）paucipilosus* Fischer 和 *Dacnusa（Aphanta）hospita*（Foerster）；杨华等（2005）发现于新疆的中国新记录 *Dacnusa（Pachysema）sibirica* Telenga；郑敏琳等（2013）发表了圆齿离颚茧蜂属 *Epimicta* Foerster 中国新记录及 1 新种 *Epimicta sulciscutum* Zheng，Chen & van Acterberg；浙江大学毛娟（2015）的硕士学位论文记述了中国离颚茧蜂族的 16 属 63 种，但仅正式发表了扩颚离颚茧蜂属 *Protodacnusa* Griffiths 中国新记录及该属 6 新种；崔乾等（2015）发表了甲腹离颚茧蜂属 *Trachionus* Haliday 中国新记录及该属 4 新种；郑敏琳等（2016，2017）先后发表并描述了凸额离颚茧蜂属 *Proantrusa* Griffiths 中国新记录及 1 新种、中国离颚茧蜂属 *Dacnusa* Haliday 1 新种和 3 个中国新记录种、中国繁离颚茧蜂属 *Chorebus* Haliday 2 新种和 2 个中国新记录种以及蛇腹离颚茧蜂属 *Coeliniaspis* Fischer 中国新记录及 1 新组合种；李涛等（2017）发表了中国繁离颚茧蜂属 *Chorebus* Haliday 寄生双翅目 *Hexomyza caraganae* Gu 的 1 新种。

总的来讲，我国正式发表的离颚茧蜂族仅 8 属 29 种，关于离颚茧蜂族的资源调查和系统分类研究与国际先进国家差距较大。而在害虫生物防治日益受到重视的今天，寄生蜂资源调查和系统分类研究显得尤为重要。离颚茧蜂族的绝大多数种类是农业上双翅目蝇类害虫极为重要的寄生性天敌，我国农业生产上因该类害虫所造成的经济损失十分巨大。因此，对我国离颚茧蜂族寄生蜂资源进行全面调查和系统分类研究具有重要意义，研究成果可为害虫的生物防治和寄生蜂的有效利用提供科学依据。

二、研究材料与研究方法

（一）研究标本来源

本专著是在检查、鉴定了中国离颚茧蜂族标本 8000 余号的基础上完成的。这些标本主要是由作者以及福建农林大学益虫研究所的历届研究生奔赴中国许多自然保护区和生态环境较具代表性的地区采集而来。自然保护区采集地主要包括宁夏六盘山、贺兰山自然保护区，云南西双版纳自然保护区，海南尖峰岭自然保护区，福建武夷山、梅花山和龙栖山自然保护区，湖北神农架自然保护区，山西历山自然保护区，吉林长白山、向海自然保护区，黑龙江牡丹峰、五大连池自然保护区，等等；其他采集地点涉及的省区有西藏、新疆、青海、陕西、甘肃、云南、贵州、海南、广西、广东、福建、河北、山东、山西、内蒙古、黑龙江、吉林、辽宁等。其中，作者分别于 2011—2012 年赴黑龙江、吉林和内蒙古采集。此外，还有福建农林大学植物保护学院昆虫教研室及中国科学院上海昆虫研究所等国内多家相关研究单位惠借的标本。

本专著的研究还使用了美国史密森研究院惠赠的离颚茧蜂族标本（包括国外和我国台湾省的部分标本）。除此之外，荷兰著名膜翅目分类学家 C. van Achterberg 博士还利用其欧洲的模式标本帮助鉴定和核对了本专著研究中部分较为疑难的种类。

（二）标本采集、制作和保管

标本采集　离颚茧蜂族绝大部分是双翅目潜蝇类幼虫的寄生蜂，成虫体型多数较小，主要通过野外网扫的方式获得，也有部分是通过野外采集相关寄主进行室内饲养、夜间灯诱和野外悬挂马氏诱虫器等方法获得。其中以网扫最为高效、简便，但缺点是基本无法得知昆虫寄主。野外网扫采集，通常要避免气候过于炎热干燥的时段，应尽量选择阳光和气温相对温和的时段。采集的标本要精心保管和制作，避免造成损坏，特别是粘制纸尖标本时须格外细心。注意标本的正确粘制，防虫防霉，保持标本的清洁和完整，以便于观察研究。

标本制作　由野外采集的标本须先用 75% 的酒精溶液浸泡半个月至 1 个月，之后改换成 85% 乙醇溶液保存。由寄主饲养而来的标本须待其身体硬化后方可泡入乙醇中，以防虫体骤然强烈脱水而收缩变形。离颚茧蜂族茧蜂体型较小，干标本通常采用针插纸尖粘制法制作。标本粘制前先将其由原浸泡乙醇溶液移至新的95%乙醇中浸泡数小时，然后取出并置于干净的载玻片上；将其前后翅尽量展开、触角尽量伸直；等待数分钟，标本自然晾干后将其粘至三角纸尖。粘制时纸尖通常统一朝左，寄生蜂头部朝前，翅朝左，用适量的粘虫胶（粘虫胶是由阿拉伯胶60份、95%酒精8份、糖30份、苯酚2份和水45份配制而成）将标本的体侧粘至三角纸尖上。最后，再稍微整姿进行，使其足尽量伸直，下颚须和下唇须尽可能外露。但在此时的整姿过程中，要特别注意触角和足，以免折断。由寄主饲养获得的标本，寄主的尸体及寄生蜂的茧壳（或蛹壳）要与寄生蜂标本针插在一起。

标本保管 用于存放标本的房间要干燥、洁净。对于尚未粘制的液浸标本，要尽量置于较暗的环境中保存（如可存放在不透光橱柜里），且应避免环境温度过高（通常最好不要超过30℃）。较高温度、强光和过高浓度保存液均是影响液浸标本质量的重要因素，特别是尽量保证今后用于分子生物学方面研究时材料的可靠性。而干标本存放时，要特别注意保持存放室的干燥，做好防虫防霉工作，且最好要定期进行标本熏蒸灭虫和防霉处理。

（三）标本观察和特征图像采集

本专著的研究使用中国重庆产SMZ–B4双目体式显微镜（加装了2倍物镜，最高放大倍数为90倍，并装配了测量工具）用于常规观察和测量，而使用Leica M205C数码摄像体式显微镜系统和Keyence VHX2000E数码三维扫描镜系统进行种类特征的精细观察和图像采集。本研究在使用过程中还根据实际需求，通过不断摸索，对以上设备的光照系统进行了一些改进，使得图像的采集效果较之最初使用时大大改善。

用于观察（特别是用于图像采集）的标本，对于不干净的虫体，通常可用细毛笔直接清理，但对于保存时间较久的标本通常只能用低功率超声波清晰仪来清洗，以免损坏标本（特别是避免将虫体上的刚毛碰刷脱落），从而影响观察的客观性和描述的准确性。

（四）形态特征描述规格

本专著的研究中对族、属、种的描述遵循了统一的书写格式。

族的记述按照族名称（中文名＋学名）、异名录、主要特征、分布、生物学特性及附注顺序进行。

属的记述按照属名称（中文名＋学名）、学名、异名录、属征、分布、生物学特性和附注依次进行。附注主要简述该属同其近缘属的重要区别。最后则是该属中国已知种类的检索表。

种的描述，首先是该种的名称（中文名＋学名）、图序号，其次是异名录。成虫的形态按头、胸、翅、足、腹、体色、变化的顺序依次进行描述。成虫形态特征描述后，则是研究所依据的实物标本或模式标本的数量、性别、采集地点、采集时间和采集者等信息记录。然后是该种的分布和寄主。新种还对其种名的来源作简要介绍，即"词源"。最后是附注，就新种与其最为接近种类的特征进行比较或简述该种与已有种形态描述间的差异。

关于种类的分布和寄主记录，除了作者研究时所依据的标本采集记录外，还收入了相关文献资料所记载的分布及寄主记录，并注明了引用资料来源，便于研究核实。

在本专著中各种类的形态特征都是根据实物标本，依照头、胸、翅、足和腹的顺序进行描述。除体长和前翅长以绝对数字＋毫米单位表示外，其他部位的长度和宽度均使用相对比例进行表示。

三、形态特征

本专著中所使用的外部形态相关分类术语和测量分析方式，主要遵循 C. van Achterberg（1979，1988 和 1993）以及陈家骅、伍志山（1994）的有关专著，并做了部分修改。翅脉的命名采用 C. van Achterberg（1988）在 Comstock– Needham 系统基础上所改进的翅脉命名系统。在描述和分析虫体形态结构特征时，对体表的其他特征，如刻痕（sculpture）、刻点（punctate）、皱褶（rugose）等的描述，则参照 Harris（1979）所提出的术语。

本专著中的分类研究均是依据寄生蜂的成虫外部形态特征，故仅介绍与成虫外部形态相关的术语，且按照成虫的头、胸、翅、足、腹的顺序，依次简要介绍各主要结构的中、英文名称、特征和常用的测量指标。

（一）头

头部正面观

复眼（eyes）：1 对，椭圆形，占头部两侧较大部分，复眼两内缘平行至向下（向内）显著收敛。

触角（antennae）：于两复眼之间具 1 对触角，着生于额和脸之间的触角窝（antennal socket）上，12—60 节（图 1-1），呈线状，部分种类十分细长或紧短，中后部各节长方形或近方形。触角节（特别是鞭节中后部各节）的形状、第 1 鞭节和倒数第 2 鞭节的长宽比以及第 1、2 和 3 鞭节的长度比等是离颚茧蜂族中较为重要的种类鉴别特征之一。

脸（face）：两复眼之间于触角窝下方至唇基上方之间的区域。在离颚茧蜂族中，脸通常向中部均匀隆起，部分种类较为平坦，常被较多毛，多数光滑，部分种类具刻点或刻纹。

唇基（clypeus）：脸下方的区域，侧观通常略凸或平坦，有些种类具腹缘片（ventral lamella），有少数种类则强烈凸出，呈遮檐状，还有极少数种类呈中间凹陷近两侧缘凸出的畸形状（如蛇腹离颚茧蜂属 Coeliniaspis Fischer）。

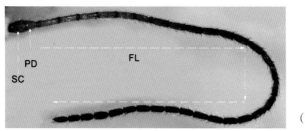

（1）

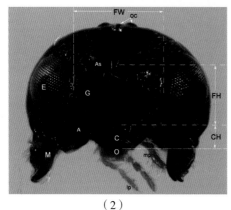

（2）

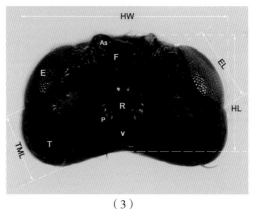

（3）

图 1-1 离颚茧蜂族头部示意图

（1）触角；（2）头部背面观；（3）头部正面观

SC：柄节；PD：梗节；FL：鞭节；A：前幕骨陷；As：触角窝；C：唇基；E：复眼；F：额；G：脸；M：上颚；O：上唇；P：后单眼；R：单眼区；T：上颊；V：头顶；mp：下颚须；lp：下唇须；oc：单眼；CH：唇基高；EL：复眼长；HW：头宽；HL：头高；FH：脸高；FW：脸宽；TML：上颊长

上唇（labrum）：位于唇基下方区域，通常平坦。

上颚（mandibles）：位于唇基外下方，通常分为 1 个相对较平坦的基区和 1 个略显勺状的具齿端区，两上颚无法愈合。上颚通常具 3 个齿或 4 个齿，极少数种类仅见明显 2 个齿（如大颚离颚茧蜂属 Amyras Nixon），齿的形状、数目及大小都是十分重要的属和种分类特征。上颚齿由上至下顺序命名，即最上方的齿为第 1 齿（tooth 1），往下依次为第 2 齿（tooth 2）、第 3 齿（tooth 3）及第 4 齿（tooth 4）。对于超过 3 齿的上颚，通常最为弱小的那个亦称为"附齿"，而该附齿的位置（如位于原主齿的第 1 和 2 齿之间、第 2 和 3 齿之间或第 3 齿之后）则是离颚茧蜂族中极为重要的属的分类特征，但最终命名顺序还是如上所述（图 1-2）。

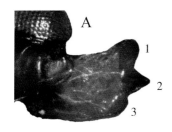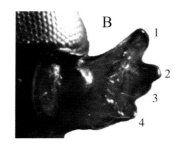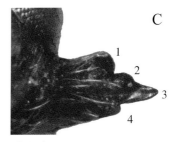

图1-2 离颚茧蜂族上颚示意图（数字表示颚齿的顺序）

A：上颚具3齿（*Dacnusa* sp.）；B：上颚具4齿，第3齿为附齿（*Chorebus* sp.）；C：上颚具4齿，第2齿为附齿（*Coelinidea* sp.）

颚眼距（malar space）：复眼下缘与上颚基部关节上缘间的距离（头侧观更为明显），该区域宽窄或消失与否是离颚茧蜂族中某些类群较为重要的种类鉴别特征之一。

下颚须（maxillary palpi）或下唇须（labial palpi）：下颚须通常5—6节；下唇须通常3—4节。下颚须长短及颜色是否加深（特别是端节）是离颚茧蜂族某些类群较为重要的种类鉴定特征之一。下唇须节数，亦是某些类群（如繁离颚茧蜂属 *Chorebus* Haliday 中 *Chorebus* s. str. 亚属的种类）分种的主要依据之一。

头部背面观

单眼（ocellus）：3个，前面的1个称前单眼（front ocellus）或中单眼（median ocellus），后面2个称后单眼（posterior ocellus）或侧单眼（lateral ocellus）。3个单眼通常排列成近等边三角形，它们所围成的区域称单眼区。OOL、OD和POL分别为单复眼间距、后单眼最长直径和后单眼间距，OOL：OD：POL 比例是分种的重要依据。

额（frons）：前单眼至触角窝之间区域。额中部通常较平坦或稍微凹陷，部分种类中部较强烈凹陷。额通常光滑或中部具刻痕，两旁靠近复眼处常具毛。

头顶（vertex）：头上方复眼之间区域。通常平坦，少数情况微凸，表面光滑或具刻点，常被有稀疏刚毛。

上颊（temple）：颊的上方部分。而颊（gena）是指复眼至后头凸之间的区域。上颊于复眼后方常膨大或收窄。背面观复眼长与上颊长的比例是离颚茧蜂族分种常用的重要特征。

后头（back head）：头部最后方区域。因为离颚茧蜂族缺后头脊（occipital carinae），故此处均为较圆滑的区域。后头常被有半贴面细长毛或刚毛，而后头被毛的情况以及其靠近上颚基部处的下方是否被有明显的毛簇都成为本族茧蜂属和种鉴定的重要特征（图1-3）。

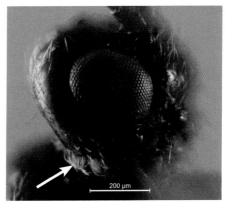

图1-3 后头近上颚具明显毛簇 *Chorebus (Phaenolexis) nomia* (Nixon)

（二）胸部

本专著中所指的胸部是膜翅目分类学家所惯指的胸部，亦称为"中躯"，是前胸（prothorax）、中胸（mesothorax）、后胸（metathorax）和并胸腹节（propodeum）的总称（图 1-4）。

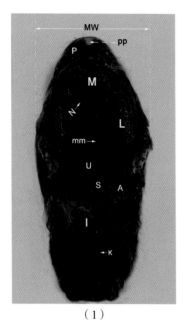

（1）

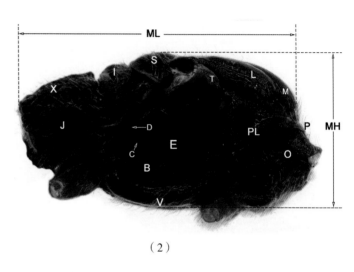

（2）

图 1-4　离颚茧蜂族胸部示意图

（1）胸部背面观；（2）胸部侧面观

A：中胸背板腋下槽；B：基节前沟；C：中胸侧板凹；D：中胸侧缝；E：中胸侧板；I：后胸背板；J：后胸侧板；K：并胸腹节中纵脊；L：中胸盾片侧叶；M：中胸盾片中叶；N：盾纵沟；O：前胸侧板；P：前胸背板；PL：前胸背板侧面；S：小盾片；T：翅基片；U：小盾片前沟；V：中胸腹板；X：并胸腹节；mm：中胸盾片中陷；pp：前胸背板背凹；MH：胸部高度；ML：胸部长度；MW：中胸盾片宽度

前胸背板（pronotum）：背方中央通常短且窄，两侧向后扩大，侧观形成近似三角形区域。背方的中央通常具背凹（pronope），而背凹的有无、大小及形状通常成为较有用的种类鉴别特征。前胸背板通常较短，但也有部分种类较长，形成颈状（如长腹离颚茧蜂属 *Coelinidae* Viereck 的多数种类）。另外，前胸背板两侧是否具刻纹以及被毛情况均是本族茧蜂较重要的分种依据。

中胸背板（mesonotum）：背面观其最前方的骨片称为中胸盾片（mesoscutum）。中胸盾片上通常具 2 条明显的沟，称为盾纵沟（notauli）。沟内通常具平行短刻纹，且此沟通常或者完整地于后方汇合，或者仅前面一部分存在。盾纵沟将中胸盾片分成 1 个中叶（middle lobe）和 2 个侧叶（lateral lobes）。中胸背板近中后端通常具一中纵沟，称为中陷（mesonotal midpit）。中陷通常呈裂缝状，有的很短，有少数种类由中胸盾片后缘前伸至前缘。总之，中胸盾片上毛的分布情况、是否具刻点或刻纹、盾纵沟的发达程度、中陷的长短等均是本族茧蜂重要的分种依据。中胸盾片后方的一块骨片称为小盾片（scutellum），一般呈三角形，表面通常光滑，部分种类具刻痕。中胸盾片和小盾片间具一近似矩形的凹陷为小盾片前沟（prescutellar sulcus），此沟内通常具数条短纵刻条。

中胸腹板（mesoternum）：中胸背板所对应的腹方的骨片。其后部（特别是两中足基节之间）是否光滑或具一刻纹粗糙的近三角形区域常可作为离颚茧蜂族某些类群的分属依据（图1-5）。

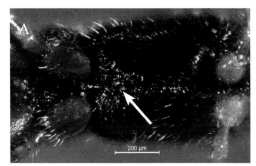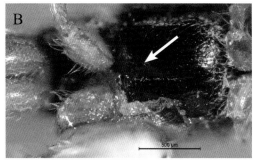

图1-5 中胸腹板后部特征性形态

A：具一个粗糙三角形区域；B：无粗糙三角形区域

中胸侧板（mesopleuron）：侧面观胸部最大的区域。位于该区域中央略偏下方处通常具有一条斜沟，称为基节前沟（precoxal sulcus）。此沟从中足基节前方向上斜伸至中胸侧板前缘。基节前沟宽窄、浅深、长短、明显或缺如、有无刻痕等特征均是分属、种的依据之一。

后胸背板（metanotum）：小盾片后方一很短的狭长骨片。其中央部分称为后小盾片（metascutellum），通常具中纵脊，有少数种类后方强烈外凸形成近似刺状。

后胸侧板（metapleuron）：位于中胸侧板后方或并胸腹节侧下方的一小片近似三角形的区域。后胸侧板中下部通常稍隆起，光滑或具粗糙刻纹，并常被有密毛，特别是离颚茧蜂族中的一大类群（繁离颚茧蜂属*Chorebus* Haliday）的后胸侧板被有排成"玫瑰花朵"（"rosette"，图1-6）形的密毛。总之，后胸侧板是否光滑或具刻纹以及被毛的疏密和毛朝向等都是该族分属、种十分重要的特征依据。

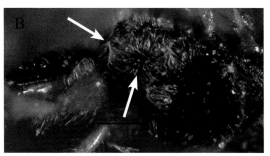

图1-6 繁离颚茧蜂属后胸侧板的"玫瑰花朵"图样

A. *Chorebus* (*Phaenolexis*) *pulchellus* Griffiths；B. *Chorebus* (*Phaenolexis*) *serus* (Nixon)

并胸腹节（propodeum）：背面观胸部最后面的骨片。而该部位的形状、表面是否光滑或具刻纹的状况、被毛的情况等均是本族分种较为有用的特征。

（三）翅

本专著采用 C. van Achterberg（1988，1993）用于茧蜂科分类的改进的 Comstock-Needham 系统来命名翅脉和翅室的名称（图 1-7）。用于描述时，大部分的翅脉直接以英文命名，不作中名翻译。

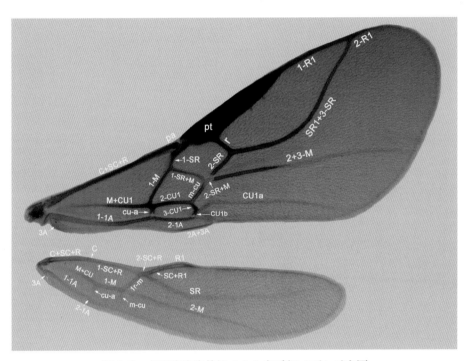

图 1-7　离颚茧蜂族前翅（上）和后翅（下）示意图

翅脉（veins）　A：臀脉（analis）；C：前缘脉（costa）；CU：肘脉（cubitus）；M：中脉（media）；R：径脉（radius）；SC：亚前缘脉（subcosta）；SR：径分脉（sectio radii）；a：臀横脉（transverse anal vein）；cu-a：肘臀横脉（transverse cubito-anal vein）；m-cu：中轴横脉（transverse medio-cubital vein）；r：径横脉（transverse radial vein）；r-m：径中横脉（transverse radio-medial vein）；pa：副痣（parastigma）；pt：翅痣（pterostigma）。**翅室（cells）**　1. 缘室（marginal cell）；2. 亚缘室（submarginal cell）；3. 盘室（discal cell）；4. 亚盘室（subdiscal cell）；5. 前缘室（costal cell）；6. 基室（basal cell）；7. 亚基室（subbasal cell）；8. 褶室或褶叶（plical cell or lobe）；a，b，c 分别代表第 1，2，3 室（indicate first, second and third cell, respectively）

翅具 2 对，即 1 对前翅和 1 对后翅，前翅大于后翅。前翅长度指翅肩片（humeral plate）端缘到前翅端缘最远处（即翅尖）的长度；前翅宽度指翅前缘到后缘的最宽距离；前翅翅痣（pterostigma）的长宽比、r 脉始发点于翅痣上的位置、翅痣长与 1-R1 脉的比例、3-SR+SR1 脉的弯曲情况、cu-a 脉前叉式（antefurcal）或对叉式（interstitial）或后叉式（postfurcal）、CU1b 脉是否存在、缘室的长短以及雌雄虫前翅翅痣是否具性二型等特征都是离颚茧蜂族分属、种的重要特征。对于离颚茧蜂族的后翅特征，则较少使用，仅少数种类使用了 M+CU 脉与 1–M 脉的长度比。

（四）足

足 3 对，粗壮或细长；根据以往世界上对离颚茧蜂族的研究资料来看，该族茧蜂前、中足的特征几乎未有使用（一些颜色特征除外），最主要都集中于后足特征（图1–8）。例如，后足基节光滑或其刻纹、刻点，以及其背方毛簇显著与否、后足腿节（hind femur）长宽比、胫节（hind tibia）和跗节（hind tarsus）的长度比、后足跗节第 3 节与第 5 节的长度比等，这些特征在该族的种类鉴定上都十分重要。

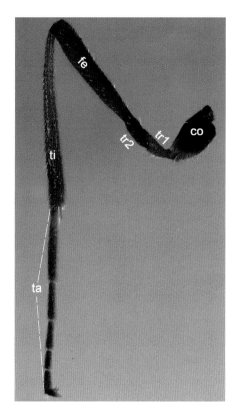 

图 1-8　离颚茧蜂族后足（左）和腹部（右）示意图

co：后足基节；tr1：转节；tr2：小转节；fe：腿节；ti：胫节；ta：跗节；D：背凹；DC：背脊；L：腹部背板中纵脊；T1、T2 和 T3：分别为腹部第 1、2 和 3 节背板；TAW：腹部第 1 背板宽（或端宽）；TL：腹部第 1 背板长（或中间长）；OV：产卵器；OVS：产卵器鞘

（五）腹

本专著所指的腹部是膜翅目分类学家所惯指的腹部，不包括形态分类学上原始的第1腹节，即与胸部合并的并胸腹节。

离颚茧蜂族的腹部较为多样，一般可见6—7节，有的细长，有的粗短。有些种类第1节至第3节背板形成强大背甲（如甲腹离颚茧蜂属 *Trachionus* Haliday）；有些类群雌虫的腹部后几节呈强烈侧扁，形成近刀片状（如狭腹离颚茧蜂属 *Coelinius* Nees，以及与之相近的几个属）。另外，各节背板，特别是第1节背板（first tergite）的特征（如形状、长宽比、刻纹情况、基部背凹是否存在以及刚毛分布情况等），成为离颚茧蜂族分属和种鉴定中极为重要的依据之一；第2背板（second tergite）和第3背板（third tergite）的形状、是否光滑或具刻纹以及刚毛的情况等也是该族分属和分种的重要依据。

雌虫成虫产卵器（ovipositor）的特征在该族种类鉴定中，也常作为较为重要的依据，如产卵器长短、粗细、是否外露，以及产卵器鞘（ovipositor sheath）长度与腹部第1背板长度或后足跗节第1节（基跗节）长度的比，等等。

最后，离颚茧蜂族的虫体大小和体色变化在不同属、种之间差异较显著，整体体色的鲜艳或暗淡程度的变化或许无法作为种的主要鉴别特征，但局部部位颜色有无加深或明显呈显著异色（如后足基节、胫节或跗节等颜色的加深，或前胸、腹部第1背板的明显异色等）对于种来说确是比较稳定的，虽然有些颜色加深或异色的程度不一定相同。所以，在本族的分类上，许多分类学家、学者都经常采用虫体大小和体色的变化作为分属、种的依据之一，这是有一定道理的。

四、地理分布

从世界范围来看，离颚茧蜂族已知属种的70%左右都集中分布于古北区东部和西部（Yu 等，2016），这种分布情况当然还不能准确地反映出该族茧蜂的实际地理分布状况，因为这与目前仍存在的区系研究不均衡有着较大关系。

在本专著研究之前，我国的离颚茧蜂族已知8属29种，分布于新疆、西藏、青海、甘肃、陕西、宁夏、贵州、北京、内蒙古、山西、吉林、辽宁、黑龙江、福建、浙江。本专著总共记述了中国离颚茧蜂族14属122种，该类群昆虫在我国记录的分布区域得到较大扩展，所涉及省级区域也有所增加，新增了海南、云南、湖北、山东、河北。本专著根据所检查并鉴定的中国离颚茧蜂族标本的采集地信息，并参考相关文献资料（Yu 等，2016）记述了中国离颚茧蜂族已知属在世界各动物地理区系以及我国各地的分布情况（表1）。

表 1　中国离颚茧蜂族 Dacnusini 已知属地理及区系分布信息

属 名	中国地理分布（按省级区域记录）	世界地理分布（按动物地理区系记录）					
		古北区	新北区	东洋区	澳洲区	新热带区	非洲区
大颚离颚茧蜂属 *Amyras*	西藏、青海、内蒙古、黑龙江、辽宁、河北	√					
开颚离颚茧蜂属 *Chaenusa*	浙江、青海、内蒙古、黑龙江	√	√	√	√	√	√
繁离颚茧蜂属 *Chorebus*	新疆、西藏、青海、宁夏、甘肃、内蒙古、陕西、山西、河北、山东、吉林、辽宁、黑龙江、湖北、福建、云南、贵州	√	√	√		√	√
蛇腹离颚茧蜂属 *Coeliniaspis*	福建	√		√			
长腹离颚茧蜂属 *Coelinidea*	青海、宁夏、内蒙古、吉林、辽宁、黑龙江、福建	√	√	√			√
狭腹离颚茧蜂属 *Coelinius*	福建	√	√	√	√		√
离颚茧蜂属 *Dacnusa*	新疆、西藏、青海、甘肃、宁夏、陕西、内蒙古、山西、北京、河北、湖北、吉林、辽宁、黑龙江、云南	√	√	√	√	√	√
圆齿离颚茧蜂属 *Epimicta*	黑龙江	√	√				
后叉离颚茧蜂属 *Exotela*	青海、甘肃、宁夏、山西、河北、湖北、吉林、黑龙江	√					
斗离颚茧蜂属 *Polemochartus*	福建	√		√			
凸额离颚茧蜂属 *Proantrusa*	宁夏	√					
扩颚离颚茧蜂属 *Protodacnusa*	青海、内蒙古、福建	√			√		
沙罗离颚茧蜂属 *Sarops*	青海、宁夏	√			√		√
甲腹离颚茧蜂属 *Trachionus*	陕西、宁夏、吉林	√	√				

五、生物学及生态学特性

离颚茧蜂族 Dacnusini 茧蜂具相当高度的寄主选择专一性，仅个别种类寄生双翅目 Diptera 以外的寄主，而双翅目寄主中又以潜蝇科 Agromyzidae 寄主最多。例如，离颚茧蜂族寄主已知约 358 种，其中潜蝇科寄主就有约 301 种，占寄主总数的 84%（根据 Yu 等 2016 年 Taxapad 统计；见表 2）。而关于离颚茧蜂族寄主选择专一性的可能原因，

Salt（1938）对其进行了分析和解释，他认为由 3 种限制性因素导致：第一，无法找到寄主；第二，寄主找到，但不接受；第三，寄主找到并接受，但不适合。他又将第 3 条细分成两个方面：①寄生产卵时失败；②产卵成功，但最终未成功发育，原因是虫体、化学和生物学方面的不适合。Griffiths（1964）认为离颚茧蜂族的寄生蜂不可能无法找到多种可供选择的寄主，他通过分析 *Chorebus nana* (Nixon)、*Chorebus cinctus* (Haliday)、*Chorebus perkinsi* (Nixon)、*Chorebus lateralis* (Haliday) 及 *Dacnusa abdita* (Haliday) 等几种离颚族茧蜂与寄主、寄主寄生的植物以及被寄生植物所生长的环境之间的变化和关系，判断出离颚茧蜂族寄生蜂搜寻寄主的能力是得到很高程度进化的。

表 2　中国离颚茧蜂已知属的寄主范围

属　名	寄主范围（全世界已知）
大颚离颚茧蜂属 *Amyras*	未知
开颚离颚茧蜂属 *Chaenusa*	双翅目 Diptera：水蝇科 Ephydridae（9 种）
繁离颚茧蜂属 *Chorebus*	双翅目 Diptera：潜蝇科 Agromyzidae（201 种），实蝇科 Tephritidae（4 种），水蝇科 Ephydridae（3 种），花蝇科 Anthomyiidae（1 种），秆蝇科 Chloropidae（1 种），茎蝇科 Psilidae（2 种），蝇科 Muscidae（1 种），尖翅蝇科 Lonchopteridae（1 种），瘿蚊科 Cecidomyiidae（1 种）； 同翅目 Homoptera：蚜科 Aphididae（1 种）； 脉翅目 Neuroptera：粉蛉科 Coniopteryidae（1 种）； 膜翅目 Hymenoptera：瘿蜂科 Cynipidae； 鳞翅目 Lepidoptera：麦蛾科 Gelechiidae（1 种），菜蛾科 Plutellidae（1 种），卷蛾科 Tortricidae（2 种）； 鞘翅目 Coleoptera：长蠹科 Bostrichidae（1 种），天牛科 Cerambycidae（1 种）
蛇腹离颚茧蜂属 *Coeliniaspis*	未知
长腹离颚茧蜂属 *Coelinidea*	双翅目 Diptera：秆蝇科 Chloropidae（8 种），斑蝇科 Otitidae（1 种），剑虻科 Therevidae（1 种）； 鳞翅目 Lepidoptera：夜蛾科 Noctuidae（1 种）； 鞘翅目 Coleoptera：象甲科 Curculionidae（1 种）
狭腹离颚茧蜂属 *Coelinius*	双翅目 Diptera：潜蝇科 Agromyzidae（1 种），水蝇科 Ephydridae（1 种），秆蝇科 Chloropidae（1 种）； 鳞翅目 Lepidoptera：夜蛾科 Noctuidae（1 种）
离颚茧蜂属 *Dacnusa*	双翅目 Diptera：潜蝇科 Agromyzidae（150 种），花蝇科 Anthomyiidae（4 种），果蝇科 Drosophilidae（3 种），秆蝇科 Chloropidae（1 种），水蝇科 Ephydridae（1 种）； 膜翅目 Hymenoptera：瘿蜂科 Cynipidae（2 种）； 鳞翅目 Lepidoptera：螟蛾科 Pyralidae（1 种）
圆齿离颚茧蜂属 *Epimicta*	未知

属　名	寄主范围（全世界已知）
后叉离颚茧蜂属 *Exotela*	双翅目 Diptera：潜蝇科 Agromyzidae（49 种）
斗离颚茧蜂属 *Polemochartus*	双翅目 Diptera：秆蝇科 Chloropidae（8 种）
凸额离颚茧蜂属 *Proantrusa*	未知
扩颚离颚茧蜂属 *Protodacnusa*	双翅目 Diptera：潜蝇科 Agromyzidae（3 种）
沙罗离颚茧蜂属 *Sarops*	双翅目 Diptera：秆蝇科 Chloropidae（1 种）
甲腹离颚茧蜂属 *Trachionus*	双翅目 Diptera：潜蝇科 Agromyzidae（5 种）

　　离颚茧蜂内寄生于寄主卵或幼虫，通常跟随寄主发育至蛹期，然后迅速在寄主体内取食、发育，将其杀死并羽化而出，也有一部分只在寄主幼虫期就将其取食致死并羽化。较早以前 Haviland（1922）就报道了 *Dacnusa areolaris*（Nees）在第 1 龄幼虫期时仅靠卵期所遗留下来的膨胀神经管束（distended trophamnium）来吸收寄主体内极少量营养，这样基本不影响寄主生长发育，直到寄主化蛹约 36 h，该寄生蜂 1 龄幼虫才开始蜕皮，并在寄主体内快速取食和发育。且离颚茧蜂族中的所有种类是单一寄生（Griffiths，1964）。Haviland（1922）在研究 *Dacnusa areolaris*（Nees）产卵行为时观察到该蜂对于已被产卵寄生的寄主幼虫绝不会再次寄生。这种情况在后来的许多关于离颚族茧蜂生物学研究中都得到了证实。Wright 等（1947）最早报道了细繁离颚茧蜂 *Chorebus*（*Phaenolexis*）*gracilis*（Nees）寄生红萝卜蝇 *Psila rosae*（Fabricius）所有 3 龄幼虫。

　　而对于反颚茧蜂亚科所具有的奇特上颚，长期以来学者们对其具体作用一直争论不休。Griffiths（1964）在查阅并研究分析了大量关于反颚茧蜂亚科寄生蜂的生物学文献后认为，由于该亚科所有茧蜂的两上颚无法闭合、交叠，且颚齿多少呈外翻状，故明显无法用于正常的食物咀嚼和撕咬，此类型上颚应是其羽化过程中作为打开寄主外壳的一种平衡结构。通俗一点讲，也就是反颚茧蜂亚科寄生蜂在蛹壳中由内向外推拨，并沿着蝇类羽化时所利用的薄缝将蛹壳撕开。该类群茧蜂上颚的功能是否仅限于此，也有研究者持不同看法。Wharton（1977）在对一些反颚茧蜂亚科的寄生蜂进行饲养和观察过程中发现，寄生蜂的羽化孔基本都位于蛹壳近端处，而非沿蛹壳原生的缝，并且孔口边缘粗糙、呈锯齿状。因此，他认为该类群茧蜂羽化过程中其上颚在起平衡作用的同时，还可用于切割和撕裂。该亚科有些种类（反颚族和离颚族都有类似种类）的上颚强烈外翻，甚至可达近 60° 角，此种上颚起撕裂或掀铲的作用显然要比平衡作用更为重要。上颚也并非仅用于打开蛹壳，不同属中上颚的形状和表面刻痕的巨大变化或许亦可说明其还有其他生物学上的用途。关于这方面，Wharton（1977）在观察寄生蜂寄生过程中发现有 3 种寄生蜂用其上颚在培养基上犁过以寻找寄主蝇蛆。虽然这种现象对于寄生蜂搜寻和寄生过程并非常见的正常功能，但至少表明上颚的功能和搜寻寄主存在某些相关性。

关于离颚茧蜂族其他一些生物学及生态学特性，如 Lozan（2004）在捷克的一片桤木林中使用灯光诱集的方式研究了离颚茧蜂族茧蜂的趋光性问题，通过研究和分析，他认为离颚茧蜂族中 Chorebus lateralis 种团具夜出习性及较强的趋光性，主要是由于该类群普遍具有如下综合特征：较为发达的单眼、较长的足和翅和细长的触角（至少两倍于体长），而且腹部第 1 节之后、触角基部几节以及足的颜色均为浅色（黄色或黄棕色），这符合 Gauld et Huddleston（1976）所定义的夜出性昆虫具有的 "ophionoid facies" 特征（即，单、复眼大，足和触角长，颜色主要显黄棕色）。但该族也有一些种类（如，属于 Exotela Foerster、Antrusa Nixon 和 Dacnusa Haliday）尽管也被大量诱集到，但却不具有 "ophionoid facies" 特点（如，Dacnusa pubescens Curtis），而且他还发现，诱集到的种类下颚须都很长（与头长相等或甚至大于头长），且须的颜色黄色或浅黄色。但这些现象的内在机制性因素还有待人们进一步探索和研究。

六、系统发生关系

Griffiths（1964）和 Whrton（1994）认为离颚茧蜂族是单系群，是基于其前翅 r–m 脉的缺失。对于反颚茧蜂亚科 Alysiinae 的两个族，离颚茧蜂族 Dacnusini 的同质性被认为是比反颚茧蜂族 Alysiini 更高的，这反映在离颚茧蜂族的寄主大部分集中于双翅目 Diptera 潜蝇科 Agromyzidae，而后者寄主范围更广，至少 25 个科以上，且相对更分散些。另外，后者形态多样性水平也更高。

Griffiths（1964）曾分析了离颚茧蜂族 Dacnusini 系统发生和寄主关系之间的联系。他的分析基于两个原理：第一个原理是支序分类学派创始人 Hennig（1950）所提出的支序分类学原理——渐进和分支；第二个原理是寄主选择视为其衍生特征，即原始的寄主选择就如同祖型特征一样，为一些分离的类群所共同表现的特征（简称离征），而明显不同的寄主关系必定如同离征一般显示单一类群，除非相同的变化不止出现一次。他认为，当这两个原理被应用于离颚茧蜂族寄主的系统树构建时，结合寄主植物信息，就会得出该族最为原始的寄主应为潜蝇科 Agromyzidae 中的潜叶蝇一类。

离颚茧蜂族中多数是跟随寄主种团进行演化的（Griffiths，1964）。开颚离颚茧蜂属 Chaenusa Haliday 的最具代表性的离征是成虫复眼具明显刚毛，该特征在整个反颚茧蜂亚科中都是独一无二的。而该属茧蜂的寄主关系也具有相当的独立性，已知该属的寄主全部为水蝇科 Ephydridae 的毛眼水蝇属 Hydrellia，且这两个属复眼具刚毛的特征是在长期共同进化中形成的。因此，Chaenusa Haliday 在离颚茧蜂族的系统树（Griffiths，1964）中较为确定的属于一明显独立分支。外部形态特征的演化，是随着寄主的转移或寄主生存环境的改变而发生。C. van Achterberg（2001）认为，离颚茧蜂族中的一些种类，如 *Coelinius* 属团的雌虫腹部侧扁是由于其较短的产卵器要达到隐藏杂草叶鞘内的寄主而进化而来，腹部的加长也是源于此动力。而该族另一较为特殊的属是甲腹离颚茧蜂属 *Trachionus*，该属腹部背板进化出了强大的硬背甲，这可能是由于它们寄生 *Phytobia* 的一类钻蛀于树木茎干形成层的幼虫，要寄生这类型的幼虫需要它们利用产卵器穿透坚硬的表层掩体，而这或许就为它们进化出坚硬的背甲提供了进化驱动力。

近年来，随着分子生物学技术的快速发展，催生了分子系统学，并逐步在各种生物类群的系统发生研究中得到广泛应用，为深入了解生物类群间的亲缘关系提供重要的科学新手段。但目前关于离颚茧蜂族的分子系统发生研究还几乎未见开展，仅有少量涉及该类群的相关探讨。Gimeno 等（1997）使用 cytochrome b、16S rRNA 和 28S rRNA D2 序列数据建立的系统树未能解决反颚茧蜂亚科与蝇茧蜂亚科间的关系，但该研究建议，核糖体序列适用于这一类群族至属水平的系统发育分析。Shi 等（2005）结合 16S rDNA、28S rDNA D2、18S rDNA 序列和形态学数据分析，证实了反颚茧蜂亚科是一个与蝇茧蜂亚科互为姊妹群的单系类群。在离颚茧蜂族中，Kula 等（2006）利用线粒体 NADH1 基因序列研究了 *Chaenusa* Haliday 属的划分情况，但该片段的替换饱和大大降低了结果的可靠性。Sharanowaki 等（2011）利用 28S、18S rDNA 以及核蛋白编码基因 CAD 和 ACC 分析了茧蜂科的亚科间关系，结果强烈支持包含反颚茧蜂亚科在内的圆口类群（cyclostome complex）是单系群。

七、研究利用前景

离颚茧蜂族 Dacnusini 寄生蜂几乎全部寄生双翅目 Diptera 的蝇类，其中绝大部分寄生潜蝇科 Agromyzidae 昆虫，是农业、林业、畜牧业及卫生害虫的重要寄生性天敌。一些离颚茧蜂族的种类曾被人们深入研究并成功应用于农业生产，如西伯利亚离颚茧蜂 *Dacnusa* (*Pachysema*) *sibirica* Telenga。

西伯利亚离颚茧蜂 *Dacnusa* (*Pachysema*) *sibirica* Telenga 只寄生潜蝇科的几个种类，其中对番茄斑潜蝇 *Liriomyza bryoniae* (Kaltenbach) 和豌豆彩潜蝇 *Chromatomyia horticola* (Goureau) 的寄生效果为最佳。由于该寄生蜂对于上述害虫的控制效果很好，许多国家都将其作为一种重要的生物农药（Okada，2002），广泛应用于大棚蔬菜种植产业中潜叶蝇类害虫的防治。20 世纪 40 年代末至 50 年代初，就曾利用细繁离颚茧蜂 *Chorebus* (*Phaenolexis*) *gracilis* (Nees) 在加拿大成功控制了当时造成严重危害的红萝卜蝇 *Psila rosae* (Fabricius)。仙女木离颚茧蜂 *Dacnusa* (*Dacnusa*) *dryas* (Nixon) 被广泛应用于苜蓿斑潜蝇 *Agromyza frontella* (Rondani) 的生物防治，且田间防治效果明显（Ellis，1986）。近年来，客离颚茧蜂 *Dacnusa* (*Aphanta*) *hospital* (Foerster) 对蔬菜潜蝇类害虫良好的田间寄生效果也逐渐受到关注。

离颚茧蜂族必定还有许多寄生蜂种类，其寄生效能和利用价值未被发现和挖掘。不少种类因未能在室内建立种群，或其主要寄主暂时还未成为主要害虫，故未被深入研究和利用。由于该族寄生蜂种类多、分布广，且栖息生境多样性高，因此深入研究其形态学、生物学及生态学特性，并建立寄生蜂资源信息库，对将来查找、筛选、研究及有效利用该类寄生蜂资源具有十分重要的理论意义及实际价值。

各论

GELUN

一、中国离颚茧蜂族 Dacnusini 分属检索

Dacnusoidae: Foerster 1862 Verh. naturh. Ver. preuss. Rheinl.， 19: 229.

Dacnusides: Parfitt 1881 Rep. Trans. Devon. Ass. Advmt Sci.， 13: 291.

Dacnusinae: Marshall 1887 Trans. Am. ent. Soc.， Suppl. Vol.: 63.

Dacnusidae: Marshall 1895 Spec. Hym. Eur. Alg.， 5: 448.

Dacnusa: Thomson 1895 Opusc. ent.， 20: 2308.

Dacnusini: de Gaulle 1907 Feuille jeun. Nat.， 39: 189.

离颚茧蜂族 Dacnusini 隶属于膜翅目 Hymenoptera 茧蜂科 Braconidae 反颚茧蜂亚科 Alysiinae。目前全世界已知 33 属 880 种。本专著共记述中国离颚茧蜂族 Dacnusini 14 属 134 种（详细描述或摘录 122 种），其中中国新记录属 6 个，新种 41 个，中国新记录种 68 个。离颚茧蜂族最重要的离征是前翅 r-m 脉的缺失（Griffiths，1964），而与之相关联的翅脉特征则是 3-SR+SR1 脉曲折或均匀弯曲（对于其他族或亚科中前翅翅脉中 r-m 脉存在的种类 3-SR+SR1 脉通常都是直的），这也是本族同反颚茧蜂亚科中另外一个族——反颚茧蜂族 Alysiini 相区别开的最主要特征。另外，本族上颚分离、不接触，但通常不像反颚茧蜂族那样强烈外翻，多数都是较为贴近上唇。

寄主 几乎全部寄生双翅目的蝇类，其中绝大多数寄生潜蝇类，仅极少数寄生双翅目以外的昆虫；已知均为单一内寄生。

已知分布 世界广布。主要分布于古北区、东洋区、新北区、非洲区、新热带区和澳洲区。

离颚茧蜂族 Dacnusini 中国已知属检索表

1. 后胸背板显著强烈背向凸出，形成强刺（图 2-116：D；图 2-121：F）；腹部第 2、3 节长度和为腹部总长度的 3/5—4/5 或 2/5；前胸背板背方中央无背凹····················2
后胸背板轻度或不背向凸出；腹部第 2、3 节长度和为腹部总长度的 3/10—1/2；前胸背板背方中央背凹情况多样·····················3

2. 头部额区前单眼前中间区域具一齿状小凸起（图 2-116：B）；腹部第 2、3 节长度和为腹部总长度的 2/5······················**凸额离颚茧蜂属 *Proantrusa* Tobias，1998**
头部额区前单眼前中间区域无凸起；腹部第 2、3 节长度和为腹部总长度的 3/5—4/5·········
·····················**甲腹离颚茧蜂属 *Trachionus* Haliday，1833**

3. 中胸腹板后部于两中足基节之间总具有一布满十分粗糙刻纹的近似三角形区域（图 1-5：A）；腹部第 1 背板基部背凹缺或几乎缺（图 2-77：G）；前翅 2-R1 脉通常较长（图 2-74：

E）······长腹离颚茧蜂属，中国新记录 *Coelinidea* Viereck，1913
中胸腹板后部通常较为光滑，无具明显粗糙刻纹的近三角形区域（图 1-5：B）；腹部第 1 背板基部背凹存在（图 2-79：D）；前翅 2-R1 脉短或者缺 ······ 4

4. 雌虫腹部长，后部几节呈刀片状侧扁（图 2-75：I）；背面观头部较长（图 2-79：B）；前翅 r 脉始发于翅痣中点之后（图 2-79：F）······ 5
　　雌虫腹部相对于上述明显短，且腹部很少侧扁（除 *Sarops* Nixon 属雌虫腹部都有侧扁外）；背面观头部多少显横宽；前翅 r 脉通常始发于翅痣中点或中点之前 ······ 6

5. 唇基平坦且具腹檐片，或者其中部多少呈凹陷状，且靠近两侧的部分凸出（图 2-71：A）；腹部第 2 节背板为一较窄的矩形盾片状，并带有十分明显的侧褶，故看似甲壳状（图 2-71：E）······蛇腹离颚茧蜂属 *Coeliniaspis* Fischer，2010
　　唇基多少显得凸出，不形成凹陷、腹凸或腹檐片；腹部第 2 节背板正常（图 2-79：E），且无完整、明显的侧褶 ······ 狭腹离颚茧蜂属，中国新记录 *Coelinius* Nees，1818

6. 上颚第 3 齿与第 2 齿大小长短相近，常呈半圆弧瓣片状，且第 3 齿腹缘具一小附齿（图 2-102：B）；腹部第 2 节背板大范围具刻纹（图 2-102：D），第 3—5 节背板被有较密刚毛 ······
　　······ 圆齿离颚茧蜂属 *Epimicta* Foerster，1862
　　上颚第 3 齿与第 2 齿相比明显短且窄，第 3 齿腹缘无附齿；腹部第 2—5 节背板多样化 ······ 7

7. 复眼明显具刚毛（图 2-3：H）······ 开颚离颚茧蜂属 *Chaenusa* Haliday，1839
　　复眼几乎无刚毛 ······ 8

8. 腹部第 2—5 节背板短，且被有较密刚毛（图 2-115：G），腹部第 3 节背板通常部分或大范围具刻纹；侧观跗爪呈片状，后方扩大 ······
　　······ 斗离颚茧蜂属，中国新记录 *Polemochartus* Schulz，1911
　　腹部第 2—5 节背板稀疏地被有刚毛，很少情况下仅第 2 背板基部被有刚毛，腹部第 3 背板光滑；侧观跗爪为正常的柱状 ······ 9

9. 腹部第 2 节背板大范围地被有精细的刻纹（图 2-119：F）；前翅 r 脉始发于翅痣中偏后位置（图 2-119：G）······ 沙罗离颚茧蜂属，中国新记录 *Sarops* Nixon，1942
　　腹部第 2 节背板光滑，如具刻纹则显得粗糙，且通常仅部分区域如此；前翅 r 脉始发于翅痣中点到基部之间 ······ 10

10. 上颚具 4 齿，增加的附齿通常位于第 2 齿（中齿）腹缘（图 2-30：C）；基节前沟存在，至少为光滑的凹槽；后胸侧板密被刚毛，且通常形成 "玫瑰花朵" 图样（图 1-6：A、B）；前翅 CU1b 脉通常缺 ······ 繁离颚茧蜂属 *Chorebus* Haliday，1833
　　上颚通常具 3 齿，且第 2 齿（中齿）略长于两侧齿，或者仅具 2 齿；倘若极少数情况下具 4 齿，则基节前沟完全缺失或前翅 m-cu 脉后叉式；后胸侧板刚毛通常相对稀疏，且毛通常朝向腹后方，不形成 "玫瑰花朵" 形状；前翅 CU1b 脉多样 ······ 11

11. 上颚大，第 1 齿通常强烈向上扩展（图 2-1：C；图 2-117：C）；头大型，明显宽于胸部；

背面观上颊于复眼后方通常明显向外膨大，且上颊长大于或等于复眼宽…………… 12

上颚不显大，第 1 齿不明显向上扩展；头大小正常，背面观上颊于复眼后方不膨大，且上颊长通常小于或等于复眼宽；若少数情况下上颚强烈向上扩展，头于复眼后方明显向外膨大，则前翅 m-cu 脉后叉式，如 *Exotela dives*（Nixon）……………………………13

12. 头部（背面观）于复眼后方向稍有扩大（图 2-2：B）；前翅翅痣近长椭圆形或楔形，雄虫翅痣通常比雌虫粗壮，且颜色明显更深，第 1 亚盘端后方封闭（图 2-2：G，H）；基节前沟光滑或缺；腹部第 1 背板粗短，中间长不大于端部宽（图 2-2：E）…………

…………………………大颚离颚茧蜂属，中国新记录 *Amyras* Nixon，1943

头部（背面观）于复眼后方向外强烈扩大（图 2-117：B）或两侧平行（Papp 2005，图 2-78）；前翅翅痣通常较长，其上下边接近平行，雌雄虫翅痣基本相同，第 1 亚盘室开放或封闭；基节前沟情况多样；若前翅翅痣较宽大（呈楔形），则基节前沟必定存在且具刻纹，且第 1 亚盘室端后方封闭（Maetô 1983，图 17；Tobias 1998，图 119：9）；腹部第 1 背板通常不显粗短（由基部向端部扩大幅度较小），中间长大于端部宽（图 2-117：E），若粗短（中间长不大于端部宽），则前翅翅痣上下边几乎平行…………

…………………………………扩颚离颚茧蜂属 *Protodacnusa* Griffiths，1964

13. 前翅 m-cu 脉后叉式（图 2-111：G），如果少数情况下为对叉式或稍微前叉式，则基节前沟存在，并具刻纹……………后叉离颚茧蜂属，中国新记录 *Exotela* Foerster，1862

前翅 m-cu 脉明显前叉式（图 2-88：G），如果少数情况下为对叉式或稍微前叉式，则基节前沟缺，或光滑……………………离颚茧蜂属 *Dacnusa* Haliday，1833

二、中国离颚茧蜂族 Dacnusini 各属、种记述

（一）大颚离颚茧蜂属，中国新记录 *Amyras* Nixon, rec. nov.

Amyras Nixon，1943，Ent. mon. Mag.，79: 30. Type species (by original designation and monotypy)：*Alysia* (*Dacnusa*) *clandestina* Haliday，1839.

大颚离颚茧蜂属 *Amyras* Nixon 系 Nixon（1943）根据 *Alysia*（*Dacnusa*）*clandestina* Haliday 建立。本属目前是离颚茧蜂族中很小的 1 个属，仅包含了 2 个已知种。本专著首次报道了 *Amyras* Nixon 属在中国的分布，并记述了 1 个新种和 1 个中国新记录种。

属征 头大型，明显宽于胸。头背面观较横宽，上颊于复眼后方明显膨大；上颚巨大，具 3 或 4 齿，通常仅第 1、2 齿明显可见，且第 1 齿向上强烈扩展，第 3 齿则形成 1 较钝的拐角。由头侧面观之，上颚几乎遮住唇基；基节前沟短且光滑或消失。翅痣近楔形，

且雄虫翅痣颜色比雌虫明显加深，前翅第 1 亚盘室甚窄，且后方封闭。并胸腹节显得平截，布满粗糙刻纹和浓密的白色刚毛。腹部第 1 背板粗短，基部至端部强烈扩大，中间长约等于端部宽；雌虫产卵器长，强烈伸出腹部末端，产卵器鞘约与后足跗节等长。

已知分布 古北区东部和西部。

寄主 未知。

注 从形态特征来看，本属与扩颚离颚茧蜂属 *Protodacnusa* Griffiths 十分接近，特别是 *Protodacnusa* 的一些种类，如 *P. jezoensis* Maetô，*P. orientalis* Tobias，*P. effunda* Papp，*P. magnidentis* Mao 等都具有许多本属的重要特征，以至于最初我们一直无法划清两属界限。通过与 C. van Achterberg 沟通讨论，并经过他本人重新核对鉴定了这两个属的原始模式标本，分析后得出这两个作为不同属的地位没有问题。故本专著将暂遵此观点，至于最终两属是否如此，应如何进一步修订，需待掌握更多相关种类研究标本或证据（如，形态特征结合分子分析）。

大颚离颚茧蜂属 *Amyras* Nixon 中国已知种检索表

中胸盾片几乎无被毛，除了沿盾纵沟有轨迹十分稀疏地分布少量刚毛（图 2-1：F）；腹部第 1 背板几乎无被毛；触角 26—27 节··

······················光胸大颚离颚茧蜂，新种 *A. gladius* Chen & Zheng，sp. nov.

中胸盾片大范围被密毛；腹部第 1 背板明显被有较多短毛（图 2-2：F）；触角 32—39 节·········

··················隐大颚离颚茧蜂，中国新记录 *A. clandestina*（Haliday），rec. nov.

1. 光胸大颚离颚茧蜂，新种
Amyras gladius Chen & Zheng, sp. nov.

（图 2-1）

雌虫 正模，体长 2.2mm；前翅长 2.2mm。

头：触角 26 节，第 1 鞭节长为第 2 鞭节的 1.1 倍，第 1 鞭节、倒数第 2 鞭节的长分别为宽的 4.0、2.1 倍。头较大，背面观宽为长的 1.5 倍，颊区宽大，复眼长为上颊长的 9/10，OOL∶OD∶POL=16∶7∶10；头顶宽大平坦，后头光滑，且仅零星被有细短毛。脸十分平坦，且光滑亮泽，被较多长毛，但不显稠密，中纵脊不明显；唇基相对较小；上颚强烈向上端扩展，仅明显可见 2 齿，第 1 齿呈较小的耳叶状，第 2 齿近等边三角形，第 3 齿不明显；下颚须甚短。

胸：长为高的 1.4 倍。前胸背板背凹巨大且深，近圆形，前胸两侧无明显被毛，侧面三角区大部分光滑，仅后下角区域具刻纹；中胸盾片表面甚光滑，几乎无被毛，仅沿盾纵沟轨迹稀疏排列几根细刚毛；盾纵沟深，伸达中胸盾片近中部位置（后方亦有延伸的浅沟痕，达中陷后部），沟内刻痕不明显；中胸盾片中陷呈裂口状且较深，游离于中

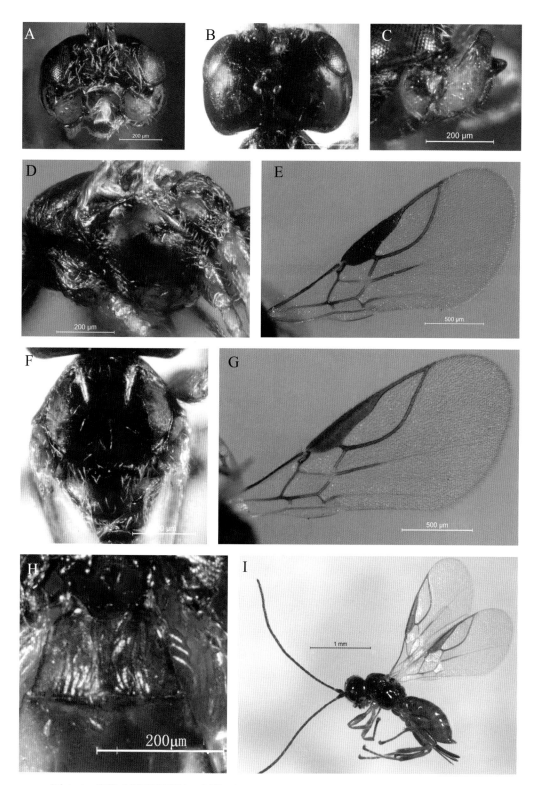

图 2-1 光胸大颚离颚茧蜂，新种 *Amyras gladius* Chen & Zheng，sp. nov.（♀）

A：头部正面观；B：头部背面观；C：上颚；D：胸部侧面观；E：前翅（♂）；F：中胸背板；G：前翅（♀）；H：腹部第 1 背板；I：整体侧面观

胸盾片后缘并向前延伸至背板中部（长约为中陷背板长度的 2/5）；中胸侧板甚为光亮，基节前沟为光滑的线状细沟，于中胸侧板近下缘处中部，其长约占侧板下缘横向长度的 1/2；并胸腹节表面刻纹相对较少且甚浅，并较稀疏地被有细毛；后胸侧板前面大部分区域表面光滑亮泽，仅具一两个细凹点，后下部近后足基节处布满粗糙刻纹，表面几乎无被毛，仅后部具数根短刚毛。

翅：前翅翅痣长为宽的 4.6 倍，为 1–R1 脉长的 1.8 倍；前翅 r 脉甚短，其长为翅痣宽的 3/10，为 1–SR+M 脉的 1/5；3–SR+SR1 脉后半部略显曲折。

足：后足腿节长为宽的 4.0 倍；后足跗节略短于后足胫节；后足第 2 跗节长为基跗节的 1/2；后足端跗节长为后足第 3 跗节长的 1.5 倍。

腹：第 1 背板梯形，中间长等于端部宽，表面几乎无被毛，具纵刻纹，但相对较浅，基部背脊清晰、后方不愈合、中纵脊存在、较细；第 1 背板以后各节表面均光滑亮泽；产卵器甚长，较强烈伸出腹部末端，产卵器鞘略短于后足胫节，但与后足跗节等长。

体色：触角柄节和梗节黄棕色，环节黄色，其余部分棕黑色；头部大部分区域棕黑色，唇基暗棕色，上颚中间部分黄色，下颚须和下唇须浅黄色；胸部前胸侧板红棕色，其余部分棕黑色；足整体偏棕色，但各足腿节的腹面及转节基本为黄色；腹部第 1、2 背板红棕色，其后各节基本为棕黄色（中间稍夹杂黄色）。

变化：体长 2.2—2.4mm；前翅长 2.2—2.4mm；触角 26—27 节。

雄虫 与雌虫相似，但雄虫前翅翅痣明显更深；体长 2.4mm；触角 27 节。

研究标本 正模：♀，内蒙古乌兰察布卓资山，2012– Ⅷ –6，郑敏琳。副模：2 ♀♀，内蒙古乌兰察布卓资山，2012– Ⅷ –4，赵莹莹；1 ♀，内蒙古乌兰察布卓资山，2012– Ⅷ –6，姚俊丽；1 ♂，河北蔚县暖泉，2011– Ⅷ –29，姚俊丽。

已知分布 内蒙古、河北。

寄主 未知。

词源 本新种拉丁名"gladius"意指本种的中胸盾片光滑。

注 本种与 *Amyras clandestina*（Haliday）最接近，但两者区别为：本种中胸盾片较光滑且几乎无被毛，而后者中胸盾片明显多毛且被较多刻点；本种并胸腹节表面刻纹相对少且较浅，后者则布满粗糙刻纹；本种腹部第 1 背板几乎无被毛且纵刻纹相对较浅，后者明显多毛且具清晰纵纹。另外，本种后胸侧板亦比后者更为光滑、少毛，前翅 r 脉较之后者明显短。

2. 隐大颚离颚茧蜂，中国新记录

Amyras clandestina (Haliday)，rec. nov.

（图 2–2）

Alysia（*Dacnusa*）*clandestina* Haliday，1839: 14.

Alysia clandestine: Kirchner，1867: 137.

Dacnusa clandestine: Kiirchner，1867: 140；Marshall，1896，5: 493，1897: 20；Dall Torre，1898，4: 25；Graeffe，1908，24: 156；Telenga，1934，44（12）: 122；Nixon，1937，4: 16.

Pachysema clandestine: Marshall，1872: 130.

Dacnusa quadridentata Thomson，1895，20: 2325.（Syn. by Griffiths，1964）

Dacnusa caudate Szépligeti，1901，2: 155.（Syn. by Telenga，1934）

Rhizarcha clandestine: Morley，1924，57: 253，1937，3: 245.

Amyras clandestine: Nixon，1943，79: 30，1954，90: 285；Fischer，1962，14（2）: 38；Griffiths，1964，14: 889；König, R.，1972，4: 92；Shenefelt，1974: 1029；Tobias et Jakimavicius，1986: 7–231；Tobias，1998: 316；Perepechayenko，2000，8（1）: 57–79；Belokobylskij et al.，2003，53（2）: 357；Papp，2005，66: 145，2009，30（1）: 7；Yu et al.，2016: DVD.

雌虫 体长 2.6—3.1mm；前翅长 2.5—3.0mm。

头：触角 32—36 节，第 1 鞭节几乎等长于第 2 鞭节，第 1 鞭节、倒数第 2 鞭节的长分别为宽的 3.5 倍和 2.0 倍。头大型，背面观明显宽于胸，于复眼后方明显膨大，头宽为长的 1.7 倍，复眼长约为上颊长的 9/10；头顶宽大平坦，后头光滑亮泽，几乎无被毛，仅于上颊处稀疏地被有短刚毛。脸正面观宽大，中间（纵向）有所下凹，多毛，具大量刻点；唇基较小；上颚较强烈向上端扩展，第 1 齿呈近耳叶状（边缘弧形），第 2 齿近等边三角形，不长于第 1 齿（通常短于第 1 齿），第 3 齿甚短、宽，通常不明显（仅为极短隆起，有的几乎消失）；下唇须 4 节。

胸：长为高的 1.4 倍。前胸背板背凹巨大且深，近圆形，前胸两侧几乎无被毛，侧面三角区后半部及斜沟具粗糙刻纹；中胸盾片表面除侧叶后半部（少数情况仅后部很小一片区域）无被毛，其余区域被密毛，表面还具大量刻点（除侧叶后半部基本光滑外）；盾纵沟较发达，沟深，具细刻痕，明显伸达中胸盾片中部或 2/3 处（有的稍超过中部）；中胸盾片后方中陷深、细长；基节前沟线状，沟内光滑；并胸腹节水平部分甚短，斜面处较宽大，整个表面布满粗糙刻纹，并被较多细毛，但显得稀疏；后胸侧板表面亮泽，但布满刻点及细长毛，毛略显稀薄，方向基本朝向后足基节。

翅：前翅翅痣长约为宽的 5.0 倍，为 1-R1 脉长的 1.5 倍；前翅 r 脉长为翅痣宽的 3/5；3-SR+SR1 脉后半部明显曲折。

足：后足腿节长为宽的 3.7 倍；后足跗节稍短于后足胫节；后足第 2 跗节长为基跗节的 1/2；后足端跗节明显长于后足第 3 跗节，前者长为后者的 1.5 倍。

腹：第 1 背板梯形，中间长稍短于端部宽，表面布满清晰纵纹（通常具一明显中纵脊），并被较多细短毛（有的具一较窄的无毛纵带）；第 2 背板至腹末表面均光滑亮泽；产卵器相当长，强烈伸出腹部末端，产卵器鞘略长于后足胫节。

图 2-2　隐大颚离颚茧蜂，中国新记录 *Amyras clandestina* **(Haliday)，rec. nov. (♀)**
A：头部正面观；B：头部背面观；C：上颚；D：胸部侧面观；E：腹部第 1 背板；F：中胸背板；G：前翅（♀）；H：前翅（♂）；I：整体侧面观

体色：触角柄节和环节明显黄色，其余部分棕色至深棕色（有的黑褐色）；头部大部分区域暗棕色或黑色，唇基红棕色或棕黄色，下颚须和下唇须黄色或浅黄色；胸部暗红棕色（前胸侧板和翅基下脊处棕黄色）或黑色；足黄色或铜黄色；腹部第2、3背板深棕色（或仅第2背板棕色），其后各节黄色或铜黄色，有的为黄色与黄棕色相间分布。

雄虫　与雌虫相似；但前翅翅痣明显比雌虫颜色更深，稍微更宽大；体长2.4—2.6 mm；触角33—39节。

研究标本　1♂，1♀，青海民和，2008-Ⅵ-7，赵琼；2♂♂，青海平安，2008-Ⅵ-10，赵琼；1♂，青海西宁塔尔山，2008-Ⅵ-11，赵琼；1♀，青海西宁塔尔山，2008-Ⅵ-20，赵琼；1♂，黑龙江牡丹峰自然保护区，2011-Ⅶ-16，郑敏琳；1♂，黑龙江牡丹峰自然保护区，2011-Ⅶ-17，姚俊丽；1♀，黑龙江漠河，2011-Ⅶ-23，郑敏琳；1♂，黑龙江漠河，2011-Ⅶ-23，董晓慧；1♂，4♀♀，黑龙江漠河，2011-Ⅶ-26，郑敏琳；1♀，黑龙江漠河，2011-Ⅶ-26，董晓慧；1♂，黑龙江漠河，2011-Ⅶ-26，姚俊丽；2♂♂，4♀♀，黑龙江哈尔滨顾乡公园，2012-Ⅷ-3，赵莹莹；1♀，内蒙古突泉县，2011-Ⅶ-29，姚俊丽；1♂，内蒙古乌兰察布卓资山，2012-Ⅷ-5，郑敏琳；4♂♂，1♀，内蒙古满洲里，2012-Ⅶ-8，郑敏琳；2♂♂，1♀，辽宁本溪桓仁五女山大桥，2012-Ⅶ-17，赵莹莹；1♂，辽宁本溪桓仁五女山大桥，2012-Ⅶ-17，常春光；1♂，2♀♀，西藏拉萨，2013-Ⅸ-8，张旺珍。

已知分布　西藏、青海、内蒙古、黑龙江、辽宁；奥地利、匈牙利、德国、意大利、捷克、斯洛伐克、阿塞拜疆、爱尔兰、英国、瑞典、俄罗斯、塞尔维亚。

寄主　未知。

（二）开颚离颚茧蜂属 *Chaenusa* Haliday

Chaenusa Haliday，1839，Hym. Brit.，2: 19（subgenus of *Alysia* Latreilie，1805）. Type species（by monotypy）: *Bracon conjungens* Nees，1811.

Chorebidea Viereck，1914，Proc. U.S. nat. Mus.，45: 32. Type species（by original designation and monotypy）: *Alysia*（*Chorebus*）*nereidum* Haliday，1839.（Syn. by Griffiths，1964）

Chorebidea Nixon，1943，Ent. mon. Mag.，79: 28. Type species（by original designation and monotypy）: *Alysia*（*Chorebus*）*najadum* Haliday，1839.（Syn. with *Chorebidea* Viereck by Nixon，1954）

Chorebidella Riegel，1950，Ent. News.，61: 125. Type species（by original designation and monotypy）: *Chorebidella bergi* Riegel，1950.（Syn. by Griffiths，1964）

开颚离颚茧蜂属 *Chaenusa* 是 Haliday（1839）根据 *Bracon conjungens* Nees 建立的。后来不少研究者将 *Chaenusa* 视为属团，包含了 *Chaenusa* s. str.、*Chorebidea* Viereck 和 *Chorebidella* Riegel 3 个 属。Griffiths（1964） 将 *Chorebidea* 和 *Chorebidella* 作 为 *Chaenusa* 的异名处理。到目前为止，本属包含了 36 个已描述种类，其中中国已知 1 种。本专著报道了开颚离颚茧蜂属 *Chaenusa* Haliday 在中国的新分布，并记述了 1 个新种、2 个中国新记录种及 1 个中国已知种。

属征 最重要特征为复眼明显具较多刚毛。其他主要特征，如背面观头较近方形，并于复眼后方有所扩大，光滑、有光泽；上颚较窄，通常具 4 齿，中齿长且尖，附齿为较弱凸起，位于中齿背缘或腹缘；下颚须较短；前翅翅痣较宽、短，r 脉始发于翅痣近中点处，有时 1–SR+M 脉几乎缺失；前翅翅痣胸部常呈亚皮质状（被大量浅细点状纹）；基节前沟通常呈线状，连贯中胸侧板前后缘，沟几乎光滑或具刻纹；并胸腹节后部较平缓倾斜，不呈截面，表面布满粗糙刻纹；后胸侧板具刻纹，并被较多长刚毛，毛多朝向腹后方；腹部第 1 背板通常几乎无被毛，被精细纵条刻纹，第 1 背板之后各背板光滑；雌虫产卵较短。

已知分布 世界广布。

寄主 本属茧蜂喜湿度大的栖息环境，如沼泽、水塘边等。仅已知寄生双翅目 Diptera 水蝇科 Ephydridae 毛眼水蝇属 *Hydrellia* Robineau–Desvoidy。

注 本属是离颚茧蜂族 Dacnusini 中唯一具有"复眼被明显刚毛"这一独特离征的类群。另外一个重要特征是宽短的前翅翅痣，虽然这在本属种类中有所变化，但总是明显区别于离颚茧蜂族中其他属的绝大部分种类。

开颚离颚茧蜂属 *Chaenusa* Haliday 中国已知种检索表

1. 上颚具 4 齿···2

上颚具 3 齿，第 2 齿最发达、尖；前翅翅痣宽，呈三角形，r 脉源于翅痣中部稍前，其长短于翅痣宽；腹部第 1 背板长为端部宽的 2.0 倍，具弱刻条；产卵器短，不外露；触角 18—21 节；体长 1.8 mm；已知分布于中国（浙江）、匈牙利、罗马尼亚、立陶宛、俄罗斯、乌克兰·······················**奥氏开颚离颚茧蜂 *Chaenusa orghidani* Burghele**

2. 上颚于第 1 齿和第 2 齿（中齿）间具一附齿（图 2–3：C）；前翅翅痣窄且长（图 2–3：G）；腹部第 1 节背板由基部向端部较显著扩大，其长约为端部宽的 1.3 倍（图 2–3：F）·············

···········**杜鲁门开颚离颚茧蜂，中国新记录 *Chaenusa trumani* Kula，rec. nov.**

上颚于第 2 齿（中齿）和第 3 齿间具一附齿；前翅翅痣短、近三角形（图 2–4：E）；腹部第 1 节背板较伸长，不显著向后扩大，其长超过端宽的 2.0 倍（图 2–4：F；图 2–5：F）······3

3. 前胸背板两侧的斜沟（背板槽）仅具轻微刻痕，无明显平行短刻纹；中胸盾片光滑，盾纵沟延伸至中胸盾片近中部位置；前翅翅痣褐色，r 脉始发于翅痣中点处（图 2–4：E）······

·····················褐痣开颚离颚茧蜂，新种 *Chaenusa fulvostigmatus* Zheng & Chen，sp. nov.
前胸背板两侧的斜沟明显布满平行短刻纹；中胸盾片多少呈显亚皮质；盾纵沟不发达，仅限于中胸盾片前面的"双肩"处可见；前翅翅痣呈淡黄色，r 脉始发于翅痣中间偏基部位置（图 2-5：G）·········艾琳开颚离颚茧蜂，中国新记录 *Chaenusa ireneae* Kula，rec. nov.

3. 杜鲁门开颚离颚茧蜂，中国新记录
Chaenusa trumani Kula, rec. nov.

（图 2-3）

Chaenusa trumani Kula，2008，110（1）：17-20；Yu et al.，2016：DVD.

雌虫 体长 1.6—2.1mm；前翅长 1.5—2.1mm。

头：触角 17—19 节，第 1 鞭节长为第 2 鞭节的 1.4 倍，第 1 鞭节和倒数第 2 鞭节的长分别为其宽的 5.0 倍和 2.0 倍。头背面观宽为长的 1.4 倍，上颊甚长，复眼明显被有短刚毛（虽然较稀疏），复眼长约为上颊长的 7/10，OOL：OD：POL=13：2：5；后头光滑亮泽，仅十分稀疏地被有少量细短毛；复眼正面观明显向中下方收敛，脸几乎布满较密细毛，并具较多浅刻点；唇基较厚，被少量细长毛；上颚窄，具 4 齿，附齿位于第 1、2 齿间，为一甚弱隆起，第 1 齿短小，中齿尖长，大大长于两侧齿，端部稍外弯；下颚须较短。

胸：长为高的 1.5 倍。前胸背板侧面及前胸侧板光亮、无毛，前侧沟刻痕明显；中胸盾片表面几乎布满细点状浅纹（或称表面似皮质），且除侧叶后半部外其余区域均匀被有细短毛；盾纵沟前面部分明显（通常伸达背板约 1/3 处）；中胸盾片后方的中陷深，长约为中胸盾片长的 1/2；小盾片光滑，后缘被较多细短毛；中胸侧板光亮、大部分无被毛，仅基节前沟下方至腹板区域被有较密细短毛；基节前沟线状、较深，连贯侧板前后缘，沟内几乎光滑，最多具极浅细短刻痕；后胸背板和并胸腹节表面几乎无被毛；后胸侧板隆起处布满明显较粗糙刻纹以及较多但不显稠密的细长刚毛（毛基本朝向后方）。

翅：翅膜质、透明，前翅翅痣较长，长约为宽的 9.1 倍，为 1-R1 脉长的 1.5 倍；r 脉始发于翅痣近基部处，与翅痣横向几乎垂直，其长约为翅痣宽的 1.6 倍；1-SR+M 脉明显骨化、完整，但也有少数情况较退化，甚至基本缺失；前翅 2-1A 脉缺失，故亚盘室下方明显开放；后翅 cu-a 脉存在，亚基室封闭。

足：后足腿节长为宽的 4.8 倍；后足胫节与后足跗节几乎等长；后足跗节第 3 节长为端跗节的 7/10。

腹：第 1 背板由基部至端部较显著扩大，中间长为端部宽的 1.3 倍，背板表面较具光泽、几乎无被毛，布满精细纵刻纹；第 2 背板至腹末表面均光滑亮泽，仅端部具明显短刚毛；产卵器稍伸出腹部末端，其长为后足基跗节长的 4/5。

体色：头部大部分区域、整个胸部及腹部第 1 背板黑色；触角通体棕黑色或黑色；

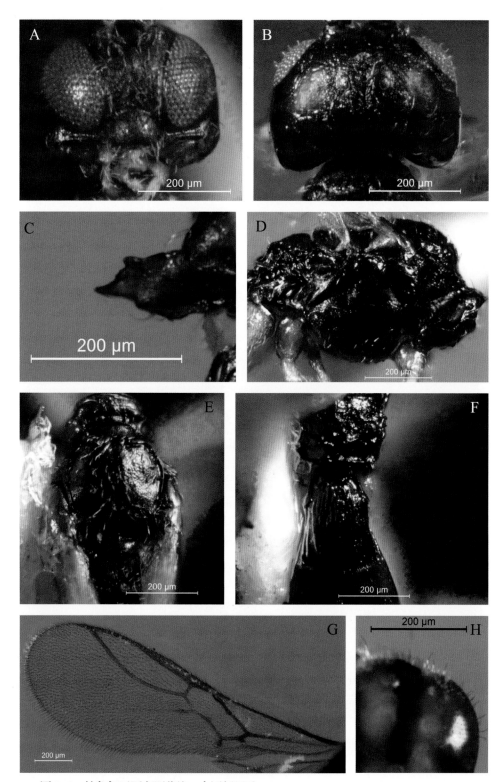

图 2–3　杜鲁门开颚离颚茧蜂，中国新记录 *Chaenusa trumani* Kula，rec. nov.（♀）

A：头部正面观；B：头部背面观；C：上颚；D：胸部侧面观；E：中胸背板；F：腹部第 1 背板；G：前翅；H：（示）复眼刚毛

唇基深棕色；下唇须和下颚须前4节黄色，下颚须端节褐色；足整体黄色，但各足的腿节端部、胫节和跗节通常略呈黄棕色至深棕色；腹部背板第1节以后各节及产卵器鞘棕黑色。

雄虫　与雌虫基本相似；体长1.5—1.9mm；触角22—25节。

研究标本　2♂♂，青海民和，2008-Ⅵ-7，赵琼；4♂♂，1♀，青海祁连山，2008-Ⅶ-11，赵琼；2♂♂，青海祁连山，2008-Ⅶ-11，赵鹏；1♀，黑龙江牡丹江兴隆镇东胜，2011-Ⅶ-14，董晓慧；2♂♂，3♀♀，内蒙古乌兰察布卓资山，2011-Ⅷ-5，郑敏琳；1♀，内蒙古乌兰察布卓资山，2011-Ⅷ-5，董晓慧；1♂，4♀♀，内蒙古乌兰察布卓资山，2011-Ⅷ-5，姚俊丽；4♂♂，内蒙古乌兰察布卓资山，2011-Ⅷ-5，赵莹莹。

已知分布　青海、内蒙古、黑龙江；美国。

寄主　未知。

注　本研究用的标本来自古北区。与本种新北区的标本相比，本研究标本中胸盾片整体更粗糙些（更显皮质），且后胸侧板刻纹亦更粗糙，其他特征两者基本一致。

4. 褐痣开颚离颚茧蜂，新种
Chaenusa fulvostigmatus Zheng & Chen，sp. nov.

（图2-4）

雌虫　正模，体长2.0mm；前翅长1.8mm。

头：触角22节，第1鞭节和倒数第2鞭节的长分别为其宽的5.0倍和3.0倍。头背面观于复眼后方较明显膨大，头宽为长的1.3倍，复眼长与上颊长相等，OOL：OD：POL=14：3：5；额光滑；复眼正面观明显向中下方收敛；脸较光滑，中纵脊明显，中纵脊两边区域被较多短毛和几根长毛；唇基较厚，高为宽的7/10，表面光滑无毛；上颚窄，具4齿，附齿位于第2齿（中齿）腹缘，为一极弱凸起，中齿甚尖长，大大长于两侧齿、稍外弯；下颚须短。

胸：长为高的1.6倍。前胸背板背凹存在、不规则，前胸两侧亮泽、几乎无被毛，侧面三角区域布满极为精致的细纹，斜沟处刻纹甚浅（无明显细平行短刻纹）；前胸侧板布满细纹；中胸盾片表面光滑亮泽（不呈弱皮质），且无被毛；盾纵沟甚浅、光滑，但基本可见伸达中陷的中前部位置；中胸盾片后方的中陷裂痕状，起始于中胸盾片后缘，其长约为中胸盾片长的1/2；小盾片前沟具中纵脊及多条细短纵刻条；小盾片光滑、无被毛；中胸侧板大部分区域光滑亮泽，基节前沟连接侧板前后缘，前部（约占2/3）沟深且宽、布满细短刻条，后面部分沟窄，具细皱痕；并胸腹节表面布满网状粗刻纹，几乎无被毛，中纵脊明显（伸达并胸腹节中部）；后胸侧板布满粗糙刻纹，并被较多毛（多指向后方），不形成"玫瑰花朵"。

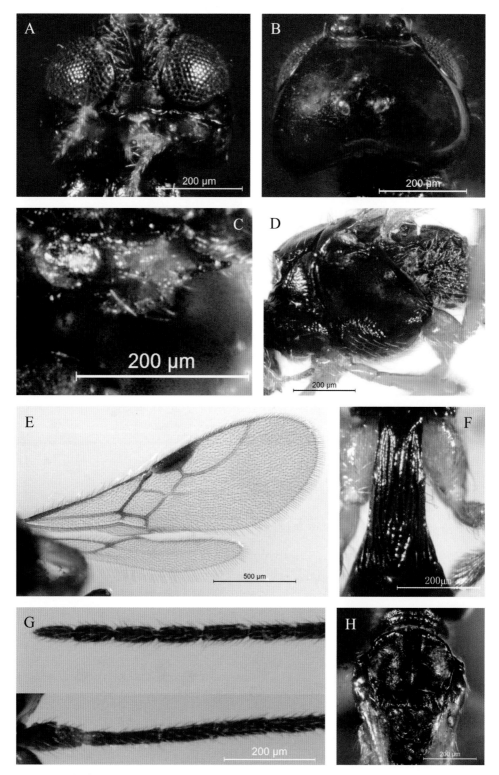

图 2-4　褐痣开颚离颚茧蜂，新种 *Chaenusa fulvostigmatus* Zheng & Chen, sp. nov.（♀）

A：头部正面观；B：头部背面观；C：上颚；D：胸部侧面观；E：前后翅；F：腹部第 1 背板；G：触角基部和端部几节；H：中胸背板

翅：翅膜质、透明，前翅翅痣短，近三角形，长为宽的 4.0 倍，为 1-R1 脉长的 1.1 倍；r 脉始发于翅痣中点处，其长约为翅痣宽的 1/2，为 1-SR+M 脉长的 3/10；前翅亚盘室封闭；后翅 cu-a 脉存在，亚基室封闭。

足：后足腿节长为宽的 4.0 倍；后足胫节略长于后足跗节；后足跗节第 3 节长为端跗节的 7/10。

腹：第 1 背板较长，由基部至端部均匀扩大，中间长为端部宽的 2.4 倍，背板表面具光泽、无被毛，并布满十分精细的纵刻纹；第 1 背板之后各节表面光滑，端部几节被明显刚毛；产卵器鞘长为后足基跗节长的 4/5。

体色：头部大部分区域、整个胸部及腹部第 1 背板黑色；触角的柄节和梗节棕黄色，其后各节深棕色；唇基深棕色；上颚中间部分暗黄褐色；下唇须和下颚须前 4 节暗黄色，下颚须端节浅褐色；前翅翅痣褐色；足腿节端半部背面、胫节背面和跗节（端跗节深褐色）黄褐色；腹部第 1 背板以后各节及产卵器鞘深褐色。

雄虫 未知。

研究标本 ♀，内蒙古乌兰察布卓资山，2011-Ⅷ-5，姚俊丽。

已知分布 内蒙古。

寄主 未知。

词源 本新种拉丁名"fulvostigmatus"意为本种前翅翅痣为褐色。

注 本种与 *Chaenusa ireneae* Kula 最为相似，但两者的主要区别为：本种的前胸背板两侧斜沟刻纹甚浅，无明显细平行短刻纹，后者则整个具明显细齿状刻痕；本种中胸盾片表面光滑，盾纵沟可见至少达背板中部，后者中胸盾片呈弱皮质，盾纵沟仅前方极短一段明显；本种翅痣褐色，r 脉起始于翅痣中点处，后者翅痣淡黄色，r 脉起始于翅痣基部与中点之间。另外，本种触角端部几节明显比后者更细长。

5. 艾琳开颚离颚茧蜂，中国新记录
Chaenusa ireneae Kula, rec. nov.

（图 2-5）

Chaenusa ireneae Kula，2008，110（1）：13-17；Yu et al.，2016: DVD.

雌虫 体长 2—2.1mm；前翅长 1.7—1.8mm。

头：触角 22—23 节，第 1 鞭节和倒数第 2 鞭节的长分别为其宽的 6.0 倍和 2.3 倍。头背面观宽为长的 1.4 倍，复眼长约为上颊长的 1.1 倍，OOL∶OD∶POL=10∶3∶5；正面观，复眼明显向中下方收敛，脸光滑，少量被毛；唇基较厚，被少量细长毛；上颚窄，具 4 齿，附齿位于第 2 齿（中齿）腹缘，极为弱小，中齿甚尖长，大大长于两侧齿、端部稍外弯，两侧齿端部亦较尖；下颚须短。

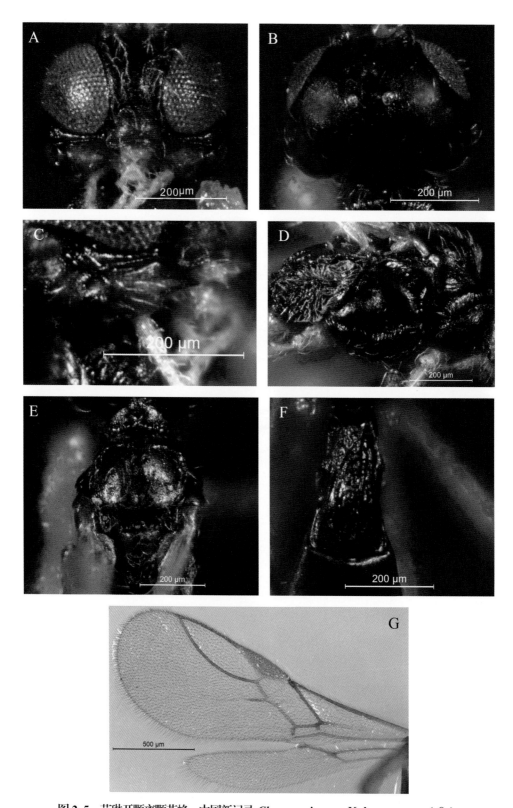

图 2–5 艾琳开颚离颚茧蜂,中国新记录 *Chaenusa ireneae* Kula,rec. nov.(♀)
A:头部正面观;B:头部背面观;C:上颚;D:胸部侧面观;E:胸部背板;F:腹部第 1 背板;G:前翅

胸：长为高的 1.6 倍。前胸背板背凹存在、近圆形，前胸两旁亮泽、几乎无被毛，侧面三角区域布满精细刻纹，前侧沟整个具明显细齿状刻痕；中胸盾片表面呈弱皮质，毛稀少，主要于中叶及其后方被有稀疏细毛，两侧叶无被毛；盾纵沟弱，仅前方极短一段清楚；中胸盾片后方的中陷椭圆形；小盾片前沟具中纵脊和多条细短纵刻条；小盾片光滑，被少量细毛；中胸侧板大部分区域光滑亮泽，基节前沟达侧板前后缘，且前部（约占 2/3）具较规则的细短刻条，后面部分具皱纹；并胸腹节整体较平缓向后略倾斜，表面刻纹粗壮，且几乎无被毛；后胸侧板布满粗糙刻纹，并被密毛（多指向后方），不形成明显的"玫瑰花形"。

翅：翅膜质、透明，前翅翅痣短、近三角形，长为宽的 4.3 倍，约与 1–R1 脉等长；r 脉始发于翅痣中点偏向基部处，其长约为翅痣宽的 2/5；1–SR+M 脉十分弱骨化，其长为 r 脉长的 4.0 倍；前翅亚盘室封闭；后翅 cu–a 脉存在，亚基室封闭。

足：后足腿节长约为宽的 4.2 倍；后足胫节与后足跗节等长；后足跗节第 3 节长为端跗节的 7/10。

腹：第 1 背板由基部至端部均匀扩大，中间长为端部宽的 2.1 倍，背板表面较具光泽、几乎无被毛，布满精细纵刻纹；第 1 背板之后各节表面均光滑亮泽，第 2、3 节表面刚毛极少，第 3 节之后各节刚毛明显多于前方；产卵器鞘长为后足基跗节长的 4/5。

体色：头部大部分区域、整个胸部及腹部第 1 背板黑色；触角除柄节黄色和梗节褐黄色，其后各节黑褐色；唇基深棕色；上颚中间部分暗黄褐色；下唇须和下颚须前 4 节黄色，下颚须端节浅褐色；前翅翅痣淡黄色；足整体黄色，各足的腿节端部、胫节和跗节略带黄棕色；腹部背板第 2 背板端半部和第 3 背板呈棕黄色或（或第 2+3 背板棕黄色或暗棕黄色），其余部分均为褐色；产卵器鞘暗棕色。

雄虫　未知。

研究标本　1 ♀，黑龙江牡丹江国家森林公园，2011– Ⅶ –19，董晓慧；1 ♀，内蒙古乌兰察布卓资山，2011– Ⅷ –5，郑敏琳；1 ♀，内蒙古乌兰察布卓资山，2011– Ⅷ –5，姚俊丽。

已知分布　内蒙古、黑龙江；智利、危地马拉。

寄主　未知。

（三）繁离颚茧蜂属 *Chorebus* Haliday

Chorebus Haliday，1833a，Ent. Mag.，1（iii）：264（subgenus of *Alysia* Latreilie，1805）. Type species（by monotypy）：*Chorebus affinis*（Nees，1814）〔=*C. longicornis*（Nees，1812）〕.

Ametria Foerster，1862，Verh. naturh. Ver. Preuss. Rheinl. & Westph.，19: 274. Type species（by original designation and monotypy）：*Alysia*（*Dacnusa*） *uliginosa* Haliday，1839.（Syn. by Muesebeck & Walkley，1951）

Gyrocampa Foerster，1862，Verh. naturh. Ver. Preuss. Rheinl. & Westph.，19: 276. Type species（by original designation and monotypy）：*Bassus affinis* Nees，1814.（Syn. by Biereck，1914）

Diplusia Brischke，1882，Schr. naturf. Ges. Danzig，（2）5（3）: 139. Type species（designated by Shenefelt，1974）：*Alysia diremta* Nees，1834.

    繁离颚茧蜂属 *Chorebus* Haliday 是离颚茧蜂族 Dacnusini 中种类最多、分布最广泛的一个属。Haliday（1833）根据 *Chorebus affinis*（Nees）建立了本属。但接下来较长一段时期，*Chorebus* Haliday 和 *Dacnusa* Haliday 的界限总是混淆不清。直到 Nixon（1943）才解决了这两个属异质性的问题，使得它们的界限得以清晰。Griffiths（1964—1984）更是在 Nixon 的基础之上，对 *Chorebus* 属进行了较为系统和合理的修订，期间他描述了许多新种，许多相关种类被修订至本属，并根据特征和寄主关系划分出了许多种团。另外，Tobias 和 Jakimavicius（1986）将本属划分成 5 个亚属，即 *Chorebus* s. str.、*Etriptes* Nixon、*Paragyrocampa* Tobias、*Phaenolexis* Foerster 和 *Stiphrocera* Foerster 亚属。Perepechayenko（2000）又增加了第 6 个亚属，即 *Pentalexis* Perepechayenko。到目前为止，*Chorebus* Haliday 全世界已描述种类有 450 多种，这些种类全世界范围内广泛分布，大多数种类都较为常见（Yu 等，2016）。*Chorebus* Haliday 属中国已正式报道的有 5 种，而本专著则对中国的 *Chorebus* Haliday 属进行了重新修订，记述了 21 个新种、40 个中国新记录种和 5 个中国已知种，分属于本属的 4 个亚属中，即 *Chorebus* s. str.、*Etriptes* Nixon、*Phaenolexis* Foerster 和 *Stiphrocera* Foerster。另外 2 个亚属的种类尚未发现在中国分布。

    属征　本属最主要的形态特征是上颚除 3 个主要的齿外，还于第 2 齿（中齿）腹向一侧靠近其基部处着生有 1 个相对较小的齿或齿凸（本专著称为"附齿"，图 2-30：B 和图 2-32：C 等）。绝大部分种类的后胸侧板中偏下位置具有放射状的毛，并且围绕一隆起（该隆起光滑或具皱纹）分布，形成较明显的近似"玫瑰花朵"状结构（图 1-6: A、B）。并胸腹节上的毛一般紧贴其表，通常短而密。对于该属中的某些种类，当其第 2 齿较长，附齿却不明显，或者出现其他不正常特征时，就可以根据以上所述体毛的分布特征来判断。中胸侧板中下方的基节前沟基本都存在，最多也仅退化为一狭窄的沟。

    已知分布　世界广布。

    寄主　本属寄生蜂主要寄生潜蛀的害虫幼虫，其主要寄生方式为单一内寄生，产卵于寄主幼虫体内，最后由蛹或老熟幼虫羽化。部分种类成虫具较强趋光性（Papp，2009）。寄主主要包括潜蝇科 Agromyzidae 植潜蝇属 *Phytomyza*、潜蝇属 *Agromyza*、

斑潜蝇属 *Liriomyza*、角潜蝇属 *Cerodontha*、彩潜蝇属 *Chromatomyia*、蛇潜蝇属 *Ophiomyia*、黑潜蝇属 *Melanagromyza*，萝潜蝇属 *Napomyza*，实蝇科 Tephritidae，水蝇科 Ephydridae 等。（Yu 等，2016: DVD.）

注 该属与离颚茧蜂属最为接近，但根据上颚齿的情况和后胸侧板所被刚毛的形态就可较容易将两者区分开来。

繁离颚茧蜂属 *Chorebus* Haliday 中国已知种检索表

1. 后足基节无明显毛簇；若毛簇略显，则基节前沟具刻纹，且胸短，其长不超过高的 1.3 倍···2
   后足基节背面具显著的毛簇（图 1-6：B）；若毛簇不显著，则基节前沟为光滑的线状，且横贯中胸侧板前后；胸部通常较长；前翅 3-SR+SR1 脉通常均匀弯曲；腹部第 1 节通常较长且两侧平行；基节前沟甚长···40

2. 后足基节至少基部具明显刻纹（图 2-7：G）；后胸侧板中下部呈瘤状隆起，具长毛，且不排列形成明显的"玫瑰花朵"形状；腹部第 2 背板基侧常具刻纹（图 2-7：F）；盾纵沟略发达；雌虫产卵器不外露或轻微外露（Subgenus *Etriptes* Nixon）·····················3
   后足基节光滑；后胸侧板中下部具一略显光泽的小瘤凸状隆起，环绕该瘤凸四周被半贴面密毛，且形成明显的"玫瑰花朵"形（图 1-6：A、B），或者瘤凸不发达，且不具长毛；腹部第 2 背板总是光滑；盾纵沟情况多样；雌虫产卵器通常明显外露（Subgenus *Stiphrocera* Foerster）···5

3. 腹部第 2 背板至少于基部具刻纹···4
   腹部第 2 背板光滑··········**百慕繁离颚茧蜂，中国新记录** *C.*（*E.*）*bermus* Papp，rec. nov.

4. 腹部第 2 背板仅于基部具刻纹（图 2-7：F）；基节前沟窄，且具弱刻纹（图 2-7：D）；盾纵沟仅前面部分可见；触角 30—34 节···
   ·······················**胫距繁离颚茧蜂，中国新记录** *C.*（*E.*）*talaris*（Haliday），rec. nov.
   腹部第 2 背板几乎整个布满刻纹（图 2-8：E）；基节前沟宽，并具粗壮的平行短刻条（图 2-8：F）；盾纵沟略浅，但完整；触角 26—28 节···
   ·······················**黄氏繁离颚茧蜂** *C.*（*E.*）*huangi* Zheng & Chen

5. 后胸侧板中下部被有密毛，并围绕一隆起排列形成玫瑰花朵形图案·····················6
   后胸侧板毛不形成玫瑰花朵形图案···38

6. 中胸盾片前缘被毛，但其背面几乎无毛，除了沿盾纵沟轨迹（或者仅前段）被少量毛，其中、侧叶几乎完全光滑···7
   中胸盾片更大范围被毛，至少超过背面中叶前部···17

7. 头亚方形（头宽不超过长的 1.5 倍）（图 2-10：B）；胸较长；上颚不扩展，第 2 齿长、尖（图 2-10：C）···8

头横宽（头宽超过长的 1.5 倍）；胸和上颚多样 ·· 9

8. 腹部第 1 背板两端角处具小毛簇（图 2-9：E）；足大范围呈显亮黄色；腹部第 2+3 背板呈淡黄色，与后方各节相比明显色浅 ···
················迪莱姆繁离颚茧蜂，中国新记录 *C.*（*S.*）*diremtus*（Nees），rec. nov.
腹部第 1 背板两端角处无毛簇（图 2-10：D）；足大范围显暗褐色，至少中、后足基节颜色加深；腹部黑色或暗棕色 ···
················方头繁离颚茧蜂，中国新记录 *C.*（*S.*）*cubocephalus*（Telenga），rec. nov.

9. 前翅 1-SR+M 脉缺（图 2-11：G）··
··················缺脉繁离颚茧蜂，新种 *C.*（*S.*）*avenula* Zheng & Chen，sp. nov.
前翅 1-SR+M 脉存在 ··· 10

10. 腹部第 1 背板无被毛或毛稀少，其后端角无毛簇（尽管有些种类，此处毛略显密）······ 11
腹部第 1 背板后端角具明显毛簇（图 2-17：F）····································· 15

11. 下颚须短（显著短于头长），且其端节颜色明显加深 ································ 12
下颚须长（至多略短于头长），其整体颜色较均匀 ································· 13

12. 腹部第 1 背板由基部向端部强烈扩大（图 2-12：F），长仅为端宽的 1.2 倍；并胸腹节表面毛稀疏；额中部具一小凹陷 ···
··················凹额繁离颚茧蜂，新种 *C.*（*S.*）*cavatifrons* Chen & Zheng，sp. nov.
腹部第 1 背板不强烈向端部扩大（图 2-13：F），长为端宽的 1.7—1.8 倍；并胸腹节表面毛密；额区无凹陷 ···
··················裸繁离颚茧蜂，中国新记录 *C.*（*S.*）*glabriculus*（Thomson），rec. nov.

13. 触角鞭节前 3 节黄色，明显比后面各节色浅；腹部第 1 背板长为端宽的 1.8—1.9 倍（图 2-14：F）················黄繁离颚茧蜂，中国新记录 *C.*（*S.*）*flavipes*（Goureau），rec. nov.
触角各鞭节均暗色；腹部第 1 背板长为端宽的 1.4—1.5 倍 ························ 14

14. 前胸背板两侧具明显刻纹；后足胫节与后足跗节等长 ·······························
··················纺繁离颚茧蜂，中国新记录 *C.*（*S.*）*hilaris* Griffiths，rec. nov.
前胸背板两侧光滑；后足胫节为后足跗节长的 1.2 倍 ····························
··················伪繁离颚茧蜂，中国新记录 *C.*（*S.*）*fallaciosae* Griffiths，rec. nov.

15. 头于复眼后方明显膨大（图 2-17：B）；上颚第 1 齿十分朝上顶部扩展（图 2-17：C）······
··················派氏繁离颚茧蜂，新种 *C.*（*S.*）*pappi* Chen & Zheng，sp. nov.
头于复眼后方几乎不膨大；上颚不扩展或最多仅轻微向上扩展 ·················· 16

16. 中胸盾片十分光滑；盾纵沟几缺，或仅于中胸盾片前面斜面处可见；体型小（约 1.3—1.5 mm）；触角 19—23 节 ···
··············黑蝇繁离颚茧蜂，中国新记录 *C.*（*S.*）*melanophytobiae* Griffiths，rec. nov.
中胸盾片整个表面布满十分精细的近鱼鳞状浅刻纹（或称亚皮质）（图 2-19：D）；盾

纵沟较发达；体型相对大（约 2.7 mm）；触角多于 32 节······················

·····················加奈繁离颚茧蜂，中国新记录 *C.*（*S.*）*ganesus*（Nixon），rec. nov.

17. 前翅 CU1b 脉甚发达，与 3–CU1 脉形成明显夹角···················

·····················**虫瘿繁离颚茧蜂，新种 *C.*（*S.*）*cecidium* Chen & Zheng，sp. nov.**

前翅 CU1b 脉弱或消失·· 18

18. 上颚大，通常第 1 齿甚扩展（图 2–23：C）······················· 19

上颚相对小，不扩展或仅轻微向上扩展······························· 26

19. 中胸侧板具大量精细的粒状浅刻痕（亚皮质）（图 2–21：D）··· 20

中胸侧板大范围光滑，无粒状刻痕······························· 21

20. 中胸侧板粗糙，明显布满细粒状浅刻纹（图 2–21：D）；头背面观复眼后方十分膨大（图

2–21：B）；腹部第 1 背板长约为端宽的 1.8 倍（图 2–21：F）·················

·····················**细粒繁离颚茧蜂，中国新记录 *C.*（*S.*）*granulosus* Tobias，rec. nov.**

中胸侧板的细粒状刻纹明显比上述弱、浅（或弱亚皮质）；头背面观复眼后方不膨大（图

2–22：B）；腹部第 1 背板长几乎等于端宽（图 2–22：D）·················

·····················**透脉繁离颚茧蜂，新种 *C.*（*S.*）*hyalodesa* Chen & Zheng，sp. nov.**

21. 腹部第 1 背板黄色或棕黄色······························· 22

腹部第 1 背板黑色或棕黑色······························· 23

22. 腹部第 1 背板黄色（图 2–23：F）；后胸侧板被密毛，但几乎不呈"玫瑰花朵"形（图 2–23：

E）；前翅 3–SR+SR1 脉后半段均匀弯曲（图 2–23：G）；触角 21—24 节···········

·····················**黄腰繁离颚茧蜂，新种 *C.*（*S.*）*fulvipetiolus* Chen & Zheng，sp. nov.**

腹部第 1 背板棕黄色（图 2–24：F）；后胸侧板的密毛较明显呈"玫瑰花朵"形（图 2–24：

E）；前翅 3–SR+SR1 脉后半段不均匀弯曲（图 2–24：G）；触角 27—29 节···········

·····················**三角繁离颚茧蜂，新种 *C.*（*S.*）*triangulus* Chen & Zheng，sp. nov.**

23. 腹部第 1 背板后端角具明显簇毛（图 2–25：F）·················

·····················**安集延繁离颚茧蜂，中国新记录 *C.*（*S.*）*andizhanicus* Tobias，rec. nov.**

腹部第 1 背板后端角无明显簇毛······························· 24

24. 腹部第 1 背板由基部向端部较强烈扩大（图 2–26：E），其长为端宽的 1.2 倍·········

·····················**新疆繁离颚茧蜂，新种 *C.*（*S.*）*xingjiangensis* Chen & Zheng，sp. nov.**

腹部第 1 背板几乎两侧平行（图 2–27：F），其长约为端宽的 2.5 倍············· 25

25. 盾纵沟不明显；腹部第 1 背板整个较均匀地布满较多刚毛（图 2–27：F）···········

·····················**格氏繁离颚茧蜂，中国新记录 *C.*（*S.*）*groschkei* Griffiths，rec. nov.**

盾纵沟明显延伸至中胸盾片中部；腹部第 1 背板几乎无被毛，最多仅十分稀疏地被有少

量刚毛（图 2–28：F）·········**瑰繁离颚茧蜂，中国新记录 *C.*（*S.*）*resus*（Nixon），rec. nov.**

26. 腹部第 1 背板长，其长至少为端宽的 2.0 倍，两侧几乎或完全平行，表面毛甚稀少或几

平无毛···27

腹部第 1 背板多毛，如果几乎无毛，则该背板不显长且两侧不平行···········28

27. 胸部较短（图 2-29：C），其长约为高的 1.2 倍；腹部第 1 背板由基部向端部轻微扩大，其长为端宽的 2.1 倍（图 2-29：F）···

···········福建繁离颚茧蜂，新种 *C.* (*S.*) *fujianensis* Chen & Zheng, sp. nov.

胸部明显较长（图 2-30：E），其长约为高的 1.6 倍；腹部第 1 背板两侧平行，其长约为宽的 2.7 倍（图 2-30：F）·········漠河繁离颚茧蜂，新种 *C.* (*S.*) *moheana* Zheng & Chen, sp.nov.

28. 触角约 19 节·········直繁离颚茧蜂，中国新记录 *C.* (*S.*) *plumbeus* Tobias, rec. nov.

触角至少 29 节···29

29. 胸长约为高的 1.3 倍···30

胸部相对较长，其长至少为高的 1.5 倍···33

30. 腹部第 1 背板长至少为端宽的 1.8 倍，由基部到端两侧平行或轻微向后扩大···········31

腹部第 1 背板长为端宽的 1.4—1.6 倍，由基部向端部较明显扩大（图 2-32：F）·····

···········具条繁离颚茧蜂，中国新记录 *C.* (*S.*) *cinctus* (Hallday), rec. nov.

31. 腹部第 1 背板毛十分稀疏（图 2-33：F）；触角 34—39 节·····································

···········帕金斯繁离颚茧蜂，中国新记录 *C.* (*S.*) *perkinsi* (Nixon), rec. nov.

腹部第 1 背板毛较密（图 2-34：F）···32

32. 触角 44—50 节；腹部第 1 背板两侧完全平行（图 2-34：F），其长为端宽的 2.3 倍·········

···········六盘山繁离颚茧蜂，新种 *C.* (*S.*) *liupanshana* Chen & Zheng, sp. nov.

触角 36—43 节；腹部第 1 背板由基部向端部稍有扩大，其长为端宽的 2 倍···········

···········伊洛斯繁离颚茧蜂，中国新记录 *C.* (*S.*) *eros* (Nixon), rec. nov.

33. 上颚第 2 齿长且通常尖，但第 3 齿总是小且相对弱···························34

上颚与上述不同，倘若第 2 齿略显长且尖，则第 3 齿较发达（甚明显且相对大）·········36

34. 盾纵沟发达（图 2-36：C）；胸部甚长，其长为高的 1.7 倍；触角：♂:42—46 节，♀:仅约 30 节·········长胸繁离颚茧蜂，新种 *C.* (*S.*) *longithoracalis* Chen & Zheng, sp. nov.

盾纵沟不发达···35

35. 中胸盾片表面粗糙（至少于其前半部大范围具刻点）；基节前沟长，具清晰刻纹（图 2-37：C）；触角 29—38 节···三色繁离颚茧蜂，中国新记录 *C.* (*S.*) *asramenes* (Nixon), rec. nov.

中胸盾片较光滑；基节前沟浅，且沟内刻纹较弱（图 2-38：E）；触角 23—27 节·········

···········神农架繁离颚茧蜂，新种 *C.* (*S.*) *shennongjiaensis* Chen & Zheng, sp. nov.

36. 盾纵沟完整；上颚第 3 齿相当小，且相对弱（图 2-39：C）；前翅 3-SR+SR1 脉后半段相对直（图 2-39：G）·····诗韵繁离颚茧蜂，中国新记录 *C.* (*S.*) *poemyzae* Griffiths, rec. nov.

盾纵沟仅于中胸盾片前半部可见；上颚第 3 齿相对发达（图 2-40：C）；前翅 3-SR+SR1 脉后半段多少显得一些曲折（图 2-40：G）···································37

37. 盾纵沟几乎缺，极短；背面观复眼长等于上颊长；腹部第 1 背板后端角具弱毛簇（图 2-40：E）··················**肥皂草繁离颚茧蜂，中国新记录** *C.*（*S.*）*pachysemoides* Tobias，rec. nov.

盾纵沟几乎向后延伸至中胸盾片中部位置；背面观复眼长为上颊长的 1.2 倍；腹部第 1 背板后端角具较强毛簇（图 2-41：F）···················

·················**椭圆形繁离颚茧蜂，中国新记录** *C.*（*S.*）*ovalis*（Marshall），rec. nov.

38. 后胸侧板中部较大范围毛十分稀少、光滑且甚有光泽；前翅 1-R1 脉相当短（图 2-42：E）；触角 18—21 节·········**宽颚繁离颚茧蜂，新种** *C.*（*S.*）*latimandibula* Zheng & Chen，sp. nov.

后胸侧板布满相对较密的长毛；前翅 1-R1 脉明显更长（图 2-43：F）；触角 25—37 节······39

39. 唇基强烈凸出，呈遮檐状（图 2-43：A）；上颚明显向上端扩展（图 2-43：C）；盾纵沟不完整，仅最前面（斜面处）一小段存在（图 2-43：D）··············

··············**凸唇繁离颚茧蜂** *C.*（*S.*）*convexiclypeus* Zheng & Chen

唇基稍凸，不呈遮檐状（Li & van Achterberg 2017，图 7）；上颚不扩展（Li & van Achterberg 2017，图 12 至图 19）；盾纵沟几乎完整（Li & van Achterberg 2017，图 4）···

··············**瘿潜蝇繁离颚茧蜂** *C.*（*S.*）*hexomyzae* Li & van Achterberg

40. 前翅 3-SR+SR1 脉较均匀弯曲；上颚窄且长，由于第 3 齿通常退化为极小的弱凸起，故看似仅具 3 齿；下唇须 3 或 4 节（Subgenus *Chorebus* s. str.）··············41

前翅 3-SR+SR1 脉不均匀弯曲，通常后半部略呈"S"形弯或较直；上颚具明显 4 齿，若看似 3 齿，则上颚宽大；下唇须 4 节（Subgenus *Phaenolexis* Foerster）··············50

41. 中胸盾片表面除了沿盾纵沟轨迹分布有少量刚毛，其余区域完全无被毛；前胸背板两侧具强烈光泽，且几乎无被毛；后头大范围无毛··············42

不同于上述；中胸盾片毛较广布，至少扩展至中叶前部··············48

42. 腹部第 1 背板中间纵向无毛，其余区域布满密毛··············43

腹部第 1 背板几乎无被毛··············45

43. 背面观复眼长为上颊长的 1.2 倍；复眼于脸下部仅轻微收敛（图 2-44：A）；下唇须 3 节····

··············**毛角繁离颚茧蜂，新种** *C.*（*C.*）*chaetocornis* Chen & Zheng，sp. nov.

背面观复眼长等于上颊长；头前面观，复眼于脸下部较明显收敛（图 2-45：A）；下唇须 4 节··············44

44. 前胸呈亮棕黄色（图 2-45：B）；产卵器鞘与后足第 1 跗节等长··············

··············**尼氏繁离颚茧蜂，新种** *C.*（*C.*）*nixoni* Chen & Zheng，sp. nov.

前胸黑色，与胸部其余部分颜色一致；产卵器鞘长为后足第 1 跗节长的 1.4 倍··············

··············**瘦体繁离颚茧蜂，中国新记录** *C.*（*C.*）*esbelta*（Nixon），rec. nov.

45. 下唇须 3 节··············46

下唇须 4 节··············47

46. 雌虫触角第 3—10 鞭节显著增粗；产卵器鞘细短，几乎不露出腹末端··············

·····中齿繁离颚茧蜂，中国新记录 *C.（C.）miodes*（Nixon），rec. nov.

触角鞭节不异常增粗；产卵器鞘粗壮，并显著伸出腹末端·········

·····黄褐繁离颚茧蜂，新种 *C.（C.）xuthosa* Chen & Zheng，sp. nov.

47. 背面观复眼长为上颊长的 9/10；产卵器鞘稍微露出腹末端，且其长度约为后足第 1 跗节的 3/5；触角 20—26 节·········

·····近缘繁离颚茧蜂，中国新记录 *C.（C.）affinis*（Nees），rec. nov.

背面观复眼长为上颊长的 1.3 倍；产卵器鞘略显粗壮，其长为后足第 1 跗节长的 1.3 倍，明显露出腹部末端；触角 26—30 节·········

·····卓资山繁离颚茧蜂，新种 *C.（C.）zhuozishana* Zheng & Chen，sp. nov.

48. 胸部几乎布满精细的近似鱼鳞状刻纹（图 2-51：E、F），表面较暗淡、粗糙·········

·····密点繁离颚茧蜂 *C.（C.）densepunctatus* Burghele

胸部不同于上述，表面正常·········49

49. 腹部第 1 背板两侧几乎平行，其长为端宽的 2.3 倍，表面被密毛（图 2-52：F）·········

·····阿鲁繁离颚茧蜂，中国新记录 *C.（C.）alua*（Nixon），rec. nov.

腹部第 1 背板由基部向端部强烈扩大，其长为端宽的 1.2 倍，表面几乎无毛（图 2-53：E）

·····湿地繁离颚茧蜂，中国新记录 *C.（C.）uliginosus*（Haliday），rec. nov.

50. 腹部第 1 背板长不超过端部宽的 2.0 倍，且表面布满密毛（但通常中间纵向毛稀少或无毛）

·········51

腹部第 1 背板长，其长超过端部宽的 2.0 倍，通常几乎无被毛，仅极靠近基部处被一些毛；如果在整个背板较明显被毛，则基节前沟光滑或几乎光滑·········55

51. 基节前沟为光滑的线状沟（图 2-54：E）；产卵器鞘细短，几乎未伸出腹部末端·········

·····维纳斯繁离颚茧蜂，中国新记录 *C.（P.）cytherea*（Nixon），rec. nov.

基节前沟明显具刻纹（图 2-55：G），至少于沟的前部具有；产卵器鞘十分粗壮，强烈伸出腹部末端（图 2-55：H）·········52

52. 盾纵沟完整，汇合于中胸盾片后部·········53

盾纵沟不发达，仅于中胸盾片前部斜坡（或称"双肩"）处可见·········54

53. 腹部第 1 背板由基部较明显向后扩大，长为端宽的 1.5 倍（图 2-55：D）；上颚第 4 齿甚弱小（图 2-55：C）·····长尾繁离颚茧蜂，新种 *C.（P.）longicaudus* Chen & Zheng，sp. nov.

腹部第 1 背板由基部至端部仅稍微扩大，其长为端宽的 1.8 倍（图 2-56：E）；上颚第 4 齿明显·········靓繁离颚茧蜂，中国新记录 *C.（P.）pulchellus* Griffiths，rec. nov.

54. 触角 38—42 节（♀）；上颚相对窄，不扩展；后头靠近上颚基部处具明显毛簇（图 3）

·····彩带繁离颚茧蜂，中国新记录 *C.（P.）nomia*（Nixon），rec. nov.

触角 29—36 节（♂、♀）；上颚略向上扩展；后头靠近上颚基部处无明显毛簇（图 2-58）···

·····萎繁离颚茧蜂，中国新记录 *C.（P.）senilis*（Nees），rec. nov.

55. 基节前沟为光滑的线状沟···56

基节前沟明显具刻纹···57

56. 上颚第1齿极强烈扩展；由头部侧观，完全遮住唇基（图2-59：C）；触角33—40节·········

···························**迟繁离颚茧蜂，中国新记录 C.（P.）serus**（Nixon），rec. nov.

上颚第1齿几乎不扩展（图2-60：C）；触角26—32节···································

····················**黑脉繁离颚茧蜂，中国新记录 C.（P.）nerissus**（Nixon），rec. nov.

57. 上颚第1齿明显扩展··58

上颚第1齿仅轻微扩展··61

58. 上颚第1齿十分显著扩展，由头部侧观，基本遮住唇基；雌虫腹部后几节侧扁··········59

上颚第1齿尽管明显扩展，但由头部侧观，无法遮住唇基；雌虫腹部不侧扁··········60

59. 触角28—35节；腹部第1背板长约为端宽的2.4倍（图2-61：D）；腹部第1节之后各

节呈黄棕色············**细繁离颚茧蜂，中国新记录 C.（P.）gracilis**（Nees），rec. nov.

触角：♂46—49节，♀37—41节；腹部第1背板长约为端宽的2.8倍（图2-62：F）；

腹部第1节之后各节呈显红棕色·················**塞勒涅繁离颚茧蜂 C.（P.）selene**（Nixon）

60. 腹部第1背板十分细长，其长约为端宽的4.0倍（图2-63：E）；盾纵沟不完整；产卵器

鞘粗壮，较强烈伸出腹部末端··

·····························**雅致繁离颚茧蜂，中国新记录 C.（P.）elegans** Tobias，rec. nov.

腹部第1背板不显如此细长，其长约为端宽的2.5倍（图2-64：E）；盾纵沟完整；产卵

器鞘稍露出腹末端·····**龙达尼繁离颚茧蜂，中国新记录 C.（P.）rondanii**（Giard），rec. nov.

61. 腹部第1背板由基部向端部较明显收窄（图2-65：G）··

·····························**缩腰繁离颚茧蜂，新种 C.（P.）systolipetiolus** Zheng & Chen，sp. nov.

腹部第1背板两侧平行（图2-66：H）···62

62. 上颚第2齿长且尖（图2-66：C）···63

上颚第2齿不显长，通常较短···64

63. 盾纵沟不发达，仅于中胸盾片前部两侧（即"双肩"）可见；上颚窄，第2齿十分长且尖（图

2-66：C）············**细腰繁离颚茧蜂，新种 C.（P.）gracilipetiolus** Chen & Zheng，sp.nov.

盾纵沟发达，并于中胸盾片后部汇合；上颚第2齿不如上述如此突长·························

····························**短尾繁离颚茧蜂，新种 C.（P.）breviskerkos** Chen & Zheng，sp. nov.

64. 中陷相当长，几乎伸达中胸盾片前缘；盾纵沟发达···

·····························**双色繁离颚茧蜂，中国新记录 C.（P.）bicoloratus** Tobias，rec. nov.

中胸盾片后部中陷短；盾纵沟不发达···65

65. 足基节呈黄色；雌虫产卵器较明显伸出腹部末端···

·····························**矛繁离颚茧蜂，中国新记录 C.（P.）xiphidius** Griffiths，rec. nov.

足基节黑色或棕黑色；雌虫产卵器不露出或仅轻微露出腹末端·······························

··················· 细腹繁离颚茧蜂，中国新记录 *C.*（*P.*）*leptogaster*（Haliday），rec. nov.

Etriptes Nixon 亚属

Etriptes Nixon，1943，Ent. mon. Mag.，79: 30. Type species（by original designation and monotypy）: *Alysia*（*Dacnusa*）*talaris* Haliday，1839.

本亚属最主要鉴别特征是后足基节至少基部具明显刻纹；后胸侧板中下部呈瘤状隆起，并具长毛；腹部第2背板基侧常具刻纹；盾纵沟略发达；产卵器不外露或轻微外露。

6. 百慕繁离颚茧蜂，中国新记录
Chorebus (Etriptes) bermus Papp，rec. nov.

（图2-6）

Chorebus（*Etriptes*）*bermus* Papp，2009，Acta Zoologica Academiae Scientiarum Hungaricae，55（3）：240-242.

雌虫　体长1.8—1.9mm；前翅长2.1—2.2mm。

头：触角26—28节，第1鞭节和倒数第2鞭节长分别为宽的4倍和2倍。头背面观横宽，宽为长的1.9倍，上颊较圆滑，复眼长为上颊长的1.3倍，后头稀疏地布满刚毛且中部明显前凹；复眼侧面观长为宽的1.5倍；脸几乎整个被有刚毛和刻点，且复眼内缘处毛明显较密，中纵向部分区域光滑无毛；上颚不向上扩展，第1、2齿中等大小，但第2齿较长且尖，其腹缘的第3齿仅为一弱凸起，第4齿十分短小；下颚须长。

胸：长为高的1.6倍。前胸背板两侧面无被毛，但遍布刻点；中胸盾片两侧叶的前面大部分区域以及整个中叶被有粗刻点及较密刚毛，侧叶后部区域毛稀少、刻点亦不明显；盾纵沟不明显；中胸盾片后方中陷较深、窄，其长约为中胸盾片长的1/3；小盾片较隆起，前面大部分区域表面光滑亮泽、无毛，仅后方被有粗糙刻痕及较多刚毛；后胸背板中脊的两旁均被有密毛；并胸腹节前部（特别是中间区域）毛相对稀少，故该处表面刻纹明显可见，后部毛则较密，刻纹几乎不显露；中胸侧板光滑亮泽，基节前沟较窄，沟内密布短细条状刻纹；后胸侧板被密毛，略显"玫瑰花朵"样式。

翅：前翅长于体；翅痣较细长，其长为宽的10倍；r脉长为翅痣宽的1.4倍，为1-SR+M脉长的1/2；1-R1脉为翅痣长的3/5；3-SR+SR1脉后方不均匀弯曲，且止于翅顶端之前；CU1b脉弱，亚盘室后方轻微开放。

足：后足基节被明显刻纹及刻点；后足腿节长为宽的4.7倍；后足胫节稍长于后足跗节；后足第2跗节长为基跗节的1/2，第3跗节与端跗节等长。

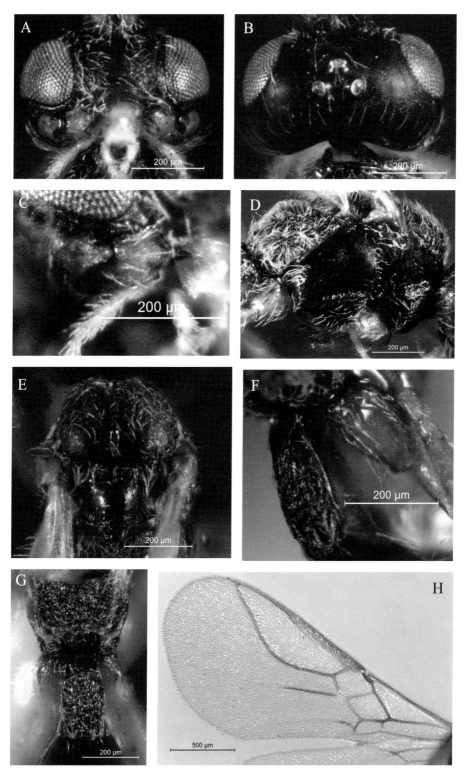

图 2-6　百慕繁离颚茧蜂，中国新记录 *Chorebus* (*Etriptes*) *bermus* Papp, rec. nov. (♀)

A：头部正面观；B：头部背面观；C：上颚；D：胸部侧面观；E：中胸背板；F：（示）后足基节；

G：并胸腹节和腹部第 1 背板；H：前翅

腹：第1背板两边几乎平行或轻微向后扩大，中间长为端部宽的1.8倍，背板表面被不规则粗刻纹，整个背板被毛，但两端角处通常较密，其他大部分区域则显得稀疏；其他各节光滑亮泽；产卵器鞘较细，长度约为后足跗节第2节长的1.3倍。

体色：触角总体棕色，基部几节黄棕色；头部大部分区域暗棕色；唇基黄棕色；上唇、下颚须（有时端节黄褐色）和下唇浅黄色，上颚中间部分金黄色；胸部黑色；足基本金黄色（跗节颜色通常稍暗，后足基节有时呈暗棕色）；胸部和腹部第1背板棕黑色，腹部第2背板黄棕色，后面几节及产卵器鞘深棕色。

雄虫 与雌虫基本相似；体长1.6—1.9mm；触角26—29节；腹部第1背板中间长为端部宽的1.8—1.9倍。

研究标本 1♀，宁夏贺兰山苏峪口，2001-Ⅷ-12，林智慧；1♀，宁夏贺兰山苏峪口，2001-Ⅷ-12，杨建全；1♂，宁夏六盘山泾源，2001-Ⅷ-16，杨建全；3♂，宁夏六盘山泾源，2001-Ⅷ-16，林智慧；1♀，宁夏六盘山凉殿峡，2001-Ⅷ-21，梁光红；4♀♀，宁夏六盘山米缸山，2001-Ⅷ-22，石全秀；5♂♂，1♀，宁夏六盘山米缸山，2001-Ⅷ-22，梁光红；2♂，4♀♀，宁夏六盘山米缸山，2001-Ⅷ-22，杨建全。

已知分布 宁夏；韩国。

寄主 未知。

7. 胫距繁离颚茧蜂，中国新记录
Chorebus (Etriptes) talaris (Haliday)，rec. nov.

（图2-7）

Alysia（Dacnusa）talaris Haliday，1839: 8.

Dacnusa talaris: Kirchner，1867: 1–285；Marshall，1896: 1–635；Nixon，1937，4: 1–88.

Rhizarcha talaris: Morley，1924，57: 250–255.

Etriptes talaris: Kloet et Hincks，1945: 1–483；Nixon，1954，90: 257–290.

Chorebus talaris: Griffiths，1968: 823–914，1968: 72.

Chorebus（Etriptes）talaris: Tobias et Jakimavicius，1986:7–231；Tobias 1998: 558–655；Perepechayenko，2000: 8（1）: 57–79.

雄虫 体长2.6mm；前翅长2.8mm。

头：触角32节，第1鞭节长为第2鞭节的1.3倍，第2、3鞭节等长，第1鞭节和倒数第2鞭节长分别为宽的2.6倍和2.0倍。头背面观不显横宽，宽为长的1.8倍；复眼长略长于上颊长；后头光滑，中部几乎无被毛，两旁稀疏地被有细毛；近上颚基部处毛略显稠密，但不形成明显密毛簇；额整体较平坦、光滑，但中部具一明显凹陷；脸稍隆起，中纵脊较明显，被较多细毛（复眼内缘处毛甚密）和浅刻痕；上颚不向上扩展，第2齿

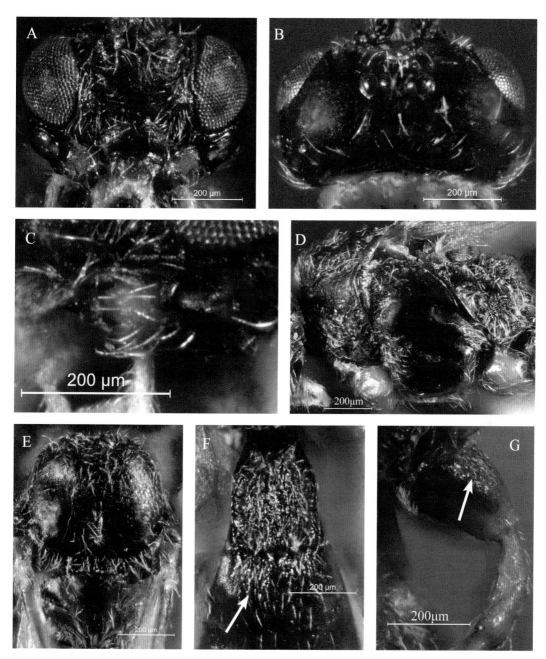

图 2-7 胫距繁离颚茧蜂，中国新记录 *Chorebus* (*Etriptes*) *talaris* (Haliday)，rec. nov.（♂）

A：头部正面观；B：头部背面观；C：上颚；D：胸部侧面观；E：中胸背板；F：腹部第 1、2 背板；
G：（示）后足基节

甚为尖长，第3齿（附齿）位于第2腹缘中部，为一较小凸起；下颚须中等长度。

胸：长为高的1.5倍。前胸背板两侧面亮泽无毛，但布满粗糙刻痕，前胸侧板亦几乎无被毛；中胸盾片较有光泽，但侧叶后半部较光滑、无毛，其余区域布满较密长毛和大量浅刻点；盾纵沟不明显；中胸盾片后方中陷较浅，但细长，约伸达背板中部；小盾片较宽大、隆起，表面光滑亮泽，仅两侧缘及后端被较密刚毛；并胸腹节表面布满白色贴面长毛，但前方水平面部分较为稀疏，后方斜面处较密；中胸侧板光滑亮泽，基节前沟较浅、窄，沟内刻痕较弱；后胸侧板中后部一巨大隆起表面布满粗糙刻痕，且无被毛，隆起周围仅后下方毛较密，整体不具"玫瑰花朵"形。

翅：前翅翅痣长为宽的6.7倍，为1–R1脉长的1.2倍；前翅r脉长为翅痣宽的1.4倍；前翅1–SR+M脉较直，其长为前翅r脉长的1.8倍；3–SR+SR1脉后半部较明显曲折；CU1b脉明显，亚盘室后方不开放。

足：后足基节内外侧布满明显粗刻纹；后足腿节长为宽的5.1倍；后足跗节第2节长约为后足基跗节的4/7（后足两端跗节均损坏）。

腹：第1背板宽大（由基部至气孔处较明显扩大，气孔处至后缘则两边几乎平行）端部宽为基部宽的1.8倍，中间长为端部宽的1.4倍，背板表面刻纹甚为粗糙，并被有较多细短毛（不太稠密）；第2背板表面布满短刚毛，且基部具明显刻纹；第3背板表面无刻纹，但中部被较多短刚毛（但较稀疏）；第3背板之后各节表面光滑、刚毛稀少。

体色：触角整个都为暗棕色；头部大部分区域、胸部及腹部第1背板均为黑色；唇基暗棕色；上唇锈黄色，上颚中间部分黄色、下颚须和下唇浅黄色；足除后足基节绝大范围棕黑色、后足胫节端部（约占1/3）和跗节黄褐色外，其他部分为铜黄色；腹部第1背板之后各节暗红棕色（或酱色）。

雌虫　暂未发现。

研究标本　1♂，宁夏六盘山西峡，2001–Ⅷ–17，林智慧。

已知分布　宁夏；保加利亚、捷克、德国、匈牙利、爱尔兰、英国、意大利、波兰、瑞典、俄罗斯、乌克兰。

寄主　已知寄生角潜蝇属 *Cerodontha* Rondani 的3种：*Cerodontha incise*（Meigen）、*Cerodontha pygmaea*（Meigen）和 *Cerodontha tatrica* Nowakowski。

8. 黄氏繁离颚茧蜂
Chorebus (Etriptes) huangi Zheng & Chen

（图 2–8）

Chorebus（*Etriptes*）*huangi*: Zheng & Chen，2017: 170–180.

雌虫　体长 2.2mm；前翅长 2.1mm。

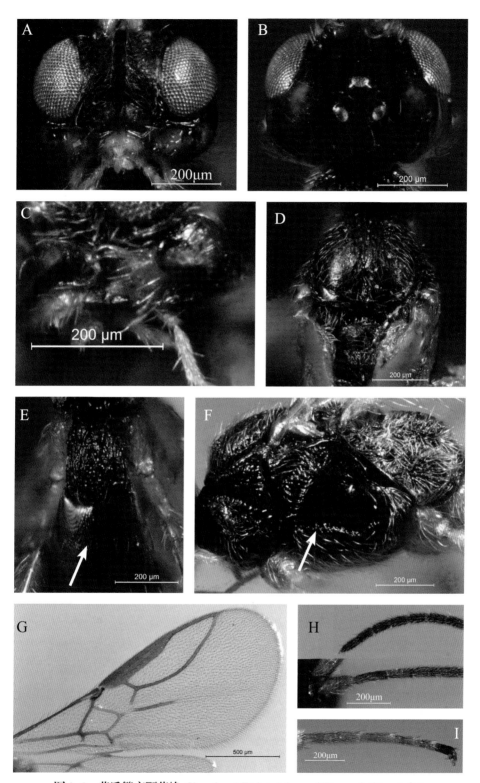

图 2-8 黄氏繁离颚茧蜂 *Chorebus* (*Etriptes*) *huangi* Zheng & Chen (♀)
A: 头部正面观; B: 头部背面观; C: 上颚; D: 中胸背板; E: 腹部第 1 背板及第 2 背板; F: 胸部侧面观;
G: 前翅; H: 触角基部和端部几节; I: 后足跗节

头：触角 27 节，第 1 鞭节和倒数第 2 鞭节长分别为宽的 4.3 倍和 3 倍。头背面观不显横宽，宽为长的 1.6 倍；复眼长略短于上颊长；后头光滑，刚毛稀少，脸除中纵脊区域光滑外，其他区域则密布细短毛及粗刻点；上颚不向上扩展，第 2 齿十分长、尖，第 3 齿（附齿）位于第 2 腹缘，仅为一小凸起；第 4 齿短小；下颚须稍显短。

胸：长为高的 1.7 倍。前胸背板两侧面亮泽无毛，但遍布粗糙刻纹；中胸盾片整个密被细刚毛和较粗糙刻点，盾纵沟浅但完整，延伸至后方中陷处；中胸盾片后方中陷较深，从后方向前延伸至近 1/3 处；小盾片较宽大，整个表面被有密毛和刻点，但前面的大部分区域毛明显比后面稀，且刻点也明显比后面精细；后胸背板被有密长毛；并胸腹节表面毛明显稀薄，表面的粗糙刻纹绝大部分没被遮掩，中纵脊明显，从并胸腹节前缘向后延伸至 1/2 处；中胸侧板光滑亮泽，基节前沟长、中部宽大，几乎贯穿侧板前后，沟内刻纹（多为短刻条）发达；后胸侧板被密长毛，中部具一粗糙刻纹的隆起，但毛不形成明显"玫瑰花朵"形。

翅：前翅翅痣不显细长，长为宽的 6.7 倍；1–R1 脉短，其长仅为翅痣长的 1/2；前翅 r 脉长等于翅痣宽，为 1–SR+M 脉长的 2/5；3–SR+SR1 脉后半部较接近直；CU1b 脉退化，亚盘室后方开放。

足：后足基节大范围被有刻纹；后足腿节长为宽的 4.2 倍；后足胫节短于后足跗节，其长为后足跗节长的 4/5；后足第 2 跗节长约为基跗节的 3/5，第 3 跗节与端跗节等长。

腹：第 1 背板由基本向端部较大程度地均匀扩大，端部宽约为基部宽的 1.5 倍，中间长为端部宽的 1.5 倍，整个背板表面被粗糙刻纹（多数纵向）及刻点，且几乎无被毛；第 2 背板表面无毛，但背板中间一大片区域（纵贯基端部）具精细纵刻纹和刻点，两旁区域光滑；第 3 背板及以后各节均光滑无刻纹；产卵器细短，几乎未露出腹部最末端。

体色：触角柄节和梗节金黄色，第 1—4 鞭节黄棕色，其后各节棕黑色；头部大部分区域、胸部黑色；脸棕黑色或深棕色；唇基棕黑色；上唇和上颚中间部分金黄色、下颚须和下唇浅黄色；足除跗节深褐色、胫节大部分浅黄褐色外，其他部分金黄色；腹部第 1 背板棕黑色，腹部第 2、3 背板棕黄色，其后各节深褐色；产卵器鞘棕黑色。

变化：体长 2.0—2.2mm；触角 26—27 节；有的头显长，背面观其宽为长的 1.4—1.6 倍。

雄虫 特征与雌虫特征相似；体长 2.1—2.2mm；触角 26—28 节，整个鞭节棕黑色；腹部第 2、3 背板颜色比雌虫暗。

已知分布 吉林、内蒙古。

寄主 未知。

注 该种是本书作者等 2017 年发表的一个新种，此处仅对其做摘录。

Stiphrocera Foerster 亚属

Stiphrocera Foerster，1862，Verh. naturh. Ver. Preuss. Rheinl. & Westph.，19: 276. Type species（by original designation and monotypy）：*Stiphrocera nigricornis* Foerster，1862（= *Chorebus ampliator*（Nees，1814））.

本亚属的主要鉴别特征为：后足基节光滑，且背面无明显毛簇；后胸侧板中下部具一略显光泽的小瘤凸状隆起，环绕该瘤凸四周被半贴面密毛，且形成明显的"玫瑰花朵"形，或者瘤凸不发达，且不具长毛；腹部第 2 背板总是光滑。

9. 迪莱姆繁离颚茧蜂，中国新记录
Chorebus（*Stiphrocera*）*diremtus* (Nees)，rec. nov.

（图 2–9）

Alysia diremta Nees，1834，1: 262；Kirchner，1867: 137.

Dacnusa diremta: Curtis，1837: 123；Marshall，1896，5:486，1897: 16；Morly，1924，57: 197；Telenga，1934，44（12）: 124；Nixon，1937，4: 27，1943，79: 165，1946，82: 279；Fischer，1962，14（2）: 31；Tobias，1962，31: 128；Burghele，1964，16（2）: 113.

Alysia（*Dacnusa*）*diremta*: Haliday，1839: 12.

Dacnusa（*Dacnusa*）*diremta*: Thomson，1895，20: 2325.

Chorebus diremtus: Griffiths，1968，18（1/2）: 77；Shenefelt，1974: 1045；Ivanov，1980，59（3）: 631–633.

Chorebus（*Stiphrocera*）*diremtus*: Tobias et Jakimavicius，1973，2: 23–38，1986: 7–231；Tobias，1998: 368；Papp，2004，21: 136，2005，51（3）: 226，2007，53（1）: 8，2009，101: 123；Yu et al.，2016: DVD.

雌虫　体长 2.1mm；前翅长 2.1mm。

头：触角 26 节，各节都密被刚毛，第 1 鞭节明显长于以后各鞭节，其长分别为第 2、3 鞭节的 1.3 倍和 1.4 倍，第 1 鞭节和倒数第 2 鞭节的长分别为其宽的 5.3 倍和 2.2 倍。头背面观近方形，光滑，几乎无毛，仅后头和颊区中下部排列少数几根刚毛，头宽为长的 1.3 倍；复眼长为上颊长的 4/5；OOL：OD：POL=21：5：10；复眼正面观内缘不明显向下收敛；脸区几乎无毛（仅中上部靠近触角窝具少量细短毛），具极浅横纹，中间稍微纵向隆起；上颚不扩展，第 2 齿较长且明显长于两侧齿，端部尖且明显向外弯，其腹缘近基部处具一较弱小凸起（附齿），几齿基本不处同一平面；下颚须 4 节，稍短；下唇须 3 节，端节色暗。

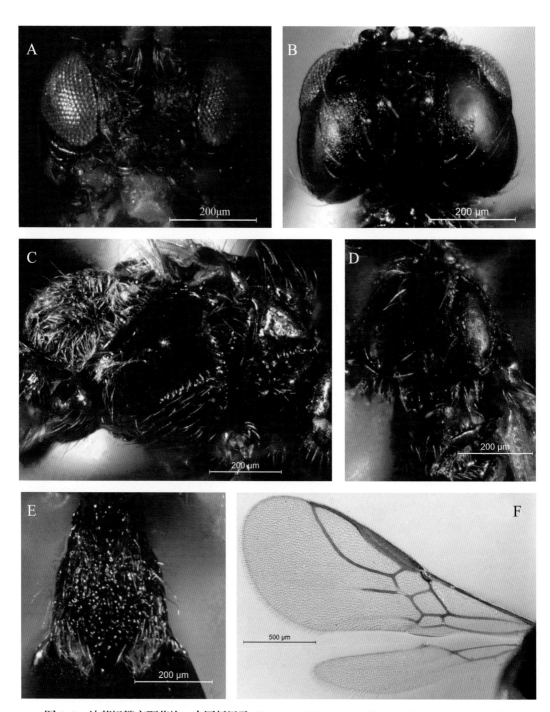

图 2-9 迪莱姆繁离颚茧蜂，中国新记录 *Chorebus (Stiphrocera) diremtus* (Nees)，rec. nov. (♀)

A：头部正面观；B：头部背面观；C：胸部侧面观；D：中胸背板；E：腹部第 1 背板；F：前后翅

胸：长为高的 1.5 倍。前胸背板两侧光亮，仅有几根细毛；中胸盾片几乎无毛，仅少数几根长刚毛沿盾纵沟轨迹稀疏排列，中叶前部凹；盾纵沟仅前端"斜坡"处明显，内具浅刻纹，后方仅为浅痕迹；中陷较深、短；小盾片前沟宽，内发达纵短刻条；小盾片光滑；中胸侧板大部分光滑，有光泽；基节前沟宽大，且很长，几乎贯穿侧板前后端，内具粗壮刻条；后胸背板中纵向中度凸起，两边毛较密；后胸侧板毛密，且围绕中后部一具粗刻纹的隆起呈四周发散状排列，形成近"玫瑰花朵"样式；并胸腹节几乎整个表面被贴面密毛，基本覆盖其表刻纹，使刻纹不明显可见。

翅：前翅翅痣长为 1–R1 脉的 1.7 倍；r 脉始发处靠近翅痣基部，其长等于翅痣最宽处的宽度；3–SR+SR1 脉前部均匀弯曲，后方较直；1–SR+M 脉后端稍下弯，其长为 r 脉的 1.6 倍；CU1b 脉退化，亚盘室向翅后方开放；后翅 M+CU 脉长为 1–M 脉的 1.2 倍。

足：后足基节被较多长毛，基部但不形成毛簇，后足腿节长为其最宽处的 4.2 倍；后足胫节与后足跗节等长；后足第 2 跗节长为基跗节的 3/5；后足第 3 跗节等长于端跗节。

腹：第 1 背板从基部向端部均匀扩大，中间长为端部宽的 1.7 倍，表面绝大部分无被毛，左右两边缘具稀疏长刚毛，但其端部两侧角分别具密毛，形成两簇白毛，背板表面具不规则粗刻纹，中纵脊较为明显；由第 2 背板至腹末表面均光滑无刻纹，各节稀疏横排数根刚毛；产卵器稍露出腹部最末端。

体色：头部大部分区域、整个胸部、腹部第 1 背板均为黑色；触角柄节为黄褐色其他各节深褐色；颚齿边缘暗褐色，中间大部分区域黄色；下唇须端节浅褐色，下颚须基节和端节均为浅褐色；足绝大部分金黄色（除跗节褐色、中足和后足基节黄褐色外）；腹部第 2、3 背板为黄色，以后各背板褐色至深褐色；产卵器鞘深褐色。

变化：触角 24—26 节；腹部背板（包括后几节）色浅，更趋于黄色；有的虫体 T1 气孔之前部分有后扩大之势，气孔之后两边平行。

雄虫 体长 2.3mm；触角 34 节，大部分棕色，基部几节色浅，前 3 节明显黄色，各足基节黄色；其他特征基本同于雌虫。

研究标本 2♀♀，内蒙古二连浩特恐龙公园，2011– Ⅷ –22，姚俊丽；1♀，内蒙古二连浩特恐龙公园，2011– Ⅷ –22，黄芬；1♀，内蒙古二连浩特陆桥公园，2011– Ⅷ –23，黄芬；2♀♀，内蒙古二连浩特陆桥公园，2011– Ⅷ –23，姚俊丽；1♂，黑龙江伊春植物园，2012– Ⅷ –5，赵莹莹。

已知分布 内蒙古、黑龙江；奥地利、阿塞拜疆、德国、匈牙利、伊朗、爱尔兰、瑞士、瑞典、波兰、立陶宛、土耳其、俄罗斯、塞尔维亚、蒙古、韩国。

寄主 已知寄生寄蝇和潜蝇（Tobias，1986）：*Cerodontha fulvipes* Meigen、*Paraphytomyza tridentate* Loew、*Phytomyza aprilina* Goureau 和 *P. tetrasticha* Hendel.

10. 方头繁离颚茧蜂，中国新记录
Chorebus (Stiphrocera) cubocephalus (Telenga) , rec. nov.

（图 2-10）

Rhizarcha cubocephalus Telenga，1935，44（12）: 123.

Dacnusa cyclops Nixon，1937，4: 28.（Syn. by Tobias，1986）

Dacnusa cubocephalus: Shenefelt，1974: 1087.

Chorebus（*Stiphrocera*）*cubocephalus*: Tobias et Jakimavicius，1986: 7-231；Tobias，1998: 358；Perepechayenko，1998，6（1）: 89-94；Papp，2004，21: 135，2007，53（1）: 8；Yu et al.，2016: DVD.

雌虫 体长 2.2mm；前翅长 2.0mm。

头：触角 24 节，各节均被有较密刚毛，第 1 鞭节长分别为第 2、3 鞭节的 1.2 倍、1.3 倍，第 1 鞭节和倒数第 2 鞭节的长分别为宽的 6.0 倍和 2.3 倍。头背面观小、近方形，宽为长的 1.3 倍；复眼长为上颊长的 7/10；后头光滑，几乎无毛；OOL：OD：POL=30：5：8；复眼正面观内缘轻微向下方收敛；脸区毛稀、精细，中间稍纵向隆起；上颚不向上扩展，第 2 齿很长，大大长于两边侧齿，且其腹缘中部具一小附齿，几齿基本都不处同一平面。

胸：长为高的 1.6 倍。前胸背板两侧光亮，最多仅少数几根细毛；中胸盾片几乎无毛，仅少数几根长刚毛沿盾纵沟轨迹排列；盾纵沟不发达，仅前端"斜坡"处明显，内具刻纹，后方仅为极浅痕迹；中陷较深，但很短；小盾片前沟宽，内具明显纵向刻痕；小盾片光滑；中胸侧板大部分光滑，有光泽；基节前沟宽大，且较长，从侧板最前端向后延伸至约 2/3 处，内具粗壮刻条；后胸背板中部凸起，具少量长刚毛；后胸侧板具密毛，且围绕中后部一具粗刻纹的隆起呈四周发散状排列，具一定"玫瑰花朵"样式；并胸腹节毛稀，其粗刻纹明显可见。

翅：前翅翅痣较窄、长，其长为 1-R1 脉的 1.5 倍；r 脉始发处靠近翅痣基部，其长为翅痣最宽处的 1.4 倍；3-SR+SR1 脉均匀弯曲；1-SR+M 脉直，其长为 r 脉的 1.9 倍；CU1b 脉几乎缺，故亚盘室向翅后方开放；后翅 M+CU 脉等长于 1-M 脉。

足：后足腿节长为其最宽处的 4.5 倍；后足胫节等长于后足跗节；后足第 2 跗节长为基跗节的 3/5；后足第 3 跗节几乎等长于端跗节；后足基节被有密长毛，但不形成毛簇。

腹：第 1 背板表面几乎无毛，仅左右两边缘及后端具少数几根长刚毛，背板表面具纵向刻纹和粗刻点，背板从基部至后端轻微扩大，左右两边接近平行，中间长为后端宽的 1.9 倍；由第 2 背板至腹末表面均无刻纹，各节稀疏横排数根刚毛；第 2 背板长为第

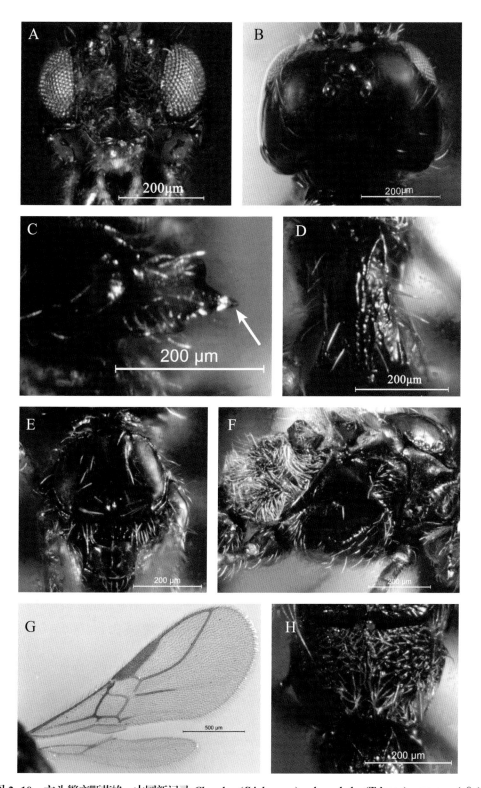

图2-10 方头繁离颚茧蜂，中国新记录 *Chorebus* (*Stiphrocera*) *cubocephalus* (Telenga), rec.nov. (♀)
A：头部正面观；B：头部背面观；C：上颚；D：腹部第1背板；E：中胸背板；F：胸部侧面观；
G：前后翅；H：并胸腹节

3 背板的 1.3 倍；背面观腹部末尖，产卵器稍露出腹部最末端。

体色：体色暗，头部大部分区域、整个胸部、腹部第 1 背板均为黑色；整个触角深褐色；上颚颚齿深褐色，中间大部分区域褐黄色；足大部分金黄色，中、后足基节黑褐色，后足腿节大部分区域浅黄褐色，后足跗节端部及跗节褐色；腹部背板（除第 1 节外）均为深褐色；产卵器鞘褐色。

变化：体长 2.1—2.3mm；触角 23—26 节；体色变化较大，少数虫体颜色以棕黄色为主（如宁夏的一些标本），腹部色浅，第 1 背板有的为棕红色或黄褐色，第 1 背板之后浅黄褐色，有的足颜色更暗或浅些。

雄虫　体长 1.9—2.2mm；触角 27—31 节。其他特征基本同于雌虫。

研究标本　2 ♂♂，1 ♀，宁夏六盘山泾源，2001- Ⅷ -14，林智慧；3 ♂♂，宁夏六盘山泾源，2001- Ⅷ -16，林智慧；8 ♂♂，宁夏六盘山泾源，2001- Ⅷ -16，杨建全；4 ♂♂，宁夏六盘山龙潭，2001- Ⅷ -15，林智慧；1 ♂，宁夏六盘山龙潭，2001- Ⅷ -15，杨建全；1 ♀，宁夏六盘山西峡，2001- Ⅷ -17，林智慧；1 ♂，宁夏六盘山凉殿峡，2001- Ⅷ -21，杨建全；1 ♀，宁夏六盘山米缸山，2001- Ⅷ -22，杨建全；4 ♂♂，宁夏六盘山米缸山，2001- Ⅷ -22，林智慧；1 ♀，宁夏六盘山米缸山，2001- Ⅷ -22，石全秀；3 ♂♂，宁夏六盘山米缸山，2001- Ⅷ -22，季清娥；2 ♂♂，宁夏六盘山二龙河，2001- Ⅷ -23，季清娥；2 ♂♂，宁夏六盘山二龙河，2001- Ⅷ -23，石全秀；2 ♂♂，宁夏六盘山二龙河，2001- Ⅷ -23，杨建全；1 ♀，青海西宁曹家寨，2008- Ⅵ -4，赵琼；1 ♂，青海西宁植物园，2008- Ⅵ -21，赵琼；2 ♀♀，青海贵德，2008- Ⅶ -17，赵琼；1 ♀，甘肃兴隆山，2008- Ⅷ -2，赵琼；2 ♂♂，7 ♀♀，新疆昌吉，2008- Ⅷ -11，赵琼；1 ♂，山东泰山龙潭水库，2002- Ⅶ -11，吕宝乾；3 ♂♂，2 ♀♀，山东安丘，2002- Ⅶ -11，吕宝乾；2 ♂♂，1 ♀，山东泰山西路，2002- Ⅶ -12，吕宝乾；1 ♂，3 ♀♀，山东安丘青元山，2002- Ⅶ -13，吕宝乾；2 ♂♂，2 ♀♀，山东蓬莱长岛，2011- Ⅸ -8，姚俊丽；1 ♂，山西长治城南生态园，2010- Ⅷ -28，姚俊丽；2 ♂♂，1 ♀，山西恒山，2010- Ⅷ -29，姚俊丽；1 ♂，山西恒山，2010- Ⅷ -29，常春光；3 ♂♂，山西太原清徐，2010- Ⅸ -13，姚俊丽；5 ♂♂，4 ♀♀，山西晋城历山保护区，2010- Ⅸ -17，姚俊丽；1 ♂，福建将乐龙栖山，2010- Ⅷ -31，郭俊杰；1 ♀，福建将乐龙栖山壁石场，2010- Ⅷ -31，赵莹莹；1 ♀，河北张家口桥东，2010- Ⅸ -8，姚俊丽；1 ♀，河北衡水湖，2011- Ⅸ -2，姚俊丽；2 ♀♀，内蒙古乌兰察布卓资山，2011- Ⅷ -5，郑敏琳；5 ♂♂，4 ♀♀，内蒙古乌兰察布卓资山，2011- Ⅷ -5，姚俊丽；2 ♂♂，内蒙古乌兰察布卓资山，2011- Ⅷ -5，赵莹莹；3 ♂♂，内蒙古乌兰察布卓资山，2011- Ⅷ -5，董晓慧；1 ♀，内蒙古呼和浩特乌素图，2011- Ⅷ -8，郑敏琳；2 ♂♂，11 ♀♀，内蒙古呼和浩特乌素图，2011- Ⅷ -8，姚俊丽；1 ♂，内蒙古呼和浩特乌素图，2011- Ⅷ -8，董晓慧；1 ♀，内蒙古二连浩特恐龙公园，2011- Ⅷ -21，姚俊丽；1 ♀，内蒙古二连浩特恐龙公园，

2011- Ⅷ -22，赵莹莹；1♀，内蒙古二连浩特恐龙公园，2011- Ⅷ -22，黄芬；1♂，辽宁西郊森林公园，2012- Ⅶ -4，赵莹莹；1♂，黑龙江伊春细水公园，2012- Ⅷ -8，赵莹莹；1♀，1♂，吉林长春青浦小区，2012- Ⅸ -1，赵莹莹。

已知分布　宁夏、青海、甘肃、新疆、山东、山西、河北、内蒙古、黑龙江、吉林、福建；奥地利、匈牙利、德国、英国、爱尔兰、意大利、西班牙、瑞典、土库曼斯坦、波兰、俄罗斯、塞尔维亚、哈萨克斯坦、乌兹别克斯坦、乌克兰、土耳其、阿塞拜疆、马德拉岛、韩国。

寄主　寄生黄潜蝇科 Chloropidae 害虫 *Oscinella pusilla* Meigen。

注　本种与 *Chorebus*（*Stiphrocera*）*diremtus* Nees 极为相似，被归为 "*Chorebus diremtus* Nixon group" 的姐妹种（Tobias，1986）。最大区别是：*C.*（*S.*）*diremtus* 总体颜色更浅，特别是腹部和足的颜色；*C.*（*S.*）*diremtus* 腹部第 1 背板末端侧角多少具簇毛，而 *C.*（*S.*）*cubocephalus* 该处无毛，且前者 T1 比后者向后扩大更明显、基节前沟相对更长。

11. 缺脉繁离颚茧蜂，新种
Chorebus（*Stiphrocera*）*avenula* Zheng & Chen , sp. nov.

（图 2-11）

雌虫　正模，体长 1.4mm；前翅长 1.5mm。

头：触角 22 节，触角长为体长的 1.4 倍，第 1 鞭节长分别为第 2、3 鞭节的 1.2、1.3 倍，第 1 鞭节和倒数第 2 鞭节的长分别为宽的 3.6 倍和 2.0 倍。头背面观宽为长的 1.8 倍，复眼长等于上颊长；后头光滑，仅零星被细短毛；OOL：OD：POL=20：5：12；脸为较明显隆起的凸面，无刻纹，稀疏地被有细毛；唇基较凸出，表面光滑亮泽；上颚轻微向上扩展，具明显 4 齿；下颚须中等长度。

胸：长为高的 1.3 倍。前胸背板两侧面光滑、无毛；前胸侧板具刻纹，仅被少量细毛；中胸盾片光滑亮泽，仅最前缘以及沿盾纵沟轨迹具少量刚毛；盾纵沟仅为很浅沟痕，伸达背板后部；中胸盾片后方中陷极短；中胸侧板大部分区域光滑亮泽，其近下缘处的基节前沟较宽大，位于横向中部，沟内刻痕明显；并胸腹节水平部位甚短，后部斜面处宽大，表面密被贴面长毛；后胸侧板亦被有较密贴面白毛，并围绕中后部一具粗刻纹的隆起排列成近 "玫瑰花朵" 样式。

翅：前翅翅痣长为宽的 9.0 倍，为 1-R1 脉长的 1.4 倍；r 脉长为翅痣宽的 1.5 倍；3-SR+SR1 脉后半部稍曲折；1-SR+M 脉缺；CU1b 脉极退化，亚盘室后方开放。

足：后足腿节长为宽的 4.5 倍；后足胫节略长于后足跗节；后足第 2 跗节长为基跗节的 7/10；后足第 3 跗节与端跗节几乎等长。

腹：第 1 背板由基部向端部稍有扩大，中间长为后端宽的 1.8 倍，其表面刻纹精细，

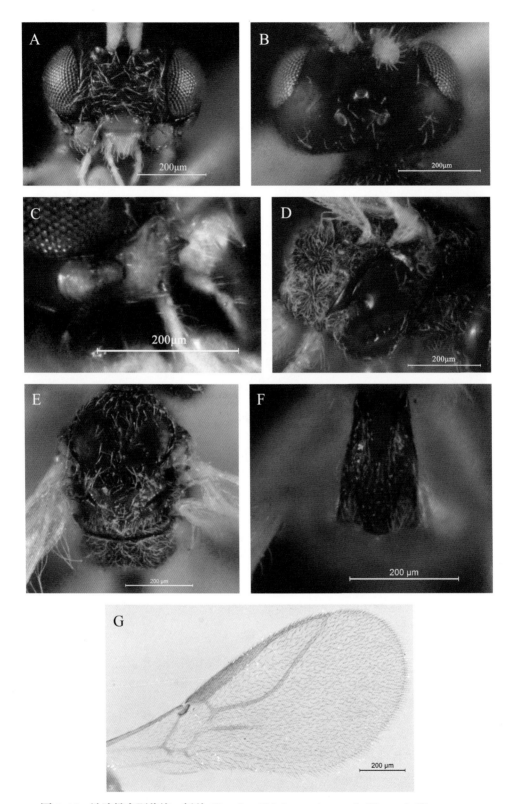

图 2-11 缺脉繁离颚茧蜂，新种 *Chorebus* (*Stiphrocera*) *avenula* Zheng & Chen, sp.nov.

A：头部正面观；B：头部背面观；C：上颚；D：胸部侧面观；E：中胸背板；F：腹部第 1 背板；G：前翅

且几乎无被毛，仅左右两边缘及后方两端角处具少量细毛；由第2背板至腹末表面光滑亮泽，仅零星被短刚毛；产卵器鞘长等于后足第1跗节长，稍露出腹部最末端。

体色：触角整体黄棕色，但前3—4节颜色明显浅于后方各节，为黄色；头部大部分区域、整个胸部以及腹部第1背板均为暗棕色；唇基黄棕色；上唇黄色；上颚中间大部分区域暗黄色；下颚须和下唇须浅黄色；翅痣和翅脉颜色甚浅，为浅黄棕色；足除端跗节为黄褐色外，其余部分为金黄色；腹部背板第2+3节黄色，其后各节黄棕色；产卵器鞘黄棕色。

变化：体长1.3—1.5mm；前翅长1.4—1.6mm；触角21—24节；虫体颜色有所变化，如头、胸及腹部第1节由黄棕色至棕黑色。

雄虫　与雌虫相似；体长1.3—1.4mm；触角23—25节。

研究标本　正模：♀，湖北神农架红花，2000- Ⅷ-27，杨建全。副模：1♀，湖北神农架阳日，1988- Ⅶ-26，张立钦；1♂，湖北神农架松柏，1988- Ⅶ-30，杨建全；2♂♂，1♀，湖北神农架木鱼，1988- Ⅷ-5，杨建全；3♂♂，6♀♀，湖北神农架木鱼，1988- Ⅷ-8，张立钦；3♂♂，5♀♀，湖北神农架红坪，1988- Ⅷ-11，张立钦；1♂，2♀♀，湖北神农架红坪，1988- Ⅷ-11，黄居昌；2♂♂，1♀，湖北神农架红坪，1988- Ⅷ-11，杨建全；1♂，4♀♀，湖北神农架红坪，1988- Ⅷ-16，杨建全；2♂♂，1♀，湖北神农架红花，2000- Ⅷ-27，季清娥；1♀，湖北神农架红花，2000- Ⅷ-27，黄居昌；1♀，湖北神农架木鱼，2000- Ⅷ-24，杨建全；2♂♂，湖北神农架木鱼，2000- Ⅷ-25，季清娥；1♀，湖北神农架木鱼，2000- Ⅷ-25，宋东宝；1♀，湖北神农架红花，2000- Ⅷ-27，黄居昌。

已知分布　湖北。

寄主　未知。

词源　本新种拉丁名"avenula"意为翅脉缺，这里是指前翅1-SR+M脉缺失。

注　本种与 *Chorebus*（*Stiphrocera*）*albipes*（Haliday）最为相似，区别为：本种前翅1-SR+M脉缺失，后者存在；本种盾纵沟达背板后方（虽然很浅），后者缺失或很短；本种并胸腹节和后胸侧板均被密毛，而后者毛相对较稀。

12. 凹额繁离颚茧蜂，新种
Chorebus (*Stiphrocera*) *cavatifrons* Chen & Zheng , sp. nov.

（图2-12）

雌虫　正模，体长2.0mm；前翅长1.8—2.0mm。

头：触角30节，第1鞭节长分别为第2、3鞭节的1.2倍、1.3倍，第1鞭节和倒数第2鞭节长分别为宽的3.3倍和1.8倍。头背面观宽为长的1.9倍，复眼后方不膨大，复眼长约等于上颊长；OOL：OD：POL=20：6：15；后头光滑亮泽，几乎无被毛；额区整

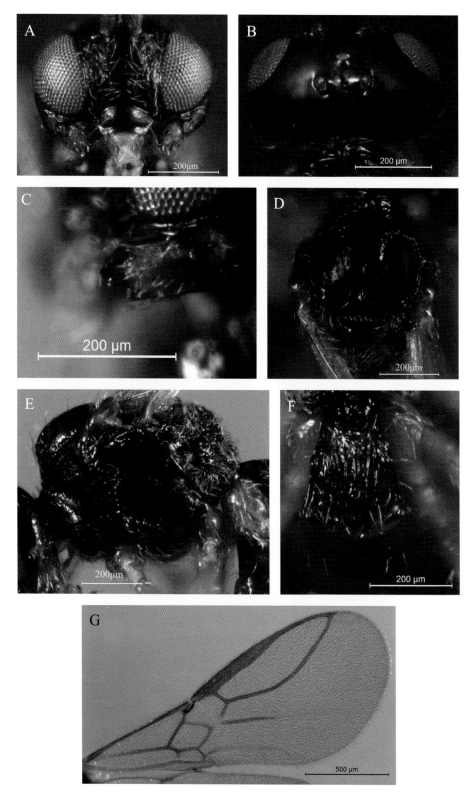

图 2-12　凹额繁离颚茧蜂，新种 *Chorebus* (*Stiphrocera*) *cavatifrons* Chen & Zheng , sp.nov. (♀)
A：头部正面观；B：头部背面观；C：上颚；D：中胸背板；E：胸部侧面观；F：腹部第 1 背板；G：前翅

体平坦，但中间具一明显小凹陷；脸被较多细短毛，且大范围具较粗糙刻纹，下半部中间区域光滑；唇基光滑，高为宽的 1/2；上颚小、齿皆短，第 1 齿无任何扩展；下颚须非常短。

胸：胸稍短，长约为高的 1.3 倍。前胸仅侧板前半部被少量细毛；中胸盾片表面光滑亮泽，几乎无被毛（除前缘数根刚毛，背面仅 5—6 根刚毛）；盾纵沟较发达，伸达中胸盾片中陷处，但未汇合，沟内具细刻痕（前半部明显）；中陷较深，明显游离于中胸盾片后边缘，长约为中胸盾片长的 1/3；基节前沟甚宽大，沟内刻痕粗壮；并胸腹节表面与后胸侧板均被黄褐色贴面长毛，但并胸腹节毛较稀疏，表面刻纹大部分可见，后胸背板毛则密，且围绕中部 1 表面具粗刻纹的无毛隆起区域，形成"玫瑰花朵"状。

翅：前翅翅痣长为宽的 8.0 倍，约为 1-R1 脉长的 1.8 倍；前翅 r 脉长为翅痣宽的 1.2 倍，为 1-SR+M 脉长的 1/2；前翅 3-SR+M 脉后半部不明显曲折；前翅 CU1b 脉基部完整，亚盘室后方不开放。

足：后足腿节长为宽的 5.0 倍；后足胫节长为后足跗节长的 1.1 倍；后足第 2 跗节长为基跗节的 1/2，第 3 跗节长为端跗节的 7/10。

腹：第 1 背板从基部向端部较强烈扩大，端部宽为基部宽的 2.0 倍，中间长为端部宽的 1.2 倍，背板表面密被细纵纹，且几乎无被毛，仅端角处具少量细毛；第 2 背板至腹末表面光滑，刚毛较稀少；产卵器鞘略显粗壮，几乎未伸出腹部背板末端。

体色：触角黑褐色，柄节、梗节黄褐色；头部大部分区域、胸部及腹部第 1 背板黑色；唇基棕黑色，上唇金黄色，下颚须和下唇须黄色（端节均为黄褐色），上颚中间部分暗黄色；足除跗节第 4 节褐黄色、端跗节深褐色外，其余均黄色；腹部第 2、3 背板黄褐色，之后各节暗褐色；产卵器鞘黑色。

变化：另一副模标本，盾纵沟明显浅（其他特征相同）；体长 1.8—2.0mm。

雄虫　与雌虫相似；体长 2.0mm；触角 31 节。

研究标本　正模：♀，黑龙江牡丹江国家森林公园，2011- Ⅶ -18，郑敏琳。副模：1 ♂，黑龙江牡丹江国家森林公园，2011- Ⅶ -18，郑敏琳；1 ♀，黑龙江牡丹江国家森林公园，2011- Ⅶ -18，姚俊丽。

已知分布　黑龙江。

寄主　未知。

词源　本新种拉丁名"cavatifrons"意为额部具凹陷。

注　本种与 *Chorebus*（*Stiphrocera*）*glabriculus*（Thomson）十分接近，主要区别为：本种腹部第 1 背板由基部向端部较强烈扩大，中间长为端宽的 1.1—1.2 倍，后者扩大程度明显不如本种，其中间长为端宽的 1.7—1.8 倍；本种并胸腹节毛较稀，后者则密；本种额区中部具一明显小凹陷，后者无凹陷；本种上颚第 1 齿无任何扩展迹象，后者稍有扩展。

13. 裸繁离颚茧蜂，中国新记录
Chorebus (*Stiphrocera*) *glabriculus* (Thomson)，rec. nov.

（图 2–13）

Dacnusa glabriculus Thomson，1895，20: 2326；Szépligeti，1904，22: 194.

Dacnusa cortipalpis Nixon，1937，4: 34.（Syn. by Griffiths，1964）

Chorebus glabriculus: Griffiths，1964，14: 898，1968，18（1/2）: 121；Shenefelt，1974: 1049；Tobias et Jakimavicius，1986: 7–231；Belokobylskij et al.，2003，53（2）: 358.

Chorebus（*Stiphrocera*）*glabriculus*: Papp，2004: 138.

雌虫 体长 1.7—1.9mm；前翅长 1.8—2.0mm。

头：触角 27—29 节，第 1 鞭节长为第 2 鞭节的 1.3 倍，第 2、3 鞭节等长，第 1 鞭节和倒数第 2 鞭节长分别为宽的 3.8 倍和 2.0 倍。头背面观宽为长的 1.7 倍，复眼后方不膨大，复眼长约等于上颊长；OOL：OD：POL=14：4：7；后头光滑亮泽，几乎无被毛；额光滑，无凹痕；脸具较多细毛及大量刻点，但主要分布于两边，中间（纵向）光滑；唇基高约为宽的 3/5；上颚较小，但第 1 齿略向上扩展，第 3 齿位于第 2 齿腹缘，为一钝凸起；下颚须非常短。

胸：长为高的 1.3—1.4 倍。前胸仅侧板前半部被少量细毛；中胸盾片表面光滑亮泽，毛十分稀少，仅前缘及沿盾纵沟轨迹稀疏分布有少量长刚毛；盾纵沟发达，明显到达背板后方中陷处；背板后方中陷较深，长约为中胸盾片长的 1/3；基节前沟甚宽大，沟内刻痕较粗；并胸腹节整个表面被有较密贴面白毛；后胸侧板中部隆起表面具粗刻纹，周围发散状密毛与之形成明显"玫瑰花朵"状。

翅：前翅翅痣长为宽的 7.0 倍，约为 1–R1 脉长的 1.5 倍；前翅 r 脉长等于翅痣宽，为 1–SR+M 脉长的 1/2；前翅 3–SR+M 脉后半部较明显曲折；前翅 CU1b 脉弱，但亚盘室后方不开放（最多仅轻微开放）。

足：后足腿节长为宽的 4.5 倍；后足胫节略长于后足跗节；后足第 2 跗节长为基跗节的 1/2，第 3 跗节长约为端跗节长的 4/5。

腹：第 1 背板从基部向端部较明显扩大，中间长为端部宽的 1.7—1.8 倍，背板表面亮泽，具精细纵纹及刻点，且背面几乎无被毛（通常仅零星 2—3 根）；第 2 背板至腹末表面光滑，刚毛十分稀少；产卵器鞘未露出腹末端。

体色：触角通体黑褐色，最多仅柄节腹面褐黄色；头部大部分区黑色，唇基棕黑色，上唇和上颚中间部分褐黄色，下颚须和下唇须黄色（端节均为黄褐色）；足棕黄色，端跗节褐色，后足基节、胫节端部及跗节色稍暗；腹部第 1 背板棕黑色，第 2、3 背板棕黄色，

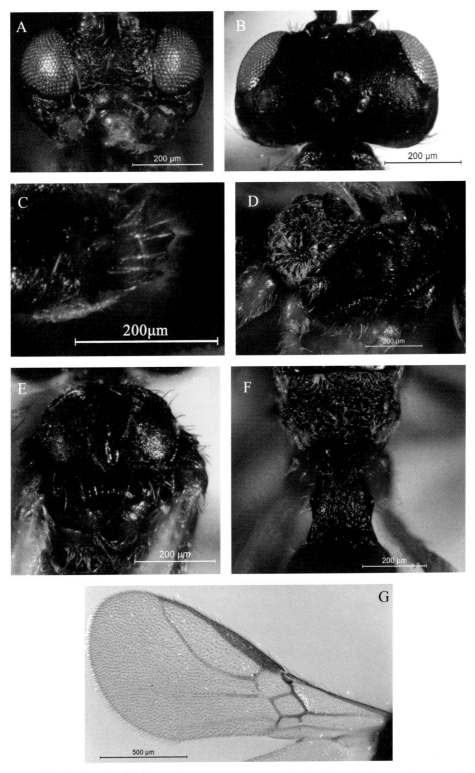

图 2-13　裸繁离颚茧蜂，中国新记录 *Chorebus* (*Stiphrocera*) *glabriculus* (Thomson)，rec.nov. (♀)
A: 头部正面观；B: 头部背面观；C: 上颚；D: 胸部侧面观；E: 中胸背板；F: 腹部第 1 背板和并胸腹节；
G: 前翅

后面加深至暗褐色；产卵器鞘棕黑色。

雄虫 与雌虫相似；体长 1.5—1.9mm；触角 29 节。

研究标本 2 ♂♂，2 ♀♀，内蒙古乌兰察布卓资山，2011- Ⅷ -5，郑敏琳；1 ♂，内蒙古乌兰察布卓资山，2011- Ⅷ -5，赵莹莹；2 ♂♂，2 ♀♀，内蒙古乌兰察布卓资山，2011- Ⅷ -5，姚俊丽。

已知分布 内蒙古；德国、匈牙利、西班牙、爱尔兰、瑞典、乌克兰、俄罗斯。

寄主 未知。

14. 黄繁离颚茧蜂，中国新记录
Chorebus (*Stiphrocera*）*flavipes* (Goureau），rec. nov.

（图 2–14）

Dacnusa flavipes Goureau，1851，9（2）：135；Kirchner，1867：140；Marshall，1896，5：499.

Dacnusa raissa Nixon，1937，4: 34.（Syn. by Griffiths，1967）

Chorebus flavipes: Griffiths，1968，18（1/2）：75；Shenefelt，1974：1047；Tobias et Jakimavicius，1986：7–231.

Chorebus（*Stiphrocera*）*flavipes*: Tobias，1998：373；Papp，2004，21：137，2005，51（3）：226，2009，55（3）：236；Yu et al.，2016: DVD.

雌虫 体长 1.8—2.4mm；前翅长 1.9—2.6mm。

头：触角 30—33 节，第 1 鞭节长分别为第 2、3 鞭节的 1.3、1.4 倍，第 1 鞭节和倒数第 2 鞭节长分别为宽的 4.0 倍和 2.3 倍。头背面观宽为长的 2.0 倍，复眼后方不膨大，复眼长为上颊长的 1.3 倍；OOL：OD：POL=11：3：7；后头光滑亮泽，几乎无被毛；额较平坦、光滑；复眼正面观稍向下收敛，脸部具亮泽，被有较多细长毛及大量刻点，中纵脊于脸上半部、较凸出且表面光滑；唇基较厚，高约为宽的 7/10；上颚小、不扩展，具明显 4 齿，但齿整体都相对短，第 2 齿略尖，第 1、4 齿钝，第 3 齿位于第 2 齿腹缘、较小；下颚须长。

胸：胸稍短，长为高的 1.3—1.4 倍。前胸两侧几乎无毛，仅侧板前缘具少量细毛；中胸盾片表面光滑亮泽，毛稀少，仅前缘及沿盾纵沟轨迹稀疏分布有少量长刚毛；盾纵沟达背板后方中陷处，但通常前半部明显，后半部为较浅沟痕；背板后方中陷十分短小；中胸侧板亮泽，基节前沟深且长（略呈"S"形弯曲），沟内刻痕粗糙，并胸腹节表面大部分区域被有较浓密白短毛，但于斜面处后半部中间较大区域毛稀少；后胸侧板被十分稠密的长毛，围绕中部一表面密被粗刻纹的隆起，形成"玫瑰花朵"状。

翅: 如前翅翅痣长约等于1-R1脉长；前翅r脉长为1-SR+M脉长的2/5；前翅3-SR+M脉后半部略曲折；前翅m-cu脉几乎对叉式；前翅CU1b脉端部略缺，亚盘室稍向后开放。

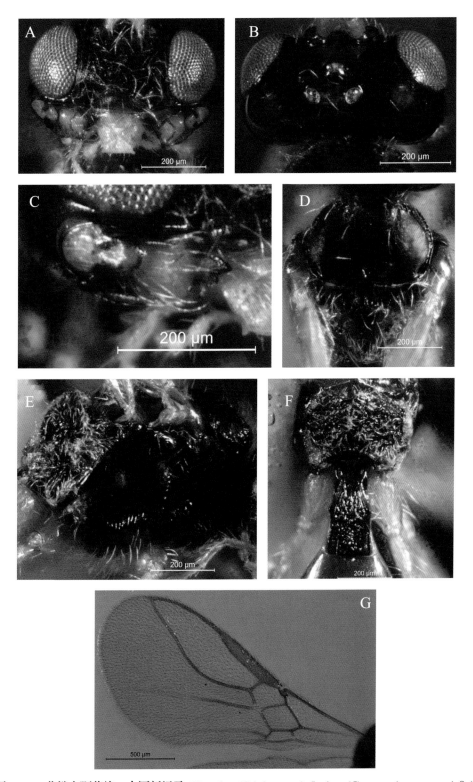

图 2-14 黄繁离颚茧蜂, 中国新记录 *Chorebus* (*Stiphrocera*) *flavipes* (Goureau), rec.nov. (♀)
A: 头部正面观; B: 头部背面观; C: 上颚; D: 中胸背板; E: 胸部侧面观; F: 腹部第 1 背板和并胸腹节;
G: 前翅

足：后足腿节长为宽的 4.5 倍；后足胫节长为后足跗节长的 1.3 倍；后足第 2 跗节长为基跗节的 1/2，第 3 跗节明显短于端跗节，其长约为后者长的 1/2。

腹：第 1 背板从基部向端部有所扩大，中间长为端部宽的 1.8—1.9 倍，背板表面具精细纵纹及刻点，且几乎无被毛，仅两侧缘及后部零星几根刚毛；第 2 背板至腹末表面光滑，刚毛十分稀少；产卵器鞘长等于后足基跗节长。

体色：触角整体黑褐色，基部几节色浅，其中柄节、梗节及第 1 鞭节黄色；头部大部分区、胸部及腹部第 1 背板黑色；唇基暗棕色，上唇黄色，下颚须和下唇须浅黄色，上颚中间部分褐黄色；足黄色（除端跗节略暗色外）；腹部第 1 背板之后各节黄褐色或暗褐色，但有时第 2+3 背板棕黄色；产卵器鞘黑色。

雄虫 与雌虫相似；体长 1.8—2.1mm；触角 30—32 节。

研究标本 1♀，黑龙江牡丹江牡丹峰，2011- Ⅶ -16，郑敏琳； 1♀，黑龙江牡丹江牡丹峰，2011- Ⅶ -17，姚俊丽；2♂♂，黑龙江牡丹江国家森林公园，2011- Ⅶ -19，郑敏琳；1♂，黑龙江牡丹江国家森林公园，2011- Ⅶ -19，赵莹莹；1♀，黑龙江漠河松苑，2011- Ⅶ -24，赵莹莹；7♂♂，5♀♀，吉林市松花江，2012- Ⅷ -25，赵莹莹；4♂♂，4♀♀，吉林市松花湖，2012- Ⅷ -25，赵莹莹。

已知分布 吉林、黑龙江；丹麦、法国、德国、匈牙利、希腊、英国、爱尔兰、波兰、西班牙、土耳其、乌克兰、哈萨克斯坦、乌兹别克斯坦、塞尔维亚、俄罗斯、伊朗、韩国、蒙古。

寄主 已知寄生 *Agromyza nana* Meigen、*Cerodontha iraeos*（Robineau-Desvoidy）、*Chromatomyia horticola*（Goureau）、*Chromatomyia lonicerae*（Robineau-Desvoidy） 和 *Napomyza lateralis*（Fallen）。

注 本研究标本与 *Chorebus*（*Stiphrocera*）*flavipes*（Goureau）原记录相比腹部第 1 背板毛显得稀少，但其他特征基本相同，故笔者认为应与 *Chorebus*（*Stiphrocera*）*flavipes*（Goureau）为同一种。

15. 纺繁离颚茧蜂，中国新记录
Chorebus (*Stiphrocera*) *hilaris* Griffiths , rec. nov.

（图 2-15）

Chorebus hilaris Griffiths, 1967, 16（5/6）（1966）：571；Griffiths, 1968, 18（1/2）：121；Shenefelt, 1974：1050.

Chorebus（*Stiphrocera*）*hilaris*: Tobias et Jakimavicius, 1986：7-231；Yu et al., 2016：DVD.

雌虫 体长 2.2—2.3mm；前翅长 2.2—2.3mm。

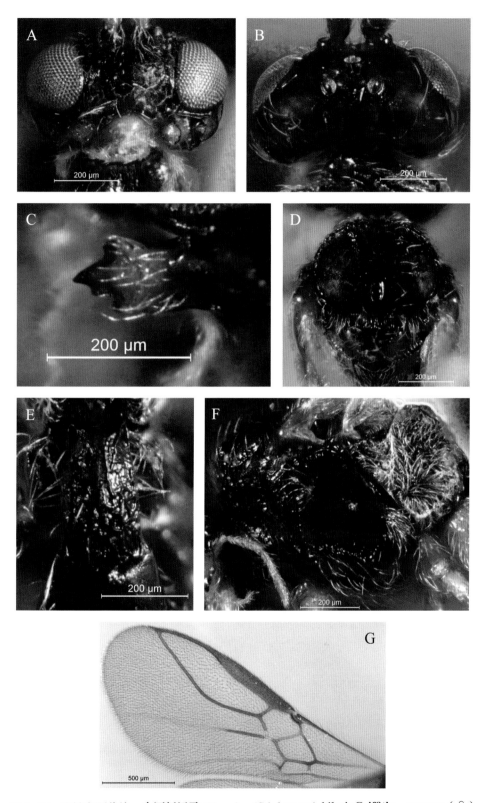

图 2-15 纺纩离颚茧蜂,中国新记录 Chorebus (Stiphrocera) hilaris Griffiths, rec.nov. (♀)
A: 头部正面观; B: 头部背面观; C: 上颚; D: 中胸背板; E: 腹部第 1 背板; F: 胸部侧面观; G: 前翅

头：触角 28—33 节，第 1 鞭节长分别为第 2、3 鞭节的 1.3、1.4 倍，第 1 鞭节和倒数第 2 鞭节的长分别为宽的 3.5 倍和 2.0 倍。头背面观较横宽，宽为长的 1.9 倍，复眼长为上颊长的 1.1 倍；后头光滑，仅零星被少量毛；OOL：OD：POL=12：5：9；脸被较多细毛及大量刻纹和刻点（仅中纵脊区域光滑且无毛）；上颚明显 4 齿，且不扩展，第 2 齿尖，第 1、4 齿钝，第 3 齿位于第 2 齿腹缘，较尖，相对发达。

胸：长为高的 1.4 倍。前胸背板侧面光亮、无被毛，但具明显刻纹；前胸侧板具粗刻纹，且仅前缘被少量细毛；中胸盾片几乎无毛，仅最前缘以及沿盾纵沟轨迹具少量刚毛；盾纵沟延伸达背板中部，沟内具刻纹；中胸盾片后方中陷长约为背板长的 1/3；小盾片表面光亮，仅被零星细毛，近后缘处具刻痕；中胸侧板大部分区域光滑亮泽；基节前沟宽大，且长，几乎贯通侧板前后缘，沟内刻痕粗糙；后胸背板被灰白色贴面密毛；并胸腹节表面毛亦较密，且斜面部分比水平部分明显密；后胸侧板毛密基本贴于表面，且围绕中后部一具粗刻纹的隆起区域，排列成近"玫瑰花朵"样式。

翅：前翅翅痣较长，两边平行，其长为 1–R1 脉的 1.4 倍；r 脉长为翅痣宽的 1.3 倍；3–SR+SR1 脉后半部轻微曲折；1–SR+M 脉直，其长为 r 脉的 2.0 倍；CU1b 脉后端缺，亚盘室向翅后方稍有开放。

足：后足腿节长为宽的 5 倍；后足胫节与后足跗节等长；后足第 2 跗节长为基跗节的 1/2；后足第 3 跗节与端跗节几乎等长。

腹：第 1 背板较宽大，由基部向端部较强烈扩大，中间长为后端宽的 1.5 倍，其表面刻纹粗糙，较无规则，且大部分区域无被毛，除左右两边缘具稀疏刚毛，仅后方两端角处具一些毛，有的形成弱毛簇；由第 2 背板至腹末表面均无刻纹，且较有光泽，仅零星被少量刚毛；产卵器鞘细短，其长为后足基跗节长的 7/10，未露出腹部最末端。

体色：触角整个黑色或黑褐色，有时柄节和梗节稍显黄褐色；头部大部分区域、整个胸部以及腹部第 1 背板均为黑色；唇基黑褐色；上唇金黄色；上颚中间大部分区域暗黄色；足除端跗节明显为黑褐色外，其他部分基本为铜黄色；腹部第 1 背板之后基本黑褐色（但第 2+3 节有时略浅些）；产卵器鞘黑褐色。

雄虫　与雌虫相似；体长 2.0—2.3mm；触角 30—32 节。

研究标本　1 ♀，黑龙江牡丹江国家森林公园，2011-Ⅶ-16，郑敏琳；2 ♀♀，黑龙江牡丹江国家森林公园，2011-Ⅶ-16，赵莹莹；1 ♀，黑龙江牡丹江牡丹峰，2011-Ⅶ-17，郑敏琳；1 ♀，黑龙江伊春细水公园，2012-Ⅷ-8，赵莹莹；1 ♂，1 ♀，吉林长春青浦小区西，2012-Ⅸ-1，赵莹莹。

已知分布　吉林、黑龙江；英国、西班牙、丹麦、荷兰。

寄主　已知寄生 *Agromyza nigripes* Meigen，且由寄主蛹中羽化而出。

16. 伪繁离颚茧蜂，中国新记录

Chorebus (Stiphrocera) fallaciosae Griffiths, rec. nov.

（图 2-16）

Chorebus fallaciosae Griffiths, 1967, 16（7/8）（1966）: 856; Griffiths, 1968, 18（1/2）: 121; Shenefelt, 1974: 1046.

Chorebus（*Stiphrocera*）*fallaciosae*: Tobias et Jakimavicius, 1986: 7–231; Tobias, 1998: 373; Papp, 2004, 21: 137; Yu et al., 2016: DVD.

雌虫 体长 1.7—1.9mm；前翅长 1.8—2.0mm。

头：触角 26—29 节；第 1 鞭节长为第 2 鞭节的 1.2 倍；第 2、3 鞭节等长；第 1 鞭节和倒数第 2 鞭节的长分别为宽的 4.0 倍和 2.0 倍。头背面观宽为长的 1.9 倍；复眼长为上颊长的 1.2 倍；后头较平、光滑，几乎无毛；OOL：OD：POL=11：3：7；脸几乎整个布满细毛和刻点，中纵向靠近唇基处具一光滑隆起区域；上颚较小、不扩展，4 齿均较明显，第 2 齿最长，第 3 齿最小。

胸：胸部稍显短，长为高的 1.3 倍。前胸背板两侧光滑亮泽，仅具少量细毛。中胸盾片光滑亮泽、几乎无毛，仅少数几根长刚毛沿盾纵沟轨迹排列；盾纵沟完整，于后方中陷处汇合，但仅最前方一小部分具刻纹，后方大部分为光滑的浅沟；中陷深、较短；小盾片光滑，被少量毛；中胸侧板大部分光滑，有光泽，基节前沟较为宽大；并胸腹节表面的毛略显稀薄（但不太均匀，有些区域较密），未能遮住表面较大一部分刻纹；后胸侧板中后部具一粗糙隆起，密长毛围绕其呈四周发散状排列，具明显近"玫瑰花朵"样式。

翅：前翅翅痣较细长；3–SR+SR1 脉后半部稍显曲折；CU1b 脉明显缺，亚盘室后方开放。

足：后足腿节长为宽的 4.5 倍；后足胫节长为后足跗节长的 1.2 倍；后足第 2 跗节长为基跗节的 1/2；后足第 3 跗节长为端跗节的 7/10。

腹：第 1 背板基部向端部明显扩大，中间长为后端宽的 1.4 倍，表面被粗刻纹，绝大部分区域无被毛，仅基部、左右两边及后缘端角处具少量刚毛（不形成毛簇）；第 2 背板至腹末表面均无刻纹，刚毛稀少；产卵器短小，未伸出腹部最末端。

体色：头部大部分区域、整个胸部、腹部第 1 背板均为黑色；触角整个深褐色；上颚颚齿中间大部分区域褐黄色或黄色；唇基暗褐色，上唇金黄色；下颚须、下唇须黄色；足除跗节褐色外，其他部分均为金黄色；腹部背板第 2+3 节黄褐色，其后各节暗褐色；产卵器鞘褐色。

雄虫 体长 1.9mm；触角 26—31 节；足明显比雌虫暗。其他特征基本同于雌虫。

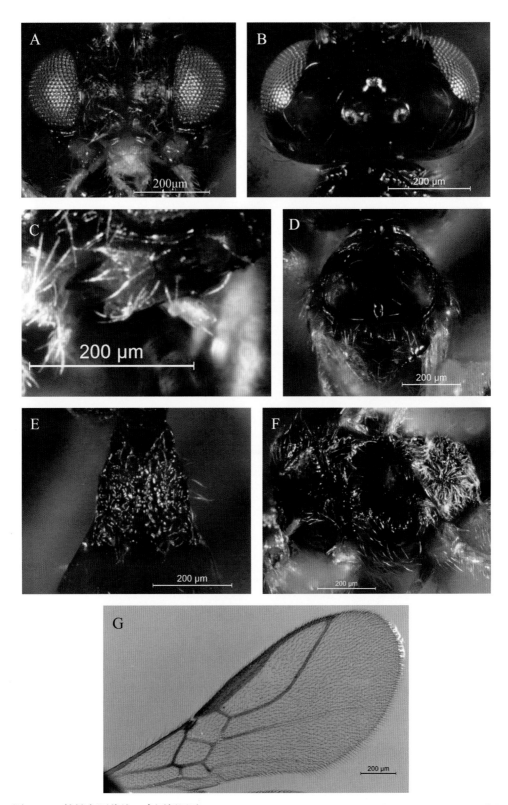

图 2-16 伪繁离颚茧蜂，中国新记录 *Chorebus* (*Stiphrocera*) *fallaciosae* Griffiths，rec.nov.（♀）

A：头部正面观；B：头部背面观；C：上颚；D：中胸背板；E：腹部第 1 背板；F：胸部侧面观；G：前翅

研究标本　1♂，青海祁连山，2008-Ⅶ-11，赵琼；1♂，1♀，新疆南山，2008-Ⅷ-25，赵琼；1♀，甘肃成县，2008-Ⅷ-30，赵琼；1♀，黑龙江牡丹峰保护区，2011-Ⅶ-16，姚俊丽；1♂，内蒙古乌兰察布卓资山，2011-Ⅷ-5，董晓慧；1♀，辽宁本溪植仁，2012-Ⅶ-20，常春光。

已知分布　黑龙江、辽宁、内蒙古、甘肃、青海、新疆；英国、丹麦、匈牙利、意大利、波兰、俄罗斯、乌克兰。

寄主　已知寄主有 *Phytomyza falaciosa* Brischer 和 *Phytomyza ryaeni* Hering，本成虫在寄主蛹或幼虫中羽化。

17. 派氏繁离颚茧蜂，新种
Chorebus (*Stiphrocera*) *pappi* Chen & Zheng , sp. nov.

（图 2-17）

雌虫　正模，体长 2.2mm；前翅长 2.1mm。

头：头大型，且于复眼后方十分膨大；触角 27—30 节，整体较纤细，各节无明显膨大，其中第 15 至 20 鞭节的长分别为宽的 2 倍。头背面观宽为长的 1.6 倍、为中胸盾片宽的 1.6 倍，复眼长为上颊长的 7/10；OOL：OD：POL=18：5：7；后头光亮，分布有较多刚毛，排列较均匀、稀疏、中间微凹；脸宽大，较平坦（仅中间稍隆起），稀疏分布较长刚毛，无明显刻纹，仅少量浅刻点；上颚第 1 齿显著向上扩展，通常呈边缘弧形的瓣叶状，第 2 齿通常较尖，第 3 齿和 4 齿钝；下颚须较短。

胸：较粗壮，长为高的 1.4 倍。前胸侧板较多细毛，但不明显，两侧面无毛，但具浅刻纹；中胸盾片光滑，几乎无被毛或大部分区域无被毛，最多仅中叶前半部稀疏被有少量短刚毛或沿盾纵沟轨迹排列几根刚毛；盾纵沟完全消失，或通常仅最前面很短一段可见，后方多数消失或仅剩极弱的痕迹；中胸盾片后方中陷短，但较深；小盾片前沟深，内无毛、具较多短刻条；小盾片较宽大、表面光滑，最多仅被几根细刚毛；中胸侧板光滑亮泽，基节前沟较宽，沟内刻纹明显；并胸腹节密被贴面长毛；后胸侧板毛密，且围绕 1 具粗刻点的隆起以向四周发散的形式排列成近"玫瑰花朵"样式。

翅：前翅长约等于或略短于体长；翅痣长约为宽的 6.6 倍；r 脉长等于翅痣宽，为 1-SR+M 脉长的 3/5，为 2-SR+M 脉的 4/5；3-SR+SR1 脉后方弯曲稍不均匀；后翅 M+CU 脉约为 1-M 脉的 2.0 倍。

足：后足腿节长为宽的 4.0 倍；后足胫节略长于后足跗节；后足第 2 跗节长约为基跗节的 1/2，第 3 跗节约与端跗节等长。

腹：第 1 背板由基部向后明显扩大，中间长为端部宽的 1.6 倍，背板表面仅两端角处具浓密白色簇毛，其他区域仅稀疏被有细毛（看起来不明显）；第 2 背板至腹末表面均光滑无刻纹，且刚毛稀少；产卵器鞘短小，短于后足第 1 跗节，未伸出腹部最末端。

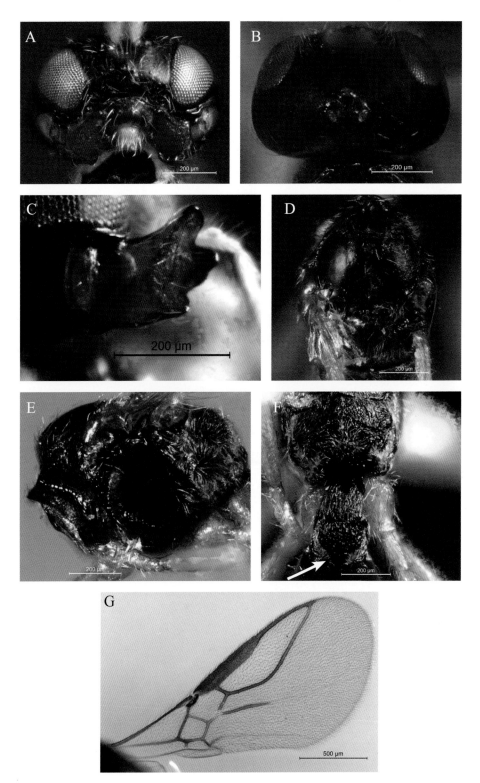

图 2-17 派氏繁离颚茧蜂，新种 *Chorebus* (*Stiphrocera*) *pappi* Chen & Zheng , sp. nov. (♀)

A：头部正面观；B：头部背面观；C：上颚；D：中胸背板；E：胸部侧面观；F：腹部第 1 背板和并胸腹节；
G：前翅

体色：触角整体黑褐色，但前 3—4 节颜色明显浅于其后各节，为褐黄色或暗黄色；头部大部分区域和整个胸部黑色；下颚须和下唇须浅黄色；足除端跗节褐色，其他部分基本金黄色；腹部第 1 背板棕黑色，腹部第 2 背板至腹部末端暗褐色；产卵器鞘黑褐色。

雄虫　雄虫与雌虫相似；体长 1.7—2.1mm；触角 28—30 节。

正模：♀，内蒙古呼和浩特乌素图，2011– Ⅷ –8，郑敏琳。

副模：1 ♂，内蒙古包头转龙藏，2010– Ⅸ –5，常春光；1 ♀，内蒙古突泉县，2011– Ⅶ –29，姚俊丽；1 ♀，内蒙古科尔沁右翼中旗代钦塔拉，2011– Ⅶ –30，姚俊丽；1 ♂，9 ♀♀，内蒙古科尔沁湿地保护区，2011– Ⅶ –31，郑敏琳；2 ♀♀，内蒙古科尔沁湿地保护区，2011– Ⅶ –31，董晓慧；1 ♀，内蒙古呼和浩特乌素图，2011– Ⅷ –8，郑敏琳；1 ♀，内蒙古呼和浩特乌素图，2011– Ⅷ –8，姚俊丽；1 ♀，内蒙古呼和浩特乌素图，2011– Ⅷ –8，赵莹莹；1 ♀，内蒙古二连浩特陆桥公园，2011– Ⅷ –23，黄芬；1 ♀，黑龙江漠河，2011– Ⅶ –23，姚俊丽；1 ♀，吉林白城森林公园，2011– Ⅷ –1，郑敏琳；3 ♀♀，吉林白城森林公园，2011– Ⅷ –1，赵莹莹；1 ♀，吉林白城森林公园，2011– Ⅷ –2，姚俊丽；1 ♀，吉林白城森林公园，2011– Ⅷ –2，董晓慧；9 ♂♂，18 ♀♀，吉林通榆向海保护区，2011– Ⅷ –16，黄芬；14 ♂♂，15 ♀♀，吉林通榆向海保护区，2011– Ⅷ –16，赵莹莹。

已知分布　内蒙古、吉林、黑龙江。

寄主　未知。

词源　本新种拉丁名"pappi"是以著名茧蜂分类学家 Papp Jeno 名字命名的，以表达敬意。

注　本种与 *Chorebus*（*Stiphrocera*）*andizhanicus* Tobias 极为相似，但中胸盾片有较为明显差异：本种中胸盾片几乎整个光滑，且毛十分稀少，后者则明显较大范围被有较密细毛（至少整个中叶被较密毛），且表面（特别是前面部分，包括中叶中前部及两侧叶前部）较后者明显粗糙，通常具浅刻纹、刻点；本种盾纵沟几乎完全缺失，后者则前半部分明显或完全可见（虽然后面部分较浅）；本种中胸盾片后方中陷短，后者较之明显长。

18. 黑蝇繁离颚茧蜂，中国新记录
Chorebus (*Stiphrocera*) *melanophytobiae* Griffiths，rec. nov.

（图 2-18）

Chorebus melanophytobiae Griffiths，1968，18（1/2）：43；Shenefelt，1974：1055.

Chorebus（*Stiphrocera*）*melanophytobiae*：Tobias et Jakimavicius，1986：7–231；Tobias，1998：374；Papp，2004，21：111–154，2009，26：33–45；Yu et al.，2016：DVD.

雌虫　体型极小，体长 1.3—1.5mm；前翅长 1.4—1.6mm。

头：头相对较大；触角19—22节，第1鞭节长为第2鞭节的1.2倍，第2、3鞭节等长。头背面观宽为长的1.8倍、为中胸盾片宽的1.6倍；复眼长约为上颊长的1.2倍；后头光亮，稀疏地被有数根长刚毛；脸区较宽大，无显刻纹，被有细刚毛，中间稀疏，两旁较密；上颚4个齿都较发达，第1齿稍微向上扩展，第2齿尖，不明显长于第1齿，第3齿（附齿）位于2、4齿之间；下颚须中等长度。

胸：相对较短，长约为高的1.3倍。前胸背板两侧被少量细毛；中胸盾片前面（主要是前方斜面处）被有较密刚毛（有时较稀少，有时刚毛较长），而背面几乎光滑无毛，一般最多沿盾纵沟应有轨迹稀疏排列几根刚毛；盾纵沟仅前面一小部分明显或全部消失；中胸盾片后方中陷小且浅或几乎消失；中胸侧板光滑亮泽，位于其近下缘的基节前沟较宽、深，沟内刻纹十分明显；并胸腹节被十分浓密贴面软毛；后胸侧板被密毛，且其中下部和上部（与背面交界处）各有一围绕小凸起排列成具一定"玫瑰花朵"的样式。

翅：前翅略长于体；翅痣长约为宽的7.0倍；r脉长为翅痣宽的1.2倍，为1-SR+M脉长的1/2；缘室长；3-SR+SR1弯曲明显不均匀；前翅2-1A脉后方消失，故亚盘室后下方明显开放。

足：后足基节背面无毛簇，胫节略长于跗节；后足第2跗节长约为基跗节的3/5，第3跗节与端跗节几乎等长。

腹：第1背板由前向后均匀且较强度扩大，中间长为端部宽的1.4—1.6倍，背板表面几乎整个被密白毛，且后方两端角处明显最浓密；第2背板至腹末表面均光滑无刻纹，第3背板基部无刚毛；产卵器鞘几乎未伸出腹部最末端。

体色：触角整体深褐色，但前3节或4节颜色明显浅于其后各节（有时柄节和梗节颜色也稍暗），为褐黄色；头部大部分区域和整个胸部黑色；唇基深棕色；上唇、下颚须和下唇须均为浅黄色；足除端跗节黄褐色外，其他部分基本金黄色；腹部第1背板棕黑色（有些虫体黄褐色），第2背板至腹部末端浅黄褐色至褐色；产卵器鞘黑色。

雄虫 与雌虫相似；触角21—23节。

研究标本 1♂，2♀♀，山西大同恒山，2010-Ⅷ-29，姚俊丽；1♀，山西晋城历山保护区，2011-Ⅸ-17，姚俊丽；1♂，6♀♀，黑龙江牡丹江兴隆镇，2011-Ⅶ-14，赵莹莹；2♀♀，黑龙江牡丹峰自然保护区，2011-Ⅶ-15，董晓慧；2♂♂，1♀，黑龙江牡丹峰自然保护区，2011-Ⅶ-16，赵莹莹；1♂，黑龙江牡丹峰自然保护区，2011-Ⅶ-17，姚俊丽；3♂♂，6♀♀，黑龙江牡丹江国家森林公园，2011-Ⅶ-19，郑敏琳；5♀♀，黑龙江漠河，2011-Ⅶ-23，郑敏琳；2♀♀，黑龙江漠河，2011-Ⅶ-26，赵莹莹；1♂，内蒙古突泉县，2011-Ⅶ-29，姚俊丽；2♀♀，内蒙古科尔沁右翼中旗，2011-Ⅶ-30，郑敏琳；1♀，内蒙古科尔沁右翼中旗，2011-Ⅶ-30，姚俊丽；1♂，内蒙古乌兰察布卓资山，2011-Ⅷ-6，郑敏琳；5♀♀，内蒙古呼和浩特乌素图，2011-Ⅷ-8，郑敏琳；1♀，吉林白城森林公园，2011-Ⅷ-1，郑敏琳；1♀，吉

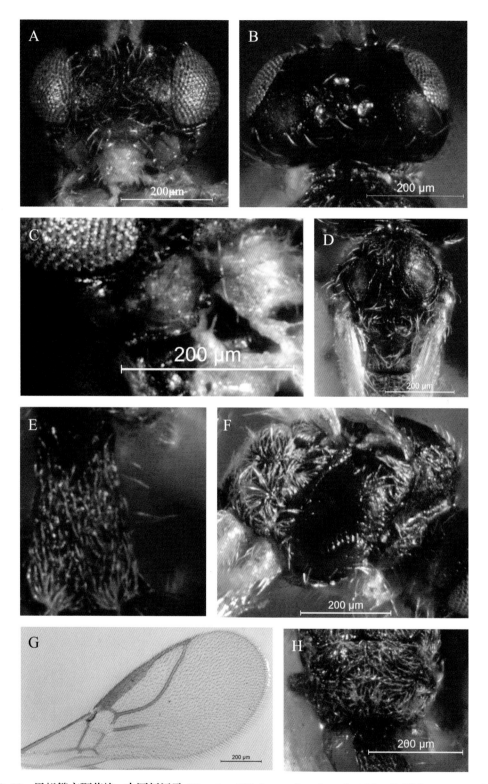

图 2-18 黑蝇繁离颚茧蜂，中国新记录 *Chorebus (Stiphrocera) melanophytobiae* Griffiths, rec. nov. (♀)
A：头部正面观；B：头部背面观；C：上颚；D：中胸背板；E：腹部第 1 背板；F：胸部侧面观；
G：前翅；H：并胸腹节

林白城森林公园，2011-Ⅷ-1，董晓慧；4♀♀，吉林通榆向海自然保护区，2011-Ⅷ-13，赵莹莹；1♂，吉林通榆向海自然保护区，2011-Ⅷ-13，黄芬；2♂♂，1♀，河北张家口蔚县暖泉，2011-Ⅷ-29，姚俊丽；1♂，1♀，辽宁庄河仙人洞镇，2012-Ⅶ-14，赵莹莹；1♂，2♀♀，黑龙江伊春细水公园，2012-Ⅷ-8，赵莹莹。

已知分布 甘肃、内蒙古、河北、山西、黑龙江、吉林、辽宁；阿塞拜疆、德国、匈牙利、西班牙、乌克兰、塞尔维亚、乌兹别克斯坦、俄罗斯。

寄主 未知。

19. 加奈繁离颚茧蜂，中国新记录
Chorebus (*Stiphrocera*) *ganesus* (Nixon)，rec. nov.

（图 2–19）

Dacnusa ganesa Nixon，1945，81：219.

Chorebus ganesa: Griffiths，1968，18（1/2）：80；Shenefelt，1974：1048；Griffiths，1984，34：354.

Chorebus（*Stiphrocera*）*ganesus*: Tobias et Jakimavicius，1986：7–231；Tobias，1998：377；Papp，2009，55（3）：237；Yu et al.，2016：DVD.

雌虫 体长 2.7mm；前翅长 3.0mm。

头：触角不全（大于 35 节），第 1 鞭节长为宽的 3.5 倍，分别为第 2、3 鞭节长的 1.3 倍和 1.5 倍。头背面观较横宽，宽为长的 2.2 倍；复眼长为上颊长的 1.3 倍，OOL：OD：POL=16：6：9；后头中部无毛，两旁及上颊处被较多长毛，但较稀疏；脸较有光泽，但布满浅刻点，稀疏地被有细毛（复眼内缘处稍多）；上颚不扩展，具明显 4 齿，第 2、3 齿大小接近，且较尖，第 1、4 齿较宽、钝。

胸：长为高的 1.3 倍。前胸两侧几乎无被毛，前胸背板侧面三角区域十分亮泽，被刻点及粗刻纹；中胸盾片亮泽、几乎无被毛，仅前缘及中叶前半部被少量长毛，几乎整个背板表面密布浅刻点（整体看似鱼鳞状，或称皮质）；盾纵沟可见伸达背板后缘，但明显深沟状仅前 1/3 可见（沟内具细刻痕），后部基本仅为极浅沟痕（较不明显）；中陷深、窄，其长约为中胸盾片长的 2/5；中胸侧板十分光亮，基节前沟直、较长，沟内刻痕清晰；并胸腹节表面密布白色贴面长毛；后胸侧板亦被有浓密的白毛，且形成较明显的"玫瑰花朵"形状。

翅：前翅翅痣较长，且两边几乎平行，其长为宽的 8.4 倍，为 1–R1 脉的 1.3 倍；r 脉长为翅痣宽的 1.6 倍，为 1–SR+M 脉长的 7/10；3–SR+SR1 脉后半部略显曲折；CU1b 脉极退化，亚盘室后方开放。

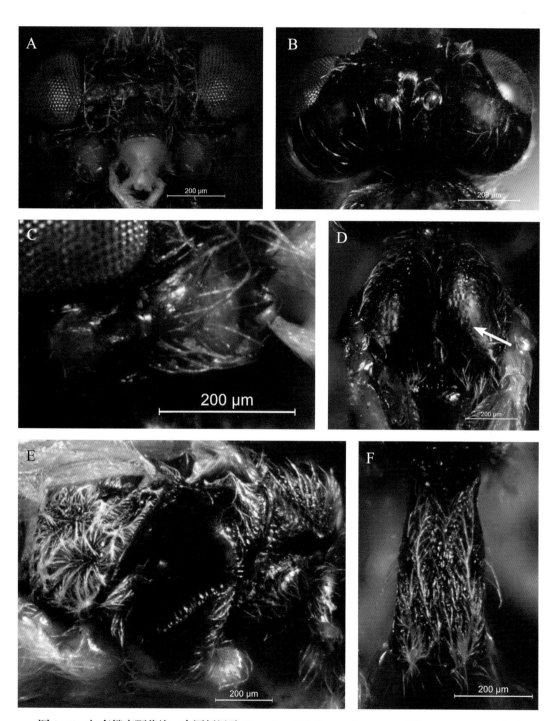

图 2-19 加奈繁离颚茧蜂，中国新记录 *Chorebus* (*Stiphrocera*) *ganesus* (Nixon), rec. nov. (♀)

A：头部正面观；B：头部背面观；C：上颚；D：中胸背板；E：胸部侧面观；F：腹部第 1 背板

足：后足腿节长为宽的 5.1 倍；后足胫节长为后足跗节长的 1.3 倍；后足第 2 跗节长为基跗节的 3/5；后足第 3 跗节长等于端跗节长。

腹：第 1 背板基部向端部稍有扩大，中间长为后端宽的 2.3 倍，表面刻纹粗糙，并被较多长毛，且两旁密中间（纵向）稀少，后端角处甚为稠密，形成一定白色密毛簇；第 2 背板至腹末表面均无刻纹，稀疏地分布几横排刚毛；背面观仅见至第 5 节，腹部至此形成横向截断形态；产卵器鞘甚细短，其长为后足基跗节长的 3/5。

体色：触角除柄节明显棕黄色外，其他各节基本为暗棕色；头部大部分区域、整个胸部、腹部第 1 背板均为黑色；唇基暗棕色，上颚颚齿中间区域黄色和上唇均为黄色，下颚须、下唇须浅黄色；足除后足胫节端半部及后足跗节暗黄棕色外，其他部分基本为黄色；腹部第 1 节之后暗红褐色；产卵器鞘褐色。

雄虫　未知。

研究标本　1♀，宁夏六盘山凉殿峡，2001-Ⅷ-21，杨建全。

已知分布　宁夏；捷克、德国、俄罗斯、瑞典、韩国。

寄主　已知寄生角潜蝇属的 *Cerodontha beigerae* Nowakowski 和 *Cerodontha imbuta*（Meigen）。

注　本研究标本体型比该种原描述要大些（根据 Nixon 1945 年记载，平均体长 2.2mm），但其他特征基本符合该种原描述，故应为同一种。

20. 虫瘿繁离颚茧蜂，新种
Chorebus (Stiphrocera) cecidium Chen & Zheng, sp. nov.

（图 2-20）

雌虫　正模，体长 4.0mm；前翅长 3.2mm。

头：触角 28 节，短，其长仅为体长的 7/10，触角各节粗短、连接十分紧密，且表面被有十分浓密的极短细毛，第 1 鞭节长为第 2 鞭节的 1.5 倍，第 2、3 鞭节等长，第 1 鞭节和倒数第 2 鞭节的长分别为宽的 2.1 倍和 1.5 倍，第 13 鞭节长为宽的 1.1 倍。头背面观较横宽，宽为长的 1.8 倍，复眼后方稍有膨大，复眼长为上颊长的 1.2 倍；OOL：OD：POL=25：7：10；后头中部毛稀少，两侧毛稍密；额光滑无刻痕，中间部分明显下凹；脸部较平坦，光滑无刻痕，稀疏地被有一些细毛，复眼内缘毛稍多，中纵脊明显；上颚较窄，第 2 齿尖、长，明显长于两侧齿，第 3 齿位于第 2 齿腹缘，为一较明显弧形凸起，上颚具较多刚毛；下颚须短。

胸：胸十分长，长为高的 1.8 倍。前胸背板背凹宽大，两边总体无明显浓密的毛，其两侧面三角区域密被刻点及分布有较多细短刚毛；中胸盾片表面较光滑，仅中叶可见少量浅刻点，并且仅侧叶前缘、盾纵沟边缘以及中叶后方的中陷周边被较多刚毛，其他

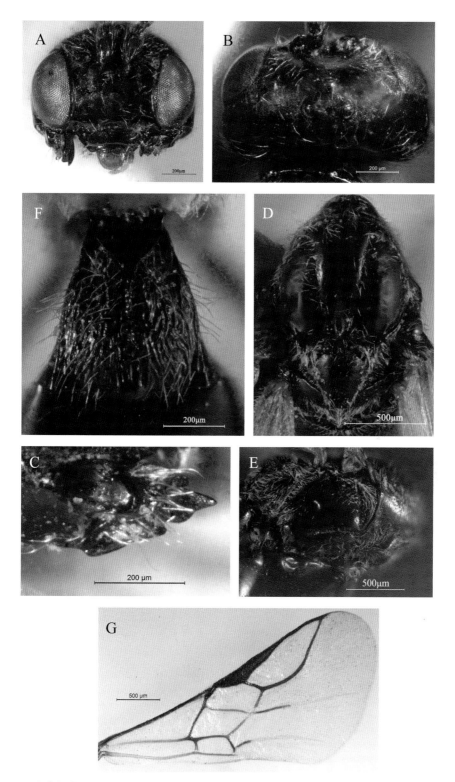

图 2-20 虫瘿繁离颚茧蜂，新种 *Chorebus (Stiphrocera) cecidium* Chen & Zheng, sp. nov.（♀）

A：头部正面观；B：头部背面观；C：上颚；D：中胸背板；E：胸部侧面观；F：腹部第 1 背板；
G：前翅

大部分区域毛都较为稀少；盾纵沟发达，延伸背板后缘并汇合于中陷处，沟内刻纹不明显；中胸盾片后方中陷约延伸至背板中部，但仅后方沟深，前部很浅；小盾片宽大，表面基本光滑无毛，仅有少量极小浅刻点；中胸侧板大部分区域光滑亮泽，基节前沟十分细长（前方很窄，逐渐向后方变宽），几乎横贯侧板前后缘，沟内刻痕较明显；并胸腹节遍布较多贴面长毛，但相对显得稀疏，表面刻纹基本可见；后胸侧板中后部具一大块稍微隆起的区域，该隆起具十分粗糙的刻纹以及被有较稀疏的长毛，隆起周围的毛则十分稠密，仍基本构成近"玫瑰形"图案。

翅：翅短于体，前翅翅痣相对较宽大，其长约为宽的 4.1 倍，为 1-R1 脉长的 1.2 倍；前翅 r 脉长为翅痣宽的 1.2 倍，为 1-SR+M 脉长的 2/5；3-SR+SR1 脉后半部较直；前翅 CU1b 脉较发达，与 3-CU1 脉形成一定角度，亚盘室后方不开放。

足：后足腿节长为宽的 3.5 倍，表面较光滑，毛相对稀疏；后足胫节与跗节等长；后足第 2 跗节长为基跗节的 7/10，第 3 跗节长与端跗节等长。

腹：第 1 背板十分宽大，由基部至端部均匀且强烈扩大，中间长为端部宽的 1.1 倍，表面刻纹粗糙（较不规则），背板毛相对稀少，主要仅两侧（含边缘及两端角）具一些长刚毛，且不太稠密，不形成端簇毛，中纵向大范围几乎无被毛；第 2 背板至腹末表面光滑，各节及后缘处均稀疏分布有一横排刚毛；产卵器稍微露出腹部最末端。

体色：体色暗；触角整个棕黑色；头部大部分区域、胸部以及腹部均为黑色；上唇铜黄色；上颚中间部分黄褐色；下颚须和下唇须黄色；足颜色较暗，锈黄色为主，各足基节颜色都较深，后足整体比前中足色暗，后足基节为黑色；产卵器鞘黑色，但末端显暗黄色。

变化：本研究的两雌虫标本腹部长短差别较大，但腹部较短的是由于死亡后腹末基节向前方缩入所致；触角 28—29 节；前翅长 3.2—3.3mm。

雄虫 与雌虫相相似；触角 33—35 节；体长 4.2mm。

研究标本 正模：♀，宁夏灵武市古窑子，2010- V -5，采集者不详。副模：2 ♂♂，1 ♀，宁夏灵武市古窑子，2010- V -5，采集者不详。

已知分布 宁夏。

寄主 暂不清楚，仅知该寄生蜂是从柠条虫瘿内羽化而出。

词源 本新种拉丁命名 "cecidium" 意为虫瘿，因已知该种类来自柠条虫瘿。

注 本种与 *Chorebus（Stiphrocera）nobilis* Griffiths 最为接近，其主要区别为：本种腹部第 1 背板由基部强烈向端部扩大，其中长为端宽的 1.1 倍，后者腹部第 1 背板较长，其中长至少为端部宽的 1.9 倍；本种中胸侧板中部区域（基节前沟之上）光滑无纹，而后者该区域被有十分精细的鳞状刻痕；本种基节前沟为前部窄，而后部变宽；后者则恰恰相反，为前宽后窄；两种触角节数差别较大，本种触角 28—35 节，后者为 38—45 节。

21. 细粒繁离颚茧蜂，中国新记录
Chorebus (*Stiphrocera*) *granulosus* Tobias, rec. nov.

（图 2–21）

Chorebus（*Stiphrocera*） granulosus, Tobias, 1998: 380.

雌虫 体长 2.2—2.8mm；前翅长 2.0—2.4mm。

头：触角 36—42 节，明显长于体，第 1 鞭节长为第 2 鞭节的 1.4 倍，第 2 鞭节和第 3 鞭节几乎等长，第 1 鞭节和倒数第 2 鞭节的长分别为宽的 4.8 倍和 2.0 倍。头背面观宽为长的 1.8 倍，复眼后方较明显膨大，上颊长稍短于复眼长；OOL：OD：POL=20：5：7；头顶、后头及颊区光滑亮泽，后头稀疏地被有细短刚毛；额区较为平坦、中间具少量刻痕，两侧被少量极短的细毛；脸部多毛，并布满十分粗糙的刻纹及刻点；上颚向上扩展较明显，第 1 齿略较宽大，呈耳叶状，第 2 齿多近等边三角形（有时不太规则，齿钝），第 3 齿位于第 2 齿腹缘基部，为较钝的凸起，第 4 齿很宽，但很短，边缘圆弧形。

胸：胸短，长约为高的 1.2 倍。前胸背板侧面十分粗糙，并稀疏地被有较多细短刚毛（但很不明显）；前胸侧板仅前缘被较密细毛；中胸盾片表面粗糙，被有细点状刻痕（中叶特别明显，且还混合一些不规则浅刻痕），且几乎整个表面被有较密细毛（有时中叶后部毛稀少）；盾纵沟约达到背板 2/3 处（至少达背板中部位置都明显可见，且沟内刻纹亦明显）；中胸盾片后方中陷较窄、长，从后缘延伸至背板近中部位置，凹陷内刻纹明显；小盾片前沟很深，沟内刻条粗壮；小盾片表面亮泽，但具细纹（与中胸盾片后部表面相同），并稀疏地被有细毛；后胸背板中脊较凸出，中脊两侧表面被密毛；并胸腹节较短，后方斜面部分宽大，且几乎与水平方向垂直，整个并胸腹节表面被有贴面密毛；中胸侧板表面粗糙，布满十分精细的粒状刻点（或亦可称细鳞状纹）；基节前沟十分宽大，但几乎不呈凹状，沟内刻纹十分粗壮，几乎占据整个侧板下缘及前缘；后胸侧板毛十分稠密，但大部分围绕中下部一隆起排列成近"玫瑰花朵"状，隆起上通常还具数根挺立的长毛。

翅：前翅翅痣长约为宽的 6.3 倍，约为 1–R1 脉长的 1.3 倍；前翅 r 脉长约等于翅痣宽，为 1–SR+M 脉长的 1/2；前翅 3–SR+SR1 脉后半部明显曲折；前翅 CU1b 脉极退化，亚盘室后方开放。

足：后足腿节长为宽的 4.6 倍，表面粗糙，密被长刚毛；后足胫节长为后足跗节的 1.2 倍；后足第 2 跗节长为基跗节的 1/2，第 3 跗节长与端跗节等长。

腹：第 1 背板由基部向端部明显扩大，中间长为端部宽的 1.8 倍，表面刻纹精细，基部背脊明显，但不愈合，整个表面毛稀少，且主要分布于后方；第 2 背板至腹末表面光滑，被少量刚毛；产卵器短，几乎未露出腹部最末端。

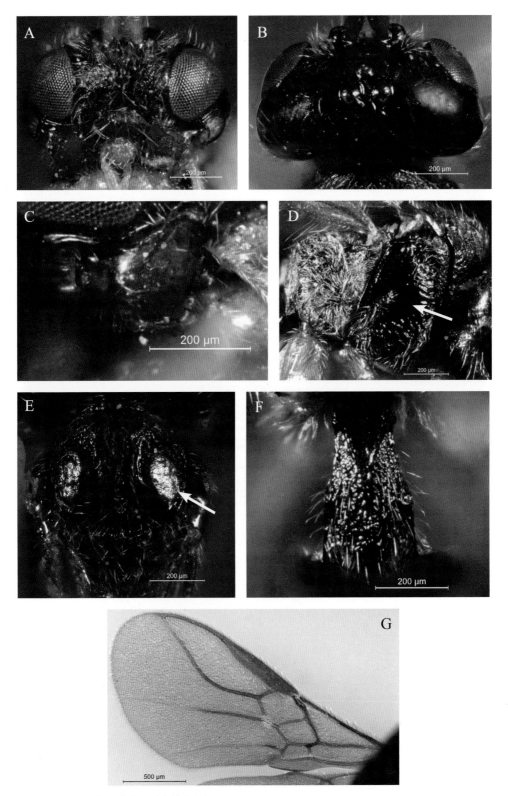

图 2-21 细粒繁离颚茧蜂，中国新记录 *Chorebus* (*Stiphrocera*) *granulosus* Tobias , rec. nov. (♀)

A：头部正面观；B：头部背面观；C：上颚；D：胸部侧面观；E：中胸背板；F：腹部第 1 背板；G：前翅

体色：触角总体为黑褐色（少数浅棕色），但基部前2—3节通常色浅些，为褐黄色；头部大部分区域、胸部及腹部第1节为黑色或棕黑色（腹部第1节有时呈褐黄色）；唇基棕黑色；上唇金黄色；下颚须和下唇须浅黄色；上颚中间部分褐黄色；极少数前胸侧板两边呈棕黄色；翅透明，但大范围呈烟褐色；前、中足除端跗节黄褐色外，其他部分近铜黄色；后足色较暗，其中通常基节和转节铜黄色、腿节黄褐色、胫节和跗节深棕色或黑褐色（少数黄棕色）；腹部第1背板之后黄色至暗褐色；产卵器鞘黑褐色。

雄虫 与雌虫相似；体长2.2—2.6mm；触角35—41节。

研究标本 1♀，福建武夷山一里坪，1981-Ⅴ-4，黄居昌；1♀，福建武夷山桐木，1986-Ⅶ-13，邱乐忠；1♀，福建武夷山桐木，1986-Ⅶ-13，邱志丹；1♂，福建武夷山主桥，1986-Ⅶ-18，邱乐忠；1♂，福建武夷山三港，1988-Ⅷ-19，高建华；1♂，福建武夷山星村，1993-Ⅵ-28，邹明权；1♂，福建武夷山大竹岚，1993-Ⅷ-18，杨建全；1♂，福建武夷山二里坪，1993-Ⅸ-1，杨建全；1♂，福建武夷山桐木，1993-Ⅸ-7，张飞萍；1♂，福建武夷山龙渡，1993-Ⅸ-8，杨建全；1♂，福建武夷山一里坪，1994-Ⅷ-9，杨建全；1♀，福建光泽干坑，2001-Ⅷ-14，黄居昌；1♂，福建光泽九龙坑，2002-Ⅶ-25，吕宝乾；1♂，福建光泽大青可坑，2002-Ⅷ-1，董存柱；1♀，福建将乐龙栖山余家坪，2010-Ⅷ-19，赵莹莹；1♀，福建将乐龙栖山余家坪，2010-Ⅷ-24，郭俊杰；1♀，福建将乐龙栖山余家坪，2010-Ⅷ-24，涂蓉；1♀，福建将乐龙栖山余家坪，2010-Ⅷ-24，赵莹莹；2♀♀，福建将乐龙栖山东坪，2010-Ⅸ-1，杨建全；1♂，福建将乐龙栖山东坪，2010-Ⅸ-1，赵莹莹；1♂，2♀♀，福建将乐龙栖山东坪，2010-Ⅸ-1，郭俊杰；1♀，湖北神农架红花，2000-Ⅷ-27，杨建全；2♀♀，宁夏六盘山泾源，2001-Ⅷ-16，林智慧；1♀，甘肃徽县，2008-Ⅷ-31，黄居昌；2♀♀，贵州贵阳，2011-Ⅷ-9，张南南；1♀，辽宁大连庙岭，2012-Ⅶ-4，赵莹莹；2♂♂，2♀♀，黑龙江伊春细水公园，2012-Ⅷ-8，赵莹莹；1♂，黑龙江牡丹江兴隆镇东胜，2011-Ⅶ-14，董晓慧；1♂，黑龙江牡丹江牡丹峰，2011-Ⅶ-15，郑敏琳；1♀，黑龙江牡丹江国家森林公园，2011-Ⅶ-16，赵莹莹；1♀，黑龙江牡丹江国家森林公园，2011-Ⅶ-18，郑敏琳；4♂♂，3♀♀，黑龙江牡丹峰自然保护区，2011-Ⅶ-19，郑敏琳；1♀，黑龙江哈尔滨顾乡公园，2012-Ⅷ-11，赵莹莹；3♀♀，黑龙江五大连池自然保护区，2012-Ⅷ-15，赵莹莹；1♀，吉林市江北公园，2012-Ⅷ-24，赵莹莹；2♀♀，吉林长春净月潭，2012-Ⅷ-30，赵莹莹。

已知分布 福建、贵州、宁夏、甘肃、湖北、黑龙江、吉林、辽宁；韩国、俄罗斯（含滨海地区）。

寄主 未知。

注 本种在中国不同地区体色通常有所变化，如湖北的标本比东北的整体体色要浅些；而有些同一地点采集的该种标本，同一部位颜色也常有变化，如腹部的颜色（褐黄至深褐色）。有些部位的颜色分布特征却是较为稳定的，如后足胫节和跗节必定要比后足的其余部分颜色暗。

22. 透脉繁离颚茧蜂，新种

Chorebus (Stiphrocera) hyalodesa Chen & Zheng, sp. nov.

（图 2-22）

雌虫　正模，体长 2.8mm；前翅长 2.6mm。

头：触角 42 节，明显长于体，第 1 鞭节长为第 2 鞭节的 1.2 倍，第 2 鞭节和第 3 鞭节几乎等长，第 1 鞭节和倒数第 2 鞭节的长分别为宽的 4.5 倍和 2.0 倍。头背面观宽为长的 2.0 倍，复眼后方不膨大，复眼长为上颊长的 1.5 倍；OOL : OD : POL=19 : 4 : 9；头顶、后头及颊区光滑亮泽，后头被较多细毛，但不十分稠密；额区较为平坦、中间具较明显刻痕；脸部多毛，并几乎布满粗糙的刻纹及刻点；唇基较凸出，表面具明显刻纹；上颚不明显扩展，第 1 齿仅稍微向顶部伸展，第 2 齿近等边三角形，末端略尖，第 3 齿位于第 2 齿腹缘基部，为一弱凸起，第 4 齿钝。

胸：胸短，长为高的 1.2 倍。前胸背板侧面布满粗糙刻纹，几乎无被毛；前胸侧板大部分无被毛，仅前缘被少量细毛；中胸盾片表面粗糙，特别是中叶被有大量刻点，且几乎整个表面都密被细毛，仅侧叶后部稍显稀少；盾纵沟发达，明显可见由前向后方延伸至近后缘中陷处，汇合，且沟内刻纹清晰；中胸盾片后方中陷较深，从后缘向前延伸，长约为中胸盾片长的 1/3；小盾片前沟很深、宽，沟内刻条粗壮；小盾片不太隆起，较宽平（几乎与中胸盾片同一水平面），表面基本光滑（仅前缘具少量刻痕）、毛稀少；后胸背板中脊较凸出，中脊两侧表面被密毛；并胸腹节短（特别是水平部分很短），中纵脊明显（仅占具水平面部分），后方斜面部分宽大，且几乎与水平方向垂直，整个并胸腹节水平表面毛稀少，表面刻纹十分清楚，后部斜面被有较密贴面毛，表面刻纹大部分被遮盖；中胸侧板较有光泽，基节前沟十分宽大，最宽处约占侧板宽一半，几乎不呈凹状，沟内刻纹十分粗壮，基节前沟上方的大部分区域表面布满很浅的细点状刻纹；后胸侧板毛十分稠密，且大部分围绕中下部一粗糙隆起排列成近"玫瑰花朵"状，隆起上具数根挺立的长毛。

翅：前翅翅痣长为宽的 5.4 倍，为 1-R1 脉长的 1.3 倍；前翅 r 脉长等于翅痣宽，为 1-SR+M 脉长的 1/2；前翅 3-SR+SR1 脉几乎白色透明状，后半部稍显曲折；前翅 CU1b 脉后半部消失，故亚盘室后方开放。

足：后足腿节长为宽的 4.0 倍，表面粗糙，密被较长刚毛；后足胫节长与后足跗节等长；后足第 2 跗节长为基跗节的 3/5，第 3 跗节长短于端跗节，其长为端跗节的 4/5。

腹：第 1 背板由基部向端部强烈扩大，中间长约等于端部宽，表面刻纹精细，基部背脊可见，但不愈合，整个表面仅稀疏地被有少量细短刚毛（不明显）；第 2 背板至腹

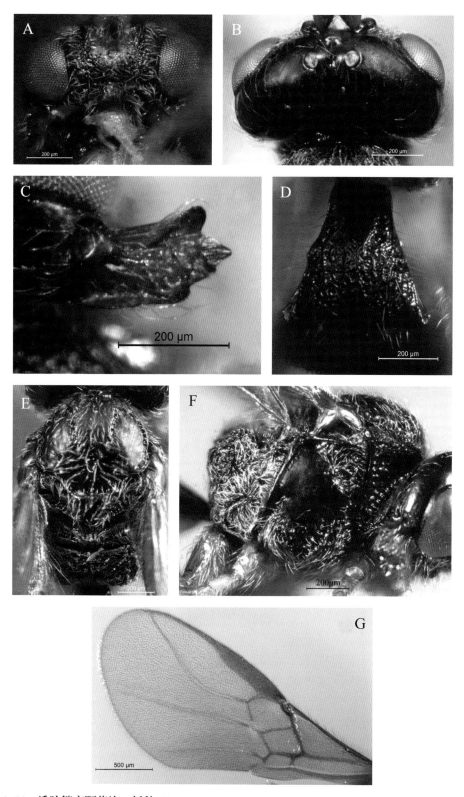

图 2-22　透脉繁离颚茧蜂，新种 *Chorebus (Stiphrocera) hyalodesa* **Chen & Zheng , sp. nov. (♀)**

A：头部正面观；B：头部背面观；C：上颚；D：腹部第 1 背板；E：胸部背板；F：胸部侧面观；G：前翅

末表面光滑，各节（除第 2 节稀少）近端缘处都具一横排较密细短刚毛；产卵器很短，未露出腹部最末端。

体色：触角总体为黑褐色，柄节略显褐黄色；头部大部分区域、胸部及腹部第 1 节为黑色；唇基棕黑色；上唇金黄色；下颚须和下唇须黄色；上颚中间部分锈黄色；翅透明，较大范围呈烟褐色；足除端跗节褐色、后足颜色较暗（胫节前半部褐黄色，后半部暗褐色，跗节暗褐色）外，其他部分基本为黄色；腹部第 1 背板之后暗黄褐色；产卵器鞘黑褐色。

雄虫 未知。

研究标本 正模：♀，黑龙江牡丹江国家森林公园，2011- Ⅶ -18，郑敏琳。

已知分布 黑龙江。

寄主 未知。

词源 本新种拉丁命名 "hyalodesa" 意翅脉透明，这里指本种前翅 3–SR+SR1 脉几乎白色透明状。

注 本种与 *Chorebus*（*Stiphrocera*）*granulosus* Tobias 最为接近，其主要区别为：本种复眼后方的颊区不明显膨大，而后者较明显膨大；本种上颚不明显扩展，后者明显扩展；本种中胸侧板于基节前沟上方大部分区域所被的细点状纹明显比后者浅，表面更显光滑；本种前翅 3–SR+SR1 脉几乎白色透明状，后者则多少呈褐色；本种后足胫节长与后足跗节等长，后者后足胫节长于后足跗节；本种腹部第 1 背板由基部向端部强烈扩大，扩大程度明显大于后者。

23. 黄腰繁离颚茧蜂，新种
Chorebus (*Stiphrocera*) *fulvipetiolus* Chen & Zheng , sp. nov.

（图 2–23）

雌虫 正模，体长 1.8mm；前翅长 1.6mm。

头：头相对大型，且复眼后方明显膨大。触角 22 节，第 1 鞭节和倒数第 2 鞭节长分别为宽的 4.0 倍和 2.0 倍。头背面观宽为长的 1.6 倍、为中胸盾片宽的 1.7 倍；复眼长为上颊长的 4/5；OOL : OD : POL=12 : 3 : 5；后头光亮，均匀分布有较多精细刚毛，且稍显密；脸宽大，遍布较密细毛及浅刻点，中纵脊明显、光滑；上颚第 1 齿明显向上扩展并呈瓣叶状，第 2 齿尖且近等边三角形；第 3 齿短小，位于第 2 齿腹缘基部，第 4 齿亦短、略大于第 3 齿；下颚须中等长度。

胸：长为高的 1.4 倍。前胸背板背凹圆形；两侧面光滑、无被毛；仅具少量不明显细毛；中胸盾片整体显光滑，仅前缘、中叶以及侧叶前半部被较密细毛及浅刻点；盾纵沟仅前方部分明显；中胸盾片后方中陷深、窄，从中胸盾片后缘向前延伸至背板约 1/3 处；盾前沟相对窄、深；小盾片表面光滑，被稀疏细毛；后胸背板和并胸腹节均被贴面密毛，分布较均匀，均遮住其表面刻纹，但并胸腹节两侧缘处各有一个密毛围绕小凸起排列成

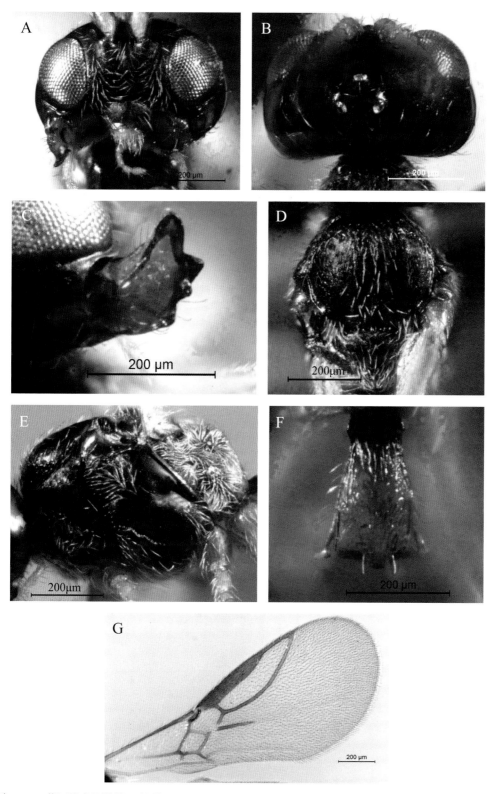

图 2-23 黄腰繁离颚茧蜂，新种 *Chorebus* (*Stiphrocera*) *fulvipetiolus* Chen & Zheng, sp. nov. (♀)
A: 头部正面观；B: 头部背面观；C: 上颚；D: 中胸背板；E: 胸部侧面观；F: 腹部第 1 背板；G: 前翅

近"玫瑰花朵"形；中胸侧板光滑亮泽，中间大部分区域无被毛，但近前翅翅基下脊处和近基节处各具一簇密毛；基节前沟较窄，沟内具精细刻条；后胸侧板毛十分浓密，但不明显排列成近"玫瑰花朵"形。

翅：前翅翅痣长为宽的 7.4 倍，为 1–R1 脉长的 2.1 倍；r 脉长等于翅痣宽，为 1–SR+M 脉长的 1/2，与 2–SR+M 脉等长；3–SR+SR1 脉后方弯曲相对较均匀。后翅 M+CU 脉长约为 1–M 脉的 2.0 倍。

足：后足腿节长为宽的 4.5 倍；后足胫节略长于后足跗节（约为跗节长 1.1 倍）；后足第 2 跗节长约为基跗节的 3/5，第 3 跗节长约等于端跗节。

腹：第 1 背板由基部向后均匀扩大，中间长为端部宽的 1.6 倍，背板表面具纵刻纹和细粒状刻点，但几乎无被毛，仅见两侧及后部少量几根刚毛，两端角处无毛；第 2 背板至腹末表面光滑亮泽、无刻纹，且刚毛稀少；产卵器鞘短，短于后足第 1 跗节，未伸出腹部最末端。

体色：触角整体暗褐色。第 1—2 鞭节颜色稍浅于其后各节，为黄褐色；头部大部分区域和整个胸部黑色；唇基暗棕色；上唇金黄色；上颚中间暗黄色；下颚须和下唇须浅黄色；足除跗节褐色、后足胫节端部及跗节 1—4 节褐色外，其他部分都为金黄色；腹部背板整个呈黄色（第 1 背板虽有时具少量较深的杂色，但总体基本为黄色，末端 1—2 节略呈黄褐色）；产卵器鞘深褐色。

变化：有些虫体中胸盾片几乎整个侧叶都光滑无毛；体长 1.7—1.9 mm；触角 21—23 节。

雄虫 虫相似。体长 1.7—1.9mm；触角 23—24 节。

研究标本 正模：♀，内蒙古突泉县，2011- Ⅶ -29，姚俊丽。副模：1 ♂，1 ♀，内蒙古科尔沁右翼中旗代钦塔拉，2011- Ⅶ -30，郑敏琳；1 ♂，内蒙古科尔沁右翼中旗代钦塔拉，2011- Ⅶ -30，姚俊丽；3 ♀♀，内蒙古科尔沁湿地保护区，2011- Ⅶ -31，赵莹莹；2 ♀♀，内蒙古科尔沁湿地保护区，2011- Ⅶ -31，董晓慧；1 ♀，内蒙古二连浩特恐龙公园，2011- Ⅷ -22，黄芬；2 ♂♂，7 ♀♀，吉林白城森林公园，2011- Ⅷ -1，郑敏琳；2 ♂♂，4 ♀♀，吉林白城森林公园，2011- Ⅷ -1，姚俊丽；1 ♂，1 ♀，吉林白城通榆县，2011- Ⅷ -15，赵莹莹；1 ♂，吉林向海自然保护区，2011- Ⅷ -16，黄芬。

已知分布 内蒙古、吉林。

寄主 未知。

词源 本新种拉丁名"fulvipetiolus"意为黄色的腹柄节，这里主要是强调本新种的腹部第 1 背板（腹柄节）为黄色。

注 本种与 Chorebus（Stiphrocera） andizhanicus Tobias 最为接近，区别：本种平均体型小于后者；本种触角节数少于后者；本种盾纵沟明显没后者发达；本种腹部第 1

背板两端角处无毛，后者簇毛十分明显；本种腹部第1背板黄色，后者黑色或棕黑色。

24. 三角繁离颚茧蜂，新种

Chorebus (Stiphrocera) triangulus Chen & Zheng, sp. nov.

（图 2-24）

雌虫 正模，体长 2.1mm；前翅长 1.9mm。

头：头相对大型，复眼后方明显膨大。触角 27 节，第 1 鞭节和倒数第 2 鞭节长分别为宽的 3.2 倍和 2.0 倍。头背面观宽为长的 1.7 倍、为中胸盾片宽的 1.7 倍；复眼长为上颊长的 4/5；OOL：OD：POL=17：5：6；后头布满较密细刚毛；脸宽大、无刻纹或刻点，但较无光泽；大范围被有长毛，仅于复眼内缘处显密；脸上部于两触角窝间位置较大程度下凹；中纵脊细长；上颚宽大，第 1 齿显著向上扩展，呈瓣叶状；第 2 齿尖，近等边三角形，稍微外弯；第 3、4 齿短、钝。下颚须中等长度。

胸：长为高的 1.4 倍。前胸背板背凹大且深，呈近三角形；两侧面光滑、无毛；前胸侧板具少量细毛及刻纹；中胸盾片总体比较暗淡无光，表面无明显刻纹或刻点，但大范围分布有较密细刚毛（除两侧叶后半部无被毛外）；盾纵沟从最前面至背板近后缘处均可见，但仅最前方斜面处一小段明显，后面大部分仅见很浅痕迹；中胸盾片后方中陷较窄、深，从中胸盾片后缘向前延伸至背板约 1/3 处；小盾片表面光滑亮泽，除后缘具密毛，其他区域毛十分稀少；后胸背板和并胸腹节均被贴面密毛，表面刻纹基本全被遮掩，并胸腹节两侧缘处无近"玫瑰花朵"形；中胸侧板光滑亮泽，整个侧板几乎无被毛；基节前沟较深，沟内具精细刻条；后胸侧板密被白色贴面长毛，围绕中部一凸起排列成近"玫瑰花朵"形。

翅：前翅翅痣长为宽的 6.5 倍，为 1-R1 脉长的 1.8 倍；r 脉长等于翅痣宽，为 1-SR+M 脉长的 1/2，与 2-SR+M 脉等长；3-SR+SR1 脉后方甚曲折；后翅 M+CU 脉长约为 1-M 脉的 2 倍。

足：后足腿节长为宽的 4.3 倍；后足胫节略长于后足跗节；后足第 2 跗节长约为基跗节的 1/2，第 3 跗节长为端跗节的 4/5。

腹：第 1 背板较为宽大，并由基部向后均匀扩大，中间长为端部宽的 1.4 倍，背板表面具较不规则刻纹，除两端角处具有较薄毛簇外，其他区域几乎无被毛；第 2 背板至腹末表面光滑无刻纹，刚毛稀少；产卵器鞘细短，短于后足第 1 跗节，未伸出腹部末端。

体色：触角整体棕色，但前 3 节黄色；头部大部分区域暗棕色；唇基和上颚中间棕黄色；上唇黄色；下颚须和下唇须浅黄色；胸部棕黑色；足除跗节黄褐色外，其他黄色；腹部第 1 背板浅棕黄色，第 2+3 背板鲜黄色，之后几节颜色加深至棕黄色；产卵器鞘黄棕色。

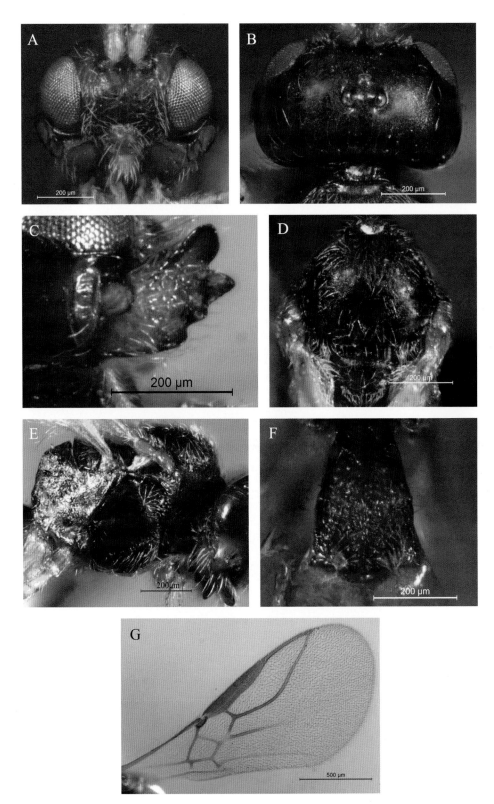

图 2-24　三角繁离颚茧蜂，新种 *Chorebus* (*Stiphrocera*) *triangulus* Chen & Zheng , sp. nov. (♀)
A：头部正面观；B：头部背面观；C：上颚；D：中胸背板；E：胸部侧面观；F：腹部第 1 背板；G：前翅

变化：有些虫体颜色浅（如头、胸呈棕黄色），更有光泽；触角 27—28 节。

雄虫　与雌虫相似。体长 2.0mm；触角 29 节；腹部第 1 背板棕色，中间长为端宽的 1.6 倍。

研究标本　正模：♀，湖北神农架红坪，2000- Ⅷ -21，石全秀。副模：1 ♀，福建武夷山三港，1998- Ⅷ -13，张晓斌；1 ♀，福建武夷山大安，1998- Ⅸ -1，葛建华；1 ♂，甘肃陇南徽县，2008- Ⅷ -31，杨建全；1 ♀，黑龙江五大连池田虎山，2000- Ⅷ -13，赵莹莹。

已知分布　湖北、甘肃、黑龙江、福建。

寄主　未知。

词源　本新种拉丁命名 "triangulus" 意为三角状的，这里是指本种前胸背板被凹呈近三角形状。

注　本种与 *Chorebus*（*Stiphrocera*）*andizhanicus* Tobias 最为接近，主要区别：本种中胸盾片比前者更粗糙（特别是背板前部）；本种腹部第 1 背毛比后者更为稀少，特别是两端角的簇毛，后者明显比前者稠密；本种前胸背板背凹为近三角形，后者为圆形；本种腹部第 1 背板浅棕黄色，后者黑色或棕黑色。

25. 安集延繁离颚茧蜂，中国新记录
Chorebus (*Stiphrocera*) *andizhanicus* Tobias , rec. nov.

（图 2-25）

Dacnusa andizhanica Tobias，1966，37: 129；Shenefelt，1974: 1084.

Chorebus（*Stiphrocera*）*andizhanica*: Tobias et Jakimavicius，1986: 7–231；Papp，2004，21: 111–154，2005，51（3）: 225.

Chorebus（*Stiphrocera*）*andizhanicus*: Papp，2009: 118；Papp，2009，55（3）: 236；Yu et al.，2016: DVD.

雌虫　体长 2.2—2.4mm；前翅长 2.1—2.3mm。

头：头大型，且于复眼后方十分膨大；触角 26—31 节，整体较纤细，各节无明显膨大，第 1 鞭节和倒数第 2 鞭节长分别为宽的 4.5 倍和 2.0 倍，第 15 至 20 鞭节的长分别为宽的 2.0 倍。头背面观宽为长的 1.6 倍、为中胸盾片宽的 1.5 倍，复眼长为上颊长的 7/10；OOL：OD：POL=19：3：6；后头光亮，均匀、稀疏地分布有较多刚毛，中间微凹；脸宽大、较平坦（中间稍隆起），具较密细毛及少量浅刻点；上颚大，第 1 齿显著向上扩展，并呈小瓣叶状，第 2 齿较尖，约与第 1 齿等长，第 3、4 齿通常短、钝（有时第 3 齿仅为较弱凸起，少数情况下第 3 齿较尖）；下颚须较短。

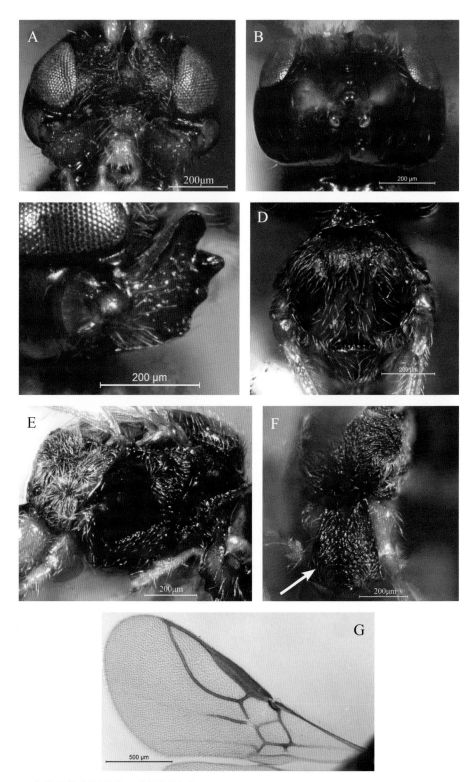

图2-25 安集延繁离颚茧蜂，中国新记录 *Chorebus* (*Stiphrocera*) *andizhanicus* Tobias , rec. nov. (♀)

A：头部正面观；B：头部背面观；C：上颚；D：中胸背板；E：胸部侧面观；F：腹部第1背板及部分并胸腹节；G：前翅

胸：较粗壮，长约为高的 1.4 倍。前胸背板中间背凹大且深、呈圆形，两侧面亮泽、无被毛，但具明显刻纹，前胸侧板毛稀少；中胸盾片大范围分布有细短毛，至少密布整个中叶，背板近前缘部分以及两侧叶前部相对粗糙，表面具浅刻点；盾纵沟相对明显，通常完整（少数虫体比较发达，明显到达背板近后缘，有些虫体后方较浅），明显的部分至少都从最前面达到背板 1/3 处（从中胸盾片最前缘算起）；中胸盾片后方中陷较长，且深，通常从中胸盾片后缘向前延伸至该背板的约 1/2 处；小盾片前沟深、无毛，明显短刻条；小盾表面大部分光滑无毛，但后缘被浓密细短毛；后胸背板和并胸腹节均被贴面密毛；中胸侧板光滑亮泽，基节前沟较宽、长，沟内刻纹粗壮；后胸侧板被密毛，且侧板中部以及侧板与并胸腹节背面交界处各有 1 个近"玫瑰花朵"形。

翅：前翅翅痣长约为宽的 6.8 倍；r 脉长约等于翅痣宽，为 1-SR+M 脉长的 1/2，与 2-SR+M 脉等长；3-SR+SR1 脉后方弯曲不均匀；后翅 M+CU 脉长约为 1-M 脉的 2.0 倍。

足：后足腿节长为宽的 4.5 倍；后足胫节略长于后足跗节；后足第 2 跗节长约为基跗节的 1/2，第 3 跗节约与端跗节等长。

腹：第 1 背板较宽大，由基部向后明显扩大，中间长为端部宽的 1.5—1.6 倍，背板表面大部分区域毛稀少，但两端角处具密毛簇；第 2 背板至腹末表面均光滑无刻纹，且刚毛稀少；产卵器鞘短小，短于后足第 1 跗节长，几乎未伸出腹部最末端。

体色：触角整体全部黑褐色，或前 3—4 节颜色稍浅于其后各节（为黄褐色）；头部大部分区域和整个胸部黑色；下颚须和下唇须浅黄色；足除端跗节褐色外，其他部分基本金黄色；腹部第 1 背板黑色或棕黑色，腹部第 2、3 背板褐黄色，之后各节暗褐色；产卵器鞘黑褐色。

雄虫 与雌虫相似；体长 2.0—2.3mm；触角 28—33 节。

研究标本 1♂，湖北神农架木鱼，2000-Ⅷ-25，季清娥；1♀，山东安丘，2002-Ⅶ-11，吕宝乾；2♂♂，4♀♀，青海民和，2008-Ⅵ-7，赵琼；1♂，1♀，新疆昌吉，2008-Ⅷ-1，赵琼；1♂，黑龙江牡丹江牡丹峰，2011-Ⅶ-13，郑敏琳；1♂，黑龙江牡丹江牡丹峰，2011-Ⅶ-16，董晓慧；2♂♂，黑龙江牡丹峰保护区，2011-Ⅶ-16，郑敏琳；1♂，黑龙江牡丹峰保护区，2011-Ⅶ-16，姚俊丽；1♂，2♀♀，黑龙江漠河，2012-Ⅶ-23，郑敏琳；2♂，黑龙江漠河，2012-Ⅶ-26，姚俊丽；1♀，黑龙江漠河，2012-Ⅶ-26，赵莹莹；1♂，1♀，黑龙江哈尔滨顾乡公园，2012-Ⅷ-11，赵莹莹；1♀，吉林白城森林公园，2011-Ⅷ-1，郑敏琳；3♀♀，吉林白城森林公园，2011-Ⅷ-1，郑敏琳；1♀，吉林乌拉街镇官通村，2012-Ⅷ-17，赵莹莹；3♂♂，1♀，辽宁海棠山自然保护区，2012-Ⅶ-23，赵莹莹；1♂，2♀♀，辽宁阜新三一八公园，2012-Ⅶ-26，常春光；1♂，5♀♀，辽宁阜新三一八公园，2012-Ⅶ-26，赵莹莹；1♀，内蒙古突泉县，2011-Ⅶ-29，姚俊丽；1♂，2♀♀，河北衡水湖，2011-Ⅸ-2，姚俊丽；2♂♂，2♀♀，山西晋城历山保护区，2011-Ⅸ-16，姚俊丽。

已知分布 吉林、辽宁、黑龙江、内蒙古、河北、山西、青海、新疆；韩国、蒙古、匈牙利、乌兹别克斯坦。

寄主 未知。

26. 新疆繁离颚茧蜂，新种
Chorebus (*Stiphrocera*) *xingjiangensis* Chen & Zheng, sp. nov.

（图 2-26）

雌虫 正模，体长 2.2mm；前翅长 2.1mm。

头：触角 26 节，第 1 鞭节长为第 2 鞭节长的 1.2 倍，第 2、3 鞭节等长，第 1 鞭节和倒数第 2 鞭节的长分别为宽的 3.0 倍和 2.0 倍。头背面观宽为长的 1.8 倍，复眼后方明显膨大，复眼长为上颊长的 4/5；OOL : OD : POL=16 : 4 : 7；脸宽大，无刻纹，但不太显光泽，遍布细长毛（但不显稠密）；口上沟深；唇基宽、短；上颚第 1 齿明显向上扩展，略呈耳叶状，第 2 齿尖、较突出，第 3、4 齿短、钝；下颚须显短。

胸：长约为高的 1.5 倍。前胸背板背凹大且深，呈近圆形，两侧面无被毛，且大范围光滑，仅靠近中胸侧板的边缘部分具刻纹；前胸背板槽刻纹粗壮、明显；前胸侧板仅前缘具少量不明显的细毛；中胸盾片前缘具粗刻点，整个中叶及侧叶前面一小部分被有较密细刚毛，侧叶后方较大区域光滑、无毛；盾纵沟完整，到达盾前沟边缘，前半部明显可见沟内刻纹，后半部沟浅、刻纹不明显；中胸盾片后方中陷窄、较长（达背板中部）且内具明显刻纹；并胸腹节密被贴面长毛，基本遮住其表刻纹；中胸侧板大部分光滑，中胸侧缝很窄且无明显刻纹；基节前沟较深、长，沟内具粗刻条；后胸侧板毛密，并围绕中下部一较强隆起排列成近"玫瑰花朵"样式。

翅：前翅翅痣长约为 1-R1 脉长的 2.0 倍；r 脉长为 1-SR+M 脉长的 2/5；3-SR+SR1 脉弯曲较均匀；前翅 CU1b 脉缺，亚盘室后方开放。

足：后足腿节长为宽的 4.0 倍；后足胫节与跗节等长；后足第 2 跗节长为基跗节的 1/2，第 3 跗节长为端跗节长的 4/5。

腹：第 1 背板十分宽大，由基部向端部强烈扩大，端部宽为基部宽的 2.1 倍，中间长为端部宽的 1.2 倍，表面密被纵刻纹及刻点，两背脊不汇合，背板除两端角处具较密毛（但还不呈明显密毛簇）外，其他区域仅零星分布少量刚毛；第 2 背板至腹末表面均光滑无刻纹，各节横排稀疏刚毛；产卵器稍微露出腹部最末端，产卵器鞘与后足基跗节等长。

体色：触角前 4 节明显黄色，其后各节逐渐加深至棕黑色；头大部分区域深棕色，唇基棕黄色，上唇金黄色；下颚须和下唇须黄色，上颚中间部分褐黄色；胸部黑色；前翅翅痣棕色；足除端跗节褐色外，其他部分金黄色；腹部第 1 背板棕黑色，其后各节

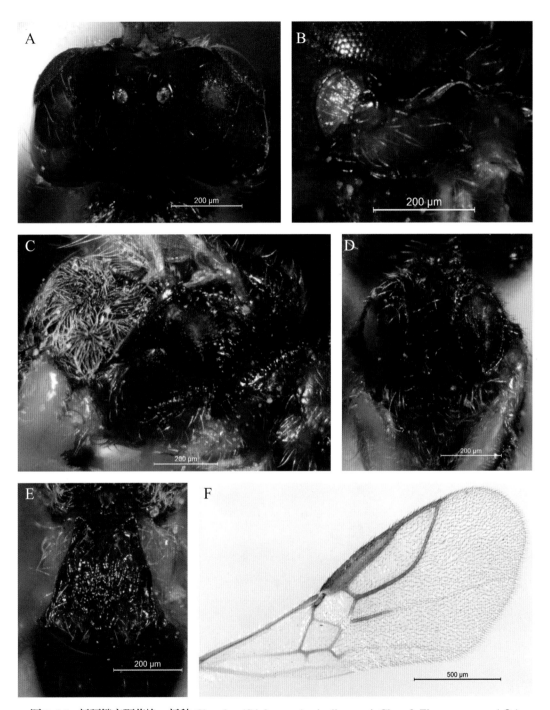

图 2-26　新疆繁离颚茧蜂，新种 *Chorebus* (*Stiphrocera*) *xingjiangensis* Chen & Zheng , sp. nov. (♀)
A：头部背面观；B：上颚；C：胸部侧面观；D：中胸背板；E：腹部第 1 背板；F：前翅

暗红棕色；产卵器鞘黑褐色。

变化：体长 2.1—2.2；触角 24—28 节；颜色变化：腹部第 1 节暗黄棕色或棕黑色，腹部第 1 背板之后各节棕黄色或暗红棕色。

雄虫 特征基本同于雌；体长 2.0—2.1mm；触角 26—30 节。

研究标本 正模 1♀，新疆阜康，2008- Ⅷ -24，赵琼。副模：2♀♀，新疆乌鲁木齐植物园，2008- Ⅷ -7，赵琼；2♀♀，新疆昌吉，2008- Ⅷ -11，赵琼；1♀，新疆石河子，2008- Ⅷ -17，赵琼；2♂♂，1♀，新疆米泉，2008- Ⅷ -24，杨建全；1♀，新疆阜康，2008- Ⅷ -24，赵琼。

已知分布 新疆。

寄主 未知。

词源 新种拉丁学名 "xingjiangensis" 是根据正模标本来源地新疆来命名。

注 本种与 *Chorebus*（*Stiphrocera*）*rufimarginatus*（Stelfox）和 *Chorebus*（*Stiphrocera*）*andizhanicus* Tobias 都十分接近，但本种的与后两者的最明显差异是：本种腹部第 1 背板由基部向端部扩大的程度明显比后两者大，且被毛也明显更为稀少。另外，与 *C.*（*S.*）*rufimarginatus* 相比，本种并胸腹节毛更密，T1 两背脊不汇合；本种与 *C.*（*S.*）*andizhanicus* 相比，本种 T1 两端角处无明显密簇毛（后者明显），产卵器与后足基跗节等长（后者短于后足基跗节长），本种前翅 3-SR+SR1 脉后半部明显不如 *C.*（*S.*）*andizhanicus* 曲折。

27. 格氏繁离颚茧蜂，中国新记录
Chorebus (Stiphrocera) groschkei Griffiths , rec. nov.

（图 2-27）

Chorebus groschkei Griffiths，1967，16（5/6）（1966）：570；Griffiths，1968，18（1/2）：63-152；Shenefelt，1974: 1050.

Chorebus（*Stiphrocera*）*groschkei*: Tobias et Jakimavicius，1986: 7-231.

雌虫 体长 2.4mm；前翅长 2.4mm。

头：触角 34 节，第 1 鞭节和倒数第 2 鞭节的长分别为宽的 3.5 倍和 2.0 倍。头背面观宽为长的 1.8 倍，复眼后方明显膨大，复眼长为上颊长的 4/5；OOL：OD：POL=17：4：8；头顶及颊区光滑亮泽，稀疏排列有数行刚毛；额区微凹，表面亮泽、几乎无被毛（仅于触角窝和复眼间区域具少量短刚毛），中间区域具少量刻纹；脸具大量刻纹和刻点，并密布细毛，但有光泽；口上沟深；唇基宽、短；上颚具 4 齿，且较宽大，第 1 齿明显向上扩展，略呈耳叶状，第 2 齿近等边三角形，第 3、4 齿短、钝；下颚须中等长度。

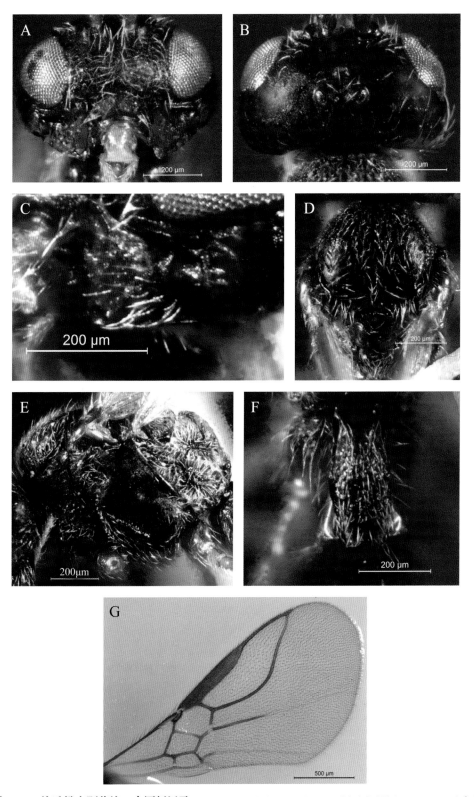

图 2-27　格氏繁离颚茧蜂，中国新记录 *Chorebus* (*Stiphrocera*) *groschkei* Griffiths, rec. nov. (♀)
A：头部正面观；B：头部背面观；C：上颚；D：中胸背板；E：胸部侧面观；F：腹部第 1 背板；G：前翅

胸：长约为高的 1.4 倍。前胸背板两侧面亮泽，无被毛，但具明显刻点；前胸侧板刻纹粗糙，但较有光泽，被较多精细刚毛（但不太明显）；中胸盾片大范围分布有浅刻点，前缘十分粗糙，整个背板除侧叶后半部无毛，其他部分都被有较密细毛；盾纵沟不明显；中胸盾片后方中陷窄，由后缘向前延伸至背板长度的 1/3 处；并胸腹节密被贴面长毛；中胸侧板大部分光滑亮泽，基节前沟长，且中部十分宽大，沟内刻痕清楚；后胸侧板毛密，并于其中后部以及上方与背面交界处各形成 1 个近"玫瑰花朵"形状。

翅：前翅翅痣长为宽的 6.7 倍，为 1–R1 脉长 1.6 倍；前翅 r 脉长为翅痣宽的 1.1 倍，为 1–SR+M 脉长的 1/2；3–SR+SR1 后半部明显曲折；前翅 CU1b 短、粗，亚盘室后方几乎不开放；后翅 M+CU 脉长为 1–M 脉的 2.0 倍。

足：后足腿节长为宽的 3.8 倍；后足胫节长为后足跗节的 1.1 倍；后足第 2 跗节长为基跗节的 1/2，第 3 跗节长为端跗节长的 1.1 倍。

腹：第 1 背板较长，且两边平行，中间长为端部宽的 2.5 倍，表面刻纹粗糙，且较不规则，整个表面较均匀地被有刚毛，但不显稠密，两端角处不形成密毛簇；第 2 背板至腹末表面光滑，具少量刚毛；产卵器鞘较纤细，稍微露出腹部最末端。

体色：触角整个都为深棕色；头大部分区域、胸部及腹部第 1 节均为黑色；唇基黑褐色；上唇金黄色；下颚须和下唇须浅黄色；上颚中间部分色暗，显褐黄色；前翅翅痣棕色；足除端跗节黄褐色、后足基节、跗节及胫节端部黄褐色，其他部分金黄色；腹部第 1 背板之后各节除 2+3 节黄褐色，其他黑褐色；产卵器鞘黑褐色。

雄虫 与雌虫相似；体长 2.2mm；触角 33 节。

研究标本 1 ♂，宁夏贺兰山苏峪口，2001– Ⅷ –11，石全秀；1 ♀，内蒙古呼和浩特乌素图，2011– Ⅷ –8，赵莹莹。

已知分布 内蒙古、宁夏。

寄主 未知。

注 本描述标本与 Griffiths（1967）描述的 *Chorebus*（*Stiphrocera*）*groschkei* Griffiths 相比，足的颜色略浅些，其他主要特征基本相同，应属同一种。

28. 瑰繁离颚茧蜂，中国新记录
Chorebus (*Stiphrocera*) *resus* (Nixon)，rec. nov.

（图 2–28）

Dacnusa resa Nixon, 1937, 4: 21; Nixon, 1943, 79: 165, 1944, 80: 151; Kloet et Hincks, 1945:1–483; Fischer, 1962, 14:29–39.

Chorebus resa: Griffiths, 1967, 16（5/6）（1966）: 577–578, 1968, 18（1/2）: 63–152; Shenefelt, 1974: 1062.

Chorebus（*Stiphrocera*）*resus*: Tobias et Jakimavicius，1986：7–231；Perepechayenko，1998，6（1）：89–94；Tobias，1998：360；Papp，2004，21：111–154，2007，53（1）：9；Yu et al.，2016：DVD.

雌虫 体长 2.2—2.8mm；前翅长 2.3—2.9mm。

头：触角 37—42 节，细长，其长为体长的 1.6 倍，第 1 鞭节长为第 2 鞭节的 1.4 倍，第 2 鞭节和第 3 鞭节等长，第 1 鞭节和倒数第 2 鞭节的长分别为宽的 4.1 倍和 2.2 倍。头背面观宽为长的 1.8 倍，复眼后方显著膨大，复眼长为上颊长的 9/10；单眼较大，排成近等边三角形，OOL：OD：POL=40：7：10；头顶、后头及颊区光滑亮泽，但后头被有较多长刚毛；额区中间稍微下凹、无明显刻纹，仅两侧被少量刚毛；脸部多毛，并密布粗糙刻纹和刻点；上颚第 1 齿明显向上扩展，略呈耳叶状，第 3 齿位于第 2 齿腹缘基部，仅为 1 不太明显的微凸；下颚须稍显短。

胸：长约为高的 1.3 倍。前胸背板侧面亮泽，几乎无被毛，但具明显粗刻纹；前胸侧板刻纹粗糙，前缘密被精细刚毛；中胸盾片整个表面被有较密细长毛，且分布有大量刻点，中叶特别粗糙；盾纵沟明显约达中胸盾片中部，沟内刻纹粗糙，后方不明显；中胸盾片后方中陷窄；小盾片表面光滑亮泽，后缘具密毛；后胸背板和并胸腹节被有同样的贴面密毛，几乎完全遮住表面刻纹；中胸侧板大部分光滑亮泽，基节前沟长，且中部十分宽大，沟内刻痕清楚；后胸侧板中部可见一较大并具粗糙刻纹的隆起，密长毛围绕该隆起排列，略呈"玫瑰花朵"状，隆起上还具数根较为挺立的长刚毛。

翅：前翅翅痣长约为宽的 9.3 倍，为 1–R1 脉长 1.7 倍；前翅 r 脉长为翅痣宽的 1.8 倍，为 1–SR+M 脉长的 3/5；3–SR+SR1 后半部较直（稍显曲折）；前翅 CU1b 脉细短（后端明显退化），故亚盘室后方开放。

足：后足腿节长为宽的 4.8 倍；后足胫节长为后足跗节的 1.2 倍；后足第 2 跗节长为基跗节的 3/5，第 3 跗节长与端跗节等长。

腹：第 1 背板长，两边几乎平行，中间长为端部宽的 2.5 倍，表面刻纹粗糙，无纵纹特性，且整个表面几乎无毛，仅零星分布一些刚毛；第 2 背板至腹末表面光滑，被少量刚毛；产卵器鞘细短，稍微露出腹部最末端。

体色：触角总体为棕黑色，但基部几节颜色明显浅，其中柄节金黄色、梗节棕黄色、鞭节前 3 节浅棕色；头部大部分区域、胸部及腹部第 1 节为黑色；上唇金黄色；下颚须和下唇须浅黄色；上颚中间部分棕黄色；足除端跗节黄褐色、后足胫节棕黄色、跗节褐色外，其余部分黄色；腹部第 2 背板黄棕色，其后各节黄色；产卵器鞘黑褐色。

雄虫 与雌虫相似；体长 2.3—2.8mm；触角 39—46 节。

研究标本 1♀，湖北神农架木鱼，2000- Ⅷ -25，杨建全；1♂，1♀，宁夏六盘山泾源，2001- Ⅷ -14，林智慧；1♀，宁夏六盘山泾源，2001- Ⅷ -16，杨建全；

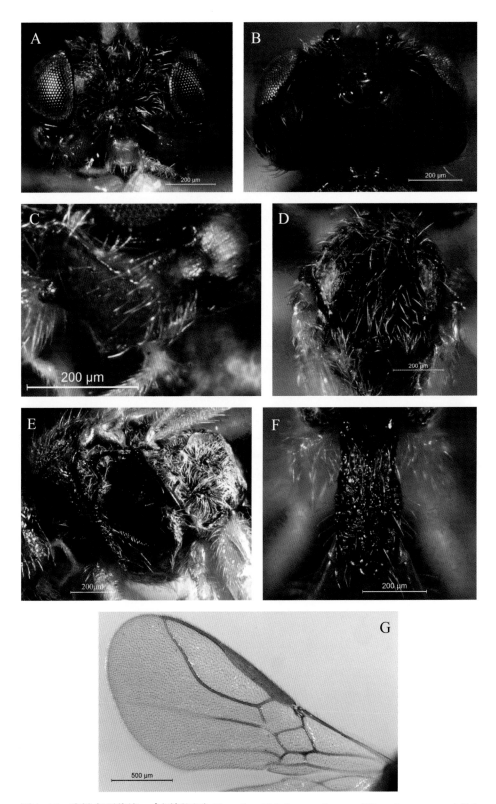

图 2-28 瑰繁离颚茧蜂，中国新记录 *Chorebus (Stiphrocera) resus* (Nixon)，rec. nov. (♀)

A：头部正面观；B：头部背面观；C：上颚；D：中胸背板；E：胸部侧面观；F：腹部第 1 背板；G：前翅

2♂♂，18♀♀，山西太原清徐，2010- Ⅸ -13，姚俊丽；2♂♂，9♀♀，山西太原清徐，2010- Ⅸ -13，姚俊丽；1♀，黑龙江牡丹峰自然保护区，2011- Ⅶ -16，董晓慧；1♂，黑龙江牡丹江牡丹峰，2011- Ⅶ -17，郑敏琳；1♂，黑龙江漠河广场，2011-Ⅶ -23，姚俊丽；1♀，黑龙江漠河松苑，2011- Ⅶ -24，郑敏琳；1♀，内蒙古科尔沁右翼中旗代钦塔拉，2011- Ⅶ -30，姚俊丽；1♂，内蒙古乌兰察布卓资山，2011- Ⅷ -5，郑敏琳；1♂，1♀，内蒙古呼和浩特乌素图，2011- Ⅷ -8，郑敏琳；1♂，内蒙古呼和浩特乌素图，2011- Ⅷ -8，姚俊丽；1♀，吉林白城森林公园，2011- Ⅷ -2，赵莹莹；1♂，2♀♀，河北蔚县暖泉，2011- Ⅷ -29，姚俊丽；1♀，黑龙江伊春细水公园，2012- Ⅷ -8，赵莹莹。

已知分布　山西、河北、宁夏、内蒙古、吉林、辽宁、黑龙江；奥地利、匈牙利、德国、荷兰、瑞典、英国、乌克兰、俄罗斯、韩国。

寄主　已知内寄生于 *Phytomyza melana* Hendel 幼虫。

29. 福建繁离颚茧蜂，新种
Chorebus (*Stiphrocera*) *fujianensis* Chen & Zheng , sp. nov.

（图 2-29）

雌虫　正模，体长 2.1mm；前翅长 2.2mm。

头：触角 36 节，第 1 鞭节长为第 2 鞭节的 1.3 倍，第 2、3 鞭节等长，第 1 鞭节和倒数第 2 鞭节长分别为宽的 4.4 倍和 2.7 倍。头背面观宽为长的 2.0 倍，复眼后方不膨大，复眼长为上颊长的 1.5 倍；OOL：OD：POL=11：5：7；后头光亮，几乎无被毛；额区光滑，较平坦；脸部较具光泽，稀疏地被有细毛，具少量浅刻点；上颚较小，具明显 4 齿，第 1 齿不扩展，第 2 齿较尖，第 3 齿小，位于第 2 齿腹缘中部，第 4 齿较大，大于第 2 齿；下颚须较长。

胸：胸短，长约为高的 1.2 倍。前胸背板侧面光亮、无毛，但被有大量刻纹；前胸侧板表面刻纹弱，仅前缘被少量细毛（不明显）；中胸盾片前缘、整个中叶及其后方被有较密长毛，侧叶光滑、无毛，前缘和中叶粗糙，具大量刻痕；盾纵沟仅最前面一段明显（约至背板纵向 1/3 处），沟内刻纹可见；后胸背板和并胸腹节表面均密被贴面白毛；中胸侧板亮泽，基节前沟较宽、深，沟内刻条明显；后胸侧板密被白色长毛，"玫瑰花朵"形状明显。

翅：前翅翅痣长约为 1-R1 脉长的 1.3 倍；前翅 r 脉长为 1-SR+M 脉长的 3/5；3-SR+SR1 脉后半部轻微曲折；前翅 CU1b 脉几乎完全退化，亚盘室后方明显开放。

足：后足腿节长为宽的 4.0 倍；后足胫节长约等于后足跗节长；后足第 2 跗节长为基跗节的 1/2，第 3 跗节与端跗节等长。

腹：第 1 背板从基部到气孔处两边平行，气孔之后稍微扩大，中间长为端部宽的 2.1

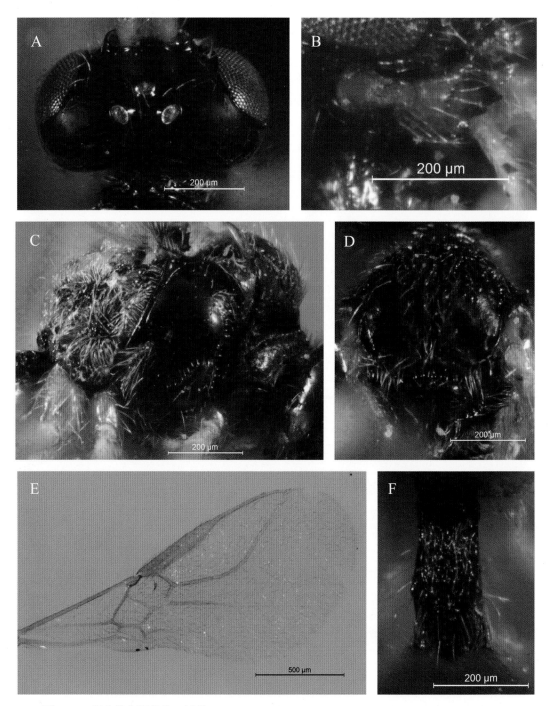

图 2-29　福建繁离颚茧蜂，新种 *Chorebus (Stiphrocera) fujianensis* **Chen & Zheng , sp. nov.**
A：头部背面观；B：上颚；C：胸部侧面观；D：中胸背板；E：前翅；F：腹部第 1 背板

倍，背板表面毛较少，除了零星分布的刚毛，仅基部和后方两端角具一些毛（稍密）；第 2 背板至腹末表面光滑，刚毛稀少；产卵器鞘长为后足基跗节的 7/10。

体色：触角整体棕色，基部节明显色浅，柄节黄色，梗节及鞭节第 1—3 节棕黄色；头部大部分区域暗红棕色，唇基棕黄色，上唇浅黄色，下颚须和下唇须近白色，上颚中间部分暗黄色；胸部棕黑色；前、中足黄色；后足基节、腿节及胫节基半部黄色，胫节端半部及跗节黄褐色；腹部第 1 背板暗红棕色，第 2+3 背板暗黄色，之后各节黄棕色；产卵器鞘黄棕色。

变化：触角 33—37 节；体长 1.9—2.2mm。

雄虫 与雌虫相似；体长 1.8mm；触角 36 节。

研究标本 正模：♀，福建光泽九龙坑，2002- Ⅶ -25，吕宝乾。1 ♀，福建武夷山桐木，1981- Ⅴ -5，黄居昌；1 ♀，福建武夷山挂墩，1981- Ⅳ -28，韩英；1 ♀，福建武夷山桐木，1986- Ⅶ -13，刘明晖；1 ♂，1 ♀，福建武夷山大竹岚，1986- Ⅶ -15，邱乐忠；1 ♂，福建武夷山挂墩，1986- Ⅶ -19，邱志丹；1 ♀，福建武夷山黄岗山，1986- Ⅶ -21，邱志丹；2 ♀♀，福建武夷山大竹岚，1986- Ⅶ -23，陈家骅；1 ♀，福建武夷山桐木，1986- Ⅸ -21，许建飞；1 ♀，福建武夷山桐木，1988- Ⅶ -23，官宝斌；1 ♀，福建武夷山三港，1988- Ⅸ -19，沈添顺；1 ♂，福建武夷山大竹岚，1993- Ⅷ -18，张飞萍；1 ♀，福建武夷山大竹岚，1993- Ⅸ -3，杨建全；1 ♀，福建光泽茶洲，2001- Ⅷ -10，陈乾锦；1 ♀，福建光泽茶洲，2001- Ⅷ -11，黄居昌。

已知分布 福建。

寄主 未知。

词源 本新种拉丁名"fujianensis"是以正模标本的采集地所在省份"福建"来命名。

注 本种与 *Chorebus*（*Stiphrocera*）*perkinsi*（Nixon）最为接近，主要区别：本种中胸盾片毛比后者密，分布范围更广；本种上颚第 3 齿弱小，明显小于第 2 齿，而后者第 3 齿发达，几乎与第 2 齿同等大小；本种腹部第 1 背板左右两边接近平行，而后者由基部向后明显扩大；本种后足胫节与后足跗节相等，后者后足胫节长于后足跗节。

30. 漠河繁离颚茧蜂，新种
Chorebus (Stiphrocera) moheana Zheng & Chen , sp. nov.

（图 2-30）

雌虫 正模，体长 2.0mm；前翅长 2.0mm。

头：触角 34 节，细长，其长度为体长的 1.5 倍，第 1 鞭节长为第 2 鞭节的 1.2 倍，第 2、3 鞭节等长，第 1 鞭节和倒数第 2 鞭节的长分别为宽的 4.0 倍和 2.2 倍。头背面观不太显横宽，宽为长的 1.5 倍，但复眼后方（位于近上颚基部处）明显向左右两边鼓起，复眼长为上颊长的 1.3 倍；OOL∶OD∶POL=12∶4∶7；头顶及后头光滑亮泽，并稀疏

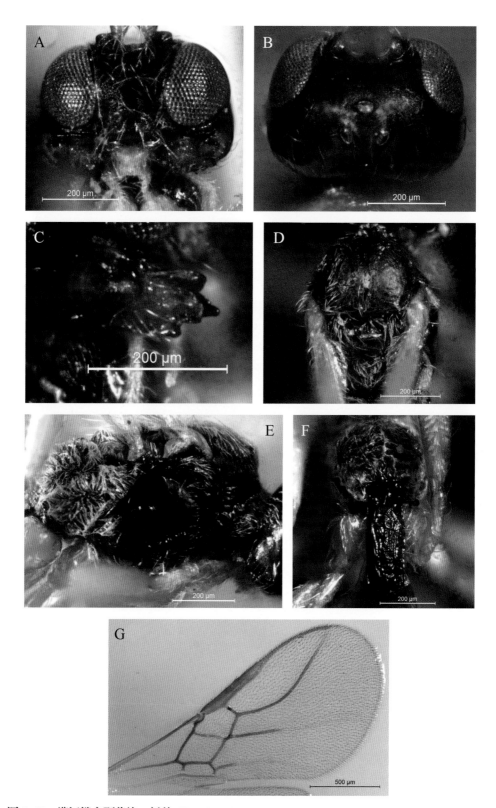

图 2-30 漠河繁离颚茧蜂，新种 *Chorebus* (*Stiphrocera*) *moheana* Zheng & Chen , sp. nov.（♀）
A：头部正面观；B：头部背面观；C：上颚；D：中胸背板；E：胸部侧面观；F：腹部第 1 背板；G：前翅

地被有少量刚毛，由单眼区至后头的中纵凹明显；额区较平坦，光滑、无被毛；脸中间明显隆起，被较多细毛及少量浅刻点；上颚不扩展，第 2 齿较长、端部尖，第 3 齿位于第 2 齿腹缘，为 1 较钝的小凸起；下颚须较长。

胸：胸部明显长，长约为高的 1.6 倍。前胸背板背凹大、深，呈圆形，背板侧面亮泽，无被毛，但具明显粗刻纹；前胸侧板前缘被少量细毛；中胸盾片整个表面被有浓密的长毛，并分布有大量刻点；盾纵沟仅最前方极短一段可见；中胸盾片后方中陷较短，约从后方向前延伸背板长的 1/5；小盾片表面光滑亮泽，两侧具细长毛，稀疏地覆于其表；后胸背板和并胸腹节均密被有贴面长毛，表面刻纹基本被遮掩；中胸侧板光滑亮泽，基节前沟长，几乎横贯侧板前后缘，沟内具较粗刻条；后胸侧板密被贴面长毛，排列成一定"玫瑰花朵"状，中部粗糙的隆起上还被有数根挺立的长刚毛。

翅：前翅翅痣长约为宽的 7.7 倍；1–R1 脉相对较长，其长为翅痣长的 9/10；前翅 r 脉长为翅痣宽的 1.7 倍，为 1–SR+M 脉长的 1/2；3–SR+SR1 脉后半部较直，且端部一段颜色明显变浅，几乎透明；前翅 CU1b 脉下端极短一段消失，亚盘室后方轻微开放。

足：后足腿节较为粗短，其长为宽的 3.7 倍；后足胫节长为后足跗节的 1.2 倍；后足第 2 跗节长为基跗节的 1/2，第 3 跗节长与端跗节等长。

腹：第 1 背板较细长，两边平行，长为宽的 2.7 倍，表面较有光泽，刻纹精细，且整个表面几乎无毛，仅零星分布数根刚毛；第 2 背板至腹末表面光滑，且毛十分稀少；肛下板呈明显截面，末端尖；产卵器鞘与后足基跗节等长。

体色：触角总体为棕色，前 5 节明显呈黄色，第 6—10 节逐渐由浅棕黄色加深至棕色；头部大部分区域、胸部及腹部第 1 节为黑色；唇基棕黑色；上唇黄色；下颚须和下唇须色很浅（有些发白）；上颚中间部分棕黄色；足除端跗节略显黄褐色，其余部分黄色；腹部第 2+3 背板棕黄色，其后各节加深至深褐色；产卵器鞘黑色。

变化：体长 2.0—2.2mm；触角 33—36 节。

雄虫　与雌虫相似；体长 2.0mm；触角 37 节。

研究标本　正模：♀，黑龙江漠河松苑，2011- Ⅶ -24，赵莹莹。副模：1 ♂，5 ♀♀，黑龙江漠河松苑，2011- Ⅶ -24，赵莹莹；5 ♀♀，黑龙江漠河松苑，2011- Ⅶ -24，郑敏琳。

已知分布　黑龙江。

寄主　未知。

词源　本新种拉丁学名"moheana"是以正模标本来源地漠河来命名。

注　本种与 *Chorebus*（*Stiphrocera*）*venustus*（Tobias）最为接近，但与后者相比区别为：本种中胸盾片毛分布范围明显更广、胸部明显比后者更长、后胸侧板隆起的表面更粗糙，另外本种上颚不扩展、触角平均节数更多。

31. 直繁离颚茧蜂，中国新记录
Chorebus (*Stiphrocera*) *plumbeus* Tobias, rec. nov.

（图 2–31）

Chorebus（*Stiphrocera*）*plumbeus* Tobias，1998: 357.

雌虫 体长 1.6mm；前翅长 1.4mm。

头：触角 19 节，第 1 鞭节和倒数第 2 鞭节长分别为宽的 5.0 倍和 2.0 倍。头背面观复眼后方轻微膨大，宽为长的 1.9 倍，复眼长略长于上颊长，OOL : OD : POL=23 : 5 : 10；后头光滑，稀疏地被有少量刚毛；脸较隆起，被较多细毛及少量浅刻点，但较有光泽；上颚具明显 4 齿，第 1 齿稍微向上扩展，第 3 齿约与第 4 齿大小相等；下颚须短。

胸：长为高的 1.3 倍。前胸背板两侧面无被毛，但具刻痕；前胸侧板仅前缘被少量细毛；中胸盾片前缘及整个中叶被较多细短毛，侧叶大部分光滑无毛；盾纵沟较发达，伸达中陷最前端处；中胸盾片后方中陷长约为中胸盾片长的 1/3；基节前沟较宽，从中胸侧板前缘向后延伸至约横向 2/3 处，沟内具清晰细短刻条；并胸腹节与后胸侧板均被密毛，后胸侧板毛的排列具明显"玫瑰花朵"形。

翅：前翅翅痣长为宽的 6.1 倍，为 1–R1 脉长的 2.0 倍；前翅 r 脉长等于翅痣宽，为 1–SR+M 脉长的 7/10；3–SR+SR1 脉弯曲相对较均匀。

足：后足腿节长为宽的 5.0 倍；后足胫节与后足跗节几乎等长；后足第 2 跗节长约为基跗节的 1/2，第 3 跗节与端跗节等长。

腹：第 1 背板后半部较前方隆起，基部向端部有所扩大，中间长为端部宽的 2.0 倍，表面大范围无被毛，仅基部与后端角处具少量贴面短毛、两侧缘具数根长刚毛；产卵器鞘长为后足第 1 跗节长的 4/5。

体色：触角通体深褐色；头部大部分区域和整个胸部黑色；唇基暗红棕色，上唇黄褐色；上颚中间部分暗黄色，下颚须和下唇须浅黄色；足黄褐色，但色彩不均匀（足背面比腹面色暗）；腹部第 1 背板棕黑色，以后各节为黄褐色；产卵器鞘深褐色。

雄虫 本研究尚未见。

研究标本 1♀，山西晋城历山保护区，2011–Ⅸ–15，姚俊丽。

已知分布 山西；捷克、匈牙利、波兰、瑞典、塞尔维亚、希腊（马其顿地区）。

寄主 未知。

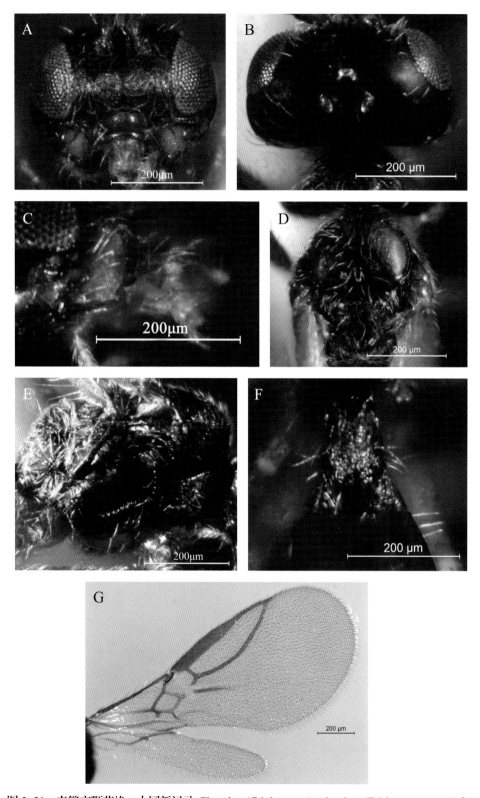

图 2–31　直繁离颚茧蜂，中国新记录 *Chorebus* (*Stiphrocera*) *plumbeus* Tobias , rec. nov. (♀)
A：头部正面观；B：头部背面观；C：上颚；D：中胸背板；E：胸部侧面观；F：腹部第 1 背板；G：翅

32. 具条繁离颚茧蜂，中国新记录

Chorebus (*Stiphrocera*) *cinctus* (Hallday), rec. nov.

（图 2-32）

Alysia（*Dacnusa*）*cincta* Haliday，1839：9.

Dacnusa cincta：Kirchner，1867：140；Vollenhoven，1876，19：247；Marshall，1897：13；Dalla，1898，4：25；Graeffe，1908，24：156；Morley，1924，57：197；Nixon，1937，4：30，1944，80：194；Fischer，1962，14（2）：30；Griffiths，1963，106：162.

Dacnusa（*Dacnusa*）*castaneiventris* Thomson，1895，20：2325.（Syn by Griffiths，1964）

Chorebus cinctus：Griffiths，1964，14（7-8）：887，1967，16（5/6）：567，1968，18（1/2）：124；Shenefelt，1974：1041.

Chorebus（*Stiphrocera*）*cinctus*：Tobias et Jakimavicius，1986：7-231；Tobias，1998：379；Papp，2004，21：135；Yu et al.，2016：DVD.

雌虫　体长 2.6mm；前翅长 2.5mm。

头：触角 39—40 节，第 1 鞭节长为第 2 鞭节的 1.3 倍，第 2 和第 3 鞭节等长，第 1 鞭节和倒数第 2 鞭节的长分别为宽的 4.0 倍和 2.3 倍。头背面观宽为长的 1.8 倍，复眼后方不膨大，复眼长为上颊长的 1.2 倍；OOL∶OD∶POL=17∶5∶7；后头稀疏被有少量刚毛；额区光滑，中部微凹；脸中间纵向区域（宽度约为两触角窝间距离）光滑无毛，两旁被有大量刻点及较多细毛，中纵脊位于脸上半部；唇基较突出，被少量浅刻点；上颚仅轻微扩展，具明显 4 齿，第 2 齿较尖，第 3 齿位于第 2 齿腹缘中部，大小与第 4 齿接近；下颚须长。

胸：长约为高的 1.3 倍。前胸背板侧面亮泽、无毛，但布满刻纹；前胸侧板均匀分布较多精细刚毛（较不明显）；中胸盾片中叶和侧叶前半部被细毛，中叶具较明显刻痕；盾纵沟明显伸达背板中部，沟内刻纹粗糙；并胸腹节被毛不均匀，部分区域较密，但大部分可见其表面刻纹；基节前沟十分宽大，沟内刻痕粗糙；后胸侧板中后部 1 较大并具粗糙刻纹的隆起周围被密毛，形成近"玫瑰花朵"状，隆起上具数根挺立的长刚毛。

翅：前翅翅痣长约为宽的 6.5 倍，为 1-R1 脉长 1.3 倍；前翅 r 脉长约等于翅痣宽，为 1-SR+M 脉长的 1/2；3-SR+SR1 脉后半部稍微曲折；前翅 CU1b 脉极退化，亚盘室后方稍开放。

足：后足腿节长为宽的 4.3 倍；后足胫节长为后足跗节的 1.3 倍；后足第 2 跗节长为基跗节的 1/2，第 3 跗节与端跗节等长。

腹：第 1 背板从基部到端部明显扩大，中间长为端部宽的 1.4—1.6 倍，表面毛十分

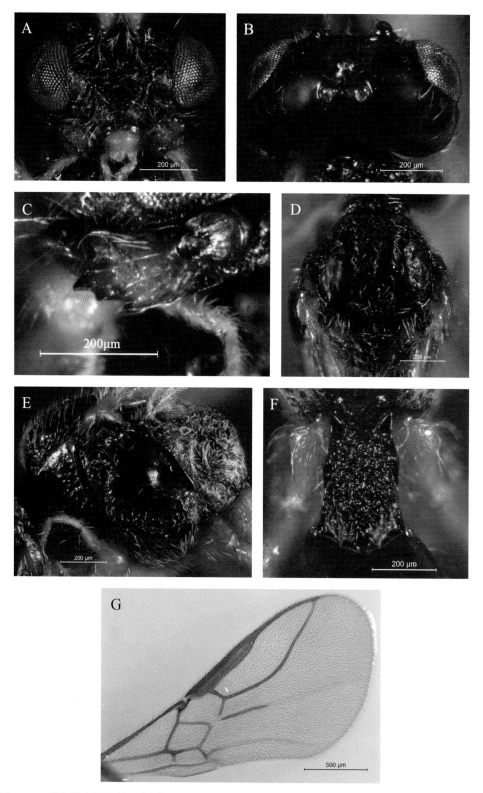

图 2–32　具条繁离颚茧蜂，中国新记录 *Chorebus* (*Stiphrocera*) *cinctus* (Haliday), rec. nov. (♀)
A：头部正面观；B：头部背面观；C：上颚；D：中胸背板；E：胸部侧面观；F：腹部第 1 背板；G：前翅

稀少，两侧缘及后端角处具少量毛；第 2 背板至腹末表面光滑亮泽，刚毛稀少；产卵器较短，长为后足基跗节的 4/5。

体色：触角整体黑褐色，基部 4—5 节颜色浅，前 3 节明显呈黄色；头部大部分区域、胸部及腹部第 1 节呈黑色；唇基棕黑色；上唇金黄色；下颚须和下唇须黄色；上颚中间部分褐黄色；足除端跗节褐色，其余部分金黄色；腹部第 1 背板以后各节褐黄色至暗褐色；产卵器鞘褐色。

雄虫　本研究尚未看到，根据 Haliday（1839）、Nixon（1944）和 Griffiths（1968）描述，雄虫与雌虫相似，体长 2.4—2.7mm；触角 41—45 节。

研究标本　2 ♀♀，黑龙江牡丹江兴隆镇，2011- Ⅶ -14。

已知分布　黑龙江；奥地利、匈牙利、捷克、德国、荷兰、爱尔兰、西班牙、波兰、俄罗斯、瑞典、英国、乌克兰、塞尔维亚。

寄主　已知寄生 *Agromyza lucida* Hendel 和 *Diastrophus rub*（Bouche），在寄主幼虫或蛹中羽化。

33. 帕金斯繁离颚茧蜂，中国新记录
Chorebus（*Stiphrocera*）*perkinsi*（Nixon），rec.nov.

（图 2-33）

Dacnusa perkinsi Nixon，1944，80: 251；Kloet et Hincks，1945: 1-483；Fischer，1962，14: 29-39.

Chorebus perkinsi: Griffiths，1967，16（5/6）: 576，1968，18（1/2）: 127；Shenefelt，1974: 1060；Michalska，1984，54（2）: 367-376.

Chorebus（*Stiphrocera*）*perkinsi*: Tobias et Jakimavicius，1986: 7-231；Tobias，1998: 383；Papp，2004，21: 111-154；Yu et al.，2016: DVD.

雌虫　体长 2.3mm；前翅长 2.5mm。

头：触角 38 节，第 1 鞭节长为第 2 鞭节的 1.3 倍，第 2、3 鞭节等长，第 1 鞭节长为宽的 3.8 倍，鞭节中后部各节长约为宽的 2 倍。头背面观宽为长的 2.0 倍，复眼后方不膨大，复眼长为上颊长的 1.3 倍；OOL：OD：POL=13：6：10；后头光亮，大部分区域仅被零星刚毛，但近上颚基部处毛稍密；额区较平坦，中部近触角窝间区域具一明显凹刻痕。脸部多毛，且几乎布满细刻点；上颚具明显 4 齿，第 1 齿几乎不扩展，第 3 齿位于第 2 齿腹缘中部，较为发达；下颚须较长。

胸：长为高的 1.3 倍。前胸背板侧面光滑亮泽、无被毛，侧后缘具一刻纹明显的沟槽；前胸侧板仅前缘被少量细毛，且不甚明显；中胸盾片前缘、整个中叶及其后方被有较密长毛，侧叶绝大部分光滑、无毛；盾纵沟明显伸达背板中部，沟内具清晰刻痕；中胸盾

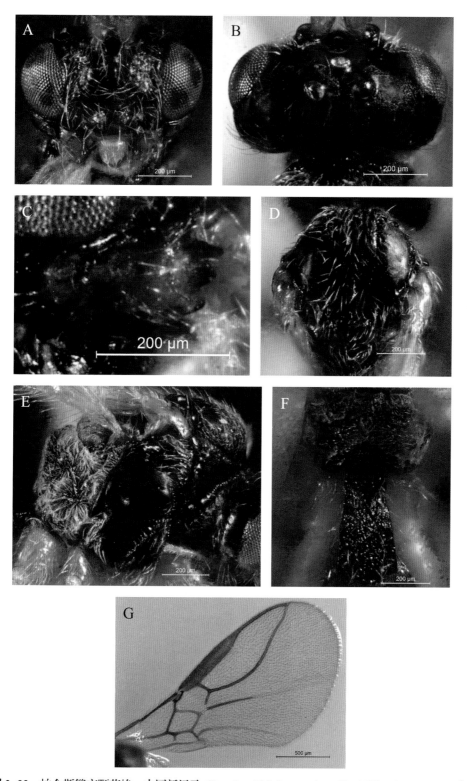

图 2-33 帕金斯繁离颚茧蜂，中国新记录 *Chorebus (Stiphrocera) perkinsi* (Nixon), rec. nov. (♀)
A: 头部正面观；B: 头部背面观；C: 上颚；D: 中胸背板；E: 胸部侧面观；F: 腹部第 1 背板及并胸腹节；
G: 前翅

片后方中陷较短，其长约为背板长的 1/4；小盾片表面被较多毛，且后缘毛密；后胸背板和并胸腹节表面均密被贴面白毛；基节前沟较宽，沟内刻条精细；后胸侧板密被白色长毛，具一定"玫瑰花朵"样式。

翅：前翅翅痣长为宽的 6.5 倍，为 1-R1 脉长的 1.4 倍；前翅 r 脉长等于翅痣宽，为 1-SR+M 脉长的 1/2；前翅 3-SR+SR1 脉后部较明显曲折；前翅 CU1b 脉弱，但基本完全，故亚盘室不向后方开放。

足：后足腿节长为宽的 4.3 倍；后足胫节长为后足跗节长的 1.2 倍；后足第 2 跗节长为基跗节的 3/5，第 3 跗节与端跗节等长。

腹：第 1 背板长为端宽的 1.9 倍，背板表面毛十分稀少；第 2 背板至腹末表面光亮，刚毛稀少；产卵器鞘较细短。

体色：触角整体黑褐色，柄节铜黄色；头部大部分区域、胸部和腹部第 1 背板黑色；唇基暗棕色，上唇金黄色，下颚须和下唇须黄色，上颚中间部分褐黄色；足绝大部分金黄色，后足胫节后端及后足跗节黄褐色；腹部第 1 背板之后各节黄褐色；产卵器鞘黑褐色。

雄虫 本研究暂未见。根据 Nixon（1944）及 Griffiths（1967）描述，雄虫与雌虫相似，体长 1.8—2.4mm，触角 34—39 节。

研究标本 1 ♀，黑龙江牡丹峰自然保护区，2011- Ⅶ -16，赵莹莹。

已知分布 黑龙江；奥地利、匈牙利、阿塞拜疆、德国、瑞典、瑞士、英国、土耳其、波兰、俄罗斯。

寄主 已知寄主为潜蝇属的 *Agromyza albitarsis* Meigen，在其幼虫中羽化而出。

34. 六盘山繁离颚茧蜂，新种
Chorebus (*Stiphrocera*) *liupanshana* Chen & Zheng, sp. nov.

（图 2-34）

雌虫 体长 3.0mm；前翅长 3.4mm。

头：触角 46 节，第 1 鞭节长分别为第 2、3 鞭节的 1.2 倍和 1.4 倍，第 1 鞭节和倒数第 2 鞭节的长分别为宽的 5.0 倍和 2.5 倍。头部背面观宽为长的 1.8 倍，复眼后方轻微膨大，复眼长为上颊长的 1.2 倍；单眼较大，OOL：OD：POL=18：6：7；后头及颊区稀疏地被有长刚毛，其中颊区毛多些；额光滑，中间微凹；脸宽，相对较平坦，表面密被长毛和刻点；上颚不扩展，第 2 齿相对较短，第 3 齿位于第 2 齿腹缘上部，且相对较大，故显得第 2 齿不明显长于第 3 齿；下颚须较长。

胸：长约为高的 1.3 倍。前胸背板侧面无被毛，具少量浅刻点；前胸侧板除前缘毛稍密，大部分无毛；中胸盾片几乎整个表面被有较密细毛，仅两侧叶后部无毛，背板表面具较多浅刻点（中叶特别多）；盾纵沟仅前部一段明显（约占背板长 1/4）；中胸盾片后方中陷窄，约延伸至背板中部，沟内刻纹明显；并胸腹节密被贴面长毛，但后方

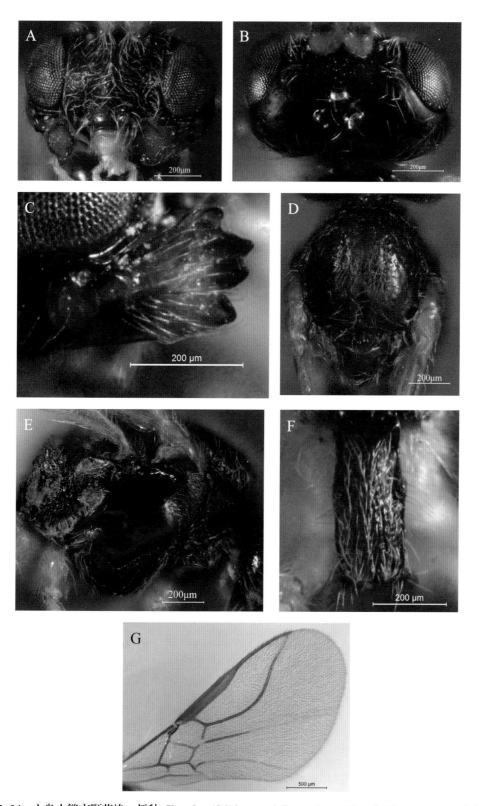

图 2-34 六盘山繁离颚茧蜂，新种 *Chorebus (Stiphrocera) liupanshana* Chen & Zheng , sp. nov. (♀)
A：头部正面观；B：头部背面观；C：上颚；D：中胸背板；E：胸部侧面观；F：腹部第 1 背板；G：前翅

斜面部分比前面水平部分密（呈明显白色）；中胸侧板光滑亮泽，基节前沟较宽，为较平整的条状，沟内刻痕清楚；后胸侧板刻纹粗糙，白色长毛围绕中部较大区域（不明显隆起）排成近"玫瑰花朵"状，中间具几根挺立长刚毛。

翅：前翅翅痣长约为宽的 7.5 倍，为 1–R1 脉长 1.3 倍；前翅 r 脉长为翅痣宽的 1.4 倍，为 1–SR+M 脉长的 3/5；3–SR+SR1 脉后半部明显曲折；前翅 CU1b 脉几乎缺失，亚盘室后方明显开放。

足：后足腿节密被刚毛，表面较粗糙，长为宽的 4.2 倍；后足胫节长为后足跗节的 1.2 倍；后足第 2 跗节长为基跗节的 1/2，第 3 跗节长与端跗节等长。

腹：第 1 背板长，两边几近平行，中间长为端部宽的 2.3 倍，表面明显被毛，且基半部和后半部两侧较密，后半部中纵向较稀少；第 2 背板至腹末表面光滑，第 3 背板基部稀疏横排有数根刚毛；产卵器鞘与后足基跗节几乎等长，稍微露出腹部最末端。

体色：触角总体为深棕色，柄节明显金黄色；头部大部分区域、胸部及腹部第 1 节为黑色；唇基深棕色；上唇金黄色；下颚须和下唇须浅黄色（发白）；上颚中间部分棕黄色；前、中足黄色（跗节色稍暗），后足基节黄色，胫节和跗节明显色暗，腿节部分区域和胫节基半部棕黄色，胫节端半部和跗节棕黑色；腹部第 1 背板之后黄褐色，但中间纵向区域显黄色；产卵器鞘棕黑色。

变化：体长 2.8—3.0mm；触角 44—46 节。

雄虫 与雌虫相似；体长 2.7—3.0mm；触角 47—50 节。

研究标本 正模：♀，宁夏六盘山二龙河，2001– Ⅷ –23，杨建全；副模：1 ♀，湖北神农架红坪，2000– Ⅷ –21，杨建全；1 ♂，宁夏六盘山凉殿峡，2001– Ⅷ –21，杨建全；2 ♂♂，2 ♀♀，宁夏六盘山米缸山，2001– Ⅷ –22，石全秀；1 ♀，宁夏六盘山米缸山，2001– Ⅷ –22，梁光红；1 ♀，宁夏六盘山米缸山，2001– Ⅷ –22，杨建全；1 ♂，宁夏六盘山米缸山，2001– Ⅷ –22，林智慧；1 ♂，宁夏六盘山米缸山，2001– Ⅷ –22，石全秀；1 ♂，宁夏六盘山二龙河，2001– Ⅷ –23，杨建全；1 ♀，宁夏六盘山二龙河，2001– Ⅷ –23，季清娥；1 ♀，宁夏六盘山二龙河，2001– Ⅷ –23，石全秀。

已知分布 宁夏、湖北。

寄主 未知。

词源 新种拉丁学名 "liupanshana" 是以正模标本来源地中国宁夏的六盘山予以命名。

注 本种与 *Chorebus*（*Stiphrocera*）*thisbe*（Nixon）最为接近，最大区别为：本种上颚第 1 齿不扩展，且第 3 齿较大，而后者上颚第 1 齿明显向上扩展，且第 3 齿很小。其他方面：本种后足基节和腿节颜色明显浅于后者；本种盾纵沟至少前方一段明显，后者盾纵沟几乎看不见。

35. 伊洛斯繁离颚茧蜂，中国新记录

Chorebus (*Stiphrocera*) *eros* (Nixon), rec. nov.

（图 2-35）

Dacnusa eros Nixon，1937，4: 30；Nixon，1944，80: 198；Kloet et Hincks，1945: 1–483；Petersen，1956: 1–176.

Chorebus eros: Griffiths，1967，16（5/6）（1966）：570，1968，18（1/2）：128；Shenefelt，1974: 1046；Docaco et al.，1986，10: 107–112.

Chorebus（*Stiphrocera*）*eros*: Tobias et Jakimavicius，1986: 7–231；Perepechayenko，1998，6（1）:89–94；Tobias，1998: 382.

雌虫 体长 2.7mm；前翅长 3.1mm。

头：触角细长，42 节，第 1 鞭节长分别为第 2、3 鞭节的 1.3 倍和 1.5 倍，第 1 鞭节和倒数第 2 鞭节的长分别为宽的 3.4 倍和 2.7 倍。头部背面观宽为长的 1.9 倍，复眼后方轻微膨大，复眼长为上颊长的 1.3 倍；OOL：OD：POL=18：5：7；后头稀疏被有少量刚毛；额区光滑，中部明显下凹；脸部较暗淡，稀疏地被有细毛，具少量浅刻点；上颚宽大，具明显 4 齿，第 1 齿稍有扩展，第 3 齿位于第 2 齿腹缘，但大小与第 2 齿接近；下颚须较长。

胸：长约为高的 1.3 倍。前胸背板侧面光滑、无毛，仅后缘具少量刻纹；前胸侧板表面粗糙，较无光泽，仅上半部具少量细刚毛；中胸盾片除两侧叶后半部无毛，其余部分密被长毛，背板前缘、侧叶前部（"肩处"）及整个中叶具大量刻点；盾纵沟前面明显（约延伸至背板 1/3 处），沟内具明显刻纹；并胸腹节密被白色贴面长毛；中胸侧板十分亮泽，基节前沟较长、深且宽，沟内刻条明显；后胸侧板中部 1 较大并具粗糙刻纹的隆起周围密被白色贴面长毛，呈明显"玫瑰花朵"状，隆起上还具数根挺立的长刚毛。

翅：前翅翅痣长约为宽的 8.5 倍，为 1–R1 脉长 1.3 倍；前翅 r 脉长为翅痣宽的 1.5 倍，为 1–SR+M 脉长的 1/2；3–SR+SR1 脉后半部轻微曲折；前翅 CU1b 脉存在，与 3–CU1 脉几乎未形成夹角，亚盘室后方不开放。

足：后足基节基部背面毛稍密，但不形成明显毛簇；后足腿节长为宽的 4.8 倍；后足胫节长为后足跗节的 1.2 倍；后足第 2 跗节长为基跗节的 1/2，第 3 跗节长为端跗节 1.2 倍。

腹：第 1 背板从基部到气孔处稍有扩大，气孔之后两边平行，中间长为端部宽的 2.0 倍，整个表面被较密毛，且分布较为均匀；第 2 背板至腹末表面光滑亮泽，第 3 背板基部被稀疏刚毛；产卵器鞘细短，长为后足基跗节的 7/10。

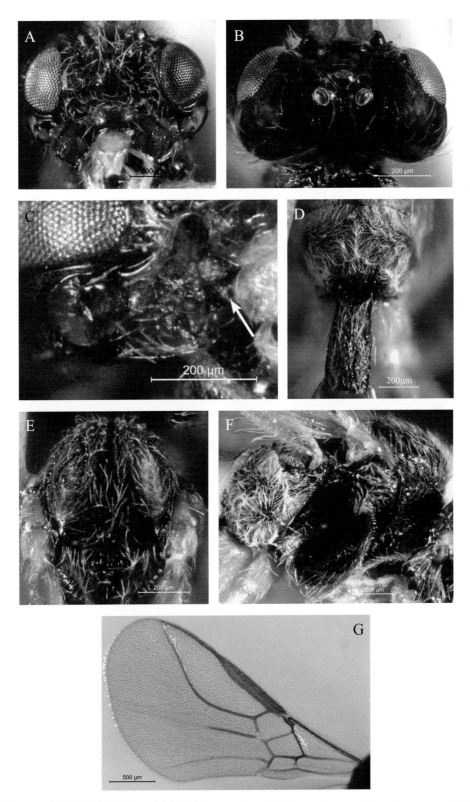

图 2-35 伊洛斯繁离颚茧蜂，中国新记录 *Chorebus* (*Stiphrocera*) *eros* (Nixon)，rec. nov. (♀)
A：头部正面观；B：头部背面观；C：上颚；D：腹部第1背板；E：中胸背板；F：胸部侧面观；G：前翅

体色：体色暗；触角整个黑色，最多柄节腹面稍浅（黄褐色）；头部大部分区域、胸部及腹部第1节为黑色；上唇金黄色；下颚须和下唇须浅黄色；上颚中间部分暗棕黄色；前、中足（除端跗节黄褐色）黄色；后足基节和腿节黄色，后足胫节基半部褐黄色，端半部色暗（褐色），后足跗节褐色；腹部第1背板以后各节黑褐色；产卵器鞘褐色。

雄虫 与雌虫相似；体长2.7mm；触角41—43节。

研究标本 1 ♂，宁夏六盘山米缸山，2001-Ⅷ-22，林智慧；1 ♂，黑龙江牡丹峰保护区，2011-Ⅶ-17，赵莹莹；1 ♀，河北蔚县小五台山，2011-Ⅷ-28，姚俊丽。

已知分布 黑龙江、河北、宁夏；匈牙利、冰岛、爱尔兰、英国、波兰、西班牙、瑞典、哈萨克斯坦、乌克兰、俄罗斯、塞尔维亚。

寄主 已知寄生潜蝇属的两种 *Agromyza nigriciliata* Hendel 和 *Agromyza potentillae*（Kaltenbach），从幼虫中羽化。

36. 长胸繁离颚茧蜂，新种
Chorebus (Stiphrocera) longithoracalis Chen & Zheng, sp. nov.

（图 2-36）

雌虫 正模，体长2.9mm；前翅长2.7mm。

头：触角30节，其长约等于体长，其中鞭节中后部各节明显较短，第15鞭节长为宽的1.2倍，第1鞭节长为第2鞭节的1.4倍，第2、3鞭节等长，第1鞭节和倒数第2鞭节的长分别为宽的3.6倍和2.0倍。背面观头较圆，宽为长的1.6倍，复眼后方仅轻微膨大，复眼长等于上颊长；OOL：OD：POL=17：4：6；后头稀疏地被有较多长刚毛；脸部稍隆起，被较多细长毛及浅刻痕；上颚不扩展，具较明显4齿，第2齿十分凸长，大大长于两侧齿，但齿末端不太尖细；下颚须中等长度。

胸：胸十分长，长为高的1.7倍。前胸背板背凹大、圆形，两侧面亮泽、无毛，但具明显刻纹；前胸侧板刻纹粗糙，并被有少量刚毛；中胸盾片除侧叶后面一小部分区域无毛其他区域密被长毛，且中叶十分粗糙被大量刻点；盾纵沟十分清楚，延伸至后方中陷处汇合，但离背板后缘还有一段距离，沟深，沟内具明显刻纹；中胸盾片后方中陷窄、深且长，延伸至背板中部以上，沟内刻纹明显；小盾片表面亮泽，但具少量刻点，两侧缘具密毛；中胸侧板较有光泽，最后端被有较密刚毛，基节前沟宽、长，沟内刻痕清晰；并胸腹节及后胸侧板均被有十分浓密的白色贴面长毛，而后胸侧板上的隆起较大，表面刻纹十分粗糙，密毛围绕其所形成的"玫瑰花朵"形亦较明显。

翅：前翅翅痣长约为 1-R1 脉长的1.4倍；前翅 r 脉长为 1-SR+M 脉长的1/2；3-SR+SR1 后半部较直；前翅 CU1b 脉极短，亚盘室后方不开放。

足：后足腿节长为宽的4.3倍，表面粗糙且密被长刚毛；后足胫节等长于后足跗节；后足第2跗节长为基跗节的1/2，第3跗节长与端跗节等长。

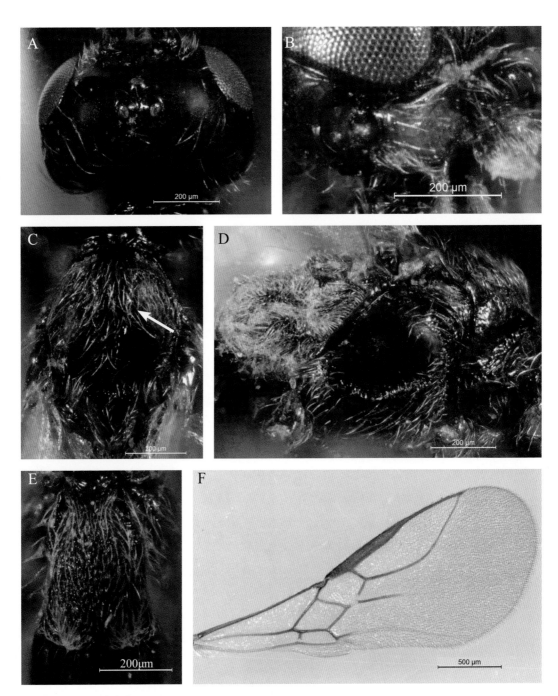

图 2–36 长胸繁离颚茧蜂，新种 *Chorebus (Stiphrocera) longithoracalis* Chen & Zheng, sp. nov.
A：头部背面观；B：上颚；C：中胸背板；D：胸部侧面观；E：腹部第 1 背板；F：前翅

腹：第 1 背板较宽大，由基部至端部明显且均匀扩大，中间长为端部宽的 1.6 倍，表面较隆起、刻纹粗糙，且除后半部的中纵向毛稀少外，其他区域毛均较密，且后方两端角处毛十分浓密，形成明显白色毛簇；第 2 背板至腹末表面光滑，各节及后缘处均明显布有一横排刚毛；产卵器轻微露出腹部最末端。

体色：体色暗；触角几乎全黑；头部大部分区域、胸部及腹部第 1 节黑色；唇基棕黑色；上唇和上颚中间部分金黄色；下颚须和下唇须浅褐黄色；前、中足除端跗节褐黄色，其他部分金黄色；后足基节黑色，胫节前 2/3 部分为黄色，转节、腿节、胫节后端及跗节均为褐色；腹部第 1 背板以后各节深褐色；产卵器鞘黑褐色。

变化：体长 2.9—3.0mm；前翅长 2.7—2.8mm。

雄虫　与雌虫相比较雄虫触角节数差异最大，触角为 42—46 节；足整体颜色更暗；腹部较长；体长 2.6—3.5mm；其他特征基本同于雌虫。

研究标本　正模：♀，青海祁连山，2008- Ⅶ -11，赵琼。副模：31 ♂♂，1 ♀，青海祁连山，2008- Ⅶ -11，赵琼；19 ♂♂，青海祁连山，2008- Ⅶ -11，赵鹏。

已知分布　青海。

寄主　未知。

词源　本新种拉丁名 "longithoracalis" 意为较长的胸部，是由于该种虫体的胸部较之相近类群其他种类具有相对明显较长的胸部，故以此特征命名。

注　本种与 *Chorebus*（*Stiphrocera*）*asramenes*（Nixon）最为接近，但本种雌雄虫触角节数相差较大，后者则无明显差异；另外，本种胸部比后者明显更长（本种胸部长为高的 1.7 倍，后者为 1.4 倍）；本种盾纵沟比后者发达；本种前翅亚盘室后方不开放，后者明显开放。

37. 三色繁离颚茧蜂，中国新记录
Chorebus (*Stiphrocera*) *asramenes* (Nixon)，rec. nov.

（图 2-37）

Dacnusa asramenes Nixon，1945，81: 195；Fischer，1962，14: 29–39.

Chorebus asramenes: Griffiths，1968，18（1/2）: 84；Shenefelt，1974: 1039；Griffiths，1984，34: 356.

Chorebus（*Stiphrocera*）*asramenes*: Tobias et Jakimavicius，1986: 7–231；Tobias，1998: 372；Papp，2004，21: 111–154，2009: 120；Yu et al.，2016: DVD.

雌虫　体长 1.6—2.2mm；前翅长 1.6—2.1mm。

头：触角 29—35 节，第 1 鞭节长为第 2 鞭节的 1.3 倍，第 2、3 鞭节等长，第 1 鞭节和倒数第 2 鞭节的长分别为宽的 4.3 倍和 2.8 倍。头部背面观宽为长的 1.6 倍，复眼后

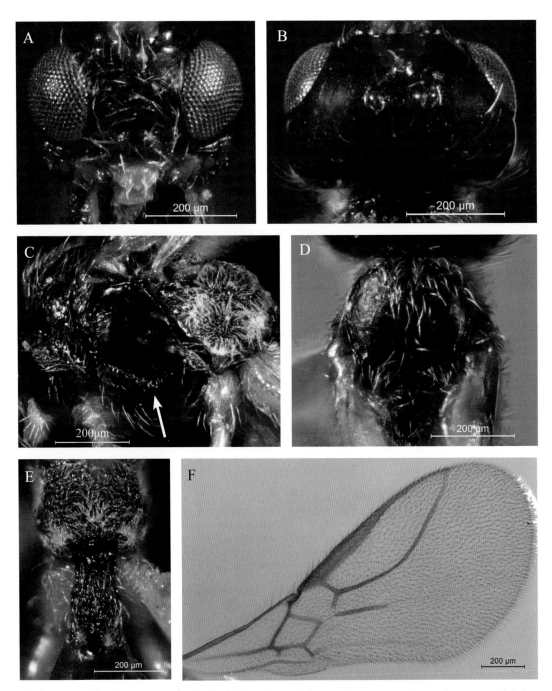

图 2-37 三色繁离颚茧蜂，中国新记录 *Chorebus (Stiphrocera) asramenes* (Nixon), rec. nov. (♀)
A：头部正面观；B：头部背面观；C：胸部侧面观；D：中胸背板；E：腹部第 1 背板；F：前翅

方不膨大，复眼长约等于上颊长；OOL∶OD∶POL=10∶4∶7；后头光滑亮泽，仅零星被有少量刚毛，具一明显中纵凹，但不延伸至单眼区；脸部较有光泽，但多细毛，无明显刻痕；上颚不扩展，第2齿十分长、尖，第3齿位于第2齿腹缘，仅为1较小突起，第4齿短；下颚须较长。

胸：长为高的1.5倍。前胸背板侧面光亮，无被毛，但具刻纹；前胸侧板毛精细，分布较均匀，但不显十分稠密；中胸盾片前半部表面十分粗糙，具粗刻痕，并被较密长刚毛，后半部光滑、无毛；盾纵沟不清楚；中胸盾片后方中陷深，较短；中胸侧板光亮，基节前沟长，几乎贯穿侧板前后缘，沟内刻痕清楚；后胸背板与并胸腹节均被有白色贴面密毛，浓密之处略呈绒毛状（主要于并胸腹节后半部）；后胸侧板亦被有较为精细、且十分浓密的白毛，并排列成较明显的"玫瑰花朵"形。

翅：前翅翅痣长约为1–R1脉长的1.5倍；前翅r脉长约等于翅痣宽，为1–SR+M脉长的3/5；3–SR+SR1后半部较直；前翅CU1b脉几乎完全缺失，亚盘室明显向后方开放。

足：后足腿节长为宽的4.3倍；后足胫节与后足跗节等长；后足第2跗节长为基跗节的1/2，第3跗节长与端跗节等长。

腹：第1背板由基部至端部稍微扩大，中间长为端部宽的1.8倍，表面毛分布不均匀，基部及两旁毛较多，中部较大块区域几乎无毛，两端角处毛浓密，形成白色毛簇；第2背板至腹末表面光滑，刚毛稀少；产卵器鞘细短，几乎未露出腹末。

体色：触角前4节黄色，其他各节为黄棕色至深棕色；头大部分区域、胸部及腹部第1节黑色；唇基棕黑色；上唇、下颚须和下唇须黄色；上颚中间部分褐黄色；足除端跗节褐色，其他部分金黄色；腹部第2、3背板褐黄色，之后逐渐加深至深褐色；产卵器鞘深褐色。

雄虫 本研究标本体长1.9mm，触角33节。根据Nixon（1945）和Griffth（1968）描述，雄虫特征与雌虫相似，触角33—38节。

研究标本 1♀，青海祁连山，2008- Ⅶ -11，赵琼；1♀，黑龙江牡丹峰自然保护区，2011- Ⅶ -15，赵莹莹；1♀，黑龙江牡丹峰自然保护区，2011- Ⅶ -15，姚俊丽；1♀，黑龙江牡丹峰自然保护区，2011- Ⅶ -17，郑敏琳；1♂，1♀，黑龙江牡丹江国家森林公园，2011- Ⅶ -18，赵莹莹；1♀，辽宁庄河仙人洞镇，2012- Ⅶ -12，赵莹莹。

已知分布 黑龙江、辽宁；奥地利、匈牙利、阿塞拜疆、德国、爱尔兰、西班牙、瑞典、英国、波兰、乌克兰、俄罗斯。

寄主 由 *Cerodontha*（*Poemyza*）*pygmaea* Meigen 的幼虫或蛹中羽化。

注 本研究标本与Nixon（1945）原描述以及Griffiths（1968）的描述相比较，虫体大小（本种体型明显小）差异较明显，但其他主要特征基本一致，故仍认为应属同一种。

38. 神农架繁离颚茧蜂，新种
Chorebus (Stiphrocera) shennongjiaensis Chen & Zheng , sp. nov.

（图 2–38）

雌虫 正模，体长 2.0mm；前翅长 2.2mm。

头：触角 24 节，第 1 鞭节长为第 2 鞭节长的 1.2 倍，第 2、3 鞭节等长，第 1 鞭节和倒数第 2 鞭节的长分别为宽的 6.0 倍和 2.6 倍。头部背面观宽为长的 2.0 倍，复眼稍长于上颊；OOL∶OD∶POL=10∶3∶5；脸无明显刻纹，两侧被较密细毛，中间无毛；上颚较窄，第 2 齿长、尖，第 3 齿位于第 2 齿腹缘，仅为 1 微弱凸起；下颚须较长。

胸：长约为高的 1.5 倍；前胸背板背凹深，近圆形，两侧面绝大部分区域光滑无毛，仅最下方角落密毛，前胸侧板中下方亦被有较密细毛；中胸盾片表面几乎无刻痕，除两侧叶前半部及整个中叶被较密长毛，其他区域则几乎无毛；盾纵沟缺；中胸盾片后方中陷窄、浅；小盾片表面光滑，前方大部分仅被稀疏细毛，后缘则具较密短刚毛；后胸背板被密毛，贴于其表；并胸腹节亦被有贴面密毛，但后方斜面处部分比前方水平面部分浓密；中胸侧板光滑，基节前沟甚浅，沟内刻纹相对精细且较弱；后胸侧板被有极为精细的贴面软毛，十分稠密（使得后胸背板大部分区域呈白色），并围绕 1 较大隆起排列成具一定"玫瑰花朵"的样式。

翅：翅痣长约为宽的 8.0 倍，为 1–R1 脉长的 1.3 倍；r 脉长等于翅痣宽；1–SR+M 脉细、色淡（近透明），其长为 r 脉长的 2.0 倍；3–SR+SR1 脉弯曲较不均匀；前翅 CU1b 脉极短，末端消失，亚盘室后方稍微开放。

足：后足基节光滑无刻纹、无毛簇；后足腿节长为宽的 5.3 倍；后足胫节略长于跗节；后足第 2 跗节长约为基跗节的 1/2，第 3 跗节与端跗节等长。

腹：第 1 背板由前向后均匀扩大，端部宽为基部宽的 1.5 倍，中间长为端部宽的 1.6 倍，背板表面具刻纹，且绝大部分区域均匀地被有较密细毛，但后缘两端角处毛明显浓密，各形成 1 白色毛簇；第 2 背板至腹末表面均光滑无刻纹，具稀疏刚毛；产卵器较短小，轻微伸出腹部最末端。

体色：整体以暗红棕色为主（包括头部大部分区域、胸部和腹部第 1 节）；触角整体棕色，梗节棕黄色；脸和唇基棕色；上唇金黄色，下颚须和下唇须浅黄色；足大部分金黄色（除后足基节基半部棕色、胫节端部和跗节黄棕色；腹部第 1 背板以后各节均为黄棕色；产卵器鞘棕黄色。

变化：体长 1.8—2.1mm；触角 23—26 节；有些虫体体色稍浅（以黄棕色为主）。

雄虫 体长 1.6—2.0mm；触角 23—26 节；多数体色比雌虫浅些；其他特征基本同于雌虫。

研究标本 正模：♀，湖北神农架天门垭，2000- Ⅷ -20，宋东宝。副模：1 ♂，

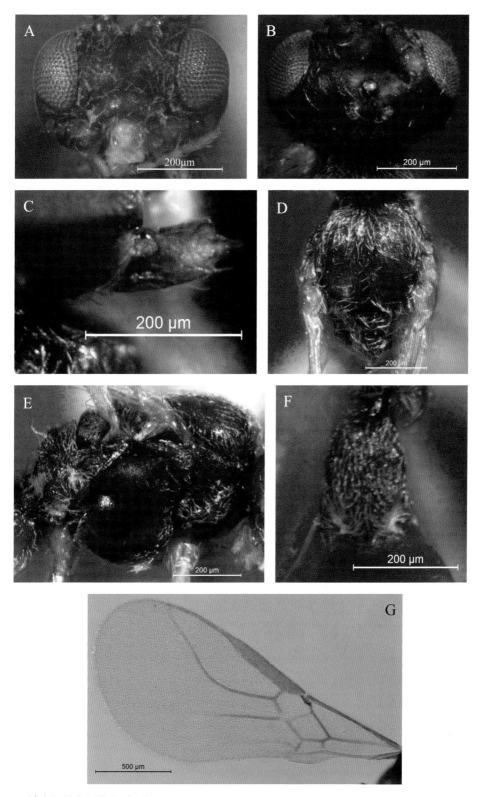

图2-38　神农架繁离颚茧蜂，新种 *Chorebus* (*Stiphrocera*) *shennongjiaensis* Chen & Zheng , sp. nov. (♀)
A：头部正面观；B：头部背面观；C：上颚；D：中胸背板；E：胸部侧面观；F：腹部第1背板；G：前翅

湖北神农架红坪，2000- Ⅷ -19，黄居昌；4 ♂♂，7 ♀♀，湖北神农架天门垭，2000-
Ⅷ -20，季清娥；1 ♂，3 ♀♀，湖北神农架天门垭，2000- Ⅷ -20，石全秀；1 ♂，
4 ♀♀，湖北神农架天门垭，2000- Ⅷ -20，宋东宝；1 ♂，1 ♀，湖北神农架天门垭，
2000- Ⅷ -20，黄居昌；1 ♂，3 ♀♀，湖北神农架天门垭，2000- Ⅷ -20，杨建全；
5 ♂♂，3 ♀♀，湖北神农架红坪，2000- Ⅷ -21，杨建全；1 ♀，湖北神农架红坪，
2000- Ⅷ -21，宋东宝；1 ♂，湖北神农架神农顶，2000- Ⅷ -22，杨建全；1 ♀，湖北
神农架木鱼，2000- Ⅷ -23，石全秀；1 ♀，湖北神农架木鱼，2000- Ⅷ -24，宋东宝。

已知分布 湖北。

寄主 未知。

词源 本新种拉丁学名"shennongjiaensis"是以正模标本来源地中国湖北的"神农架"
予以命名。

注 本种与 Chorebus（Stiphrocera） gentianellus Griffiths 最为接近，两者区别是：
本种盾纵沟消失，后者则明显延伸至中胸盾片 1/3 或中部；本种基节前沟不发达（沟浅、
刻纹弱），而后者明显发达；本种前翅 3–SR+SR1 脉不强烈弯曲，后者强烈弯曲；后者
足的颜色整体比本种更暗。

39. 诗韵繁离颚茧蜂，中国新记录
Chorebus (*Stiphrocera*) *poemyzae* Griffiths , rec. nov.

（图 2–39）

Chorebus poemyzae Griffiths，1968，18（1/2 ）：81–82；Shenefelt，1974: 1061.

Chorebus（*Stiphrocera*） *poemyzae*: Tobias et Jakimavicius，1986: 7–231；Papp，2004，
21:111–154.

雌虫 体长 2.2mm；前翅长 2.4mm。

头：触角 36 节，第 1 鞭节和倒数第 2 鞭节的长分别为宽的 4.0 倍和 2.3 倍。
头部背面观宽为长的 1.8 倍，复眼后方不膨大，复眼长为上颊长的 1.2 倍；
OOL：OD：POL=13：4：7；后头刚毛十分稀少，靠近上颚基部处毛密；脸部具较多长
毛和浅刻点，中间明显隆起；上颚不扩展，齿相对短、钝，第 3 齿位于第 2 齿腹缘，为
1 小凸起；下颚须较长。

胸：长为高的 1.5 倍。前胸背板侧面亮泽，无被毛，但布满粗刻点；前胸侧板刻纹
粗糙，并具少量细毛；中胸盾片表面大范围无被毛，仅前缘和中叶前半部被密毛，以及
沿盾纵沟轨迹分布有稀疏刚毛，且整个中叶及其后方被有明显刻点；盾纵沟较完整，且
前半部具明显刻纹；中胸盾片后方中陷较细长，约延伸至背板中部；小盾片表面光滑亮
泽，仅后缘具密毛；中胸侧板大部分区域光滑亮泽，基本无被毛，仅于后缘下部具一簇

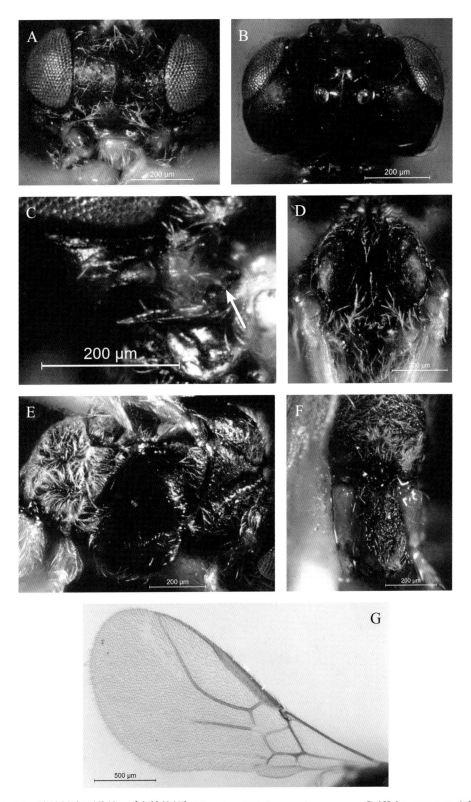

图 2-39 诗韵繁离颚茧蜂，中国新记录 *Chorebus* (*Stiphrocera*) *poemyzae* Griffiths, rec. nov. (♀)
A: 头部正面观；B: 头部背面观；C: 上颚；D: 中胸背板；E: 胸部侧面观；F: 腹部第 1 背板；G: 前翅

长毛；基节前沟明显，由侧板前缘向后延伸至约 2/3 位置，沟内具条状刻纹；后胸背板、并胸腹节及后胸侧板均被有白色贴面密毛，且后胸侧板的毛大部分围绕中部 1 较大并具粗糙刻纹的隆起排列成"玫瑰花朵"状，隆起上无挺立的刚毛。

翅：前翅翅痣长约为宽的 8.5 倍，为 1–R1 脉长 1.3 倍；前翅 r 脉长为翅痣宽的 1.5 倍；1–SR+M 脉较直，其长为 r 脉的 1.8 倍；3–SR+SR1 后半部较直；前翅亚盘室后方不开放。

足：后足基节背面毛较密，并形成弱的毛簇；后足腿节长为宽的 4.6 倍；后足胫节与后足跗节等长；后足第 2 跗节长为基跗节的 3/5，第 3 跗节长与端跗节等长。

腹：第 1 背板由基部至端部均匀扩大，中间长为端部宽的 1.7 倍，表面刻纹粗糙，并整个被毛，但后方毛明显浓密、中纵向毛相对稀，两端角处形成白色毛簇；第 2 背板至腹末表面光滑、几乎无毛；产卵器鞘稍露出腹部最末端，其长为后足基跗节的 7/10。

体色：触角前 4 节褐黄色，其他各节基本为褐色至深褐色；头部大部分区域、胸部及腹部第 1 节为棕黑色；唇基暗棕色；上唇金黄色；下颚须和下唇须浅黄色；上颚中间部分棕黄色；足除端跗节和后足跗节黄褐色，其他部分金黄色；腹部第 2—4 节黄褐色，其后为褐色至深褐色；产卵器鞘黑褐色。

变化：根据 Griffth（1968）描述，触角 33—37 节。

雄虫　根据 Griffth（1968）描述，雄虫特征与雄虫相似，触角 34—38 节。

研究标本　1♀，福建武夷山桐木，1981– Ⅴ –5，黄居昌；1♀，福建武夷山桐木，1981– Ⅴ –5，孔柳娜；1♀，宁夏六盘山二龙河，2001– Ⅷ –23，季清娥；1♂，甘肃陇南徽县，2008– Ⅷ –30，杨建全。

已知分布　宁夏、福建、甘肃；丹麦、德国、波兰、匈牙利、英国、乌克兰。

寄主　已知寄主有 *Cerodontha beigerae* Nowakowski、*Cerodontha imbuta*（Meigen）、*Cerodontha incisa*（Meigen）和 *Cerodontha pygmaea*（Meigen）。

注　本种与 *Chorebus*（*Stiphrocera*）*asramenes*（Nixon）比较相似，但与后者相比本种中胸盾片毛明显少，上颚第 2 齿不如后者长，且盾纵沟更发达，前翅亚盘室后方不开放。

40. 肥皂草繁离颚茧蜂，中国新记录
Chorebus (Stiphrocera) pachysemoides Tobias , rec.nov.

（图 2-40）

Chorebus（Stiphrocera）pachysemoides Tobias，1998: 364–365.

雌虫　体长 2.6—2.7mm；前翅长 2.6—2.7mm。

头：触角 30—31 节，第 1 鞭节为第 2 鞭节的 1.3 倍，第 2、3 鞭节等长，第 1 鞭节

和倒数第 2 鞭节的长分别为宽的 3.2 倍和 2.0 倍。头部背面观宽为长的 1.8 倍，复眼后方不膨大，复眼长等于上颊长；OOL : OD : POL=16 : 3 : 7；后头被有较多精细刚毛，但不显稠密，上颊处毛比后头中部多；额光滑平坦，仅近复眼处具少量细短毛；脸区毛较密，但无刻纹或刻点；上颚不扩展，明显 4 齿，但齿相对较短，第 3 齿相对发达，大小约等于第 2 齿；下颚须相对较短。

胸：长为高的 1.6 倍。前胸背板侧面光滑亮泽，无被毛；前胸侧板具少量刻点刻，几乎无被毛；中胸盾片前缘及中叶前半部被较密毛，以及沿盾纵沟应有轨迹稀疏排有 2—3 列刚毛，其他区域无毛，且表面大部分光滑，仅前缘具一些刻点；盾纵沟几乎缺，仅最前面极短一段可见（仅限于斜面处，未伸达背面水平部分）；中陷较细长、深，约延伸至中胸盾片中部；小盾片表面光滑亮泽，零星分布数根细毛，仅后缘毛较密；中胸侧板大部分区域光滑亮泽，基本无被毛，仅于后缘下部具一簇密刚毛；基节前沟较宽且长，沟内具精细条状刻纹；并胸腹节被较密贴面长毛，但前面水平部分毛明显比后面斜面处稀，且后者显绒毛状；后胸侧板的白色贴面密毛围绕中部 1 较大且被粗糙刻纹的隆起排列成"玫瑰花朵"状，隆起上具数根挺立的长刚毛。

翅：前翅翅痣长约为宽的 7.0 倍，为 1-R1 脉长 2.2 倍；前翅 r 脉长等于翅痣宽；1-SR+M 略弯，其长为 r 脉的 2.2 倍；缘室较短；3-SR+SR1 后半部明显曲折；前翅 CU1b 脉缺，亚盘室后方开放。

足：后足基节密被长毛，并具粗糙刻纹；后足腿节长为宽的 4.7 倍；后足胫节略短于后足跗节；后足第 2 跗节长为基跗节的 3/5，第 3 跗节长与端跗节等长。

腹：第 1 背板前半部由基部向后均匀且稍微扩大，后半部左右平行，中间长为端部宽的 1.8 倍，表面刻纹粗糙，几乎整个被毛，中纵向毛相对稀，两端角处略形成白色毛簇；第 2 背板至腹末表面光滑，各节近后缘及两侧均具被有稀疏刚毛，最末端毛较密；产卵器鞘与后足基跗节等长，且露出腹部最末端。

体色：触角棕色；头部大部分区域、胸部及腹部第 1 节为棕黑色；上唇黄棕色；下颚须和下唇须浅黄色；上颚中间部分黄褐色；足总体金黄色，各足端跗节褐色，前、中足基节锈黄色（转节和腿节有时也部分锈黄色），后足基节暗棕色；腹部第 1 节以后各节为黄棕色或暗棕色；产卵器鞘黄棕色。

雄虫　特征与雄虫相似；翅脉及翅痣颜色比雌虫稍深，触角 31—36 节。

研究标本　1 ♀，2 ♂♂，湖北神农架天门垭，2000- Ⅷ -20，季清娥；2 ♂♂，湖北神农架天门垭，2000- Ⅷ -20，宋东宝；1 ♂，湖北神农架红坪，2000- Ⅷ -21，石全秀；1 ♂，湖北神农架红坪，2000- Ⅷ -21，季清娥；2 ♂♂，湖北神农架木鱼，2000- Ⅷ -25，杨建全；1 ♀，宁夏六盘山龙潭，2001- Ⅷ -15，林智慧。

已知分布　宁夏、湖北；俄罗斯（滨海地区）。

寄主　未知。

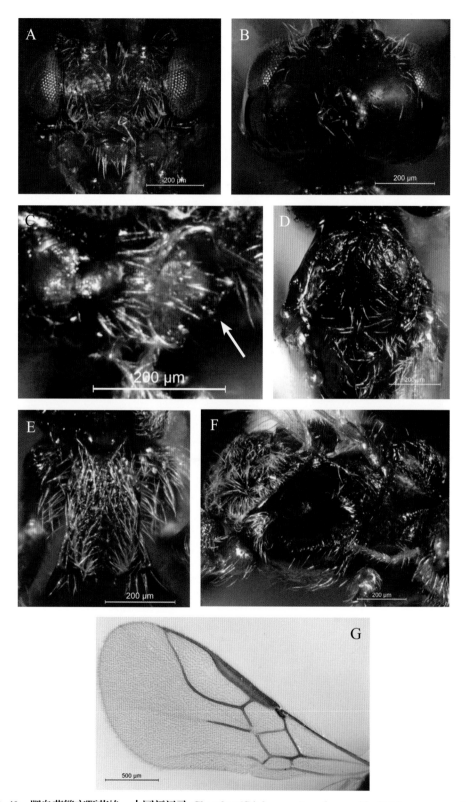

图 2-40　肥皂草繁离颚茧蜂，中国新记录 *Chorebus* (*Stiphrocera*) *pachysemoides* **Tobias , rec. nov.**（♀）
A：头部正面观；B：头部背面观；C：上颚；D：中胸背板；E：腹部第 1 背板；F：胸部侧面观；G：前翅

41. 椭形繁离颚茧蜂，中国新记录
Chorebus (*Stiphrocera*) *ovalis* (Marshall), rec. nov.

（图 2-41）

Dacnusa ovalis Marshall，1896：1–635；Szépligeti，1904，22：1–253；Graeffe，1908，24：137–158；Morley，1924，57：193–198；Nixon，1937，4：38，1945，81：194；Kloet et Hincks，1945：1–483；Fischer，1962，14：29–39.

Chorebus ovalis：Griffiths，1968，18（1/2）：132；Shenefelt，1974：1059；Ivanov，1980，59（3）：631–633.

Chorebus（*Stiphrocera*）*ovalis*：Tobias et Jakimavicius，1986：7–231；Tobias，1998：375；Papp，2004，21：111–154，2009，26：33–45；Papp，2009，55（3）：237；Yu et al.，2016：DVD.

雌虫 体长 1.9—2.1mm；前翅长 1.8—2.0mm。

头：触角 30—33 节，第 1 鞭节长为第 2 鞭节长的 1.2 倍，第 2、3 鞭节等长，第 1 鞭节和倒数第 2 鞭节的长分别为宽的 3.5 倍和 2.5 倍。头部背面观宽为长的 1.6 倍，复眼长为上颊长的 1.2 倍；OOL：OD：POL=9：3：5；脸遍布浅刻点及细长毛，特别沿复眼内缘毛最显密；上颚不扩展，明显具 4 齿，第 1 齿呈近"耳叶形"，第 2 齿较突出且端部稍弯，第 3 齿位于第 2 齿腹缘基部，稍显发达（少数情况下，仅为明显钝凸起），第 4 齿小、钝；下颚须稍显长。

胸：长约为高的 1.5 倍。前胸背板背凹大、深，呈圆形，两侧面被较多十分精细的短毛（不易看清）及少量浅刻点，前胸侧板具精细刻纹，其前缘被有较密细毛；中胸盾片前缘及中叶具较明显刻纹和刻点，其他区域光滑亮泽，背板表面还被有较密细毛（整个中叶被毛，两侧叶除前面小部分被毛，后面大部分无毛）。盾纵沟几乎伸达中胸盾片中部；中胸盾片后方中陷窄；并胸腹节被贴面密毛；中胸侧板光滑亮泽，基节前沟发达、沟内具明显细短刻条；后胸侧板被有密毛，并围绕 1 粗糙隆起排列成具一定"玫瑰花朵"样式。

翅：前翅翅痣长约为宽的 7.5 倍；r 脉长为翅痣宽的 1.1 倍；1-SR+M 脉长为 r 脉长的 2.0 倍；3-SR+SR1 脉后半部较曲折；前翅 CU1b 脉弱且末端消失，亚盘室朝后方稍微开放。

足：后足腿节长为宽的 4.0 倍；后足胫节与跗节几乎等长；后足第 2 跗节长为基跗节的 1/2，第 3 跗节与端跗节等长。

腹：第 1 背板由基部向端部稍微扩大，中间长为端部宽的 1.7 倍，整个背板基本都有被毛，但中部较大区域毛明显稀薄，基部和两边通常毛较密，后缘两端角处具明显白

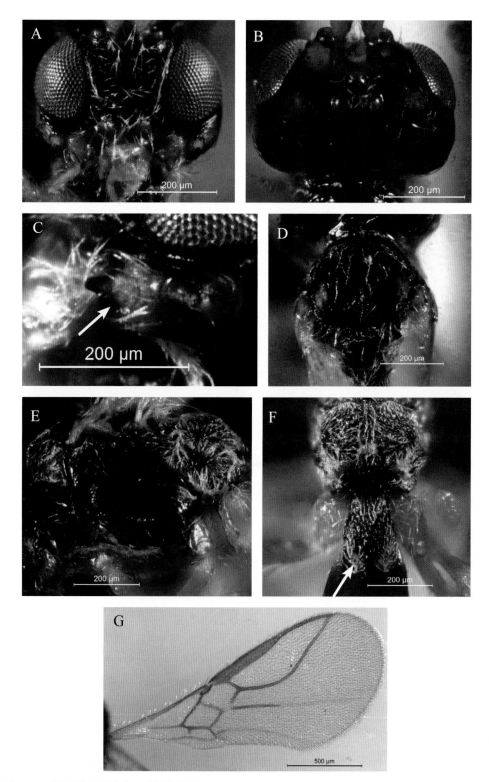

图 2–41　椭形繁离颚茧蜂，中国新记录 Chorebus (Stiphrocera) ovalis (Marshall), rec. nov. (♀)

A: 头部正面观；B: 头部背面观；C: 上颚；D: 中胸背板；E: 胸部侧面观；F: 腹部第 1 背板及并胸腹节；
G: 前翅

色密毛簇；第 2 背板至腹末表面均光滑无刻纹，具稀疏刚毛；背面观腹部末端较尖；肛下板后端尖；产卵器稍微露出腹部最末端，产卵器鞘长约等于后足第 1 跗节长。

体色：触角除柄节、梗节以及鞭节前三节显黄色，其他各节为黑褐色；头部大部分区域、胸部以及腹部第 1 节均为黑色或暗红棕色；上颚中间部分暗黄色，上唇金黄色，下颚须和下唇须浅黄色；足除跗节褐色，其他部分金黄色；腹部第 1 背板以后各节均为深褐色（但有的腹部第 2+3 背板色浅，通常显棕黄色或褐黄色）；产卵器鞘黑褐色。

雄虫　特征基本同于雌；体长 1.8—1.9mm；触角 32—33 节。

研究标本　2♀♀，福建武夷山七里坪，1981- Ⅳ -29，韩芸；1♀，陕西汤峪西峰山，2008- Ⅴ -14，赵琼；2♀♀，陕西汤峪水库，2008- Ⅴ -15，赵琼；1♂，甘肃徽县，2008- Ⅷ -31，赵琼；1♂，13♀♀，黑龙江漠河松苑，2011- Ⅶ -24，郑敏琳；5♀♀，黑龙江漠河松苑，2011- Ⅶ -24，董晓慧；3♀♀，黑龙江漠河松苑，2011- Ⅶ -24，赵莹莹；4♀♀，黑龙江漠河松苑，2011- Ⅶ -24，姚俊丽。

已知分布　福建、甘肃、陕西、黑龙江；韩国、奥地利、阿塞拜疆、捷克、德国、匈牙利、意大利、荷兰、英国、爱尔兰、瑞典、波兰、斯洛文尼亚、俄罗斯、乌克兰、塞尔维亚。

寄主　已知寄主有 *Phytomyza abdominalis* Zetterstedt、*Phytomyza albiceps* Meigen 和 *Phytomyza conyzae* Hendel。

42. 宽颚繁离颚茧蜂，新种
Chorebus (*Stiphrocera*) *latimandibula* Zheng & Chen , sp. nov.

（图 2-42）

雌虫　正模，体长 1.6mm；前翅长 1.6mm。

头：触角 18 节，第 1 鞭节和倒数第 2 鞭节长分别为宽的 5.0 倍和 1.8 倍。头部背面观复眼后方较明显膨大，宽为长的 2.0 倍、为中胸背板两翅基片间宽的 1.5 倍，复眼长等于上颊长，OOL：OD：POL=13：3：7；后头光滑，且中部无毛，两侧及上颊稀疏地被有短刚毛。脸光滑亮泽，被较多细毛，且中间大部分区域毛短，并指向中纵脊方向，复眼内缘处毛相对长，并指向下方；上颚具 4 齿，第 1 齿较明显向上扩展、略呈耳叶状，第 2 齿尖、稍外弯，第 3 齿位于第 2 齿腹缘基部、短小，第 4 齿亦短、大于第 3 齿；下颚须短。

胸：长为高的 1.4 倍。前胸背板两侧面光滑无毛；前胸侧板具浅刻痕及少量细毛；中胸盾片整体光滑亮泽，绝大部分区域无被毛，仅前缘被一些细短毛；盾纵沟仅最前面很短一段可见；中胸盾片后方中陷窄，其长约为中胸盾片长的 1/3；小盾片表面光亮，后半部被较多细短毛，后缘具刻痕；后胸背板中脊不凸出，且中脊两侧背板下凹程度较

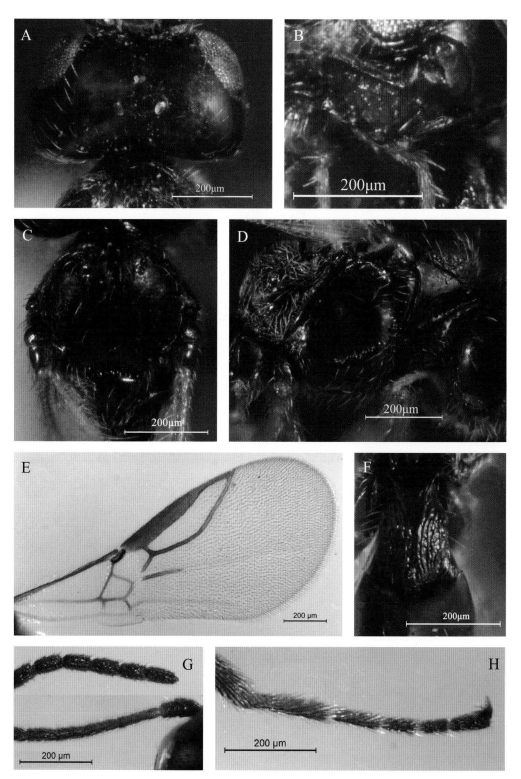

图 2–42 宽颚繁离颚茧蜂，新种 *Chorebus* (*Stiphrocera*) *latimandibula* Zheng & Chen , sp. nov. (♀)
A：头部背面观；B：上颚；C：中胸背板；D：胸部侧面观；E：前翅；F：腹部第 1 背板；G：触角基部和端部几节；H：后足跗节

大，表面被毛相对少；并胸腹节大部分区域毛较稀少，但后部斜面处两侧具浓密长毛（方向朝后下方）；中胸侧板大部分区域十分光滑亮泽，基节前沟较深、窄，沟内刻痕精细；后胸侧板中部大块区域光滑亮泽，其上仅被数根长刚毛，光滑区域的边缘被密长毛，毛朝向基本都为后下方，不呈"玫瑰花朵"形。

翅：前翅翅痣长为宽的 5.6 倍，为 1–R1 脉长的 2.7 倍；前翅 r 脉短，其长为翅痣宽的 3/5，为 1–SR+M 脉长的 2/5；前翅缘室短，3–SR+SR1 脉止于离翅顶端甚远的前部，且后半部较曲折。

足：后足腿节长为宽的 5.0 倍；后足胫节等长于后足跗节；后足第 2 跗节长约为基跗节的 7/10，第 3 跗节长等于端跗节。

腹：第 1 背板较隆起，且由基部向后显著扩大，中间长为端部宽的 1.5 倍，背板表面具精细刻点及纵刻纹，但几乎无被毛，仅两侧缘具稀疏刚毛；第 2 背板至腹末表面光滑亮泽，且刚毛稀少；产卵器鞘长等于后足第 1 跗节长，稍露出腹部最末端。

体色：头部大部分区域和整个胸部及腹部第 1 背板为黑色；触角整体黑色，第 1—2 鞭节颜色明显浅于其他各节，为褐黄色；唇基暗棕色；上唇和上颚中间部分暗黄色；下颚须和下唇须浅黄色；足基节色暗（前、中足基节暗褐色，后足基节黑色），后足腿节、胫节都有部分区域及跗节黄褐色，其他部分基本暗黄色；腹部第 1 背板以后各节为黑褐色；产卵器鞘黑褐色。

变化：体长 1.6—1.8mm；触角 17—19 节；有的虫体足整体颜色更暗。

雄虫　与雌虫相似。体长 1.7mm；触角 21 节。

研究标本　正模：♀，吉林通榆向海自然保护区，2011- Ⅷ -16，赵莹莹。副模：1 ♀，内蒙古乌兰察布卓资山，2011- Ⅷ -5，郑敏琳；1 ♂，内蒙古二连浩特恐龙公园，2011- Ⅷ -22，姚俊丽；2 ♂ ♂，2 ♀ ♀，内蒙古满洲里，2012- Ⅶ -8，郑敏琳；1 ♂，内蒙古满洲里，2012- Ⅶ -8，吕宝乾。

已知分布　内蒙古、吉林。

寄主　未知。

词源　本新种拉丁学名 "latimandibula" 意为较宽的上颚，主要是与相近的一些种类相比较，本种上颚较明显扩展、较为宽大，故以此特征命名之。

注　本种与 *Chorebus*（*Stiphrocera*）*freya*（Nixon）最为接近，最明显区别：本种盾纵沟不发达，仅前面很短一段可见，后者盾纵沟达中胸盾片后端中陷处，且背板中部之前部分十分清晰；本种后足跗节与后足胫节等长，后者后足跗节明显短于后足胫节；本种上颚较明显扩展，且第 3 齿小、不发达；后者上颚仅仅轻微扩展，第 3 齿也相对较发达。

43. 凸唇繁离颚茧蜂
Chorebus (*Stiphrocera*) *convexiclypeus* Zheng & Chen
（图 2-43）

Chorebus（*Stiphrocera*）*convexiclypeus*: Zheng & Chen，2017: 170–180.

雌虫　体长 3.4mm；前翅长 3.3mm。

头：触角 35 节，第 1、2、3 鞭节的长度比为 19：16：13，第 1 鞭节和倒数第 2 鞭节长分别为宽的 5.0 倍和 1.8 倍。头部背面观复眼后方强烈膨大，宽为长的 2.0 倍、为中胸背板两翅基片间宽的 1.6 倍，复眼长为上颊长的 7/10，OOL：OD：POL=12：3：4；后头稀疏地被有 2—3 排刚毛；单眼区中间至后头中部具一细纵沟；脸宽为高的 1.9 倍，中纵脊明显（但仅位于脸中上部），表面除中间（触角窝间下方的整个脸区）无毛，两侧密被长毛（毛全部朝向脸下方）；唇基强烈凸出，呈遮檐状，表面被较多长毛；上颚较强烈向上扩展，具明显 4 齿，第 2 齿略等于第 1 齿，第 3 齿相对发达，与第 2 齿相距甚远，而与上颚最下缘的第 4 齿相对靠近；下颚须较短；下唇须 4 节。

胸：长为高的 1.5 倍。前胸背板中部具一较宽大背凹，两侧面除后缘具一些刻纹，绝大部分区域光滑亮泽，且无被毛；中胸盾片较光滑，且仅前缘被和中叶前半部密被细短毛，其余大部分区域无被毛；盾纵沟仅最前面很短一段存在（未达水平面部分）；中陷长约为中胸盾片长的 1/2，且后半部较宽大、深，前半部窄、浅；小盾片较隆起，表面光亮，被少量细毛；中胸侧板大部分区域光滑亮泽，中部无被毛，基节前沟较深，约占侧板横宽的 1/2 长，沟内布满清晰的平行短刻纹，基节前沟下缘至腹板密布细短刚毛；后胸背板（侧观）中脊明显凸起，但不高于小盾片；并胸腹节相对较宽大平坦，且表面密布刻纹，并较均匀地布满十分精细的长刚毛，但显得十分稀薄，完全无法遮掩住表面的刻纹；后胸侧板前后部具刻纹，中部相对光滑，仅具少量刻点，侧板表面布满细长毛（朝向后足基节方向），但稀薄，侧板表面清楚可见。

翅：前翅翅痣长为宽的 5.7 倍，为 1–R1 脉长的 1.7 倍；前翅 r 脉长等于翅痣宽，3–SR+SR1 脉后半部稍显曲折；前翅亚盘室封闭。

足：后足腿节长为宽的 5.0 倍；后足胫节与后足跗节等长；后足第 2 跗节长约为基跗节的 1/2，第 3 跗节长为端跗节长的 1.1 倍。

腹：第 1 背板由基部向后均匀扩大，中间长为端部宽的 1.4 倍，表面布满刻纹（具一定纵向性），并均匀地分布较多细短刚毛；第 2 背板至腹末表面光滑亮泽，各节均被有一些刚毛；产卵器较明显超出腹末端，产卵器鞘长几乎等于后足第 1 跗节长。

体色：头部大部分区域、胸部及腹部第 1 背板为黑色；触角黑色（仅环节呈棕黄色）；唇基暗棕色；上唇金黄色；上颚中间部分暗红棕色；下颚须和下唇须黄色（但下颚须端

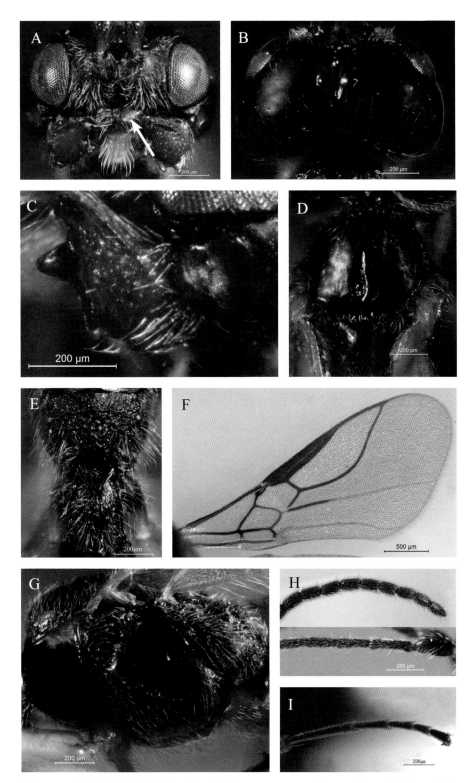

图 2-43 凸唇繁离颚茧蜂 *Chorebus* (*Stiphrocera*) *convexiclypeus* Zheng & Chen（♀）

A：头部正面观；B：头部背面观；C：上颚；D：中胸背板；E：腹部第 1 背板及并胸腹节；F：前翅；
G：胸部侧面观；H：触角基部和端部几节；I：后足跗节

节略有加深，呈黄褐色）；前翅翅痣黄棕色；足整体以铜黄色为主，但各足跗节呈黄褐色至黑褐色，后足基节基半部黑褐色，另外，后足腿节背面及第 2 转节颜色亦明显加深至褐色；腹部第 1 背板之后各节以及产卵器鞘均为黑褐色。

变化：体长为 3.0—3.6mm，前翅长为 3.0mm，触角 32 节。

雄虫　与雌虫相似，但前翅翅痣颜色比雌虫深，呈深棕色；体长 2.8—3.9 mm；触角 36—37 节。

已知分布　西藏。

寄主　未知。

注　本种是作者于 2017 年发表的新种，当时所依据的研究标本为西藏地区的 1 个正模（雌性）和 2 个副模（1 雌 1 雄），本专著又新增加了同样采自西藏地区的该种 15 只雄性和 5 只雌性标本作为副模，标本同样保存于福建农林大学益虫研究所。另外，本种较容易被误认为属于扩颚离颚茧蜂属 *Protodacnusa* Griffiths，我们认为该种虽然同时具有 *Protodacnusa* Griffiths 属和 *Chorebus* Haliday 属的主要特征，但由于其具有第 4 齿的同时存在明显具刻纹的基节前沟，故应当属于后者。

Chorebus s. str. 亚属

Chorebus Haliday，1833a，Ent. Mag.，1（iii）：264（subgenus of *Alysia* Latreilie，1805）. Type species（by monotypy）：*Chorebus affinis*（Nees, 1814）（= *C. longicornis*（Nees, 1812））。

本亚属的主要鉴别特征是：前翅 3-SR+SR1 脉较均匀弯曲；上颚窄，且第 2 齿甚为尖、长，由于第 3 齿通常退化为极小的弱凸起，故看似仅具 3 齿；下唇须 3 或 4 节；基节前沟总是形成 1 光滑的连贯中胸侧板前后缘的近直线状沟。

44. 毛角繁离颚茧蜂，新种
Chorebus (*Chorebus*) *chaetocornis* Chen & Zheng，sp. nov.

（图 2-44）

雌虫　正模，体长 2.9mm；前翅长 3.0mm。

头：触角细长、30 节，第 1、2 鞭节等长，为第 3 鞭节长的 1.1 倍，第 1 鞭节和倒数第 2 鞭节的长分别为其宽的 5.0 倍和 3.5 倍。头部背面观宽为长的 1.7 倍，复眼长为上颊长的 1.2 倍，OOL：OD：POL=15：4：5；后头稀疏地被有长刚毛，且于近上颚基部处稍密，但不形成明显密毛簇；复眼正面观向中下方稍有收敛；脸较光滑亮泽，但被有较多细毛；上颚较窄，第 2 齿尖长、大大长于两侧齿，端部稍向外弯，腹缘的附齿极弱（甚

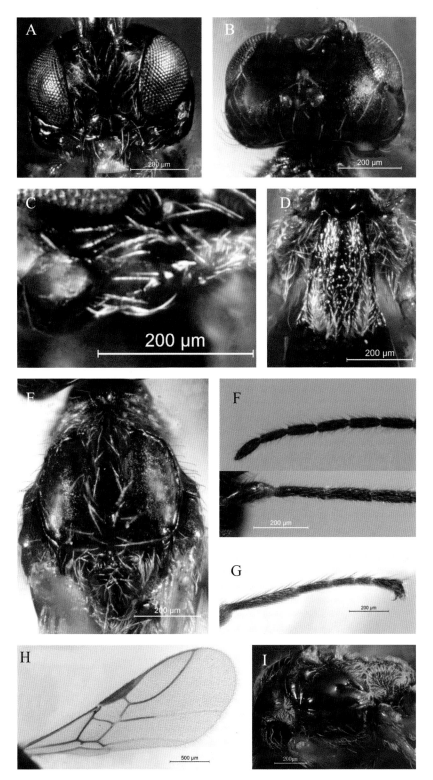

图 2-44　毛角繁离颚茧蜂，新种 *Chorebus (Chorebus) chaetocornis* Chen & Zheng , sp. nov. (♀)
A：头部正面观；B：头部背面观；C：上颚；D：腹部第 1 背板；E：中胸背板；F：触角基部和端部几节；
G：后足跗节；H：前翅；I：胸部侧面观

不明显）；下颚须较短；下唇须 3 节。

胸：长为高的 1.7 倍。前胸背板中部具一相对较小的圆形背凹，前胸两侧大部分区域光滑、无毛，但于前胸背板侧面三角区中下部及斜沟下半段被有较稠密的贴面白毛；中胸盾片光滑亮泽，绝大范围无被毛，仅前缘及中叶前半部被较密细长毛，中叶后方亦零星分布几根长刚毛；盾纵沟极浅，仅隐约可见其伸达背板后方中陷处；中后方中陷较浅且短；小盾片表面光滑亮泽，零星被有细毛，后缘具密短毛；基节前沟线状、光滑，贯穿侧板前后端；并胸腹节较长，表面布满贴面密毛；后胸侧板刻纹粗糙，并被有大量密毛，毛排列成"玫瑰花朵"形。

翅：前翅翅痣长为宽的 5.6 倍，为 1-R1 脉长的 4/5；r 脉几乎与翅痣横边垂直，且其长等于翅痣宽，为 1-SR+M 脉长的 2/5；前翅 CU1b 脉缺，亚盘室向后开放。后翅 M+CU 脉短于 1-M 脉。

足：后足基节基半部背面具明显密毛簇，后足腿节长为宽的 4.6 倍；后足胫节与后足跗节等长；后足跗节第 3 节为端跗节长的 4/5。

腹：第 1 背板由基部至端部均匀扩大，中间长为端部宽的 1.7 倍，背板表面刻纹粗糙，并被有密毛（但中间具一无毛纵带），且由基部向端部明显变浓密；第 2 背板至腹末表面光滑；腹末端较尖；产卵器粗壮，且显著伸出腹部末端，产卵器鞘长和宽与后足第 1 跗节同。

体色：触角除柄节、梗节褐色，其他各节黑色；头部大部分区域、整个胸部、腹部第 1 背板黑色；上颚中间部分黄褐色，上唇锈黄色，下唇须和下颚须黄褐色（下颚须端节深褐色）；足相对暗色，各足腿节背面、胫节、跗节以及中、后足基节为黄褐色至黑褐色（后足基节和腿节色较深），其余部分近锈黄色；腹部第 1 节以后各节黑褐色；产卵器鞘黑色。

变化：体长 2.5—2. mm；触角 29—30 节。

雄虫 与雌虫相似；体长 2.7mm；前翅长 2.9mm；触角 34 节，且触角各节同雌虫一样均被密毛。

研究标本 正模：♀，西藏墨脱县，2012- Ⅷ -6，张旺珍。副模：1 ♂，4 ♀ ♀，西藏墨脱县，2012- Ⅷ -6，张旺珍。

已知分布 西藏。

寄主 未知。

词源 本新种拉丁名"chaetocornis"意为密布刚毛的触角，由于该新种与其最接近种类相比，雌雄成虫触角均通体密被刚毛，故以此特点命名，以便与其最接近种类区别。

注 本种与 *Chorebus*（*Chorebus*）*esbelta*（Nixon）最接近，其主要区别为：本种产卵器鞘长和宽与后足第 1 跗节同，而后者长与宽都明显大于后足第 1 跗节；本种雌雄虫触角都是整个密布刚毛，而后者雄虫触角刚毛明显稀少（特别基部基节几乎无被毛）；本种下唇须 3 节，后者 4 节；本种前翅亚盘室后方开放，后者则封闭。

45. 尼氏繁离颚茧蜂，新种
Chorebus (Chorebus) nixoni Chen & Zheng, sp. nov.
（图 2-45）

雌虫 正模，体长 2.6mm；前翅长 2.6mm。

头：触角可见 24 节（其余丢失），第 1 鞭节长为第 2 鞭节长的 1.3 倍，为第 3 鞭节长的 1.5 倍，第 1 鞭节长为其宽的 5.3 倍。头部背面观宽为长的 1.6 倍，后头光滑亮泽，仅十分稀疏地被有刚毛，且于上颚基部下方处不形成密毛簇；复眼长约等于上颊长；OOL∶OD∶POL=16∶3∶5；正面观复眼向下较强烈收敛；脸区（特别是两侧）被较多刚毛，沿中纵脊区域无毛；上颚窄，第 2 齿尖长、大大长于两侧齿，且端部稍外弯，第 2 齿腹缘中部附齿明显；下颚须相对短，下唇须 4 节。

胸：长为高的 1.8 倍。前胸背板较长（显得虫体"脖颈"长）两侧光滑亮泽，被少量刚毛；中胸盾片光亮，几乎无毛，仅沿盾沟轨迹稀疏排列数根长刚毛；盾纵沟前方明显，向后延伸至背板约 3/7 处；中陷宽大，但相对较浅，且从中胸盾片后缘起始，纵向延伸长度约为中胸盾片长的 1/3；小盾片前沟相对宽，沟内刻条精细；小盾片光滑亮泽，中后方稀疏被几根细毛；中胸侧板光滑亮泽，绝大部分无被毛，仅侧板后缘下方位置具一簇密毛；基节前沟位于侧板近下缘，为 1 条贯穿侧板前后端的光滑近直线状细沟；后胸背板几乎无被毛；并胸腹节密被贴面软毛，中纵脊从前缘向后延伸至腹节约 1/3 处；后胸侧板被密毛围绕 1 隆起（隆起处刻纹粗糙，且毛相对稀少，并具几根长刚毛）排列成具一定"玫瑰花朵"样式。

翅：前翅翅痣非常细长，其长为宽的 10 倍，为 1-R1 脉长的 1.4 倍；r 脉长为翅痣宽的 1.2 倍，为 1-SR+M 脉长的 3/10；1-SR+M 脉略呈"S"弯曲；3-SR+SR1 均匀弯曲，后半段略直；前翅左翅 m-cu 脉前叉明显，而右翅则近对叉式。后翅 M+CU 脉与 1-M 脉几乎等长。

足：后足基节背面密毛簇明显；后足腿节长为其最宽处的 4.5 倍；后足胫节与后足跗节等长；后足第 2 跗节长为基跗节的 1/2；后足第 3 跗节长为端跗节长的 7/10。

腹：第 1 背板从基部较均匀向后扩大，中间长为端部宽的 1.5 倍，背板表面密被纵刻纹，且于中后方形成 1 纵向橄榄圆形图案，背板两旁分布有密毛，而中间纵向较大区域无被毛；第 2 背板至腹末表面均光滑无刻纹；产卵器鞘较粗壮，腹缘密被长刚毛，较明显露出腹部最末端，且其长等于后足第 1 跗节长，露出腹部末端部分的长度为后足跗节第 2 节的 4/5。

体色：触角前 3 节黄色，从鞭节第 2 节开始向后逐渐由黄褐色加深至深褐色；头部

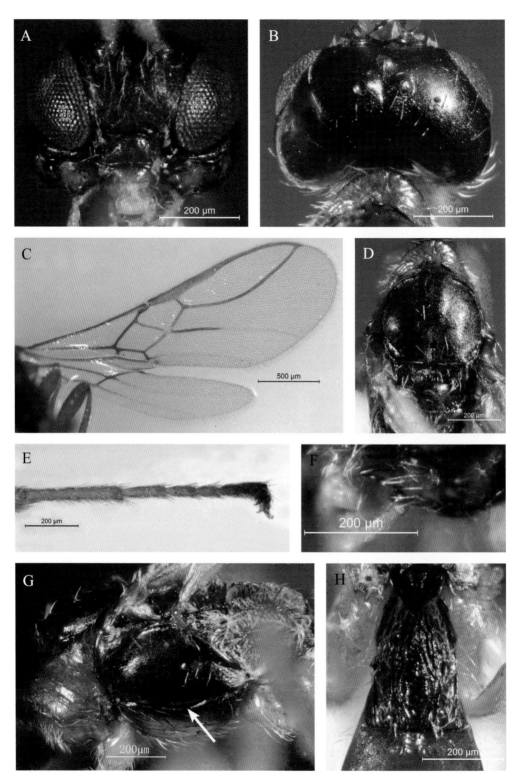

图 2-45 尼氏繁离颚茧蜂，新种 *Chorebus* (*Chorebus*) *nixoni* Chen & Zheng, sp. nov.（♀）
A：头部正面观；B：头部背面观；C：前翅；D：中胸背板；E：后足跗节；F：上颚；G：胸部侧面观（示基节前沟光滑的线状）；H：腹部第 1 背板

大部分区域黑色，脸暗黄棕色，唇基棕黄色，唇基以下部分及唇须和颚须都为浅黄色，下颚须端节浅黄褐色；颚中间区域黄色，齿边缘暗棕色；前胸（包含背板两侧面及腹面）为亮棕黄色；中胸及腹部第 1 背板棕黑色；足除端跗节褐色，其他部分金黄色；腹部第 1 背板之后各节棕黄色（但颜色不太均匀，且最末端 1 节褐色）；产卵器鞘黑色。

雄虫　未知。

研究标本　正模：♀，内蒙古乌兰察布卓资山，2011– Ⅷ –5，姚俊丽。

已知分布　内蒙古。

寄主　未知。

词源　本新种拉丁学名"nixoni"是以著名茧蜂分类学家 Nixon G. E. J. 的名字命名，以表示敬意。

注　本种与 *C.（C.）esbelta*（Nixon）和 *C.（C.）ruficollis*（Stelfox）较相似。根据 Nixon（1949）和 Stelfox（1957）记载，主要区别为：本种前胸背板整个为亮棕黄色（与其中胸的棕黑色明显不同色），而 *C.（C.）esbelta* 此处与中胸同为黑色；本种跗节第 1 节等长于产卵器鞘，而 *C.（C.）esbelta* 和 *C.（C.）ruficollis* 产卵器鞘明显长于后足跗节第 1 节；本种伸出腹末端部分的长度短于后足跗节第 2 节长，而 *C.（C.）esbelta* 和 *C.（C.）ruficollis* 伸出腹末端部分的长度都大大长于后足跗节第 2 节长；本种 T1 毛的疏密及分布情况类似于 *C.（C.）esbelta*，但明显不同于 *C.（C.）ruficollis*。

46. 瘦体繁离颚茧蜂，中国新记录
Chorebus (Chorebus) esbelta (Nixon) , rec. nov.

（图 2-46）

Dacnusa esbelta Nixon，1937，4：1–88.

Gyrocampa esbelta：Nixon，1949，85：289–298.

Chorebus esbelta：Griffiths，1968，18（1/2）：63–152.

Chorebus（Chorebus）esbelta：Tobias et Jakimavicius，1986：7–231.

雌虫　体长 2.4mm；前翅长 2.4mm。

头：触角 28 节，第 1 鞭、第 2 鞭节和第 3 鞭节的长度比为 15：13：12，第 1 鞭节和倒数第 2 鞭节的长分别为其宽的 5.0 倍和 3.0 倍；头背面观宽为长的 1.6 倍；复眼长等于上颊长；后头光滑，几乎无毛；OOL：OD：POL=13：3：6；脸区较为隆起、无明显刻纹、被较密细毛；复眼明显向中下方收敛；上颚较窄，第 2 齿尖长、大大长于两侧齿，端部稍向外弯，腹缘的附齿较弱；下颚须稍显短；下唇须 4 节。

胸：长为高的 1.7 倍。前胸背板两侧光亮，几乎无被毛；整个中胸盾片光滑亮泽，几乎无毛；盾纵沟极浅、不明显，且仅隐约可见延伸至中胸盾片中部；中后方中陷较短小；

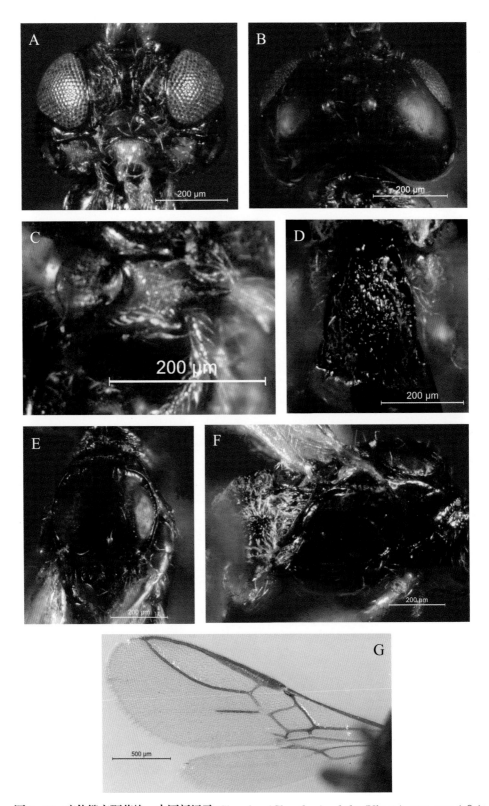

图 2-46　瘦体繁离颚茧蜂，中国新记录 *Chorebus* (*Chorebus*) *esbelta* (Nixon), rec. nov. (♀)
A：头部正面观；B：头部背面观；C：上颚；D：腹部第 1 背板；E：中胸背板；F：胸部侧面观；G：翅

小盾片前沟内具短刻条；小盾片光滑，后缘被少量细毛；中胸侧板光亮、大部分无被毛，仅后缘具少量毛；基节前沟位于侧板近下缘、线状、光滑，贯穿侧板前后端；后胸侧板具密毛，排列形成近"玫瑰花朵"样式；并胸腹节较伸长，前面大部分区域毛稀（可见刻纹），中后部毛密。

翅：前翅翅痣长为宽的 8.6 倍，为 1–R1 脉长的 1.3 倍；r 脉长为翅痣宽的 1.4 倍，为 1–SR+M 脉长的 1/2；前翅亚盘室后方不开放。后翅 M+CU 脉与 1–M 脉等长。

足：后足基节基部背面密簇毛明显，后足腿节长为其最宽处的 4.0 倍；后足胫节与后足跗节几乎等长；后足跗节第 5 节（端跗节）较其他各节粗大，且其长为跗节第 2 节的 1.2 倍，为第 3 节的 1.6 倍。

腹：第 1 背板由基部至端部均匀且强烈扩大，中间长为端部宽的 1.4 倍，背板表面刻纹粗糙，前半部几乎无毛，后半部的两边被较密毛，而中间区域无毛；第 2 背板至腹末表面均光滑无刻纹；腹末端尖；产卵器鞘较粗壮，明显伸出腹部最末端，且其长为后足基跗节长的 1.4 倍、第 1 背板长的 1.4 倍。

体色：头部大部分区域、整个胸部、腹部第 1 背板黑色；触角柄节、梗节及 1、2 鞭节为黄褐色，其他鞭节深褐色；颚中间区域暗黄；上唇金黄色，下唇须和下颚须褐色；足绝大部分金黄色，跗节黄褐色至深褐色，其中端跗节深褐色；腹部背板 1 节以后各节以及产卵器鞘深褐色。

雄虫 根据（Nixon，1949 和 Griffiths，1968）记载，触角 29—34 节，相对于雌虫刚毛较稀少，鞭节基部几节更是几乎无刚毛，感觉毛清晰可见；其他特征基本同于雌虫。

研究标本 2♀♀，内蒙古乌兰察布卓资山，2011– Ⅷ –5，郑敏琳；1♀，内蒙古乌兰察布卓资山，2011– Ⅷ –5，姚俊丽。

已知分布 内蒙古；德国、匈牙利、西班牙、爱尔兰、英国、罗马尼亚、塞尔维亚、乌克兰。

寄主 未知。

47. 中齿繁离颚茧蜂，中国新记录
Chorebus (*Chorebus*) *miodes* (Nixon), rec. nov.

（图 2–47）

Gyrocampa miodes Nixon，1849，85：289–298.

Chorebus miodes：Griffiths，1968：63–152.

Chorebus（*Chorebus*）*miodes*：Tobias et Jakimavicius，1986：7–231.

雌虫 体长 2.2mm；前翅长 1.9mm。

头：头相对较大，但不横宽；触角 27 节，鞭节第 3—10 节明显变粗，第 1 鞭、第

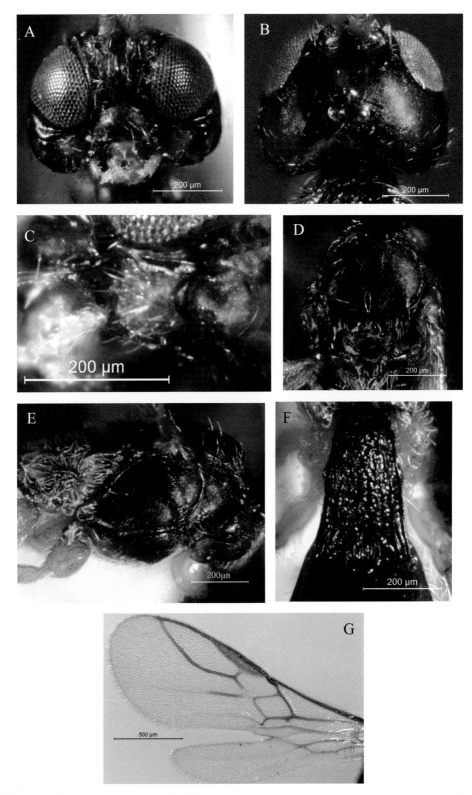

图 2-47　中齿繁离颚茧蜂，中国新记录 *Chorebus* (*Chorebus*) *miodes* (Nixon)，rec. nov. (♀)
A：头部正面观；B：头部背面观；C：上颚；D：中胸背板；E：胸部侧面观；F：腹部第 1 背板；G：翅

2 鞭节和第 3 鞭节的长度比为 10：8：7，第 1 鞭节和倒数第 2 鞭节的长分别为其宽的 3.7 倍和 2.1 倍，第 5、6 鞭节长均为宽的 1.8 倍。背面观复眼后方颊区扩大较明显，头宽为长的 1.4 倍；复眼长等于上颊长；后头光滑，几乎无毛，颊区具中下部具稀疏几根刚毛；单眼很小，且较圆，OOL：OD：POL=13：2：5；脸被较密细刚毛，中纵脊较明显，无明显刻纹；唇基较凸出，且较宽，其宽为高的 1.7 倍；复眼向下有所收敛；上颚较窄，第 2 齿尖长、稍外弯，明显长于两侧齿，且该齿腹缘基部 1 小凸起形成附齿；下颚须短、5 节；下唇须 3 节。

胸：胸较长，长为高的 1.8 倍。前胸背板两侧光亮、无毛；中胸盾片光滑亮泽，几乎无被毛，仅见沿盾纵沟应有轨迹被几根刚毛；盾纵沟几乎完全消失；中胸盾片中后方的中陷窄、较深，由背板最后缘向前延伸至约 1/4 处；小盾片前沟内具精细短刻条几少量短毛，小盾片光滑，后缘被少量细毛；中胸侧板光亮、大部分无被毛，仅后缘最下方具一簇密毛；基节前沟位于侧板近下缘、为 1 条贯穿侧板前后端的光滑线沟；后胸侧板毛密、长，排列形成近"玫瑰花朵"形；并胸腹节较宽长，前 2/3 区域毛相对稀少，故粗糙刻纹明显可见（特别是中间区域），无中纵脊，后方毛密。

翅：翅膜质、透明，前翅翅痣不显细长，长为宽的 4.3 倍，为 1–R1 脉长的 9/10；r 脉始发于翅痣中稍偏基部处，其长为翅痣宽的 7/10，为 1–SR+M 脉长的 2/5；1–SR 脉相对较长。后翅 M+CU 脉长是 1–M 脉的 1.4 倍。

足：后足基节基部背面簇毛明显，毛十分卷曲；后足腿节长为其最宽处的 4.0 倍；后足胫节与后足跗节几乎等长；后足跗节第 5 节长为第 2、3 节的 1.2、1.7 倍。

腹：第 1 背板由基部至端部均匀扩大，中间长为端部宽的 1.5 倍，背板表面刻纹粗糙，几乎无被毛，仅中后部稀疏排列几根细刚毛；第 2 背板至腹末表面均光滑无刻纹；腹末较宽平；产卵器鞘较细、短，轻微露出腹部最末端。

体色：头部大部分区域、整个胸部、腹部第 1 背板黑色；触角柄节和梗节金黄色，鞭节由基至端节颜色由棕黄色至深褐色；上唇和颚中间区域为金黄色；下唇须和下颚须前 4 节浅黄色，下颚须第 5 节（端节）浅褐色；足除端跗节黄褐色外其余金黄色；腹部背板第 1 节以后各节以及产卵器鞘深褐色。

变化：本种不同地区的标本体色方面有较大变化，如有的翅明显烟褐色、足颜色暗（Nixon，1949）。

雄虫 根据（Nixon，1949 和 Tobias，1995）记载，体长 2.6—2.9mm；触角 26—32 节，其中第 3—7 鞭节较粗大；腹部后方窄，两边几乎平行；其他特征基本同于雌虫。

研究标本 1 ♀，内蒙古乌兰察布卓资山，2011– Ⅷ –5，姚俊丽。

已知分布 内蒙古；爱尔兰、英国、罗马尼亚、西班牙、乌克兰、塞尔维亚。

寄主 未知。

注 研究标本比 Nixon（1949）记述的体型明显小，但其他主要特征基本相同，故应属同一种。

48. 黄褐繁离颚茧蜂，新种

Chorebus (*Chorebus*) *xuthosa* Chen & Zheng, sp. nov.

（图 2–48）

雌虫 正模，体长 2.2mm；前翅长 2.1mm。

头：触角 28 节，各节均密被刚毛；第 1 鞭节长等于第 2 鞭节长，为第 3 鞭节长的 1.2 倍；第 1 鞭节、倒数第 2 节的长分别为其宽的 4.5 倍和 2.7 倍。头背面观宽为长的 1.6 倍，后头光滑亮泽，几乎无毛，上颚基部下方具少量细短毛，不形成密毛簇；复眼长等于上颊长；OOL：OD：POL=13：3：5；脸及唇基区域都十分光滑亮泽、无被毛；上颚窄，第 2 齿尖长、大大长于两侧齿，第 2 齿腹缘附齿消失；下颚须 6 节；下唇须 3 节。

胸：长为高的 1.7 倍。前胸背板两侧绝大部分无毛、光亮，且无明显刻纹，但其最下部与中胸侧板毗邻的一小块区域具白色贴面密毛；中胸盾片光滑亮泽，几乎无毛；盾纵沟几乎完全消失（仅前面隐约可见部分极浅痕迹）；背板后方中陷亦不明显，也仅为 1 极浅凹痕，小盾片前沟刻条精细，无毛；小盾片光滑亮泽，无被毛；中胸侧板光滑亮泽，无被毛；基节前沟位于侧板近下缘，为 1 条贯穿侧板前后端的光滑近直线状细沟；后胸背板和并胸腹节均密被相同贴面软毛，并胸腹节中纵脊较明显，从前缘延伸至腹节中段；后胸侧板大范围隆起，周围密毛围绕之排列成具一定"玫瑰花朵"样式。

翅：前翅翅痣较短、宽，近似钝角三角形，长为宽的 5.5 倍；r 脉长为翅痣宽的 4/5，为 1–SR+M 脉长的 2/5；3–SR+SR1 后半部弯曲稍有些不均匀；后翅 M+CU 脉明显短于 1–M 脉，其长为 1–M 脉的 7/10。

足：后足基节背面具一密、短毛簇，后足腿节长为其最宽处的 4.3 倍；后足胫节等长于后足跗节；后足跗节第 2 节长为基跗节的 1/2；后足第 3 跗节长为端跗节长的 4/5。

腹：第 1 背板表面亮泽，几乎无被毛，中间长为端部宽的 1.7 倍，背板表面密被纵刻纹；第 2 背板至腹末表面均光滑无刻纹；产卵器鞘较粗壮，较明显露出腹部最末端，且其长为后足第 1 跗节长的 1.4 倍。

体色：头部大部分区域、整个胸部、腹部第 1 背板黄褐色；触角柄节和梗节浅黄色，鞭节棕黄色；脸和唇基棕黄色；颚中间大部分区域黄色，齿边缘红棕色；唇基以下部分及唇须和颚须都为浅黄色；足除端跗节浅褐色，其他部分黄色；腹部背板第 2、3 背板棕黄色，4—7 背板黄褐色，最后部分浅褐黄色；产卵器鞘黄褐色。

变化：体长 2.1—2.2mm；触角 28—30；中长为端宽的 1.5—1.7 倍；有些虫体体色稍暗些（如，武夷山标本）。

雄虫 体长 2.3mm；触角 32 节，基部前 3 节刚毛比其他节稍显稀；其他特征基本同于雌虫。

研究标本 正模：♀，湖北神农架红花，2000- Ⅷ -27，杨建全。副模：1 ♀，福

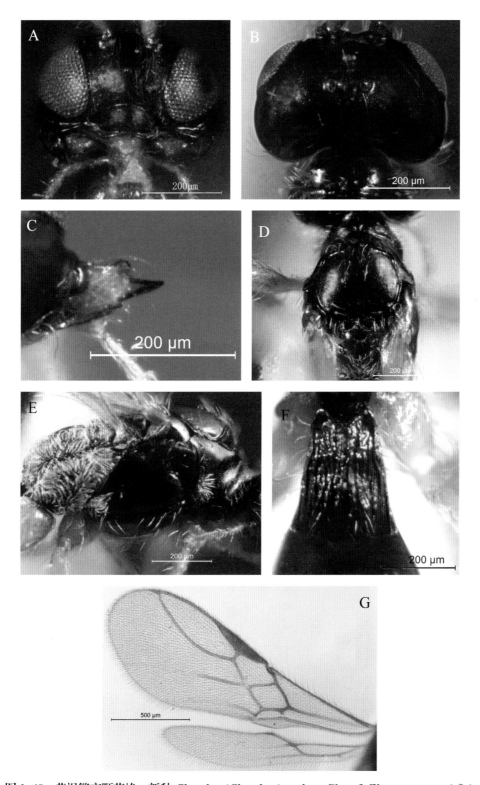

图 2-48 黄褐繁离颚茧蜂，新种 *Chorebus* (*Chorebus*) *xuthosa* Chen & Zheng, sp. nov. (♀)

A：头部正面观；B：头部背面观；C：上颚；D：中胸背板；E：胸部侧面观；F：腹部第 1 背板；G：前后翅

建武夷山大竹岚，1986- Ⅶ -15，陈家骅；1 ♂，福建武夷山大竹岚，1986- Ⅶ -15，蒋日盛；1 ♀，福建武夷山挂墩，1986- Ⅹ -3，许建飞；1 ♀，福建武夷山挂墩，1988- Ⅷ -13，沈添顺；1 ♀，福建将乐龙栖山余家坪，2010- Ⅷ -30，杨建全。

已知分布 湖北、福建。

寄主 未知。

词源 本新种拉丁名 "xuthosa" 为黄褐色之意，主要由于该种虫体整体主要呈显黄褐色，与其相近种类具明显颜色差异，故以此体色特征对之命名。

注 本种与 C. (C.) ruficollis（Stelfox）十分相似，主要区别为：后者前胸背板整个为亮红砖色（与其中胸明显不同色），本种此处与中胸同为暗黄棕色；本种前胸两侧最下部与中胸侧板毗邻的一小块区域具白色贴面密毛，后者前胸两侧几乎无被毛；本种中胸盾片后方的中陷几乎无，后者则较为明显；本种后胸背板被密毛，而后者几乎无毛。

49. 近缘繁离颚茧蜂，中国新记录

Chorebus (*Chorebus*) *affinis* (Nees)，rec. nov.

（图 2-49）

Bassus affinis Nees，1812，6: 183–221.

Chorebus affinis: Haliday，1833；Grirriths，1968.

Alysia affinis: Nees，1834.

Alysia（*Dacnusa*）*affinis*: Haliday，1839.

Dacnusa affinis: Curtis，1837；Nixon，1937.

Gyrocampa affinis: Kirchner，1867.

Dacnusa（*Dacnusa*）*affinis*: Thomson，1895.

Chorebus（*Chorebus*）*affinis*: Tobias et Jakimavicius，1986；Tobias，1998；Papp，2004.

雌虫 体长 2.3mm；前翅长 2.5mm。

头：触角 25 节，各节均密被刚毛，鞭节第 1、2、3 节的长度比为 15：11：10，鞭节第 1 节、倒数第 2 节的长分别为其宽的 6.0 倍和 2.7 倍。头背面观宽为长的 1.5 倍，后头光滑亮泽，几乎无毛，但上颚基部下方处具一簇密毛；复眼长为上颊长的 9/10；OOL：OD：POL=12：3：5；脸大范围稀疏被有细毛，无明显刻纹，中间稍微纵向隆起；上颚较窄，第 2 齿十分尖长、大大长于两侧齿，附齿基本消失；下颚须 6 节；下唇须 4 节。

胸：长为高的 1.5 倍。前胸背板两侧光亮，几乎无被毛；整个中胸盾片光滑亮泽且无被毛；盾纵沟几乎完全消失；中陷仅为背板后方的 1 较小凹陷；小盾片前沟内具较精细短刻条；小盾片光滑，后缘被少量细毛；中胸侧板光亮、大部分无被毛，仅后缘具密

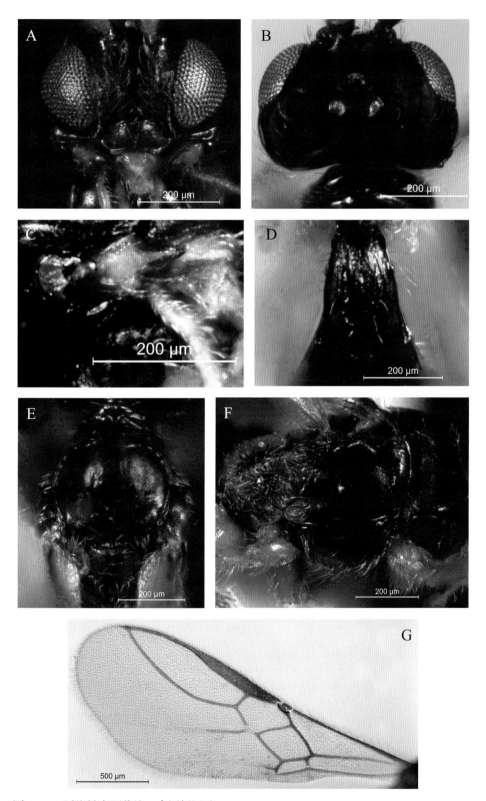

图 2–49 近缘繁离颚茧蜂, 中国新记录 *Chorebus* (*Chorebus*) *affinis* (Nees), rec. nov. (♀)

A: 头部正面观; B: 头部背面观; C: 上颚; D: 腹部第 1 背板; E: 中胸背板; F: 胸部侧面观; G: 前翅

毛；基节前沟位于侧板近下缘，贯穿侧板前后端，形成 1 光滑的线状沟；后胸侧板毛密，围绕中部 1 具细刻纹、表面较亮泽的隆起，呈四周发散状排列，形成近"玫瑰花朵"样式，隆起上亦有数根十分细长的刚毛；并胸腹节整个表面被密毛（似绒毛状），基本覆盖其表面刻纹。

翅：前翅翅痣长为宽的 8.6 倍，为 1–R1 脉长的 1.3 倍；r 脉长为翅痣宽的 1.4 倍，为 1–SR+M 脉长的 4/5；3–SR+SR1 均匀弯曲；后翅 M+CU 脉长为 1–M 脉的 1.3 倍。

足：后足基节背面具一明显毛簇，后足腿节长为其最宽处的 4.5 倍；后足胫节与后足跗节等长；后足跗节第 2 节长为基跗节的 1/2；后足跗节第 3 节与第 5 节（端跗节）几乎等长。

腹：第 1 背板由基部至端部均匀扩大，中间长为端部宽的 1.6 倍，表面亮泽，大部分无被毛，但背板基部具一小簇白毛，背板表面具精细纵纹，中纵脊较为明显；第 2 背板至腹末表面均光滑无刻纹，各节近端部处稀疏横排数根刚毛；产卵器轻微露出腹部最末端，其长为后足基跗节长的 3/5。

体色：头部大部分区域、整个胸部、腹部第 1 背板黑色；触角柄节为金黄色其他各节深褐色；颚中间大部分区域黄色；唇须、颚须浅黄色；足绝大部分金黄色，跗节色暗，其中端跗节深褐色；腹部背板 1 节以后为褐色；产卵器鞘深褐色。

变化：触角 22—25 节；体长 2.1—2.3mm。

雄虫 体长 1.6—2.0mm；触角 23—24 节，鞭节的基部几节刚毛较稀少。其他特征基本同于雌虫。

研究标本 3 ♂♂，青海祁连山，2008- Ⅶ -11，赵鹏；1 ♂，福建清流灵地黄石坑，2010- Ⅷ -29，郭俊杰；1 ♀，内蒙古乌兰察布卓资山，2011- Ⅷ -5，董晓慧；2 ♀♀，内蒙古乌兰察布卓资山，2011- Ⅷ -5，姚俊丽；1 ♀，内蒙古乌兰察布卓资山，2011-Ⅷ -5，赵莹莹；1 ♂，1 ♀，黑龙江牡丹江兴隆镇，2011- Ⅶ -14，赵莹莹；1 ♀，黑龙江牡丹江森林公园，2011- Ⅶ -18，赵莹莹；1 ♀，黑龙江牡丹江森林公园，2011- Ⅶ -18，姚俊丽；1 ♀，黑龙江漠河，2011- Ⅶ -23，姚俊丽；1 ♀，黑龙江五大连池保护区，2012- Ⅷ -5，赵莹莹；1 ♂，7 ♀♀，辽宁本溪桓仁，2012- Ⅶ -17，赵莹莹；1 ♀，辽宁本溪桓仁，2012- Ⅶ -17，常春光。

已知分布 福建、青海、内蒙古、黑龙江、辽宁；韩国、蒙古、伊朗、奥地利、匈牙利、比利时、捷克、法国、德国、希腊、意大利、荷兰、波兰、西班牙、瑞典、英国、俄罗斯、乌克兰、塞尔维亚、马其顿王国、马德拉群岛、法罗群岛。

寄主 成虫具较强趋光性；已知寄生莲缢管蚜 *Rhopalosiphum nymphaeae*（Linnaeus）。

50. 卓资山繁离颚茧蜂，新种

Chorebus (*Chorebus*) *zhuozishana* Zheng & Chen, sp. nov.

（图 2-50）

雌虫 正模，体长 2.2mm；前翅长 2.0mm。

头：触角 28 节，第 1 鞭节长为第 2 鞭节的 1.2 倍，第 2、3 鞭节等长；第 1 鞭节、倒数第 2 节的长分别为其宽的 4.3 倍和 2.3 倍。头背面观宽为长的 1.6 倍，后头光滑亮泽，几乎无毛，上颚基部下方处毛也较稀少，不形成明显毛簇；复眼后方颊区不扩大，复眼长为上颊长的 1.3 倍；OOL : OD : POL=10 : 2 : 5；脸区明显隆起，两侧被有较密长刚毛，中间沿中纵脊处无毛；上颚窄，第 2 齿尖长、大大长于两侧齿，第 2 齿腹缘具一弱凸起，形成"附齿"；下颚须 6 节；下唇须 4 节，第 3、4 节短。

胸：长为高的 1.7 倍。前胸背板两侧光亮，几乎无毛，无明显刻纹；中胸盾片光滑，几乎无毛，中叶微凹；盾纵沟仅于背板前方"斜坡"处明显；背板后方中陷较深；小盾片前沟内具数条精细短刻条及少量细毛；小盾片光滑，稀疏地被有细刚毛；中胸侧板光滑亮泽，大部分无被毛，仅后缘下部具一簇白毛；基节前沟为贯穿侧板前后端的光滑线状细沟；后胸侧板毛密，排列成具一定近"玫瑰花朵"样式；并胸腹节表面毛较密，故其表面刻纹不明显可见。

翅：前翅翅痣长为宽的 7.1 倍，为 1-R1 脉长的 1.3 倍；r 脉长与翅痣宽相等，为 1-SR+M 脉长的 2/5；3-SR+SR1 均匀弯曲；后翅 M+CU 脉与 1-M 脉几乎等长。

足：后足基节背面具一发达的毛簇，后足腿节长为其最宽处的 4.3 倍；后足胫节长度为后足跗节长的 9/10；后足跗节第 2 节长为基跗节的 1/2；后足端跗节粗大，第 3 跗节长为端跗节长的 1/2。

腹：第 1 背板由基部向后较明显扩大，表面亮泽，几乎无被毛，中间长为端部宽的 1.6 倍，背板表面具精细纵刻纹及刻点；第 2 背板至腹末表面均光滑无刻纹；产卵器稍粗，腹缘具明显长刚毛，较明显露出腹部最末端，且其长为后足第 1 跗节长的 1.3 倍。

体色：头部大部分区域、整个胸部、腹部第 1 背板黑色；触角柄节和梗节棕黄色，鞭节从第 1 节至最后 1 节由黄棕色逐渐加深至深褐色；颚中间大部分区域黄色，齿边缘黄棕色；唇须、颚须浅黄色，但下颚须端节浅褐色；足绝大部分金黄色，端跗节黄褐色；腹部背板 1 节以后为不均匀的棕黄色，腹板大部分金黄色；产卵器鞘深褐色。

变化：触角 26—29 节；体长 2.0—2.3mm；下唇须第 3、4 节间的界限有的不太明显。

雄虫 体长 2.0mm；触角 26—30 节；上颚附齿几乎看不见；腹部第 1 背板长为端宽的 1.7—2.0 倍；其他特征基本同于雌虫。

研究标本 正模：♀，内蒙古乌兰察布卓资山，2011- Ⅷ -5，姚俊丽；副模：1 ♂，2 ♀♀，内蒙古乌兰察布卓资山，2011- Ⅷ -5，姚俊丽；1 ♂，1 ♀，内蒙古乌兰

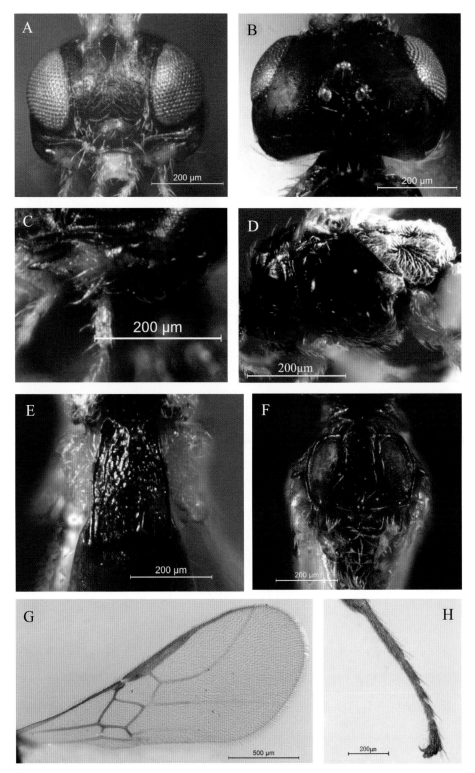

图 2-50　卓资山繁离颚茧蜂，新种 Chorebus (Chorebus) zhuozishana Zheng & Chen, sp. nov. (♀)
A：头部正面观；B：头部背面观；C：上颚；D：胸部侧面观；E：腹部第1背板；F：中胸背板；
G：前翅；H：后足跗节

察布卓资山，2011-Ⅷ-5，赵莹莹；1 ♂，1 ♀，内蒙古乌兰察布卓资山，2011-Ⅷ-5，郑敏琳。

已知分布 内蒙古。

寄主 未知。

词源 本种拉丁名"zhuozishana"是以正模标本采集地内蒙古的"卓资山"来命名。

注 本种与 *Chorebus*（*Chorebus*）*siniffa*（Nixon）最为接近，最明显区别为：本种产卵器明显外露，后者不外露；本种腹部第 1 背板由基部向端部较明显扩大，其中间长为端宽的 1.6 倍，后者腹部第 1 背板几乎左右边平行，最多仅轻微向后方扩大，中间长约为端宽为 2 倍。另外，本种腹部颜色较之后者明显更浅。

51. 密点繁离颚茧蜂
Chorebus (Chorebus) densepunctatus Burghele

（图 2-51）

Chorebus densepunctatus Burghele，1959：121-126；Griffiths，1968：63-152；Shenefelt 1974：1044.

Chorebus（*Chorebus*） *densepunctatus*：Tobias et al.，1986：7-231；Zheng &Chen，2017：170-180.

雌虫 体长 2.0mm；前翅长 2.1mm。

头：触角 23 节，各节都被有较密的刚毛，鞭节的第 1 节明显长于以后各节，其长分别为第 2、3 鞭节的 1.2 倍和 1.6 倍，第 1 鞭节、中间鞭节（以第 10 鞭节为例）以及末端倒数第 2 鞭节的长分别为其宽的 4.0 倍、2.5 倍和 2.4 倍。头背面观不显横宽，头宽：头长 =1.4；复眼长为上颊长的 4/5；后头中部前凹程度很小，无被毛，中纵凹陷明显，直线状，从头后缘直达单眼区；单眼较小，OOL：OD：POL=22：5：13。正面观，复眼呈向中下方收敛的趋势，侧下方的颊区被有较密的毛；脸上部两触角窝间略呈"V"形隆起（因两触角窝中间脸部区域凹陷）；唇基稍隆起，下缘平，被少量毛；上颚窄、长，其第 2 齿（中齿）十分突长，大大长于两侧齿，且端部尖、略弯，两侧齿十分短小，附齿基本消失，故仅可见 3 齿。

胸：长为高的 1.5 倍。前胸背板及两侧面、中胸盾片、中胸侧板以及小盾片表面都密被十分精细的近似"鱼鳞状"刻纹（或称之近似皮质）；前胸侧板具较密长毛，背板及两侧面无毛；整个中胸盾片密被细短毛，盾纵沟消失；小盾片前沟较宽，内具明显纵向刻痕；基节前沟形成细长的线沟，贯穿中胸侧板前后端，沟内无刻纹；后胸背板中部明显凸起，其侧板具密毛，且围绕中后部 1 无毛、光滑的隆起呈发散状排列，形成一近"玫

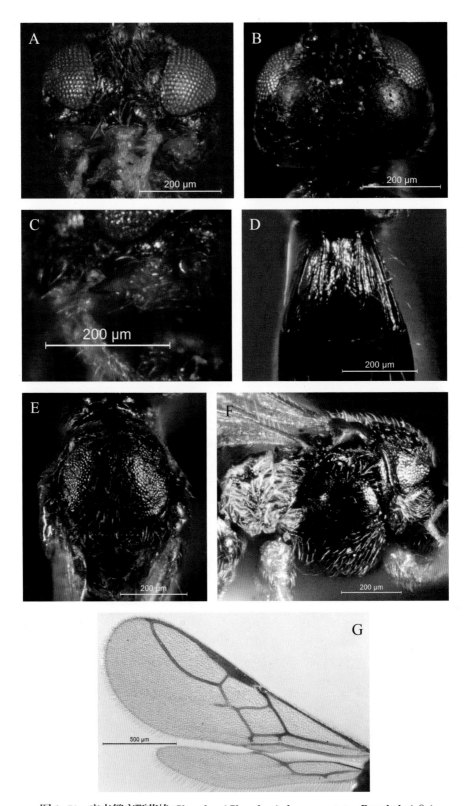

图 2-51 密点繁离颚茧蜂 *Chorebus* (*Chorebus*) *densepunctatus* Burghele (♀)
A：头部正面观；B：头部背面观；C：上颚；D：腹部第1背板；E：中胸背板；F：胸部侧面观；G：前翅

瑰花朵"形；并胸腹节前半部毛稀，后半部毛密，且紧贴于表面，中纵脊明显，向后延伸至 1/3 处。

翅：前翅翅痣较窄；r 脉始发于翅痣中点略偏基部处，其长为翅痣最宽处的 1.8 倍、3–SR+SR1 脉的 1/7、1–SR+M 脉的 2/5；1–SR+M 脉略呈"S"形；cu–a 脉明显前叉式；CU1b 脉较粗，几乎与 3–CU1 脉等长，但与 2–1A 脉接点处弱化成浅痕。后翅 M+CU 脉长为 1–M 脉的 1.1 倍。

足：后足基节背面近基部处具一簇明显密毛；后足跗节几乎等长于后足胫节；后足第 2 跗节长为基跗节的 3/5；后足端跗节较为粗壮，等长于端跗节（第 5 节），第 3 跗节为端跗节的 7/10。

腹：光滑亮泽；第 1 背板由前向后端强烈扩大，其长仅为端宽的 1.1 倍，表面无被毛，具纵纹及刻点；第 1 背板之后各背板均无刻纹，第 2、3 背板长度相等；背面观腹部末端较尖；产卵器短，不露出腹部最末端。

体色：体大部分黑色，其中头部大部分区域、整个胸部、腹部第 1 背板以及产卵器鞘都为黑色；整个触角暗褐色；颚齿边缘暗褐色，中间大部分区域黄色；前、中足基节和腿节黄色，胫节绝大部分区域黄褐色，跗节为褐色；后足基部部分褐色，腿节黄色，胫节黄褐色，跗节褐色；腹部背板（除第 1 节外）均为深褐色。

变化：触角 22—23 节，虫体体色变化较大，有的通体以棕红色为主。

雄虫　与雌虫相似；体长 2.1—2.2mm；触角 23—27 节。

已知分布　福建、黑龙江；匈牙利、罗马尼亚、乌克兰。

寄主　已知寄生水蝇科害虫——正麦水蝇 *Hydrellia griseola*（Fallen）（Burghele，1960）。

52. 阿鲁繁离颚茧蜂，中国新记录
Chorebus (Chorebus) alua (Nixon)，rec. nov.

（图 2-52）

Dacnusa alua Nixon，1944: 140–151；Kloet，1945: 1–483（A check list of British insects）

Chorebus alua（Nixon）: Griffiths，1968: 63–152；Shenefelt，1974: 937–1113.

Chorebus（*Stiphrocera*）*alua*（Nixon）: Tobias et al.，1986: 7–231；Papp，2004: 111–154.

雌虫　体长 2.3—2.5mm；前翅长 2.5—2.7mm。

头：触角 30 节，第 1 鞭节长为第 2 鞭节长的 1.2 倍，第 2、3 鞭节等长，第 1 鞭节、倒数第 2 鞭节的长分别为宽的 4.0 倍和 2.7 倍。头背面观宽为长的 1.6 倍，复眼长约等于上颊长；后头光滑亮泽，仅十分稀疏地被有数根刚毛；OOL：OD：POL=26：5：12。

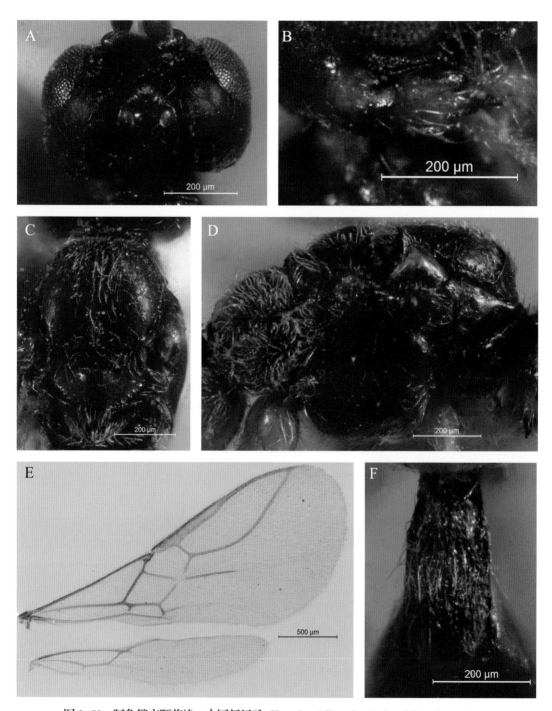

图 2–52　阿鲁繁离颚茧蜂，中国新记录 *Chorebus (Chorebus) alua* (Nixon)，rec.nov.

A：头部背面观；B：上颚；C：中胸背板；D：胸部侧面观；E：前后翅；F：腹部第 1 背板

正面观，复眼稍微向下收敛；脸区较有光泽，无明显刻纹，稀疏地被有刚毛，靠近复眼处毛稍多；上颚窄，第 2 齿长、尖，大大长于两侧齿，端部稍外弯，第 2 齿腹缘附齿仅为 1 较弱凸起；下颚须相对较粗，下唇须 4 节。

胸：长为高的 1.6 倍。前胸背板两侧几乎光滑，仅不明显地被有少量精细刚毛；中胸盾片除两侧叶大部分区域无毛，其他区域则密被长刚毛；盾纵沟仅留极弱痕迹；背板后方中陷短、深；小盾片前沟宽大，沟内两旁具较密长刚毛；小盾片光滑亮泽，后缘具较密长刚毛；后胸背板也具较密长毛；中胸侧板光滑亮泽，位于其近下缘的基节前沟近直线状、浅、光滑无纹，几乎贯穿侧板前后端；并胸腹节被贴面长毛，但相对稀疏，其表较大范围刻纹可见；后胸侧板被浓密长毛，并围绕 1 隆起排列成具一定"玫瑰花朵"样式。

翅：前翅翅痣长为宽的 6.9 倍，约等长于 1–R1 脉；r 脉长为翅痣宽的 1.5 倍，为 1–SR+M 脉长的 1/2；3–SR+SR1 脉前半部均匀弯曲，后方弯曲不甚均匀；后翅 M+CU 明显长于 1–M 脉，其长为 1–M 脉 2.0 倍。

足：后足基节背面毛簇存在，但显得相对不够紧促；后足腿节长为其最宽处的 4.9 倍；后足胫节约为后足跗节长的 1.1 倍；后足第 2 跗节长为基跗节的 1/2；后足第 3 跗节与端跗节等长。

腹：第 1 背板中间长为端部宽的 2.3 倍，从基部至其气孔处稍微均匀扩大，从气孔处至后缘两边平行，背板表面纵向两边被密毛，而中间纵向形成 1 较窄的无被毛区域；第 2 背板至腹末表面均光滑无刻纹；产卵器短小，产卵器鞘未伸出腹部最末端。

体色：触角前 3 节棕黄色，其后各节逐步由棕色加深至深棕色；头部大部分区域、整个胸部及腹部第 1 背板棕黑色；脸和唇基深棕色，上唇、下颚须和下唇须均为浅黄色；颚中间区域暗黄色，齿边缘棕色；足除端跗节黄褐色、后足基节基部略带棕黄色，其他部分金黄色；腹部第 2 背板至腹部末端总体黄褐色（但颜色不均匀）；产卵器鞘深褐色。

雄虫　体长 2.5mm；触角 29—32 节，柄节和梗节褐黄色，鞭节全部黑褐色，鞭节刚毛相对于雌虫明显短且稀少，特别基部几节十分稀少；其他特征基本与雌虫相似。

研究标本　1♀，福建武夷山黄岗，1980- Ⅵ -22，陈家骅；1♂，2♀♀，福建武夷山黄岗，1981- Ⅵ -15，孔柳娜；1♀，福建武夷山黄岗，1982- Ⅵ -28，刘依华；2♂♂，3♀♀，福建武夷山黄岗，1985- Ⅵ -10，黄居昌；1♂，福建武夷山黄岗，1985- Ⅶ -6，汤玉清；5♀♀，福建武夷山黄岗，1985- Ⅶ -30，林乃铨；2♀♀，福建武夷山黄岗，1986- Ⅶ -22，邱志丹；1♂，福建武夷山黄岗，1986- Ⅶ -25，邱志丹。

已知分布　福建；爱尔兰、英国、匈牙利。

寄主　未知。

53. 湿地繁离颚茧蜂，中国新记录

Chorebus (*Chorebus*) *uliginosus* (Haliday), rec. nov.

（图 2–53）

Alysia（*Dacnusa*）*uliginosa* Haliday: 1839

Ametria uliginosa: Kirchner，1867: 1–285

Dacnusa uliginosa: Vollenhoven et Snellen，1873: 147–220

Dacnusa（*Dacnusa*）*uliginosa*: Thomson，1895: 2141–2339

Gyrocampa thienemanni: Ruschka，1913: 82–87

Chorebus uliginosus: Kloet et Hincks，1945；Burghele，1959；Griffiths，1968

Chorebus（*Chorebus*）*uliginosus*: Tobias et Jakimavicius，1973；Tobias，1998；Papp，2004

雌虫 体长 2.0mm；前翅长 2.0mm。

头：触角 24 节，第 1 鞭节长为第 2 鞭节的 1.2 倍，第 2、3 鞭节等长；第 1 鞭节、倒数第 2 节的长分别为其宽的 4.4 倍和 2.8 倍。头背面观宽为长的 1.6 倍，后头光滑，几乎无毛，但上颚基部下方处具较密短毛；复眼长等于上颊长；OOL：OD：POL=11：2：6。脸中部隆起明显，整个脸区表面具浅刻点，且密被较密细毛；上颚较窄，第 2 齿十分尖长、大大长于两侧齿，第 2 齿腹缘基部无附齿；下颚须 5 节；下唇须 3 节。

胸：长为高的 1.5 倍。前胸背板两侧有光泽，几乎无毛；几乎整个中胸盾片都较密地分布细短刚毛，胸部腹板也布满密毛；盾纵沟极浅，延伸至中胸盾片约 1/3 处；中胸盾片后方中陷相对较宽；小盾片前沟较深，但沟内刻条相对较弱；小盾片光滑；中胸侧板光亮无被毛；基节前沟为光滑的线状沟，贯穿侧板前后端，但沟内隐约可见极浅刻纹；后胸侧板毛密、白色，大部分围绕中部 1 具粗刻纹隆起排列，具一"玫瑰花朵"样式；并胸腹节表面毛密，贴于其表面，刻纹大部分被掩盖，中纵脊明显，从并胸腹节前缘向后延伸至 1/3 处。

翅：前翅翅痣较细长，长为宽的 10 倍，为 1–R1 脉长的 1.4 倍；r 脉与翅痣垂直，长为翅痣宽的 1.8 倍，为 1–SR+M 脉长的 1/2; 3–SR+SR1 均匀弯曲；后翅 M+CU 脉长为 1–M 脉的 1.2 倍。

足：后足基节背面近基部处具一明显毛簇，后足腿节长为其最宽处的 4.3 倍；后足胫节长度为后足跗节长的 1.1 倍；后足跗节第 2 节长为基跗节的 1/2；后足跗节第 3 节为端跗节的 3/5。

腹：第 1 背板由基部向端部均匀、强烈扩大，中间长为端部宽的 1.2 倍，表面亮泽，几乎无被毛，背板表面具纵纹及刻点；第 2 背板至腹末表面均光滑无刻纹；腹末端稍尖，

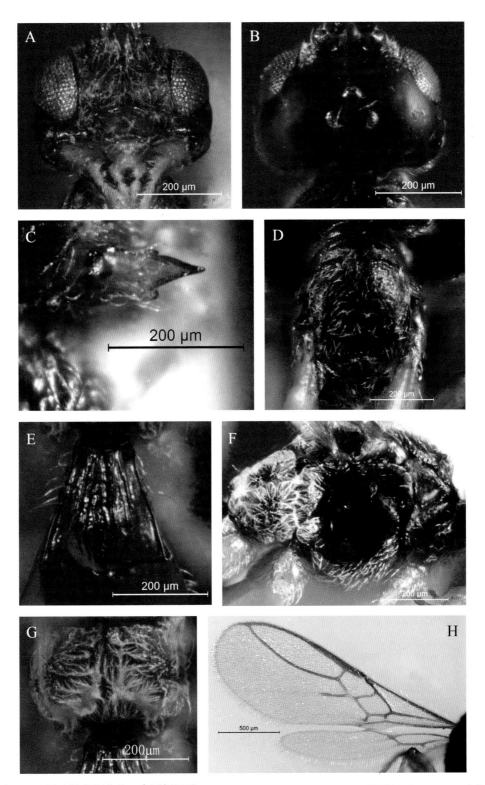

图 2-53 湿地繁离颚茧蜂，中国新记录 *Chorebus* (*Chorebus*) *uliginosus* (Haliday)，rec. nov.（♀）
A：头部正面观；B：头部背面观；C：上颚；D：中胸背板；E：腹部第 1 背板；F：胸部侧面观；
G：并胸腹节；H：前后翅

且具较密长刚毛；产卵器鞘较细小，稍露出腹部最末端。

体色：头部大部分区域、整个胸部、腹部第 1 背板黑色；触角整个黑褐色；颚中间大部分区域黄色；下唇金黄色，唇须、颚须浅黄色，下颚须端节浅褐色；足除胫节和跗节绝大部分黄褐色，其他部分为金黄色；腹部背板第 1 节之后各节为深褐色；产卵器鞘黑褐色。

雄虫 未知。

研究标本 2 ♀♀，内蒙古乌兰察布卓资山，2011– Ⅷ –5，姚俊丽。

已知分布 内蒙古。

寄主 未知。

Phaenolexis Foerster 亚属

Phaenolexis Foerster，1862，Verh. naturh. Ver. Preuss. Rheinl. & Westph.，19: 276. Type species（by original designation and monotypy）: *Alysia petiolata* Nees，1834.

本亚属主要鉴别特征是：前翅 3–SR+SR1 脉不均匀弯曲，通常后半部略呈 "S" 形弯或较直；上颚具明显 4 齿，若看似 3 齿，则上颚宽大（通常第 1 齿明显扩展）；下唇须 4 节；基节前沟具刻纹或光滑，且当基节前沟为光滑的连贯中胸侧板前后缘的近直线状沟时，则后头和前胸背板两侧被有较密毛；少数种类雌虫腹部后几节明显侧扁，呈刀片状。

54. 维纳斯繁离颚茧蜂，中国新记录
Chorebus (*Phaenolexis*) *cytherea* (Nixon)，rec. nov.

（图 2–54）

Dacnusa cytherea Nixon，1937，4: 46，1944，80: 140；Fischer，1962，14（2）:31.

Dacnusa calliope Nixon，1944，80: 141.（Syn. by Griffiths，1968）

Dacnusa tesmia Nixon，1944，80: 141.（Syn. by Griffiths，1968）

Chorebus cytherea: Griffiths，1968: 18（1/2）: 99；Shenefelt，1974: 1043.

Chorebus（*Phaenolexis*）*cytherea*: Tobias et Jakimavicius，1986: 7–231；Tobias，1998: 398；Papp，2004，21: 136.

雌虫 体长 2.1—2.5mm；前翅长 2.0—2.4mm。

头：触角30—34节，第 1 鞭节长为第 2 鞭节长的 1.3 倍，第 2、3 鞭节等长，第 1 鞭节、倒数第 2 鞭节的长分别为宽的 6.0 倍和 2.6 倍。头背面观宽为长的 1.5 倍，复眼后方轻微扩大，后头光滑亮泽，仅十分稀疏地被有刚毛，上颚基部下方处毛相对多些，但不形成

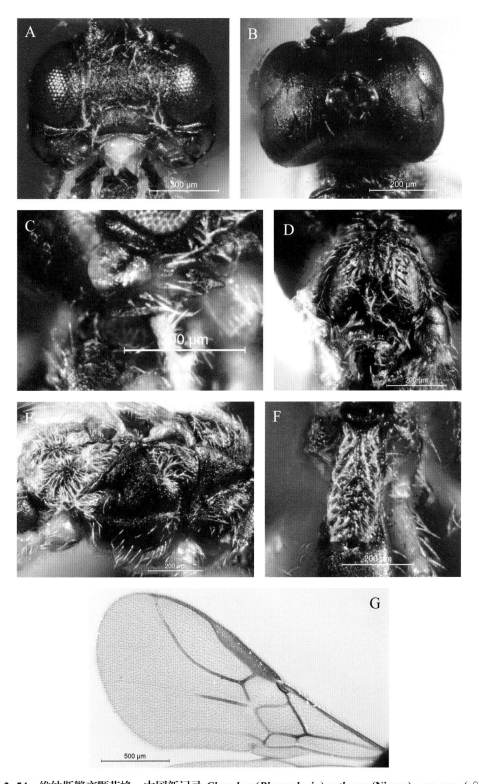

图 2-54　维纳斯繁离颚茧蜂，中国新记录 *Chorebus* (*Phaenolexis*) *cytherea* (Nixon)，rec. nov.（♀）
A：头部正面观；B：头部背面观；C：上颚；D：中胸背板；E：胸部侧面观；F：腹部第 1 背板；
G：前后翅

明显毛簇；复眼长约等于上颊长；OOL：OD：POL=12：3：5；正面观复眼明显向下收敛；脸区相对黯淡，无刻纹，仅稀疏地被有刚毛；上颚窄，第2齿长、尖，明显长于两侧齿，第2齿腹缘中部1较钝的小侧凸形成附齿；下颚须5节，下唇须4节。

胸：长为高的1.6倍。前胸背板两侧明显被有细毛，但不显十分稠密；中胸盾片被有大量长刚毛（别是整个中叶），仅侧叶后部光滑无毛；背板后方中陷细长；小盾片前沟内两旁具较密刚毛；小盾片光滑亮泽，中部稀疏被有短细毛，后缘毛相对密些；中胸侧板光滑亮泽，绝大部分无被毛；基节前沟位于侧板近下缘，为1条贯穿侧板前后端的光滑近直线状细沟；并胸腹节几乎整个区域被有浓密的贴面软毛（部分似绒毛状），刻纹基本被掩盖；后胸侧板被密毛，围绕1隆起排列成具一近"玫瑰花朵"样式。

翅：前翅翅痣长为宽的7.1倍，为1–R1脉长的1.4倍；r脉长为翅痣宽的1.3倍，为1–SR+M脉长的1/2；3–SR+SR1基本均匀弯曲。后翅M+CU明显长于1–M脉，其长为1–M脉的1.7倍。

足：后足基节背面密毛簇明显；后足腿节长为其最宽处的4.7倍；后足胫节与后足跗节等长；后足第2跗节长为基跗节的1/2；后足第3跗节与端跗节等长。

腹：第1背板从基部不太均匀地稍微向后扩大，中间长为端部宽的2.0倍，背板表面密被白色软毛，且中纵向比两边明显稀；第2背板至腹末表面均光滑无刻纹；产卵器相对较细小，产卵器鞘不明显露出腹部最末端，且其中后部稀疏被有刚毛，其长为后足跗节第1节长的7/10。

体色：触角前4节黄色，第3、4鞭节黄棕色，其余深棕色；头部大部分区域、整个胸部及腹部第1背板深棕黑色；脸和唇基深棕色，上唇、下颚须（除端节浅黄褐色）和下唇须均为浅黄色；颚中间区域浅棕黄色，齿边缘深棕色；足除端跗节褐色、后足基节基半部棕黄色（有些后足基节颜色更暗），其他部分金黄色；腹部第2背板至腹部末端总体黄褐色（但颜色不太均匀，从前往后，黄褐色与褐色相间分布）；产卵器深褐色。有的虫体整体颜色较浅（如，湖北神农架的标本），头、胸和腹部第1背板黄棕至红棕色，触角浅黄棕色为主，后足基节黄色，腹部第1节以后黄色或棕黄色，产卵器鞘棕黄色。

雄虫 体长2.6mm；触角37节；体色浅，以棕黄和黄色为主。

研究标本 1♀，福建武夷山黄岗，1985–Ⅵ–10，黄居昌；1♀，湖北神农架天门垭，2000–Ⅷ–20，黄居昌；1♂，湖北神农架红坪，2000–Ⅷ–21，杨建全；1♀，黑龙江漠河松苑，2011–Ⅶ–24，郑敏琳；1♀，黑龙江伊春植物园，2012–Ⅷ–5，赵莹莹。

已知分布 黑龙江、湖北、福建。

寄主 未知。

55. 长尾繁离颚茧蜂，新种
Chorebus (Phaenolexis) longicaudus Chen & Zheng , sp. nov.

（图 2-55）

雌虫　正模，体长 3.0mm；前翅长 2.5mm；产卵器长 0.94mm。

头：触角 37 节，第 1 鞭节长分别为第 2、3 鞭节的 1.2 倍和 1.4 倍，第 1 鞭节和倒数第 2 鞭节的长分别为宽的 3.3 倍和 2.0 倍；头背面观复眼后方较明显收窄，头宽为长的 1.7 倍，复眼长为上颊长的 1.1 倍，OOL：OD：POL=17：5：6。后头中部被有较密的贴面细毛，而两侧较大区域仅稀疏被有较少量刚毛，近上颚基部处无密毛簇；脸于中下部甚为隆起，表面基本光滑（但仅唇基上方一小片区域较有光泽，其余大部分区域较暗淡），两侧被较密细毛，并于幕骨陷附近毛十分浓密；唇基宽为高的 2.0 倍；上颚轻微向上扩展，第 1 齿较宽、钝，第 2 齿甚凸出、端部较尖，第 3 齿十分发达、呈 1 近等边三角形，第 4 齿甚弱小；下颚须较长，达前、中足基节间中点处。

胸：长约为高的 1.6 倍。前胸两侧密被白色贴面长毛，但前胸背板侧面三角区仅被少量贴面细毛，且表面具粗糙刻纹；中胸盾片前缘、中叶及侧叶前部均被有十分浓密的长毛，侧叶则有较大区域光滑、无毛，背板前缘及整个中叶均密布刻点；盾纵沟发达，明显达背板后方中陷处汇合，呈明显"V"字形；中胸盾片后方中陷细长，约伸达背板中部（后半部深，前半部浅）；基节前沟贯穿中胸侧板前后缘，整条沟内具粗糙刻痕；后胸背板、并胸腹节和均被有稠密的白色贴面长毛；后胸侧板毛亦十分浓密，但多数斜立，并围绕侧板中部 1 表面布满粗糙刻纹的隆起呈四周发散状排列，构成近似"玫瑰花朵"图案。

翅：前翅翅痣长为宽的 6.3 倍，为 1–R1 脉的 1.4 倍，翅痣颜色明显浅于痣后脉 1–R1；前翅 r 脉长等于翅痣宽；1–SR+M 脉略呈"S"形弯，其长为 r 脉的 2.5 倍；3–SR+SR1 脉后半部略弯。

足：后足腿节长为宽的 4.0 倍；后足胫节略短于后足跗节；后足第 2 跗节长约为基跗节的 5/9，第 3 跗节与端跗节等长。

腹：第 1 背板由基部向后较明显扩大，中间长为端宽的 1.5 倍，端部宽为基部宽的 2.2 倍，背板表面刻纹粗糙，且主要于两侧密被贴面短毛，中间较大区域无被毛；第 1 背板之后各节，表面甚为光滑亮泽，且几乎无刚毛（除两侧边及腹部最末端）；背面观腹部末端甚尖；产卵器很长、较粗壮，十分强烈伸出腹部最末端，超出腹部最末端部分的长度等于腹部第 1 背板长，产卵器鞘长为后足第 1 跗节长的 2.4 倍。

体色：触角柄节明显黄色，其后各节由棕黄色加深至暗棕色；头部大部分区域、胸部以及腹部第 1 节均为黑色；唇基暗棕色，上唇金黄色，下颚须和下唇须黄色；足除端

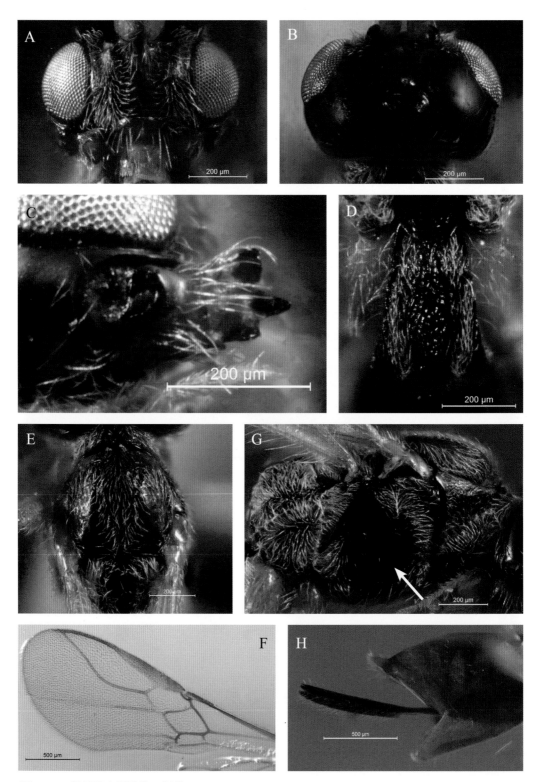

图 2-55　长尾繁离颚茧蜂，新种 *Chorebus* (*Phaenolexis*) *longicaudus* Chen & Zheng, sp. nov.（♀）

A：头部正面观；B：头部背面观；C：上颚；D：腹部第 1 背板；E：中胸背板；F：前翅；G：胸部侧面观；H：腹部后部（示）产卵器

跗节暗褐色，中、后足跗节黄棕色，其余部分为金黄色；腹部第1背板以后除末端两节棕黄色至鲜黄色，前面均为棕黑色，且腹面大范围黄色；产卵器鞘黑色。

雄虫　未知。

研究标本　正模：♀，黑龙江五大连池自然保护区，2012- Ⅷ -15，赵莹莹。.

已知分布　黑龙江。

寄主　未知。

词源　本新种拉丁名"longicaudus"意为尾部长的，这里是指该新种雌虫的产卵器很长。

注　本种与 *Chorebus*（*Phaenolexis*）*pulchellus* Griffiths 最为接近，其主要区别为：相对虫体本身而言，前者产卵器明显比后者更长，更大程度延伸出腹部末端；前者腹部第1背板由基部向后较明显扩大，中间长为端宽的1.5倍，而后者腹部第1背板轻微向后扩大，中间长为端宽的1.8倍；前者上颚第4齿弱，不太明显，后者则明显；腹部总体颜色本种明显更浅（本种腹部腹面大范围黄色，后者整个腹部基本都为暗色）；本种头背面观复眼后方较明显收窄，后者不明显收窄。

56. 靓繁离颚茧蜂，中国新记录
Chorebus (*Phaenolexis*) *pulchellus* Griffiths , rec. nov.

（图 2-56）

Chorebus pulchellus Griffiths，1967，17（5/8）：667；Shenefelt，1974: 1061.

Chorebus（*Phaenolexis* ）*pulchellus*: Tobias et Jakimavicius，1986: 7–231；Papp，2004，21: 141.

雌虫　体长 2.4mm；前翅长 2.3mm。

头：触角31—32节，第1、2鞭节等长，长为第3鞭节的1.3倍，第1鞭节和倒数第2鞭节的长分别为宽的3.5倍和1.8倍。头背面观宽为长的1.7倍，复眼长为上颊长的1.1倍；后头整个密被半贴面细长毛，但近上颚基部处不形成密毛簇。脸较光滑，中间毛稀、短，两侧下半部毛密、长；上颚不扩展，具明显4齿，齿通常较短；下颚须较长。

胸：长约为高的1.7倍。前胸两侧密被贴面细长毛，前胸背板侧面三角区布满精细刻纹和贴面细毛（被毛较薄）；中胸盾片前半部背面被有较多刻点，且前缘、中叶及侧叶前半部均密被半贴面细长毛，侧叶后半部光滑、无毛；盾纵沟发达，沟深，明显伸达中胸盾片后方中陷处汇合；中胸盾片后方中陷深、较窄，长约为中胸盾片长的1/3；基节前沟十分细长（几乎贯穿侧板前后缘），但沟内刻痕明显；并胸腹节和后胸侧板均被有稠密的白色贴面长毛，且后胸侧板"玫瑰花朵"样式明显。

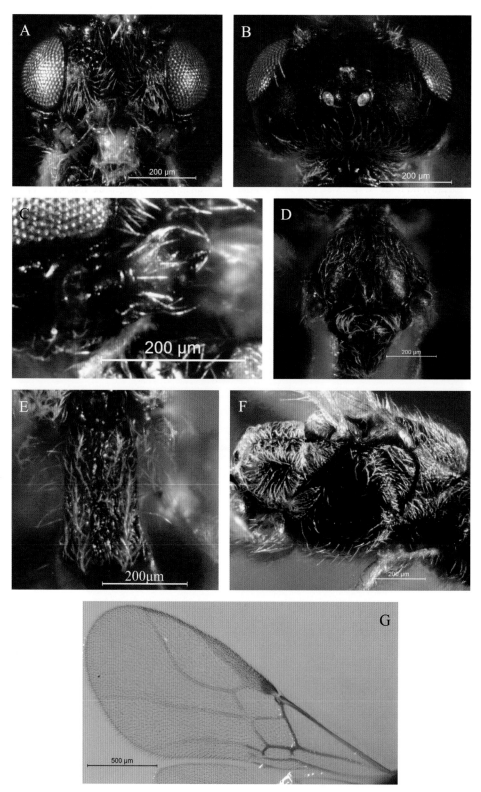

图 2-56　靓繁离颚茧蜂，中国新记录 *Chorebus (Phaenolexis) pulchellus* **Griffiths , rec. nov. (♀)**

A：头部正面观；B：头部背面观；C：上颚；D：中胸背板；E：腹部第 1 背板；F：胸部侧面观；G：前翅

翅：前翅端半部翅痣及翅脉颜色较淡（为淡黄和淡黄褐色），基半部正常（为棕色），翅痣长为宽的 7.0 倍，为 1–R1 脉的 1.4 倍；前翅 r 脉长为翅痣宽的 1.2 倍；1–SR+M 脉轻微显 "S" 形弯，其长约为 r 脉的 2.0 倍；3–SR+SR1 脉后半部略曲折。

足：后足基节背面具明显密毛簇；后足腿节长为宽的 4.0 倍；后足胫节略短于后足跗节；后足第 2 跗节长为基跗节的 1/2，第 3 跗节与端跗节等长。

腹：第 1 背板轻微向后扩大，中间长为端宽的 1.8 倍，表面两侧被有较密的贴面短毛，中间 1 较宽的纵带毛甚为稀少；产卵器粗壮，强烈地、水平地伸出腹部最末端，超出腹部最末端部分的长度为腹部第 1 背板长的 4/5，产卵器鞘长于后足第 1 跗节、且其宽等于后足胫节中部宽度。

体色：触角前半部（黄色至黄褐色）颜色明显浅于后半部（褐色至黑褐色）；头部大部分区域、胸部以及腹部第 1 节均为黑色；下颚须和下唇须黄色；足深黄色（除端跗节深褐色、跗节其他各节稍显黄褐色，有的后足基节大范围黄褐色至暗褐色）；腹部第 1 背板以后各节暗褐色；产卵器鞘暗褐色或黑色。

雄虫　与雌虫相似；体长 3.0mm；触角 36 节。

研究标本　1 ♂，1 ♀，新疆南山，2008– Ⅷ –25，赵琼；1 ♀，吉林长春净月潭，2012– Ⅷ –30，赵莹莹。

已知分布　新疆、吉林；德国、匈牙利、乌克兰、塞尔维亚。

寄主　仅知其寄主是为害猫耳菊属的 *Hypochaeris radicata*，由蛹中羽化。

注　本研究标本仅盾纵沟明显比该种的原描述发达些，其他特征基本符合原描述，故认为应为同一种。

57. 彩带繁离颚茧蜂，中国新记录
Chorebus (Phaenolexis) nomia (Nixon)，rec. nov.

（图 2-57）

Dacnusa nomia Nixon，1937，4：43；Fischer，1962，14（2）：33.

Chorebus nomia: Griffiths，1967，17（5/8）：660；Shenefelt，1974：1058.

Chorebus（*Phaenolexis*）*nomia*: Tobias et Jakimavicius，1986：7–231；Tobias，1998：387.

雌虫　体长 2.8mm；前翅长 2.7mm。

头：触角 38 节，第 1 鞭节长分别为第 2、3 鞭节的 1.2 倍和 1.3 倍，第 1 鞭节和倒数第 2 鞭节的长分别为宽的 4.0 倍和 2.0 倍。头背面观宽为长的 1.6 倍，复眼长为上颊长的 1.3 倍；后头整个密被半贴面长毛（其中中部比两旁薄），近上颚基部处形成明显密长毛簇；脸甚鼓起，为十分圆滑的凸面，被稀疏细毛，并具少量刻点；唇基相对脸显得

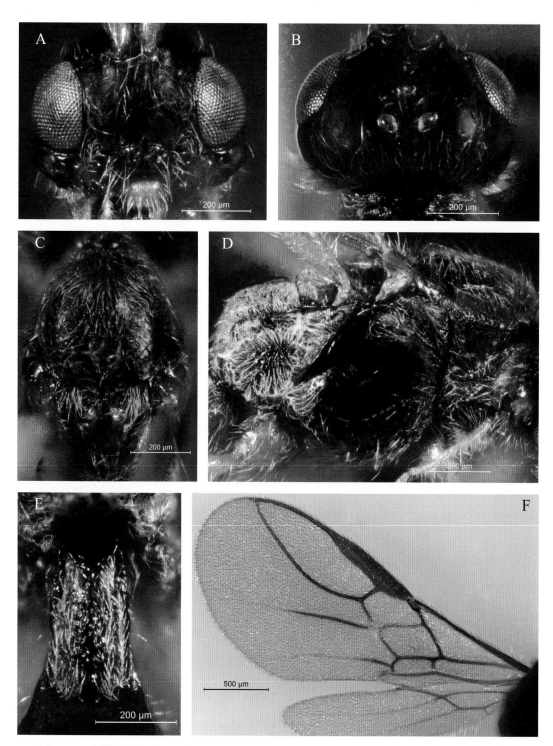

图 2–57　彩带繁离颚茧蜂，中国新记录 *Chorebus* (*Phaenolexis*) *nomia* (Nixon)，rec. nov.（♀）
A：头部正面观；B：头部背面观；C：中胸背板；D：胸部侧面观；E：腹部第 1 背板；F：前翅

十分不凸出，并被少量刻点；上颚不扩展，第 2 齿稍显长、较尖，第 3 齿相对弱、钝；下颚须其长，接近中足基节。

胸：长约为高的 1.7 倍。前胸两侧布满贴面细长毛和明显刻点（包括侧面三角区），但毛显得相对较薄；中胸盾片几乎整个表面布满密长毛（方向朝后）；盾纵沟弱，仅前面较短一段可见；中胸盾片后方中陷较细长，约伸达背板中部（但后方深，前部浅）；基节前沟十分细长（达侧板前后缘），但沟内刻痕十分细小；并胸腹节和后胸侧板均被有稠密的白色贴面长毛，且后胸侧板毛形成的"玫瑰花朵"图案较明显。

翅：前翅翅痣长为宽的 6.4 倍，为 1–R1 脉的 1.3 倍；前翅 r 脉长为翅痣宽的 1.3 倍；1–SR+M 脉较明显 "S" 形弯，其长为 r 脉的 2.4 倍；3–SR+SR1 脉后半部极轻微曲折。

足：后足腿节较粗壮，长为宽的 3.6 倍；后足胫节与后足跗节等长；后足第 2 跗节长为基跗节的 1/2，第 3 跗节与端跗节等长。

腹：第 1 背板由基部向后稍有扩大，中间长为端宽的 1.6—1.8 倍，表面除中间 1 较宽的无毛纵带，其余两侧被密毛；产卵器十分粗壮，较强烈地、几乎水平地伸出腹部最末端，超出腹部最末端部分的长度为腹部第 1 背板长的 7/10，产卵器鞘长为后足第 1 跗节长的 1.5 倍，其宽等于后足胫节中部宽度。

体色：触角整个都为暗棕色；头部大部分区域、胸部以及腹部第 1 节背板均为黑色（毛灰白色）；下颚须和下唇须黄色；前、中足黄色（除端跗节褐色），后足除转节黄色，其余部分为黄棕色至深棕色；腹部第 1 背板以后各节深棕色至黄棕色（前半部比后半部色稍暗），腹部末端鲜黄色；产卵器鞘黑色。

雄虫　本研究暂未见。

研究标本　1 ♀，黑龙江牡丹江牡丹峰，2011– Ⅶ –17，姚俊丽。

已知分布　黑龙江；德国、匈牙利、奥地利、阿塞拜疆、爱尔兰、英国、瑞典、罗马尼亚、哈萨克斯坦、乌克兰、俄罗斯。

寄主　未知。

58. 萎繁离颚茧蜂，中国新记录
Chorebus (Phaenolexis) senilis (Nees), rec. nov.

（图 2–58）

Bassus senilis Nees, 1814, 6（1812）: 209.

Alysia senilis: Nees, 1834, 1: 260; Kirchner, 1867: 137.

Alysia（Dacnusa）senilis: Haliday, 1839: 11.

Dacnusa senilis: Kirchner, 1854, 4: 301; Rondani, 1877, 9: 172; Marshall, 1895, 5: 475; Telenga, 1935, 1934（12）: 123; Nixon, 1937, 4: 41; Fischer, 1962, 14（2）: 34; Tobias, 1962: 31: 125.

Dacnusa（*Gyrocampa*）*senilis*: Thomson，1895，20: 2318.

Dacnusa（*Gyrocampa*）*tomentosa* Thomon，1895，20:2318.（Syn. by Nixon，1937）

Rhizarcha senilis: Withycombe，1923，1922: 591.

Dacnusa nemesis: Morley，1924，57: 197.（Syn. by Griffiths，1967）

Gyrocampa senilis: Hellen，1931，11: 66；Thompson，1953，2: 118.

Chorebus senilis: Griffiths，1967，17（5/8）: 666；Shenefelt，1974: 1064.

Chorebus（*Phaenolexis*）*senilis*: Tobias et Jakimavicius，1986: 7–231；Tobias，1998: 388；Papp，2004，21: 142.

雌虫　体长 3.0—3.2mm；前翅长 2.6—2.8mm。

头：触角 31—32 节，第 1 鞭节长分别为第 2、3 鞭节的 1.2、1.4 倍，第 1 鞭节和倒数第 2 鞭节的长分别为宽的 4.2 倍和 2.0 倍。头背面观宽为长的 1.6 倍，复眼长为上颊长的 1.2 倍；后头整个密布贴面细长毛，但近上颚基部处未形成明显密毛簇；脸中间稍隆起，表面相对黯淡，几乎整个脸区密被细长毛（方向均朝上方），并被少量浅刻点；上颚略向上扩展，具明显 4 齿，第 2 齿较凸出；下颚须中等长度。

胸：长约为高的 1.7 倍。前胸背板侧面三角区域仅稀疏地被有细毛，且表面布满粗糙刻纹，而侧面斜沟处和前胸侧板均布满浓密的白色贴面长毛；中胸盾片几乎整个表面布满密长毛（方向朝后），仅侧叶后部略显稀疏，且表面大范围分布有刻点；盾纵沟仅前面一段明显（中胸盾片"双肩处"）；中陷较深，长约为中胸盾片长的 1/3；基节前沟十分细长（几乎贯穿侧板前后缘），沟内刻痕至少前面部分明显；并胸腹节表面密被白色贴面软毛（略显绒毛状）；后胸侧板亦被有稠密的白色贴面长毛，具"玫瑰花朵"图案。

翅：前翅翅痣长为宽的 6.5 倍，为 1–R1 脉的 1.3 倍；前翅 r 脉长约为翅痣宽的 1.2 倍；1–SR+M 脉略弯，长为 r 脉长的 2.5 倍；3–SR+SR1 脉后半部仅十分轻微曲折。

足：后足腿节长为宽的 4.3 倍；后足胫节略短于后足跗节；后足第 2 跗节长为基跗节的 1/2，第 3 跗节与端跗节等长。

腹：第 1 背板较宽大，但由基部向后轻微扩大，中间长为端宽的 2.0 倍，表面几乎布满白色密毛，但背板后半部区域中间具一无毛纵带，后端角处毛较稠密；产卵器十分粗壮，较强烈伸出腹部末端，超出腹部最末端部分的长度为腹部第 1 背板长的 3/5，产卵器鞘长为后足第 1 跗节长的 1.25 倍，其宽约等于后足胫节中部宽度。

体色：触角整体为暗棕色，但基部几节相对色浅，由铜黄色至黄棕色；头部大部分区域、胸部以及腹部第 1 节均为黑色；上唇深黄色，下颚须和下唇须黄褐色；足绝大范围暗黄色至黄棕色，足基节（特别是后足基节）棕色至棕黑色，后足腿节大范围棕黑色（至少近端部色暗）；腹部第 1 背板以后各节暗黄棕色至深棕色，腹部末端鲜黄色；产卵器

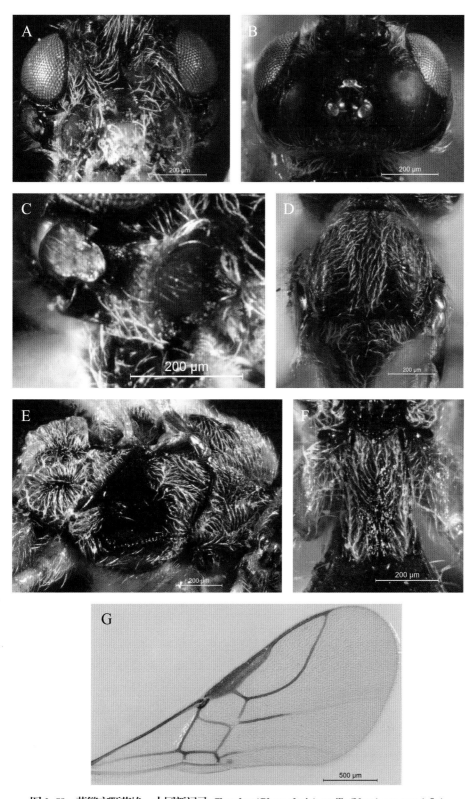

图 2-58 萎繁离颚茧蜂, 中国新记录 Chorebus (Phaenolexis) senilis (Nees) rec. nov. (♀)
A: 头部正面观; B: 头部背面观; C: 上颚; D: 中胸背板; E: 胸部侧面观; F: 腹部第 1 背板; G: 前翅

鞘黑色。

雄虫　与雌虫相似，但触角基本整个暗色；体长 2.6—2.8mm；触角 33—35 节。

研究标本　1♂，4♀♀，青海西宁曹家寨，2008-Ⅵ-4，赵琼；1♂♂，青海民和，2008-Ⅵ-7，赵琼；1♀，新疆南山，2008-Ⅷ-25，赵琼。

已知分布　青海、新疆；奥地利、匈牙利、阿塞拜疆、比利时、捷克、芬兰、法国、英国、西班牙、瑞典、瑞士、丹麦（法罗群岛）、德国、意大利、荷兰、波兰、俄罗斯、乌克兰、塞尔维亚。

寄主　该种茧蜂寄主范围较广，已知寄生萝潜蝇属的 *Napomyza carotae* Spencer、*N. cichorii* Spencer、*N. lateralis*（Fallen） 和 *N. scrophulariae* Spencer 等 4 种， 粉蛉属的 *Conwentzia psociformis*（Curtis）， 瘿蚊科的小麦黑森瘿蚊 *Mayetiola destructor*（Say）， 黑潜蝇属的 *Melanagromyza aeneoventris*（Fallen）， 植潜蝇属的 *Phytomyza albiceps* Meigen，茎潜蝇属的 *Psila rosae*（Fabricius）， 卷蛾科的松梢小卷蛾 *Rhyacionia pinicolana*（Doubleday）。

59. 迟繁离颚茧蜂，中国新记录
Chorebus (*Phaenolexis*) *serus* (Nixon)，rec. nov.

（图 2-59）

Dacnusa sera Nixon 1937，4:22，1944，80:94；Fischer，1962，14（2）:34.

Chorebus sera: Griffiths，1967，17（5/8）:660；Shenefelt，1974:1065.

Chorebus（*Phaenolexis*） *serus*: Tobias et Jakimavicius，1986:7–231；Tobias，1998:388；Papp，2004，21:142，2007，53（1）:9，2009:117；Yu et al.，2016: DVD.

雌虫　体长 3.0—3.5mm；前翅长 2.3—2.8mm。

头：触角 33—40 节，第 1 鞭节和倒数第 2 鞭节的长分别为宽的 3.8—4 倍和 1.9—2 倍。头背面观较大型，于复眼后方通常明显扩大（少数仅轻微扩大），头宽约为长的 1.6—1.7 倍，复眼长略大于上颊长；后头布满十分浓密的白色贴面长毛，且近上颚基部处形成明显白色密短毛簇；脸较隆起，被较多长毛和少量浅刻点；唇基与脸突出程度接近，表面被较多细长毛；上颚巨大，第 1 齿强烈向上扩展，呈大耳叶状，第 3 齿通常十分短小（甚至几乎消失）；下颚须较长，略超过前中足基节间中点。

胸：长约为高的 1.7 倍。前胸两侧被有较浓密且厚的贴面白毛，而前胸背板侧面三角区域仅稀疏被有细短毛，且表面无明显刻痕；中胸盾片表面相对光滑，仅前缘和中叶（或通常包括中叶后方）被有较多细长毛，侧叶绝大范围无毛；盾纵沟弱，仅前面（于"肩部"）较短一段明显，后方最多仅为很浅沟痕（有些虫体消失，有些隐约

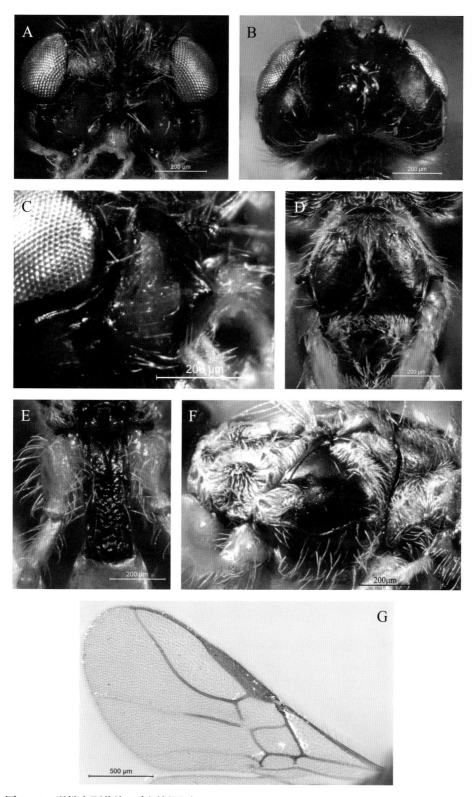

图 2-59 迟緊离颚茧蜂，中国新记录 *Chorebus* (*Phaenolexis*) *serus* (Nixon)，rec. nov.（♀）

A：头部正面观；B：头部背面观；C：上颚；D：中胸背板；E：腹部第 1 背板；F：胸部侧面观；G：前翅

可见伸达背板后方中陷处）；中胸盾片后方中陷通常延伸至背板中部，但仅后部较短一段深，前方浅、细；小盾片前沟整个布满浓密的贴面白毛；小盾片较平坦，表面较光滑，且几乎无被毛；中胸侧板大范围光滑亮泽，翅基下脊周围区域被浓密的贴面长毛，侧板后下角处具一簇较密白毛，基节前沟光滑、细长且较直，连贯中胸侧板前后缘；后胸背板和并胸腹节均密被的贴面白毛，且并胸腹节水平部分后端角处的毛各形成1较小"玫瑰花朵"形；后胸侧板近中部具一较大的稍微隆起区域，该隆起表面布满粗糙刻纹，围绕隆起分布有相当浓密的贴面细毛，形成经典的"玫瑰花朵"形。

翅：前翅翅痣长约为宽的 6.0 倍，约为 1-R1 脉长的 1.1 倍；前翅 r 脉长等于翅痣宽；前翅 3-SR+SR1 脉后半部较显曲折；前翅 CU1b 发达，并与 3-CU1 脉形成明显夹角，亚盘室后方封闭。

足：后足腿节长约为宽的 3.7 倍；后足胫节略短于后足跗节（约为跗节长 9/10）；后足第 2 跗节长为基跗节的 3/5。

腹：第 1 背板细长、两边平行或最多后方轻微扩大，长为宽的 2.7—3.2 倍，背板表面几乎无毛，仅零星散布少量刚毛；背面观腹部末端通常较尖，具较密长刚毛；产卵器通常较明显露出腹部末端，产卵鞘相对粗壮，其长度大于或等于后足第 1 跗节长度。

体色：触角整体颜色由棕色至棕黑色，基部几节明显比后方色浅；头部大部分区域、胸部以及腹部第 1 节为黑色；下颚须和下唇须通常浅黄色；足黄色或铜黄色；腹部第 1 背板以后各节为黄色至铜黄色（有些虫体略暗）；产卵器鞘黑色至棕黑色。

雄虫　与雌虫相似；体长 2.6—3.0mm；触角 34—39 节。

研究标本　1 ♂，福建武夷山桐木，1981- Ⅳ -29，韩英；1 ♀，福建福州金山，1985- Ⅳ -27，黄居昌；1 ♀，福建福州金山，1985- Ⅳ -30，黄居昌；1 ♂，福建武夷山，1988- Ⅷ -8，张晓斌；2 ♂♂，福建武夷山挂墩，1988- Ⅷ -13，沈添顺；1 ♂，1 ♀，福建宁化水茜，1990- Ⅶ -10，黄日新；1 ♂，福建武夷山官家，1994- Ⅷ -11，邹明权；1 ♂，福建光泽茶洲，2001- Ⅷ -11，黄居昌；3 ♂♂，1 ♀，湖北神农架木鱼，2000- Ⅷ -23，宋东宝；1 ♂，湖北神农架天门垭，2000- Ⅷ -21，杨建全；1 ♂，1 ♀，湖北神农架木鱼，2000- Ⅷ -24，杨建全；2 ♂♂，湖北神农架木鱼，2000- Ⅷ -24，季清娥；1 ♀，宁夏六盘山泾源，2001- Ⅷ -16，林智慧；1 ♂，宁夏六盘山米缸山，2001- Ⅷ -22，杨建全；1 ♂，宁夏六盘山二龙河，2001- Ⅷ -23，杨建全；1 ♂，陕西杨凌，2008- Ⅴ -9，赵琼；1 ♂，1 ♀，陕西汤峪西峰山，2008- Ⅴ -14，赵琼；1 ♀，陕西固城水磴，2008- Ⅴ -21，赵琼；1 ♂，陕西凤县，2008- Ⅸ -3，杨建全；5 ♂♂，1 ♀，青海民和，2008- Ⅵ -7，赵琼；1 ♀，青海平安，2008- Ⅵ -10，赵琼；4 ♂♂，1 ♀，青海贵德，2008- Ⅶ -17，赵琼；1 ♂，山西大同恒山主峰，2010- Ⅷ -29，常春光；1 ♂，1 ♀，山西大同恒山主峰，2010- Ⅷ -29，姚俊丽；4 ♀♀，黑龙江牡丹江牡丹峰，2011- Ⅶ -16，董晓慧；3 ♀♀，黑龙江牡丹江牡丹峰，2011- Ⅶ -16，郑敏琳；

3♀♀，黑龙江牡丹江国家森林公园，2011-Ⅶ-18，郑敏琳；2♀♀，黑龙江牡丹江国家森林公园，2011-Ⅶ-18，姚俊丽；7♀♀，黑龙江牡丹江国家森林公园，2011-Ⅶ-18，赵莹莹；1♂，2♀♀，黑龙江牡丹峰自然保护区，2011-Ⅶ-19，赵莹莹；3♂♂，1♀，黑龙江牡丹峰自然保护区，2011-Ⅶ-19，姚俊丽；3♀♀，黑龙江省漠河，2011-Ⅶ-26，郑敏琳；1♀，黑龙江省漠河，2011-Ⅶ-26，赵莹莹；3♂♂，内蒙古突泉县，2011-Ⅶ-29，郑敏琳；1♀，内蒙古科右中旗代钦塔拉，2011-Ⅶ-30，赵莹莹；1♂，内蒙古科右中旗代钦塔拉，2011-Ⅶ-30，姚俊丽；2♂♂，1♀，内蒙古乌兰察布卓资山，2011-Ⅷ-5，郑敏琳；1♀，内蒙古乌兰察布卓资山，2011-Ⅷ-5，赵莹莹；5♂♂，内蒙古呼和浩特乌素图，2011-Ⅷ-8，郑敏琳；4♂♂，5♀♀，内蒙古呼和浩特乌素图，2011-Ⅷ-8，姚俊丽；1♀，吉林白城森林公园，2011-Ⅷ-2，郑敏琳；2♀♀，辽宁庄河仙人洞镇，2012-Ⅶ-13，常春光；1♂，河北张家口蔚县暖泉，2011-Ⅷ-29，姚俊丽；1♀，辽宁庄河仙人洞镇，2012-Ⅶ-14，赵莹莹；1♀，辽宁阜新三一八公园，2012-Ⅶ-27，常春光。

已知分布 宁夏、青海、陕西、甘肃、福建、湖北、河北、山西、内蒙古、吉林、辽宁、黑龙江；韩国、英国、奥地利、匈牙利、德国、俄罗斯、乌克兰。

寄主 未知。

60. 黑脉繁离颚茧蜂，中国新记录
Chorebus (Phaenolexis) nerissus (Nixon)，rec. nov.

（图 2-60）

Dacnusa nerissa Nixon，1937，4: 19，1944，80: 92；Kloet et Hincks，1945: 240；Fischer，1962，14（2）: 33；Tobias，1962，31: 124.

Chorebus nerissa: Griffiths，1967，17（5/8）: 664；Shenefelt，1974: 1057.

Chorebus（Phaenolexis）nerissus: Tobias，1998: 187；Papp，2004，21: 140，2007，53（1）: 9；Yu et al.，2016: DVD.

雌虫 体长 2.0—2.6mm；前翅长 1.5—2.0mm。

头：触角明显长于体，27—32 节，鞭节前 3 节几乎等长，第 1 鞭节和倒数第 2 鞭节的长分别约为宽的 3.0 倍和 2.0 倍。头背面观复眼后方不膨大，头宽约为长的 1.9 倍，复眼长约为上颊长的 1.5 倍；后头密铺一层白色贴面长毛，上颚基部处毛簇相对弱或几乎不形成毛簇；额平坦光滑；脸中间较隆起，表面光滑，被较多细毛；唇基（侧观）几乎与脸部平，表面光滑，被少量细毛；上颚不明显扩展，具 4 齿；下颚须长。

胸：长为高的 1.5—1.8 倍。前胸两侧被有十分浓密的贴面细白毛，前胸背板侧面三角区仅稀疏地被有一些细短毛，且几乎布满细浅刻痕；中胸盾片除两侧叶大范围光滑、

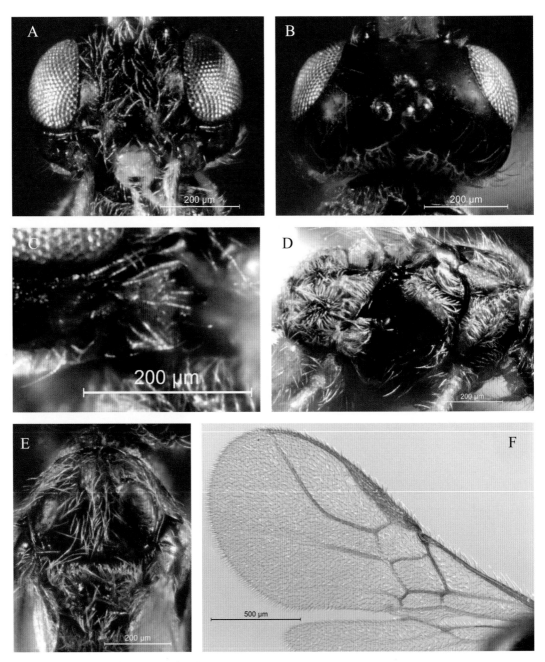

图 2-60　黑脉繁离颚茧蜂，中国新记录 *Chorebus* (*Phaenolexis*) *nerissus* (Nixon) , rec. nov. (♀)
A：头部正面观；B：头部背面观；C：上颚；D：胸部侧面观；E：中胸背板；F：前翅

无毛，其余区域被有较密长毛，且前面斜坡部分表面较粗糙（具大量刻痕）；盾纵沟仅前面一段明显，后面仅以浅沟痕延伸至中陷；中陷后方较深，前方是以浅沟痕延伸至中叶前部；小盾片前沟整个布满浓密白毛；小盾片表面具较多刻痕，后端被较密细短毛；中胸侧板大范围光滑亮泽，翅基下脊周围区域密被贴面细毛，侧板后下角处具一簇浓密白毛，基节前沟为光滑线状沟，连贯中胸侧板前后缘；后胸背板和并胸腹节均密被的贴面白毛，且并胸腹节毛通常形成多个较小的"玫瑰花朵"形；后胸侧板近中部区域较隆起，且被粗糙刻纹，围绕隆起周围分布有十分浓密的白毛，形成明显的"玫瑰花朵"形。

翅：前翅翅痣长约为宽的 5.8 倍，几乎等长于 1-R1 脉；前翅 r 脉长为翅痣宽的 1.2 倍；1-SR+M 脉略呈"S"形弯；前翅 3-SR+SR1 脉后半部较直；前翅亚盘室封闭。

足：后足腿节较粗短，其长约为宽的 3.6 倍；后足胫节略短于后足跗节（约为跗节长的 9/10）；后足第 3 跗节长为端跗节的 4/5。

腹：第 1 背板两边左右几乎平行（由基部向端部仅轻微扩大），长为宽的 2.3—2.8 倍，背板表面仅于靠近基部处被有一小片较密贴面细短毛，其余大部分区域几乎无毛（通常仅零星被 5—6 根细短刚毛）；肛下板呈明显三角形截面，末端尖；产卵器最多仅稍露出腹部末端，产卵鞘明显短于后足第 1 跗节。

体色：触角整体颜色呈棕色或深棕色，前 3—4 节通常比后方各节颜色浅；头部大部分区域、胸部以及腹部第 1 节为黑色或棕黑色；上唇黄色或铜黄色；下颚须和下唇须通常浅黄色；足黄色或铜黄色，但后足胫节端部和后足跗节颜色相对变暗；腹部第 1 背板以后各背板大部分呈黄棕色，且各节两侧常具一近似三角形黄斑；产卵器鞘黑色至棕黑色。

雄虫 与雌虫相似；体长 1.8—2.4mm；触角 26—32 节。

研究标本 1♀，福建武夷山七里坪，1981- Ⅳ -29，韩芸；1♂，福建福州金山，1985- Ⅳ -27，黄居昌；1♂，福建武夷山桐木，1986- Ⅶ -14，邱志丹；1♀，福建武夷山大竹岚，1986- Ⅶ -15，邱乐忠；1♀，福建武夷山挂墩，1986- Ⅶ -19，邱乐忠；1♀，福建武夷山黄岗，1986- Ⅷ -8，蒋日盛；1♀，福建武夷山挂墩，1988- Ⅶ -13，陈剑文；1♀，福建武夷山先锋岭，1988- Ⅶ -22，沈添顺；1♀，福建武夷山桐木，1988- Ⅶ -23，陈剑文；1♀，福建武夷山三港，1988- Ⅶ -27，张晓斌；1♀，福建武夷山三港，1988- Ⅶ -27，高建华；1♂，1♀，福建武夷山龙渡，1988- Ⅶ -27，沈添顺；1♀，福建武夷山挂墩，1988- Ⅶ -28，高建华；1♂，2♀♀，福建武夷山挂墩，1988- Ⅶ -28，沈添顺；2♀♀，福建武夷山龙渡，1988- Ⅶ -29，陈剑文；1♂，福建武夷山桐木，1988- Ⅷ -9，沈添顺；1♂，福建武夷山挂墩，1988- Ⅷ -13，沈添顺；1♀，福建武夷山挂墩，1988- Ⅷ -13，张晓斌；1♀，福建武夷山龙渡，1988- Ⅷ -15，张晓斌；1♂，1♀，福建武夷山挂墩，1988- Ⅷ -20，高建华；1♀，福建武夷山挂墩，1988-

Ⅷ -23，沈添顺；1♂，福建梅花山，1988- Ⅸ -8，张晓斌；1♀，福建梅花山，1988-Ⅸ -29，沈添顺；1♂，1♀，福建宁化城郊，1990- Ⅶ -20，王晨晖；1♀，福建宁化济村，1990- Ⅶ -23，洪盛祥；2♀♀，福建武夷山龙渡，1993- Ⅸ -8，杨建全；1♀，福建武夷山龙渡，1993- Ⅸ -8，张飞萍；1♀，福建武夷山大安源，1993- Ⅸ -9，杨建全；1♀，福建将乐龙栖山，1994- Ⅷ -11，黄居昌；1♀，福建将乐龙栖山，1994- Ⅷ -14，张经政；1♀，福建武夷山大安源，1994- Ⅷ -20，张金明；1♀，福建光泽干坑，2001-Ⅷ -31，高连喜；1♀，福建光泽大坑，2002- Ⅶ -24，董存柱；1♀，福建光泽干坑，2002- Ⅶ -24，邹明权；1♀，福建光泽美罗湾，2002- Ⅶ -29，杨建全；1♀，福建将乐龙栖山余家坪，2010- Ⅷ -19，赵莹莹；2♀♀，福建将乐龙栖山洪本，2010- Ⅷ -20，涂蓉；1♂，福建将乐龙栖山洪本，2010- Ⅷ -20，常春光；3♂♂，1♀，福建将乐龙栖山洪本，2010- Ⅷ -22，杨建全；1♀，福建将乐龙栖山壁石场，2010- Ⅷ -23，涂蓉；1♂，1♀，福建将乐龙栖山余家坪，2010- Ⅷ -24，杨建全；1♂，福建将乐龙栖山余家坪，2010- Ⅷ -24，赵莹莹；1♂，福建将乐龙栖山余家坪，2010- Ⅷ -24，涂蓉；1♂，福建清流灵地黄石坑，2010- Ⅷ -29，赵莹莹；1♂，2♀♀，福建将乐龙栖山东坪，2010- Ⅸ -1，赵莹莹；1♂，1♀，福建将乐龙栖山东坪，2010- Ⅸ -1，杨建全；1♀，福建将乐龙栖山十字坳，2010- Ⅸ -3，郭俊杰；1♀，福建将乐龙栖山坑尾，2010-Ⅸ -5，赵莹莹；1♂，云南西双版纳，1988- Ⅸ -17，杨建全；1♀，吉林长白山露水河，1989- Ⅶ -30，周小华；1♀，吉林省吉林市松花湖，2012- Ⅷ -25，赵莹莹；1♀，湖北神农架天门垭，2000- Ⅷ -20，季清娥；1♀，湖北神农架天门垭，2000- Ⅷ -20，杨建全；1♂，1♀，湖北神农架红坪，2000- Ⅷ -21，石全秀；1♀，湖北神农架红坪，2000- Ⅷ -21，宋东宝；1♀，湖北神农架红坪，2000- Ⅷ -21，季清娥；1♀，湖北神农架木鱼，2000- Ⅷ -25，宋东宝；1♂，6♀♀，湖北神农架木鱼，2000- Ⅷ -25，杨建全；3♂♂，5♀♀，湖北神农架红花，2000- Ⅷ -27，杨建全；1♀，宁夏六盘山泾源，2001- Ⅷ -14，林智慧；1♀，宁夏六盘山米缸山，2001- Ⅷ -22，石全秀；2♀♀，宁夏六盘山二龙河，2001- Ⅷ -23，石全秀；1♀，山东泰山竹林寺，2002- Ⅶ -12，吕宝乾；2♂♂，青海祁连县祁连山，2008- Ⅶ -11，赵琼；1♂，2♀♀，新疆昌吉，2008-Ⅷ -11，赵琼；2♂♂，新疆石河子，2008- Ⅷ -17，赵琼；1♂，新疆阜康，2008-Ⅷ -24，杨建全；1♂，甘肃成县，2008- Ⅷ -30，黄居昌；1♀，甘肃徽县，2008-Ⅷ -31，赵琼；1♂，1♀，陕西凤县，2008- Ⅸ -3，杨建全；1♀，陕西凤县，2008-Ⅸ -3，黄居昌；1♀，山西大同恒山主峰，2010- Ⅷ -29，常春光；1♂，黑龙江牡丹江兴隆镇东胜村，2011- Ⅶ -14，董晓慧；1♂，黑龙江牡丹江牡丹峰，2011- Ⅶ -15，郑敏琳；1♂，黑龙江牡丹江牡丹峰，2011- Ⅶ -17，董晓慧；1♀，黑龙江牡丹江国家森林公园，2011- Ⅶ -18，郑敏琳；1♂，黑龙江牡丹峰自然保护区，2011- Ⅶ -19，姚俊丽；1♀，内蒙古呼和浩特乌素图，2011- Ⅷ -8，姚俊丽；1♀，海南儋州热带农业大学，

2011-Ⅷ-30，张南南；1♀，辽宁西郊森林公园，2012-Ⅶ-4，赵莹莹；1♀，辽宁庄河仙人洞镇，2012-Ⅶ-14，赵莹莹；2♀♀，辽宁阜新三一八公园，2012-Ⅶ-27，常春光。

已知分布　海南、云南、福建、湖北、山东、陕西、青海、甘肃、宁夏、新疆、内蒙古、山西、吉林、辽宁、黑龙江；韩国、奥地利、阿塞拜疆、匈牙利、德国、克罗地亚、英国、瑞典、俄罗斯、乌克兰。

寄主　未知。

61. 细繁离颚茧蜂，中国新记录
Chorebus (*Phaenolexis*) *gracilis* (Nees), rec. nov.

（图 2-61）

Alysia gracilis Nees，1834，1: 257；Kirchner，1867: 137.

Dacnusa gracilis: Curtis，1837: 123；Marshall，1897: 11；Telenga，1935，1934（12）：119；Nixon，1944，80: 148；Fischer，1962，14（2）：32.

Alysia（*Danusa*）*postica* Haliday，1839: 11.

Dacnusa postica：Kirchner，1867: 11；Nixon 1943，79: 167.（Syn. by Nixon，1944）

Dacnusa egregia Marshall，1895，5: 472.（Syn. by Sachtleben，1954）

Rhizarcha gracilis: Morley，1924，57: 253.

Chorebus gracilis: Griffiths，1967，17（5/8）：665；Shenefelt，1974: 1049.

Chorebus（*Phaenolexis*）*gracilis*: Tobias et Jakimavicius，1986: 7-231；Tobias，1998: 389；Papp，2004，21:138，2005，51（3）：225.

雌虫　体长 3mm；前翅长 2.7mm。

头：触角 33 节，第 1、2、3 鞭节长度比为 15：14：12，第 1 鞭节和倒数第 2 鞭节的长分别为宽的 3.0 倍和 1.8 倍。头背面观大且于复眼后方较明显膨大，头宽为长的 1.6 倍，复眼长为上颊长的 9/10，OOL：OD：POL=10：2：3；后头被毛少，仅稀疏地被少量细长毛，上颚基部后下方无密毛簇；额较平坦，中部具浅刻痕；脸较隆起，被较多长毛和刻点；口上沟深；唇基较突出，表面具较多长毛和刻点；上颚第 1 齿强烈向上扩展，呈大耳叶状，第 2 齿亦较大，端部较尖，且明显朝外弯，第 3、4 齿相对短小，但清楚；下颚须较长，略超过前中足基节间中点。

胸：长约为高的 1.6 倍。前胸两侧被有较浓密贴面白毛，前胸背板侧面三角区域仅稀疏被有细短毛（不太明显），并被明显刻点；中胸盾片除侧叶后半部无毛，其余区域被较密长毛，且中胸盾片前半部具大量刻点，表面甚粗糙；盾纵沟明显伸达后方中陷处；

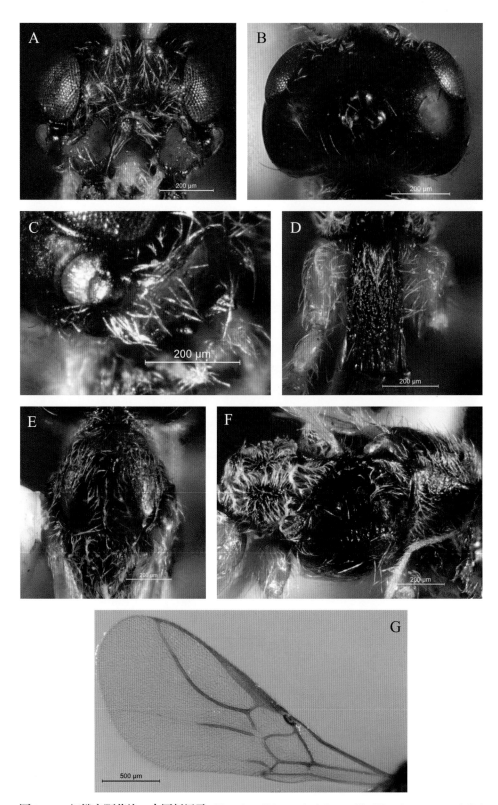

图 2-61 细繁离颚茧蜂，中国新记录 *Chorebus (Phaenolexis) gracilis* (Nees), rec. nov. (♀)

A: 头部正面观；B: 头部背面观；C: 上颚；D: 腹部第 1 背板；E: 中胸背板；F: 胸部侧面观；G: 前翅

中胸盾片后方中陷较窄、长，伸达中胸盾片中前部；小盾片具明显刻点，后缘被密毛；中胸侧板光亮后下角处具一簇较密白毛，基节前沟较长且宽，沟内刻痕明显；后胸背板密被贴面白毛，中脊甚为凸起；并胸腹节被较密的贴面白毛，中纵脊明显，水平部分后端角处的毛各形成1较小"玫瑰花朵"形；后胸侧板表面刻纹粗糙，浓密的白色贴面长毛呈四周发散状排列，形成似"玫瑰花朵"的样式。

翅：前翅翅痣长约为宽的6.8倍，为1–R1脉的1.4倍；前翅r脉长等于翅痣宽；1–SR+M脉呈近"S"形弯，其长为r脉的2.5倍；3–SR+SR1脉仅近末端处稍显曲折；前翅CU1b完整，亚盘室后方封闭。

足：后足基节基半部背面具一较明显密毛簇；后足腿节长为宽的3.9倍；后足胫节略短于后足跗节（约为跗节长9/10）；后足第2跗节长为基跗节的1/2，第3跗节与端跗节等长。

腹：第1背板较长、两边几乎平行，长为宽的2.4倍，背板表面除基部被少量毛（稍密），其他区域基本无毛；第2—4背板表面均光滑、无刻纹，具稀疏刚毛；背面观腹部第4节之后强烈侧扁；产卵器较强烈伸出腹部末端，且稍上翘。

体色: 触角前4节黄色，其后由棕黄色逐步加深至深棕色（约第15节后就为深棕色）；头部大部分区域、胸部以及腹部第1节均为黑色；上颚中间部分铜黄色，唇基暗红棕色，上唇金黄色，下颚须和下唇须浅黄色；足黄色（后足腿节基半部略显棕黄色）；腹部第1背板以后各节黄褐色；产卵器鞘黄褐色。

雄虫　本研究暂未见。

研究标本　1♀，宁夏六盘山米缸山，2001–Ⅷ–22，林智慧。

已知分布　宁夏；奥地利、阿塞拜疆、芬兰、法国、德国、捷克、斯洛伐克、匈牙利、瑞典、瑞士、英国、爱尔兰、哈萨克斯坦、荷兰、波兰、俄罗斯、塞尔维亚、加拿大、蒙古。

寄主　已知寄生 *Psila nigricornis* Meigen 和 *Psila rosae*（Fabricius）。

62. 塞勒涅繁离颚茧蜂
Chorebus (*Phaenolexis*) *selene* (Nixon)

（图2–62）

Dacnusa selene Nixon，1937，4: 24，1944，80: 149；Shenefelt，1974: 1097.

Chorebus（*Phaenolexis*） *selene*: Tobias et Jakimavicius，1986: 7–231；Tobias，1998: 390；Zheng & Chen，2017: 170–180.

雌虫　体长4.3—4.5mm；前翅长3.6—3.8mm。

头：触角39—41节，第1鞭节和倒数第2鞭节的长分别为宽的3.0倍和2.0倍。头背面观大且于复眼后方甚为膨大，头宽为长的1.6倍，复眼长为上颊长的4/5；后头被较

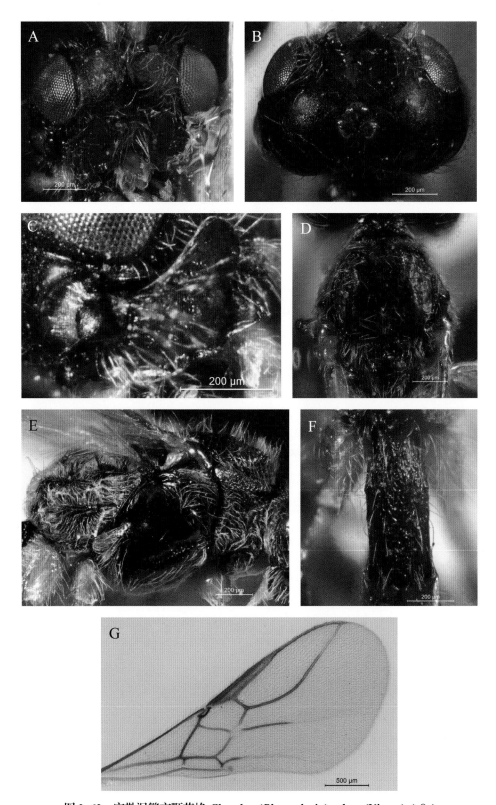

图 2-62　塞勒涅繁离颚茧蜂 *Chorebus* (*Phaenolexis*) *selene* (Nixon) （♀）

A：头部正面观；B：头部背面观；C：上颚；D：中胸背板；E：胸部侧面观；F：腹部第 1 背板；G：前翅

多长刚毛，但稍显稀疏，近上颚基部处毛较密，但不形成明显密毛簇；额中间区域明显凹陷，于前单眼至触角窝间区域的前缘形成 1 条较深细沟；脸稍隆起，被较多细长毛和浅刻痕；唇基宽约为高的 1.8 倍，表面被较密长毛；上颚巨大，第 1 齿强烈向上扩展，呈大耳叶状，由头部侧观，唇基被其完全遮掩，第 2 齿亦较大，端部较尖，且明显朝外弯，第 3 齿相对短小，第 4 齿甚弱；下颚须长，明显超过前中足基节间中点。

胸：长约为高的 1.7 倍。前胸两侧（主要于侧板和斜沟处）被有较密贴面白毛，前胸背板侧面三角区域表面布满粗糙刻纹，且亦被明显贴面长毛，但相对不太稠密；中胸盾片几乎布满较密细长毛（除侧叶后部较稀少），且表面较粗糙（特别前半部，包括整个中叶），被大量较粗刻点；盾纵沟明显伸达后方中陷处（虽然仅前面一小段为较深沟，后面大部分为浅沟痕）；中胸盾片后方中陷较窄，其长约占中胸盾片长的 1/3；小盾片较隆起，表面被稀疏细毛及零星刻点，后缘具密短毛；中胸侧板光亮，后下角处具一簇十分浓密的白长毛，基节前沟长且较宽，沟内刻痕明显；后胸背板和并胸腹节均密布的贴面长毛，并胸腹节中纵脊明显（约达水平部分的中部）；后胸侧板近中部隆起的表面具粗壮的脊纹，四周被浓密的白色贴面长毛，形成似"玫瑰花朵"样式。

翅：前翅翅痣长为 1–R1 脉的 1.2 倍；前翅 3–SR+SR1 脉后半部较直或轻微曲折，且该脉端部约 1/4 长部分明显比前面部分色淡（近透明）；前翅 CU1b 脉后半部弱小，但基本完整，亚盘室后方封闭。

足：后足腿节长为宽的 4.3 倍；后足胫节略短于后足跗节；后足第 2 跗节长为基跗节的 1/2，第 3 跗节略长于端跗节。

腹：第 1 背板较长，且仅约前半部分具由前向后稍微扩大趋势，后面部分两边平行，中间长为端宽的 2.8 倍，背板表面刻纹粗糙、较不规则，且表面绝大范围无被毛，除基部被一些密毛，其他区域仅零星被数根长刚毛；第 2—4 背板表面均光滑、无刻纹，刚毛稀少；腹部末端 3 节强烈侧扁，呈刀片状；产卵器较明显伸出腹部末端，产卵器鞘相对窄，明显比后足第 1 跗节细，其长约等于后足第 1 跗节长，且从中部之后略向上翘。

体色：触角基部数节明显黄色至棕黄色，并向后加深至深棕色；头部大部分区域、胸部以及腹部第 1 节均为黑色；上颚中间部分褐黄色或暗红棕色，唇基暗红棕色，上唇金黄色，下颚须和下唇须浅黄色；足除后足腿节大部分区域、后足胫节近端部，及后足跗节均为暗红棕色，其余基本都为黄色或锈黄色；腹部第 1 背板以后各节暗红棕色；产卵器鞘黑色。

雄虫　除腹部与雌虫有较大不同（不侧扁），其他特征基本相似；触角 48—49 节。

已知分布　青海；希腊（马其顿）、英国、俄罗斯、塞尔维亚、乌克兰。

寄主　未知。

63. 雅致繁离颚茧蜂，中国新记录

Chorebus (*Phaenolexis*) *elegans* Tobias , rec. nov.

（图 2-63）

Chorebus（*Phaenolexis*）*elegans* Tobias，1998: 390；Yu et al.，2016: DVD.

雌虫 体长 2.4mm；前翅长 2.1mm。

头：触角 33 节，第 1 鞭节长为第 2 鞭节的 1.2 倍，第 2、3 鞭节等长，第 1 鞭节和倒数第 2 鞭节的长分别为宽的 3.0 倍和 2.0 倍。头背面观复眼后方不膨大，头宽为长的 1.8 倍，复眼长为上颊长的 1.1 倍，OOL：OD：POL=16：3：5；后头中部毛相对稀少，但近上颚基部处具较密半贴面细长毛；脸甚具光泽，密被细毛（除上半部中间几乎无毛）；上颚明显向上扩展，第 1 齿宽大、耳叶状，侧观未完全遮住唇基，第 3 齿位于第 2 齿腹缘中部，两齿大小接近，末端稍钝，第 4 齿稍大、齿端弧形；下颚须长。

胸：长约为高的 1.6 倍。前胸两侧被有十分浓密的贴面白毛，而前胸背板侧面三角区域仅被少量细短毛，且无明显刻痕；中胸盾片表面甚具光泽，仅前缘、中叶极其后方被有较密细长毛，其他区域无毛。盾纵沟仅达中胸盾片前方约 1/3 处，但可见沟内十分粗糙刻纹；中胸盾片后方中陷深，但极短；小盾片前沟两侧具十分稠密的白毛；中胸侧板绝大范围光亮无毛，基节前沟细长（几乎贯穿侧板前后缘），沟内前部约 2/3 具明显刻痕，后 1/3 无刻痕；后胸背板与并胸腹节均密被贴面白毛，但并胸腹节后方斜面处后半部中间几乎无毛；后胸侧板被十分浓密的白色贴面长毛，并略显"玫瑰花朵"图案。

翅：前翅翅痣长为宽的 6.0 倍，约为 1-R1 脉的 1.3 倍；前翅 r 脉长等于翅痣宽；1-SR+M 脉轻微 "S" 形弯，其长约为 r 脉的 2.5 倍；3-SR+SR1 脉后半部仅十分轻微曲折；前翅 CU1b 较细，后半段极弱化，但亚盘室后方不开放。

足：后足基节基半部背面具一明显密毛簇；后足腿节长为宽的 4.5 倍；后足胫节与后足跗节等长；后足第 2 跗节长为基跗节的 1/2，第 3 跗节与端跗节等长。

腹：第 1 背板十分细长，且轻微向后收窄，中间长为端宽的 4.0 倍，表面刻纹较精细，且几乎无被毛，仅零星分布几根长刚毛；第 2 背板至腹末表面光滑，刚毛稀少；背面观腹部末端尖；产卵器明显露出腹部最末端，且产卵器鞘长与后足第 1 跗节长相等。

体色：前半部颜色明显浅于后半部，由基部黄色逐渐加深至后方的棕黑色；头部大部分区域、胸部以及腹部第 1 节均为黑色或棕黑色；唇基和上颚中间部分黄棕色，上唇金黄色，下颚须和下唇须黄色；足绝大部分鲜黄色，后足跗节略暗；腹部第 2+3 背板黄色，其后黄棕色至暗棕色；产卵器鞘黑褐色。

雄虫 与雌虫相似；体长 2.5—2.6mm；触角 34—36 节；腹部第 1 背板之后颜色比雌虫稍浅。

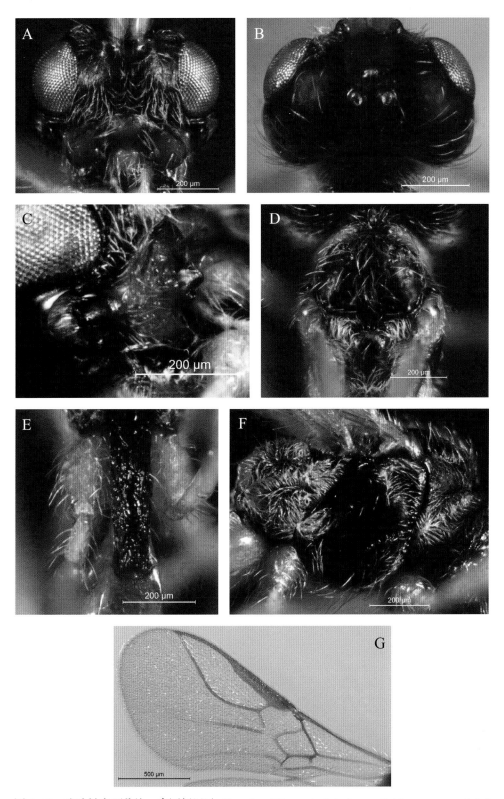

图 2-63 雅致繁离颚茧蜂，中国新记录 *Chorebus* (*Phaenolexis*) *elegans* Tobias , rec. nov. (♀)

A：头部正面观；B：头部背面观；C：上颚；D：中胸背板；E：腹部第 1 背板；F：胸部侧面观；G：前翅

研究标本　1♀，黑龙江牡丹江国家森林公园，2011- Ⅶ -18，董晓慧；2♂♂，黑龙江牡丹江国家森林公园，2011- Ⅶ -18，赵莹莹。

已知分布　黑龙江；韩国、俄罗斯。

寄主　未知。

64. 龙达尼繁离颚茧蜂，中国新记录
Chorebus (*Phaenolexis*) *rondanii* (Giard) , rec. nov.

（图 2-64）

Dacnusa rondanii Giard，1904: 180.

Chorebus rondanii: Griffiths，17（5/8）: 669–670；Shenefelt，1974: 1062；Ivanov，1980，59（3）: 633.

Chorebus（*Phaenolexis*） *rondanii*: Tobias et Jakimavicius，1986: 7–231；Tobias，1998: 390；Papp，2004，21: 142；Yu et al.，2016: DVD.

雌虫　体长 2.2—2.5mm；前翅长 1.9—2.2mm。

头：触角 30—31 节，第 1、2 鞭节等长，轻微长于第 3 鞭节，第 1 鞭节和倒数第 2 鞭节的长分别为宽的 2.5 倍和 2.0 倍，中部各鞭节较接近方形（长略长于宽）。头背面观复眼后方有所膨大，头宽为长的 1.6 倍，复眼长约为上颊长的 1.1 倍，OOL：OD：POL=18：5：7；后头密被半贴面细长毛，且上颚基部后下方略形成密短毛簇；脸于中部甚隆起，有光泽，且遍布较密细长毛，并具较多浅刻点，中纵脊明显；上颚明显扩展，但侧观唇基未被完全遮掩，4 齿均明显，第 1 齿甚宽大（叶瓣形），第 2、3、4 齿大小接近（有的第 3 齿明显发达）；下颚须稍长，约达前中足基节间中部。

胸：长约为高的 1.6 倍。前胸两侧被有较密的贴面白毛，前胸背板侧面三角区域无毛、被较粗刻痕；中胸盾片表面显得甚为粗糙，几乎整个背板都布有刻点，但前缘及中叶前半部相对明显、粗糙，且除侧叶毛相对较少，其余区域被有较密细毛。盾纵沟发达，明显伸达中胸盾片后方中陷处；中胸盾片后方中陷窄，约延伸至背板中部；小盾片光滑前半部光滑，后半部具刻点，表面大部分稀疏地被有细长毛；中胸侧板绝大范围光亮无毛，后下角处具一小簇密白毛，基节前沟细长且深，沿侧板近下边缘并贯穿侧板前后缘，沟内刻痕明显；后胸背板密被贴面毛；并胸腹节较长，亦被贴面毛，但中部大范围显得稀疏，中纵脊明显，伸达其水平处表面的中部；后胸侧板刻纹粗糙，中部大片区域毛稀少，但该区域周围毛稠密，并绕之排列形成近似"玫瑰花朵"样式。

翅：前翅翅痣长约为宽的 6.5 倍，约为 1–R1 脉的 1.2 倍；前翅 r 脉长为翅痣宽的 1.4 倍，为 1–SR+M 脉的 1/2；3–SR+SR1 脉后半部明显曲折；前翅 CU1b 完全，亚盘室后方封闭。

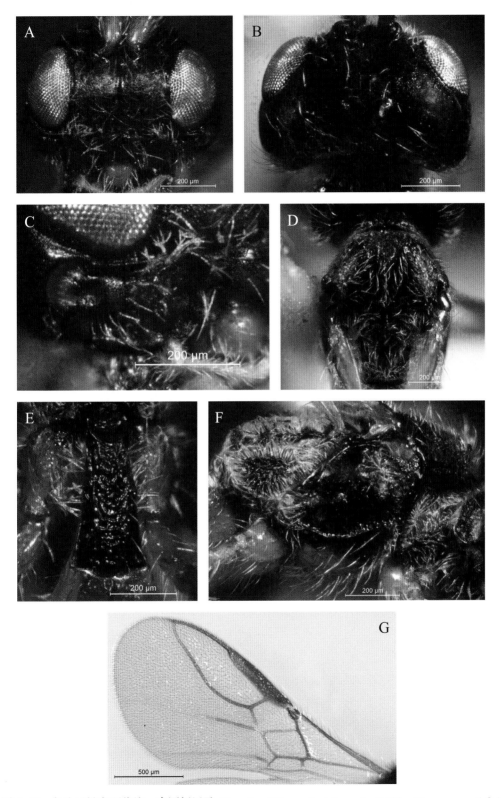

图 2-64 龙达尼繁离颚茧蜂，中国新记录 *Chorebus (Phaenolexis) rondanii* (Giard), rec. nov. (♀)

A：头部正面观；B：头部背面观；C：上颚；D：中胸背板；E：腹部第1背板；F：胸部侧面观；G：前翅

足：后足腿节和胫节表面十分粗糙；后足腿节相对短，中后部较明显膨大（朝腹面），长为宽的 3.1 倍；后足胫节与后足跗节等长；后足第 2 跗节长为基跗节的 1/2，第 3 跗节与端跗节等长。

腹：第 1 背板长、轻微向后扩大（主要是后半部），长为宽的 2.5 倍，出背板两侧缘具长刚毛，背面几乎无被毛，表面刻纹精致，但较无规则；第 1 背板之后各节表面具光滑，刚毛极稀少；产卵器上翘，略伸出腹部末端。

体色：触角前 3 节棕黄色，其后由棕色加深至棕黑色或黑褐色；头部大部分区域、胸部以及腹部第 1 节均为黑色；上颚中间部分深褐色，上唇铜黄色，下颚须和下唇须黄色；前、中足黄色（有时中足腿节背面黄褐色），后足明显色暗，其中基节黄褐色，转节黄色，腿节和胫节黑色，跗节第 1 节褐色、第 2—5 节黄色至黄褐色；腹部第 1 背板以后各节亮黄色；产卵器鞘黑色。

雄虫 本研究暂未见。

研究标本 1♀，黑龙江牡丹峰自然保护区，2011-Ⅶ-17，董晓慧；3♀♀，黑龙江牡丹峰自然保护区，2011-Ⅶ-19，姚俊丽；1♀，黑龙江漠河，2011-Ⅶ-26，郑敏琳。

已知分布 黑龙江；阿塞拜疆、法国、德国、英国、匈牙利、西班牙、乌克兰、哈萨克斯坦、俄罗斯。

寄主 已知寄生蛇潜蝇属的 *Ophiomyia simplex*（Loew）。

65. 缩腰繁离颚茧蜂，新种
Chorebus (Phaenolexis) systolipetiolus Zheng & Chen , sp. nov.

（图 2-65）

雌虫 正模，体长 3.0mm；前翅长 2.4mm。

头：触角 35 节，第 1 鞭节长为第 2 鞭节长的 1.3 倍，第 2、3 鞭节等长，第 1 鞭节和倒数第 2 鞭节的长分别为宽的 3.5 倍和 2.0 倍。头背面观复眼后方有所收窄，头宽为长的 1.9 倍，复眼较凸出，复眼长为上颊长的 9/10，OOL：OD：POL=15：4：6。后头、上颊及单眼区被较多细长毛，但略显稀疏，近上颚基部处甚为稠密；脸较隆起，具光泽，表面具少量浅刻点，并被大量细长毛，且于下半部两侧甚浓密；唇基较凸出、光滑，稀疏地被有细长毛；上颚不扩展，具明显 4 齿，但齿皆短，第 3 齿尖、位于第 2 齿腹缘，其大小接近第 2 齿；下颚须略显长。

胸：长为高的 1.5 倍。前胸两侧被有十分浓密的贴面白毛，前胸背板侧面三角区域明显刻点及少量贴面细毛；中胸盾片表面具光泽，前缘及中叶具较多刻点，且除侧叶后半部无被毛，其他区域密被长毛；盾纵沟明显伸达中胸盾片近中部处，沟内刻痕明显；中胸盾片后方中陷较深，其长约占中胸盾片长的 1/4；小盾片前沟深，其两侧具浓密白毛；

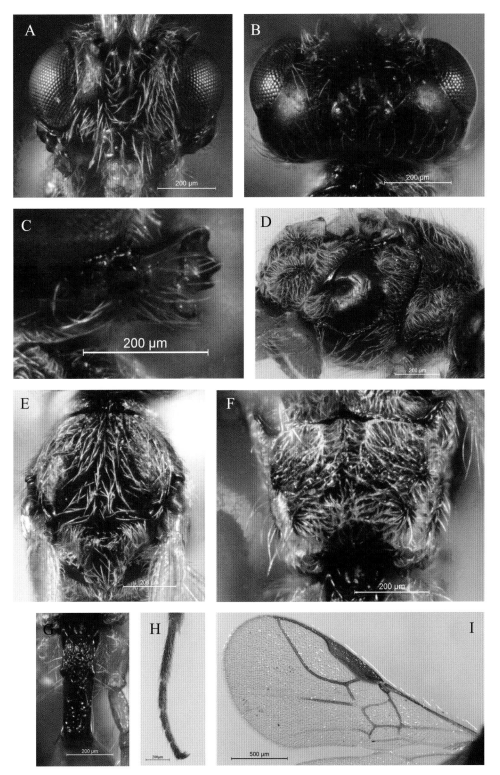

图 2-65 缩腰繁离颚茧蜂，新种 *Chorebus (Phaenolexis) systolipetiolus* Zheng & Chen, sp. nov. (♀)
A：头部正面观；B：头部背面观；C：上颚；D：胸部侧面观；E：中胸背板；F：并胸腹节；G：腹部第 1 背板；H：后足跗节；I：前翅

小盾片表面大部分区域被稀疏细长毛及少量浅刻点，但后缘被密短毛；中胸侧板中部大片区域光滑亮泽，但于翅基下脊周围较大区域密被白色贴面细长毛，且侧板后下角处具一簇浓密白长毛；基节前沟稍窄、深且长，沟内刻痕相对细短；后胸背板和并胸腹节均密被贴面白毛，且并胸腹节水平部分后端角处的毛各形成 1 较小"玫瑰花朵"形；后胸侧板表面刻纹粗糙，被十分浓密的白色长毛，呈四周发散状排列，形成似"玫瑰花朵"形。

翅：前翅翅痣长约为宽的 5.0 倍，约为 1–R1 脉的 1.4 倍；前翅 r 脉长等于翅痣宽；1–SR+M 脉略呈"S"形弯，其长约为 r 脉的 2.4 倍；3–SR+SR1 脉后半部稍显曲折（近端部处）；前翅亚盘室后方不开放。

足：后足基节基半部背面具一簇十分浓密白毛；后足腿节长为宽的 3.9 倍；后足胫节略短于后足跗节（约为跗节长的 9/10）；后足第 2 跗节长为基跗节的 1/2，第 3 跗节与端跗节等长。

腹：第 1 背板十分细长，且由基部向端部缩小，基部宽度为端部宽的 1.4 倍，中间长为端部宽的 4.5 倍，表面较具光泽、刻纹粗糙且几乎无被毛（仅零星分布几根长刚毛）；第 2 背板至腹末表面光滑亮泽，刚毛十分稀少；背面观腹部末端尖；产卵器仅轻微露出腹部末端，产卵器鞘明显短于后足第 1 跗节，其长为后足第 1 跗节长的 7/10。

体色：触角整体黑褐色，柄节腹面明显黄色，梗节和第 1 鞭节黄褐色；头部大部分区域、胸部以及腹部第 1 节均为黑色；上颚中间部分黄褐色，上唇暗黄色，下颚须和下唇须浅黄色；足绝大范围黄色，但后足腿节背面、胫节端部及跗节黄褐色；腹部第 1 背板以后各节亮黄色；产卵器鞘黑褐色。

变化：体长 3.0—3.1mm；触角 33—35 节。

雄虫　与雌虫相似；体长 2.7mm 触角 32 节。

研究标本　正模：♀，黑龙江五大连池自然保护区，2012- Ⅷ -15，赵莹莹。副模：2 ♂♂，辽宁大连台山，2012- Ⅶ -8，赵莹莹；1 ♀，辽宁庄河仙人洞镇，2012-Ⅶ -13，赵莹莹。

已知分布　黑龙江、辽宁。

寄主　未知。

词源　本新种拉丁名"systolipetiolus"意为腹柄节缩的意思，此处指本新种的腹部第 1 节由基部至端部呈明显缩窄状。

注　本种与 *Chorebus*（*Phaenolexis*）*xiphidius* Griffiths 极为接近，明显区别为：本种腹部第 1 背板由基部向端部明显缩窄，后者平行或轻微扩大；本种产卵器轻微露出腹末端，且产卵器鞘长明显短于后足第 1 跗节长，后者产卵器明显露出腹部末端，且产卵器鞘长等于后足第 1 跗节长；本种背面观复眼长略短于上颊长，后者复眼长稍长于上颊长。

66. 细腰繁离颚茧蜂，新种

Chorebus (Phaenolexis) gracilipetiolus Chen & Zheng , sp. nov.

（图 2-66）

雌虫 体长 2.3mm；前翅长 2.0mm。

头：触角 32 节，鞭节各节均相对细长（长宽比均大于 3），鞭节第 1、2、3 节的长度比为 15：12：12，鞭节第 1 节、倒数第 2 节的长分别为其宽的 5.5 倍和 4.0 倍。头背面观宽为长的 1.5 倍；后头靠近上颚基部处具较密毛，其余部分几乎光滑；复眼长为上颊长的 1.3 倍；单眼明显椭圆形，OOL：OD：POL=12：5：6；脸光滑无刻纹，稀疏被有细长毛；上颚较窄，第 2 齿十分尖长、大大长于两侧齿，且其腹缘具一较弱附齿；下唇须 4 节。

胸：胸部长，其长为高的 1.7 倍。前胸背板两侧具粗刻纹，且密被贴面白毛；中胸盾片光滑亮泽，最前缘具较密长毛，而中叶毛相对稀，两侧叶无被毛；盾纵沟仅前方（"斜坡"处）明显；中陷较深，内具几根细毛，由后缘向前延伸至 2/5 处；小盾片前沟内两侧具较密白毛，小盾片光滑，后缘被少量细毛；中胸侧板光亮、大部分无被毛，仅后缘具密毛；基节前沟位于侧板近下缘，为贯穿侧板前后端的光滑的线状沟；后胸侧板毛密，形成近"玫瑰花朵"样式；并胸腹节整个表面被较密贴面毛，基本覆盖其表面刻纹。

翅：前翅翅痣长为宽的 7.1 倍，为 1-R1 脉长的 1.2 倍；r 脉长为翅痣宽的 1.4 倍，为 1-SR+M 脉长的 1/2；3-SR+SR1 均匀平滑向翅后方弯曲；m-cu 脉明显前叉式；2-SR+M 脉弱化为透明痕迹。

足：后足基节背面具一明显毛簇，后足腿节长为其最宽处的 3.8 倍；后足胫节长为后足跗节长的 1.1 倍；后足跗节第 2 节长为基跗节的 1/2；后足跗节第 3 节与第 5 节（端跗节）几乎等长。

腹：第 1 背板十分细长，左右两边平行，其长为宽的 3.3 倍，表面几乎无毛，具纵纹和刻点；第 2 背板至腹末表面均光滑无刻纹；产卵器细短，几乎不露出腹末端。

体色：头部大部分区域、整个胸部、腹部第 1 背板黑色；触角前 4 节黄色，第 3—5 鞭节黄褐色，其后各节深棕色；上唇金黄色，唇须、颚须浅黄色；足除端跗节及后足整个跗节黄褐色外，其他部分金黄色；腹部第 2、3 背板棕黄色，以后各节为黄褐色；产卵器鞘深褐色。

变化：触角 29—34 节；体长 1.8—2.3mm；胸部长为高的 1.5—1.7 倍；T1 长为宽的 3.1—3.3 倍；有些虫体中胸盾片毛稍多，有的虫体 T1 红棕色（如，湖北神农架标本）。

雄虫 体长 1.8—2.1mm；触角 30—32 节，鞭节前 3 节刚毛较雌虫稀少。其他特征基本同于雌虫。

研究标本 正模：♀，福建将乐龙栖山东坪，2010- Ⅸ -1，郭俊杰。副模：1 ♂，福建武夷山麻粟，1981- Ⅸ -25，黄居昌；1 ♀，福建武夷山三港，1981- Ⅴ -16，孔柳

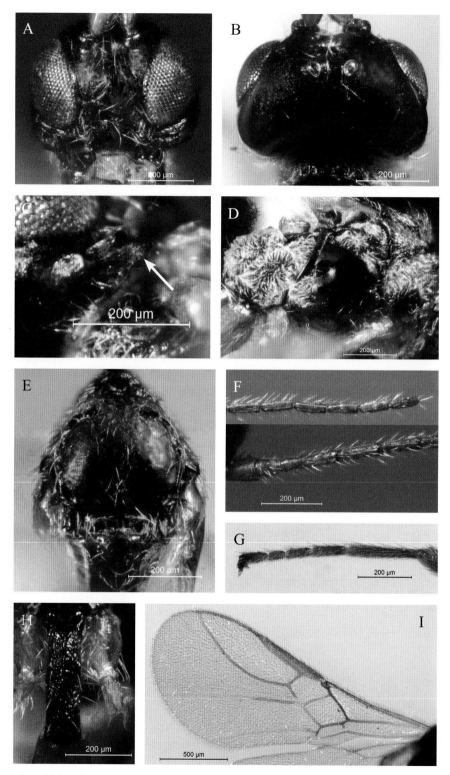

图 2-66 细腰繁离颚茧蜂，新种 *Chorebus* (*Phaenolexis*) *gracilipetiolus* Chen & Zheng , sp. nov.（♀）

A：头部正面观；B：头部背面观；C：上颚；D：胸部侧面观；E：中胸背板；F：触角基部和端部几节；

G：后足跗节；H：腹部第 1 背板；I：前翅

柳；1♀，福建武夷山三港，1986- Ⅶ -22，邹明权；1♀，福建武夷山大竹岚，1986-
Ⅶ -23，陈家骅；1♀，福建武夷山挂墩，1988- Ⅷ -20，刘剑文；1♀，福建武夷山三港，
1993- Ⅸ -18，邹明权；1♂，福建武夷山三港，1995- Ⅸ -23，陈家骅；1♀，福建将
乐龙栖山洪本，2010- Ⅷ -20，涂蓉；1♂，福建将乐龙栖山洪本，2010- Ⅷ -20，常春
光；1♂，福建将乐龙栖山洪本，2010- Ⅷ -22，郭俊杰；1♀，福建将乐龙栖山洪本，
2010- Ⅷ -22，涂蓉；1♂，福建将乐龙栖山壁石场，2010- Ⅷ -31，杨建全；1♂，福
建将乐龙栖山东坪，2010- Ⅸ -1，杨建全；1♂，湖北神农架木鱼，2000- Ⅷ -23，石全秀；
2♀♀，湖北神农架木鱼，2000- Ⅷ -24，杨建全；2♀♀，湖北神农架木鱼，2000- Ⅷ -
25，季清娥；1♀，湖北神农架木鱼，2000- Ⅷ -25，宋东宝。

已知分布 湖北、福建。

寄主 未知。

词源 本新种拉丁名 "gracilipetiolus" 意为细的腹柄节，是根据本新种腹部第 1 节
显得十分细长这一甚为突出的特征来命名。

注 本种与 *Chorebus*（*Phaenolexis*）*stilfer* 十分相似，但根据 Griffiths（1968）记
载，后者雌虫的复眼向脸下方强烈收敛，且两复眼内缘最小距离约为头宽的 1/3；而本
种雌虫复眼收敛不太明显，两复眼内缘最小距离为头宽 2/5。本种中胸盾片毛明显不如
Ch.（*Ph.*）*stilfer* 分布广、密。

67. 短尾繁离颚茧蜂，新种
Chorebus（*Phaenolexis*）*breviskerkos* Chen & Zheng，sp. nov.
（图 2-67）

雌虫 正模，体长 2.5mm；前翅长 2.4mm。

头：触角 35 节，第 1、2、3 鞭节长度比为 14：13：12，第 1 鞭节长为宽的 3.5 倍，
鞭节中后部各节长约为宽的 2.0 倍。头背面观宽为长的 1.5 倍，复眼长为上颊长的 1.1 倍，
OOL：OD：POL=15：5：6；后头光亮，仅十分稀疏地被有刚毛，中部几乎无毛，两旁
稍多，近上颚基部处毛略显密，但不形成明显毛簇；额十分平坦光滑，无被毛；脸整体
较平坦、光亮，表面被细毛，但相对稀少；上颚不扩展，第 2 齿较长、尖，第 3 齿位于
第 2 齿腹缘中部，较短小；下颚须较长。

胸：长约为高的 1.5 倍。前胸两侧亮泽、无毛，前胸侧板布满较粗刻纹，而前胸背
板两侧的三角区域表面较为光亮（仅有少量浅刻痕）；中胸盾片表面较亮泽，基本仅中
叶被较密细长毛，其他区域几乎无毛，且中叶密被明显细刻点，两侧叶则几乎光滑；盾
纵沟甚浅，但明显伸达中胸盾片后方中陷处，并汇合，于中胸盾片中部之前部分沟较清
晰，且沟内刻痕明显；中陷较细长，其前方以细浅痕形式延伸至中胸盾片中前部；小盾
片前两侧具较密长毛，但不形成浓密白毛簇；小盾片表面光亮、无毛，仅后侧缘被一些

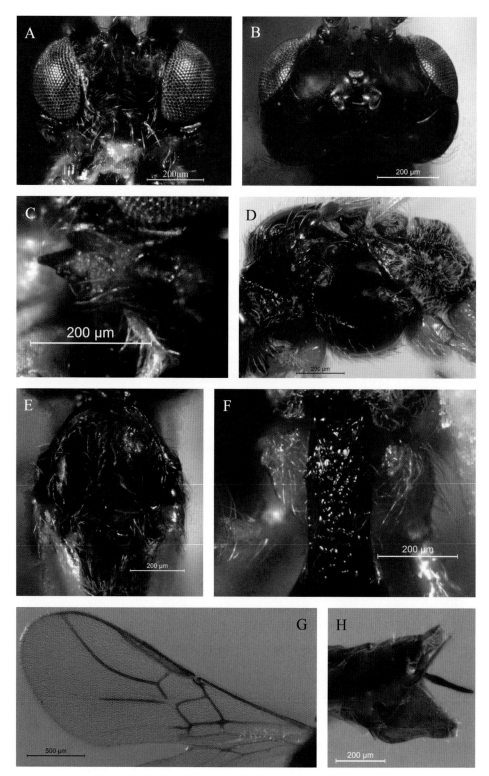

图 2-67　短尾繁离颚茧蜂，新种 *Chorebus* (*Phaenolexis*) *breviskerkos* Chen & Zheng , sp. nov. (♀)

A：头部正面观；B：头部背面观；C：上颚；D：胸部侧面观；E：中胸背板；F：腹部第 1 背板；
G：前翅；H：腹部端部几节及产卵

毛；中胸侧板绝大部分区域光滑亮泽、无毛（侧板前缘翅基下脊周围也几乎无毛），侧板后下角处毛十分稀薄；基节前沟稍深且长（几乎贯穿背板前后缘），沟内刻痕明显（前比后方粗）；后胸背板和并胸腹节都遍布类似贴面密毛；后胸侧板刻纹粗糙，被大量浓密贴面长毛，具似"玫瑰花朵"形。

翅：前翅翅痣相对瘦长，其长为宽的 7.5 倍，为 1–R1 脉长的 1.4 倍；前翅缘室较长；r 脉长为翅痣宽的 1.7 倍；1–SR+M 脉略呈"S"形弯，其长为 r 脉的 2 倍；3–SR+SR1 脉弯曲甚均匀，后半部直；前翅亚盘室后方封闭。

足：后足基节基半部背面具一较明显毛簇（但略显薄弱）；后足腿节长为宽的 4.2 倍；后足胫节等长于后足跗节；后足第 2 跗节长为基跗节的 4/9，第 3 跗节略短于端跗节。

腹：第 1 背板长、两边几乎平行，长为端宽的 2.9 倍，表面刻纹粗糙且无被毛；第 2 背板至腹末表面光滑亮泽，刚毛十分稀少；产卵器较细短，产卵器鞘明显短于腹部第 1 背板长，且其长为后足第 1 跗节长的 7/10。

体色：触角整体黑褐色，但基部几节明显色浅，其中柄节黄色，梗节和第 1 鞭节褐黄色；头部大部分区域、胸部以及腹部第 1 节为黑色；上颚中间部分棕黄色，上唇金黄色，下颚须和下唇须黄色；足仅除端跗节黄褐色，其余全部金黄色；腹部第 1 背板以后各节黑褐色；产卵器鞘黑色。

雄虫　未知。

研究标本　正模：♀，黑龙江牡丹江国家森林公园，2011– Ⅶ –18，郑敏琳。

已知分布　黑龙江。

寄主　未知。

词源　本新种拉丁名"breviskerkos"意为短尾，主要是由于本种雌成虫产卵器较之其相近种类明显短很多，特据此特征给予命名。

注　本种与 *Chorebus*（*Phaenolexis*）*flicornis* Tobias 最为接近，区别为：本种产卵器鞘长度明显短于腹部第 1 背板长，后者产卵器鞘长度等于腹部第 1 背板长；本种中胸盾片盾纵沟明显比后者发达，且中胸盾片后方中陷也比明显后者更向前延伸。本种许多关键特征介于 *Chorebus* 和 *Phaenolexis* 亚属间，故认为应为 *Chorebus* 亚属和 *Phaenolexis* 属的过渡种类。

68. 双色繁离颚茧蜂，中国新记录
Chorebus (Phaenolexis) bicoloratus Tobias , rec. nov.

（图 2–68）

Chorebus（*Phaenolexis*）*bicoloratus* Tobias，1998: 402.

雌虫　体长 2.5mm；前翅长 1.9mm。

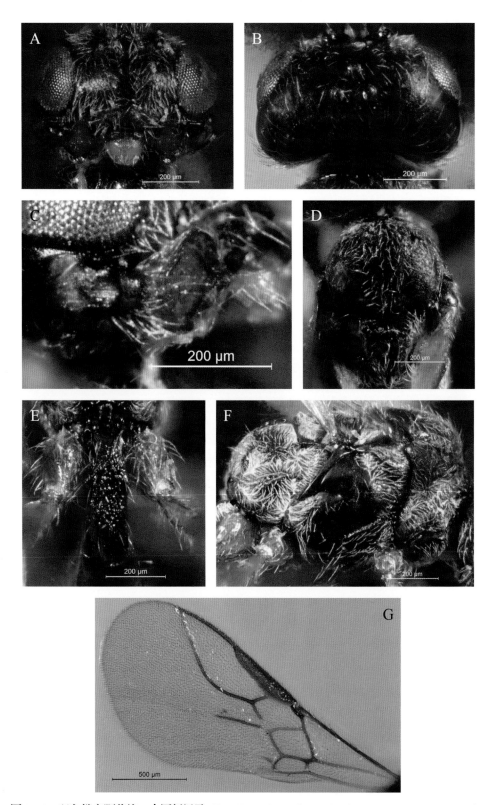

图 2-68　双色繁离颚茧蜂，中国新记录 *Chorebus* (*Phaenolexis*) *bicoloratus* Tobias , rec. nov. (♀)

A：头部正面观；B：头部背面观；C：上颚；D：中胸背板；E：腹部第 1 背板；F：胸部侧面观；G：前翅

头：触角 26 节，第 1 鞭节长为第 2 鞭节的 1.2 倍，第 2、3 鞭节等长，第 1 鞭节和倒数第 2 鞭节的长分别为宽的 3.0 倍和 1.5 倍，鞭节后半部各节相对较短。头背面观宽为长的 1.6 倍，复眼长略短于上颊长；后头、上颊被较多半贴面细长毛，但不十分稠密（特别后头中部较稀少），近上颚基部处未形成明显密毛簇；脸较光滑，整体相对平坦，两侧被密长毛，中间几乎无毛，无明显刻痕；唇基较宽大，光滑亮泽；上颚稍向上扩展，第 1 齿相对宽大，其余 3 齿皆甚短；下颚须较短。

胸：长约为高的 1.6 倍。前胸两侧被有浓密的贴面细白毛，而前胸背板侧面三角区域稀疏被有细毛，并具大量刻痕；中胸盾片表面较具光泽，除侧叶后半部几乎无被毛，其余部分密被细短毛，且背板前半部具明显刻点；盾纵沟较发达（至中胸盾片 2/3 处都十分明显），伸达背板后方中陷处；中陷十分细长，伸达背板近前缘处（虽然前方大部分较浅）；小盾片前沟两侧具浓密白毛；中胸侧板前缘被较密细毛，后下角处具一簇白毛，基节前沟细长（达侧板前后缘），沟内刻痕明显；并胸腹节被浓密白毛，水平部分的两端角处各具一明显"玫瑰花朵"形；后胸侧板亦被浓密的白色贴面长毛，且"玫瑰花朵"形状明显。

翅：明显短于体；前翅翅痣长为宽的 6.0 倍，约为 1-R1 脉的 1.3 倍；前翅 r 脉长等于翅痣宽；1-SR+M 脉略弯，其长约为 r 脉的 2.5 倍；3-SR+SR1 脉后半部轻微曲折；亚盘室后方不开放。

足：后足基节基半部背面具一明显毛簇；后足腿节长为宽的 3.8 倍；后足胫节与后足跗节等长；后足第 2 跗节长为基跗节的 1/2，第 3 跗节略长于端跗节。

腹：第 1 背板非常长、两边平行，长为宽的 4.0 倍，表面几乎无被毛，仅基部背脊两侧被一些毛，其他区域仅零星分布几根刚毛；产卵器稍伸出腹部最末端，产卵器鞘略短于后足第 1 跗节。

体色：触角整个都为棕黑色；头部大部分区域、胸部以及腹部第 1 节均为黑色；上颚中间部分暗褐黄色，上唇铜黄色，下颚须和下唇须浅黄色；前、中足除跗节黄褐色至褐色，其余部分铜黄色，但后足整体色暗，腿节背面大部分区域、胫节端部（约占其长 1/3）及跗节为暗褐色，其余部分铜黄色；腹部第 2、3 背板铜黄色，以后各节浅红褐色至暗褐色；产卵器鞘暗褐色。

雄虫　与雌虫相似；前翅 3-SR+SR1 脉后半部明显曲折；T1 毛比雌虫更少（基部无毛）；体长 2.5mm；前翅长 2.3mm；触角 31 节。

研究标本　1♀，内蒙古呼和浩特乌素图，2011-Ⅷ-8，赵莹莹；1♂，内蒙古呼和浩特乌素图，2011-Ⅷ-8，姚俊丽。

已知分布　内蒙古；俄罗斯（含滨海地区）。

寄主　未知。

69. 矛繁离颚茧蜂，中国新记录

Chorebus (*Phaenolexis*) *xiphidius* Griffiths , rec. nov.

（图 2-69）

Chorebus xiphidius Griffiths，1967，17（5/8）：664，678；Shenefelt，1974：1070.

Chorebus（*Phaenolexis*） *xiphidius*: Tobias et Jakimavicius，1986: 7-231；Tobias，1998: 401；Papp，2004，21: 144，2007，53（1）：9，2009，55（3）：237.

雌虫　体长 2.5—3.1mm；前翅长 2.1—2.6mm。

头：触角 30—35 节，第 1、2、3 鞭节几乎等长，第 1 鞭节和倒数第 2 鞭节的长分别为宽的 3.5 倍和 2.0 倍。头背面观宽为长的 1.8 倍，复眼长为上颊长的 1.1 倍，OOL：OD：POL=16：5：6；后头、上颊被较多半贴面长毛，但稍显稀疏，于上颚基部后下方略形成密毛簇；脸较有光泽，遍布较密细长毛及少量浅刻点，中纵脊明显；唇基与复眼内下缘间区域被有十分稠密的长毛；上颚不扩展，明显具 4 齿，但齿都甚短；下颚须较长，约达前中足基节间中点处。

胸：长约为高的 1.6—1.7 倍。前胸两侧被有十分浓密的贴面白毛，而前胸背板侧面三角区域光亮、无毛，具零星刻痕；中胸盾片前缘、中叶及侧叶前半部被有较密细长毛。盾纵沟不发达，仅最前面极短一段可见（具刻纹）；中陷较浅、短，且无刻痕；小盾片光滑亮泽，表面稀疏地被有细长毛，且除前缘，其周围均被有十分稠密的白色长毛；中胸侧板绝大范围光亮无毛，但后下角处具一簇浓密白毛；基节前沟较宽且长，沟内具明显条状刻痕；并胸腹节被浓密的贴面白毛，但侧观中纵脊十分明显；后胸侧板中后部较大隆起的表面具十分粗糙刻纹，十分浓密的白色贴面长毛围绕该隆起呈四周发散状排列，形成了精美的"玫瑰花朵"形。

翅：前翅翅痣长约为宽的 5.5 倍，约为 1–R1 脉的 1.4 倍；前翅 r 脉长等于翅痣宽；1–SR+M 脉略呈"S"形弯，其长约为 r 脉的 2.4 倍；3–SR+SR1 脉后半部较直；前翅 CU1b 较短，但不退化，亚盘室后方不开放。

足：后足基节基半部背面具一簇十分浓密白毛；后足腿节长为宽的 3.8 倍；后足胫节略短于后足跗节（约为跗节长的 9/10）；后足第 2 跗节长为基跗节的 1/2，第 3 跗节与端跗节等长。

腹：第 1 背板十分长、两边平行，长为宽的 2.8—3.5 倍，背面刻纹粗糙（中间一般具两道近平行纵纹），几乎无被毛，仅零星分布几根长刚毛；第 2 背板至腹末表面均光亮、无刻纹，具稀疏刚毛；背面观腹部末端尖；产卵器明显露出腹部最末端，且产卵器鞘长等于后足第 1 跗节长。

体色：触角棕色至黑褐色，基部几节色浅（通常黄色至棕黄色）；头部大部分区域、

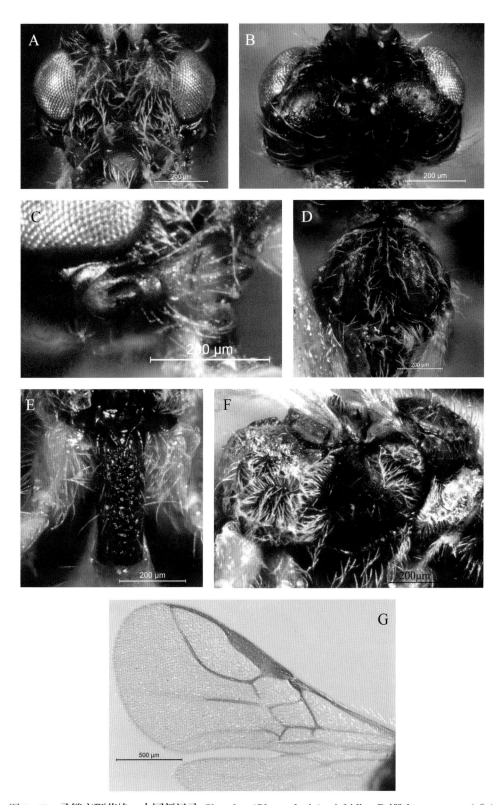

图 2-69 矛繁离颚茧蜂，中国新记录 *Chorebus* (*Phaenolexis*) *xiphidius* Griffiths , rec. nov. (♀)
A：头部正面观；B：头部背面观；C：上颚；D：中胸背板；E：腹部第 1 背板；F：胸部侧面观；G：前翅

胸部以及腹部第 1 节均为黑色或棕黑色；上颚中间部分褐黄色，上唇金黄色，下颚须和下唇须黄色；足绝大范围金黄色，但后足腿节背面、胫节端部（约占其长 1/3）及跗节常为深褐色至浅褐色，有时后足基节也略呈黄褐色；腹部第 1 背板以后各节通常浅黄色至亮黄色；产卵器鞘黑色。

雄虫　触角整体比雌虫色暗（基部几节常不明显色浅）；体长 2.4—2.8mm；触角 30—36 节。

研究标本　1 ♀，吉林长白山东岗，1989- Ⅶ -24，周小华；2 ♂♂，1 ♀，吉林长白山露水河，1989- Ⅶ -30，周小华；1 ♀，吉林白城森林公园，2011-8-2，赵莹莹；1 ♂，宁夏六盘山龙潭，2001- Ⅷ -15，杨建全；1 ♂，宁夏六盘山泾源，2001- Ⅷ -16，杨建全；2 ♂♂，山东安丘峡山，2002- Ⅶ -15，吕宝乾；1 ♂，陕西汤峪，2008- Ⅴ -12，赵琼；3 ♀♀，黑龙江牡丹江国家森林公园，2011- Ⅶ -15，郑敏琳；2 ♂♂，5 ♀♀，黑龙江牡丹江牡丹峰，2011- Ⅶ -17，郑敏琳；1 ♂，2 ♀♀，黑龙江牡丹江牡丹峰，2011- Ⅶ -17，董晓慧；1 ♂，2 ♀♀，黑龙江牡丹江牡丹峰，2011- Ⅶ -17，赵莹莹；1 ♂，黑龙江牡丹江国家森林公园，2011- Ⅶ -18，董晓慧；5 ♀♀，黑龙江牡丹江国家森林公园，2011- Ⅶ -18，姚俊丽；1 ♂，3 ♀♀，黑龙江牡丹江国家森林公园，2011- Ⅶ -19，赵莹莹；1 ♂，1 ♀，辽宁庄河仙人洞镇，2012- Ⅶ -14，赵莹莹；1 ♂，辽宁阜新三一八公园，2012- Ⅶ -25，赵莹莹。

已知分布　宁夏、陕西、吉林、辽宁、黑龙江；韩国、德国、匈牙利、希腊（马其顿）、乌克兰、俄罗斯、塞尔维亚。

寄主　仅知寄生蛇潜蝇属的某个种类 Ophiomyia sp.。

70. 细腹繁离颚茧蜂，中国新记录

Chorebus (*Phaenolexis*) *leptogaster* (Haliday), rec. nov.

（图 2-70）

Alysia（*Dacnusa*）*leptogaster* Haliday，1839: 10.

Dacnusa leptogaster: Kirchner，1854，4:301；Marshall，1897: 15；Graeffe，1908，24: 156；Nixon，1937，4: 18，1944，80: 90；Griffiths，1956，92: 26；Fischer，1962，14（2）: 33；Tobias，1962，31: 124.

Dacnusa naenia Morley，1924，57: 197.（Syn. by Griffiths，1967）

Dacnusa dinae Burghele，1960，81: 135.（Syn. by Griffiths，1967）

Chorebus leptogaster: Griffiths，1967，17（5/8）: 676；Shenefelt，1974:1053；Ivanov，1980，59（3）: 631.

Chorebus（*Phaenolexis*）*leptogaster*: Tobias et Jakimavicius，1986: 7–231；Tobias，1998: 401；Papp，2004，21: 139，2007，53（1）: 9.

雌虫 体长 2.3—2.7mm；前翅长 2.0—2.3mm。

头：触角 26—29 节，第 1 鞭节长为宽的 3.5 倍和 2.0 倍。头背面观宽为长的 1.8 倍，复眼长为上颊长的 1.2 倍；后头绝大部分仅稀疏地被有刚毛，但近上颚基部处毛较密。脸有光泽，中纵处几乎无被毛，两侧下部具十分浓密长毛；上颚几乎不扩展，最多仅第 1 齿轻微向上伸展，4 齿均较明显，但相对都较短，第 2、3 齿大小与长短都接近；下颚须长，超过前中足基节间中点处。

胸：长约为高的 1.6 倍。前胸两侧被浓密的贴面白毛，而前胸背板侧面三角区域光亮、几乎无毛，具少量浅刻点；中胸盾片前缘和中叶前半部被有较密细长毛，侧叶大范围光滑无毛；盾纵沟仅最前面极短一段可见（偶尔也达后方中陷处，但也较浅）；中陷较浅、短，且无刻痕；小盾片前沟两侧具浓密白毛；基节前沟细长，沟内刻痕明显，并胸腹节前缘及后方斜面部分毛甚稠密，中部略显稀疏；后胸侧板毛密，隆起处刻纹粗糙，具明显"玫瑰花朵"图案。

翅：前翅翅痣长约为宽的 4.7 倍，约为 1–R1 脉的 1.2 倍；缘室相对显短；前翅 r 脉长约为翅痣宽的 4/5；1–SR+M 脉轻微弯曲，其长约为 r 脉的 2.5 倍；3–SR+SR1 脉后半部稍曲折；前翅亚盘室后方不开放。

足：后足基节基半部背面具一簇浓密白毛；后足腿节长为宽的 4.0 倍；后足胫节与后足跗节等长；后足第 2 跗节长为基跗节的 1/2，第 3 跗节与端跗节等长。

腹：第 1 背板细长、两边平行，长为宽的 3.0 倍，表面亮泽，几乎无被毛，仅零星分布数根长刚毛；产卵器仅轻微露出腹部最末端，且产卵器鞘长为后足第 1 跗节长的 4/5。

体色：触角整个全为黑色；头部大部分区域、胸部以及腹部第 1 节均为黑色；上颚中间部分黄褐色，上唇棕黄色，下颚须和下唇须褐黄色至浅褐色；前、中足除跗节褐色、基节通常黄褐色或暗褐色，其余基本为铜黄色，后足基节黑色或暗褐色，腿节背面、胫节端半部及跗节为褐色至深褐色，其余区域为铜黄色；腹部第 1 背板以后各节通常铜黄色至暗黄褐色；产卵器鞘黑色。

雄虫 与雌虫相似；体长 2.1—2.3mm；触角 27—32 节。

研究标本 1 ♂，宁夏六盘山二龙河，2001–Ⅷ–2，石全秀；1 ♂，新疆石河子，2008–Ⅷ–17，赵琼；1 ♂，新疆南山，2008–Ⅷ–25，赵琼；1 ♂，黑龙江牡丹江牡丹峰，2011–Ⅶ–16，郑敏琳；3 ♂♂，1 ♀，黑龙江牡丹江牡丹峰，2011–Ⅶ–17，姚俊丽；1 ♂，1 ♀，黑龙江牡丹江牡丹峰，2011–Ⅶ–17，赵莹莹；1 ♂，黑龙江牡丹江国家森林公园，2011–Ⅶ–18，董晓慧；1 ♂，黑龙江牡丹江国家森林公园，2011–Ⅶ–19，赵莹莹；2 ♀♀，黑龙江漠河，2011–Ⅶ–26，郑敏琳；2 ♂♂，1 ♀，黑龙江漠河，2011–Ⅶ–26，姚俊丽；1 ♂，黑龙江五大连池自然保护区，2012–Ⅷ–15，赵莹莹；1 ♀，辽宁庄河仙人洞镇，2012–Ⅶ–14，赵莹莹；1 ♂，辽宁本溪桓仁，2012–Ⅶ–20，常春光。

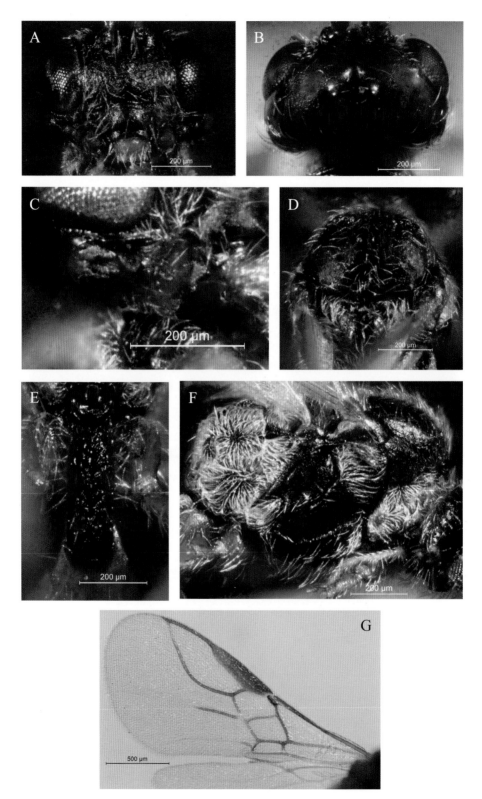

图 2-70　细腹繁离颚茧蜂，中国新记录 *Chorebus* (*Phaenolexis*) *leptogaster* (Haliday), rec. nov. (♀)

A：头部正面观；B：头部背面观；C：上颚；D：中胸背板；E：腹部第 1 背板；F：胸部侧面观；G：前翅

已知分布 宁夏、新疆、黑龙江、辽宁；奥地利、匈牙利、比利时、法国、德国、意大利、西班牙、希腊（含马其顿）、罗马尼亚、芬兰、瑞士、阿塞拜疆、爱尔兰、英国、波兰、乌克兰、俄罗斯（含欧亚）、塞尔维亚、哈萨克斯坦、阿富汗、伊朗、韩国。

寄主 已知寄主均为潜蝇科 Agromyzidae 害虫：彩潜蝇属的 *Chromatomyia syngenesiae* Hardy、萝潜蝇属的 *Napomyza lateralis*（Fallen）、植潜蝇属的 *Phytomyza continua* Hendel、蛇潜蝇属的 *Ophiomyia beckeri*（Hendel）、*Ophiomyia cunctata*（Hendel）、*Ophiomyia pinguis*（Fallen）和 *Ophiomyia pulicaria*（Meigen）。

（四）蛇腹离颚茧蜂属 *Coeliniaspis* Fischer

Coeliniaspis Fischer，2010，Linzer biol. Beitr.，42（1）：646. Type species（by original designation and monotypy）: *Coeliniaspis kohkongensis* Fischer，2010.

蛇腹离颚茧蜂属 *Coeliniaspis* 系 Fischer（2010）根据模式种 *Coeliniaspis kohkongensis* Fischer 建立的 1 个单种属，模式产地为东洋区的柬埔寨（戈公）。目前本属共已知 3 种。

本专著摘录了由郑敏琳等（2017）发表的 1 新组合种，为本属中分布于中国的种类。

属征 虫体大型且很长（特别是腹部十分长）；触角鞭节密被刚毛；头略显长；唇基平坦，并具腹缘片，或唇基中间多少呈显凹陷，近两侧缘处凸出；上颚具 4 齿，附齿（= 第 2 齿）位于中齿（= 第 3 齿）背缘基部，呈小叶凸状（圆弧形），中齿长、尖，稍外弯，大大长于两侧齿；前翅 r 脉始发于翅痣中部或中前部；腹部第 2 背板较伸长，呈 1 较窄的矩形遁甲状，且表面布满明显纵粗刻纹，两侧褶完整。

已知分布 东洋区（柬埔寨，中国南部）；古北区（俄罗斯远东地区）

寄主 未知

注 本属与狭腹离颚茧蜂属 *Coelinius* Nees 和长腹离颚茧蜂属 *Coelinidea* Viereck，1913 特征相近，但与后两者区别的最明显特征是较为畸形的唇基和伸长的腹部第 2 背板的特征。

71. 岛蛇腹离颚茧蜂
Coeliniaspis insularis (Tobias)

（图 2-71）

Coelinius（*Sarops*）*insularis* Tobias，1998: 308–309.

Sarops insularis: Fischer，2001: 45–47（redescription）.

Coeliniaspis insularis: Zheng et al.，2017: 135–142（redescription）.

雌虫 体长7.5mm；前翅长4.0mm。

头：触角仅见49节（后部丢失，原描述46—56节），第1、2、3鞭节长度比为15∶14∶14，第1、2鞭节长为宽的1.8倍和1.7倍。头背面观宽为长的1.4倍，复眼长为上颊长的1.1倍；单眼椭圆形，单眼区相对于头顶明显下凹；OOL∶OD∶POL=21∶8∶6；头顶、上颊和后头密被半贴面长毛（中部凹陷区域无毛，后头中部明显比两侧稀少），毛孔粗大，形成刻点状；额于复眼至同侧的触角窝间密被长毛，于两触角窝后方略凹，中部具少量刻痕；脸稍隆起，表面密布长毛和粗刻点；唇基（侧面观之）几乎与脸平，表面多毛，且布满粗刻点，下缘中部明显凹陷；上唇较短，布满粗刻纹；上颚具4齿，第2齿为附齿，位于第3齿（中齿）背缘基部，呈小叶凸状（圆弧形），第3齿长、尖，稍外弯，大大长于两侧齿。

胸：长为高的2.3倍。前胸背板背凹较深且近圆形，背板侧面布满刻点、几乎无被毛，前胸背板槽具十分粗壮的平行短刻纹；中胸盾片整个表面密被长毛，且被有大量刻点；盾纵沟十分发达，完整汇合于背板中陷后部，整条沟布满十分粗壮的平行短刻纹；中陷甚细长，从中胸盾片后缘向前伸达背板约中部位置，且中陷内明显布满刻痕；小盾片前沟深，且沟内具5根短刻条，最外侧两根较弱小、不明显；小盾片表面具光泽，并具较多细刻点；后胸背板具一较弱且高度不超过小盾片的中刺；中胸侧板较有光泽，且绝大部分区域光滑；基节前沟长，几近完整，沟内布满平行短刻纹；中胸侧缝较窄，具齿状刻痕（相对均匀）；并胸腹节长，表面密布不规则网状刻纹，后半部具较多但相对稀疏的刚毛，中纵脊甚短；后胸侧板亦是布满网状刻纹，并于中后部稀疏被有细长毛。

翅：前翅：翅痣近长椭圆形，其长为1–R1脉长的4/5；r∶3–SR+SR1∶2–SR=10:64:21；r脉起始于翅痣中点处；1–SR+M脉微弱曲折；3–SR+SR1脉后半部较明显曲折；cu–a脉后叉式，几乎垂直于2–CU1和2–1A脉；1–CU1∶2–CU1=1∶7。后翅1–1A脉明显弯曲；M+CU∶1–M=3∶2。

足：后足腿节长为宽的4.0倍；后足胫节等长于后足跗节；后足内外胫节距长分别为后足基跗节长的3/10、1/5；后足基跗节长为第2跗节的2.0倍，端跗节为第3跗节的4/5。

腹：腹部很长，且由第2背板后部开始两侧收窄，至第3背板之后形成刀片状侧扁；腹部第1背板相当长，且两边平行，长为最宽处的4.0倍（为端部宽的5.0倍），表面布满粗糙的纵刻纹并稀疏地被有一些细短刚毛；基部背凹较大且深；基侧凹大，具细刻痕；腹部第2背板亦甚长，其长约为第1背板长的11/13，前面大部分两边平行，后部逐渐收窄，后端宽为基部宽的3/5，表面亦布满纵刻纹（但较之第1背板多数刻纹较直）、几乎无毛；第3背板表面光滑且被有一些刚毛；产卵器明显露出腹末端，产卵器鞘较宽，且其具刚毛的位置长度为腹部第1背板长的1/5。

体色：头部大部分区域、胸部及腹部第1、2背板黑色；触角暗红棕色；唇基黑色；

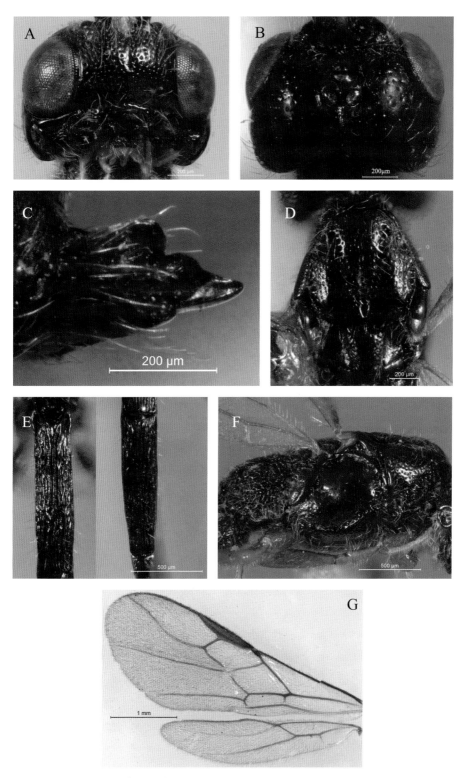

图 2-71 岛蛇腹离颚茧蜂 *Coeliniaspis insularis* (Tobias) (♀)

A: 头部正面观；B: 头部背面观；C: 上颚；D: 中胸背板；E: 腹部第 1 背板(左)，腹部第 2 背板(右)；
F: 胸部侧面观；G: 前后翅

上唇红棕色；下颚须和下唇须黄色；上颚中部红棕色，但齿边缘黑色；前翅翅痣黄棕色；前、中足大范围棕黄色；后足暗红棕色，但转节黄褐色；腹部第 3 节及其后各节黄棕色；产卵器鞘暗棕色。

雄虫 与雌虫相似；体长 7.0mm；触角 69 节（根据原始描述，雄性副模触角为 59 节）；头背面观宽为中部长的 1.4 倍。

已知分布 中国福建；俄罗斯远东地区（萨哈林州，模式标本地）。

寄主 未知。

（五）长腹离颚茧蜂属，中国新记录 *Coelinidea* Viereck, rec. nov.

Coelinidea Viereck，1913，Proc. U.S. natn. Mus.，44: 555. Type species（by original designation and monotypy）: *Stephanus niger* Nees，1811.

Eriocoelinius Viereck，1913，Proc. U.S. natn. Mus.，44: 555. Type species（by original designation and monotypy）: *Coelinius longulus* Ashmead，1889.（Synonymy with *Coelinidea* and *Coelinius* by Griffiths，1964）

长腹离颚茧蜂属 *Coelinidea* 系 Viereck（1913）根据 *Stephanus niger* Nees 建立。Griffiths（1964）将其作为狭腹离颚茧蜂 *Coelinius* Nees 的亚属。而 Riegel（1982）恢复了 *Coelinidea* 属的地位，并描述了 32 个新种。Maetô（1983）和 Tobias（1986）也都认同 *Coelinidea* 属的地位，而 Wharton（1994）则遵循 Griffiths 的观点。总的来说，关于 *Coelinidea* 分类地位问题尚存在一定争议，需进一步探讨和研究。考虑到 Riegel（1982）对 *Coelinidea* 的研究比较系统，故我们参考其观点对中国的该类群进行初步研究和探讨。本专著首次记述该属在中国的分布，并记述了 2 个新种和 5 个中国新记录种。

属征 虫体大型、长；头一般不显横宽，通常较显长；唇基凸出；上颚具 4 齿，第 2 齿为附齿，位于第 3 齿（中齿）背缘基部，通常为钝的凸起，第 3 齿长、尖，稍外弯，显著长于两侧齿；下颚须和下唇须较短；中胸盾片较平坦；基节前沟长，且具刻纹；胸部腹板后部，于两中足基节间部分形成 1 近三角形的具粗糙刻纹的区域；后足基节光滑或具刻纹；腹部第 1 节背板长，其长至少超过端宽的 2 倍，且基部背凹缺或者几乎缺；雌虫腹部后几节侧扁。

已知分布 古北区、东洋区、新北区、非洲区。

寄主 已知为单一内寄生蜂，产卵于寄主的卵期。目前已知寄生双翅目 Diptera 秆蝇科 Chloropidae、斑蝇科 Otitidae 和剑虻科 Therevidae。也有报道（未明确证实）寄生鳞翅目 Lepidoptera 夜蛾科 Noctuidae 和鞘翅目 Coleoptera 象甲科 Curculionidae 的个别种类。

　　注　本属与 *Coelinius* Nees 最为相似，但可以根据以下特征将其与后者区分开：胸部腹板后部于两中足基节间部分总是形成 1 近三角形的具粗糙刻纹的区域，而 *Coelinius* 属或其他与之相近属的种类胸部腹板的此处位置无上述粗糙的区域，通常光滑；腹部第 1 背板基部背凹缺或很浅（几乎缺）。

长腹离颚茧蜂属 *Coelinidea* Viereck 中国已知种检索表

1. 头背面观较横宽，其宽为中间长的 1.5—1.7 倍（图 2-72：B）·····················
　　·····················北极长腹离颚茧蜂，中国新记录 *Coelinidea arctoa*（Astafurova），rec. nov.
　　头背面观较长，呈亚方形，或仅轻微横宽（图 2-73：B），且头宽不大于头中间长的 1.3
　　倍···2

2. 腹部第 1 背板之后各节背板均完全光滑·································3
　　腹部至少第 2 节背板具刻纹或显亚皮质（尽管有时仅呈显较弱的亚皮质）·············4

3. 雌虫触角仅略短于体长（约为体长 9/10），雌雄虫的触角节数较为接近（♂:37 节，♀:34—
　　35 节）；脸部宽为高的 1.5 倍（图 2-73：A）·····························
　　·····················黑足长腹离颚茧蜂，中国新记录 *Coelinidea nigripes*（Ashmead），rec. nov.
　　雌虫触角大大短于体长，且雄虫触角节数大大多于雌虫（♂:52—57 节，♀:28—30 节）；
　　脸部宽为高的 2.5 倍（图 2-74：A）·····························
　　·····················光亮长腹离颚茧蜂，新种 *Coelinidea glabrum* Zheng & Chen，sp. nov.

4. 盾纵沟不汇合（图 2-75：E）；唇基强烈凸出，呈遮檐状（图 2-75：A）；下颚须和下唇
　　须暗棕色···········褐须长腹离颚茧蜂，新种 *Coelinidea avellanpalpis* Chen & Zheng，sp. nov.
　　盾纵沟明显汇合（图 2-77：H），尽管有时稍显弱，但基本完整；唇基不如上述如此凸出；
　　下颚须和下唇须基本呈黄色·····································5

5. 前胸及中胸的部分区域（常包括中胸腹板和中胸盾片前半部）呈橘黄色或黄色，胸部其余
　　部分为黑色（图 2-76：C）；胸部相对不十分伸长（在该属中算较短），其长仅为高的 1.8
　　倍·········红颈长腹离颚茧蜂，中国新记录 *Coelinidea ruficollis*（Herrich-Schaffer），rec. nov.
　　前胸黑色，与胸部其他区域颜色一致；胸部十分长，长约为高的 2.4—2.6 倍·············6

6. 触角：♂:38—46 节，♀:26—33 节；腹部第 2 节背板整个布满细粒状浅刻纹（即，亚皮质），
　　腹部第 3 节背板光滑···刺形长腹离颚茧蜂，中国新记录 *Coelinidea acicula* Riegel，rec. nov.
　　触角：♂:41—46 节，♀:47—54 节；腹部第 2 节背板几乎整个布满精细的纵刻纹，且腹部
　　第 3 节背板大部分区域亦被有与第 2 背板相同的刻纹·····························
　　·····················缪氏长腹离颚茧蜂，中国新记录 *Coelinidea muesebecki* Riegel，rec. nov.

72. 北极长腹离颚茧蜂，中国新记录

Coelinidea arctoa (Astafurova)，rec. nov.

（图 2–72）

Coelinius（*Lepton*）*arctoa* Astafurova，1998：305.

Lepton arctous：Fischer，2001，33（1）：51，2006，38（2）：1377.

Coelinidea arctoa：Yu et al. 2016：DVD.

雌虫 体长 3.9—4.3mm；前翅长 3—3.3mm。

头：触角略短于体，36—40 节，第 1、2、3 鞭节长度比分别为 9：6：5，第 1 鞭节和倒数第 2 鞭节长分别为宽的 4.5 倍和 2 倍。头背面观宽为长的 1.5—1.7 倍，复眼长为上颊长的 1.1 倍，OOL：OD：POL=10：3：5；头顶和上颊稀疏地被有少量刚毛，后头几乎无被毛（仅靠近上颚基部处具一些毛）；额较明显凹陷，两触角窝后方具明显刻纹；脸宽为高的 2.0 倍，表面基本光滑，但被较多细毛，中纵脊较明显凸出；唇基凸出、表面具刻痕，且边缘多毛；上颚特征与该属大部分种类基本相同；下颚须 5 节；下唇须 4 节。

胸：长为高的 2.2 倍。前胸背板背凹深、近圆形，背板侧面几乎无被毛，且大部分光滑，仅后缘具一些粗刻纹；前胸背板槽布满细刻条；中胸盾片表面相对较光滑，前缘、中叶及沿盾纵沟边缘具较多毛，两侧叶基本无被毛且表面光滑；盾纵沟完整、清晰，汇合于中胸盾片中后部中陷前端，沟内布满细刻痕；中陷裂缝状，始于中胸盾片后缘，长约为背板长的 1/5；小盾片较隆起，表面光滑亮泽，两侧及后端被少量细毛；中胸侧板表面大部分光滑，基节前沟完整（前部细，中、后部相对宽），沟内刻纹清晰，基节前沟以下至腹板被密毛；中胸侧缝布满齿状刻痕；并胸腹节表面布满不规则刻纹，并稀疏地分布有少量细刚毛，中纵脊较长（但不达前、后缘），且仅前面一小段清晰，后方较弱；后胸侧板布满粗刻纹，大部分区域无被毛，仅后、下部被有一些长刚毛。

翅：前翅长约为宽的 4.2 倍，为 1–R1 脉长的 1.1 倍；r 脉起始于翅痣中点略偏端部位置，其长约为翅痣宽的 4/5；1–CU1：2–CU1=1：10；后翅 M+CU：1–M=14：9。

足：后足基节基本光滑亮泽（最多于外侧或基部被少量极浅刻痕）；后足腿节长为宽的 4 倍；后足胫节与后足跗节等长；后足第 3 跗节长为端跗节的 1.3 倍。

腹：腹部第 1 背板长，左右两边几乎平行，仅后端稍有扩大，长为端部宽的 3—3.3 倍，表面布满不连续纵刻纹，中纵脊存在（约伸达 T1 纵向 1/3 处），基部背凹甚浅；腹部第 2 背板仅近基部处具刻纹，后方大范围光滑亮泽；端部几节明显侧扁；产卵器稍外露。

体色：触角黄棕色，基部数节比后方略浅，柄节和梗节通常为黄色；头部大部分区域棕红色或暗红棕色，上颚中部黄色，下颚须和下唇须淡黄色；胸部基本为暗红棕色；

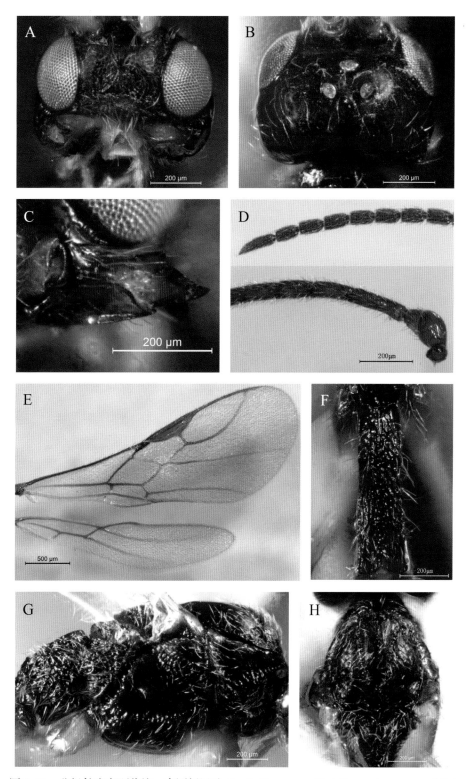

图 2-72 北极长腹离颚茧蜂，中国新记录 *Coelinidea arctoa* (Astafurova)，rec. nov.（♀）
A：头部正面观；B：头部背面观；C：上颚；D：触角基部和端部几节；E：前后翅；F：腹部第 1 背板；
G：胸部侧面观；H：中胸背板

前翅翅痣浅棕黄色；前、中足基本为黄色（除跗节和胫节端半部略暗），后足色暗，除转节黄色，其余部分为黄棕色或棕色（有时基节也基本黄色）；腹部第 1 背板棕黑色，第 2 背板黄棕色，第 3 背板通常呈黄色，之后各节暗褐色或棕黄。

雄虫 雌雄虫基本相似；体长 4—4.4mm；触角 41—46 节。

研究标本 1♀，宁夏六盘山龙潭，2001- Ⅷ -15，林智慧；4♂♂，宁夏六盘山龙潭，2001- Ⅷ -15，杨建全；1♂，2♀♀，宁夏六盘山米缸山，2001- Ⅷ -22，杨建全；5♂♂，2♀♀，宁夏六盘山二龙河，2001- Ⅷ -23，石全秀；2♂♂，宁夏六盘山二龙河，2001- Ⅷ -23，杨建全；1♂，2♀♀，宁夏六盘山二龙河，2001- Ⅷ -23，季清娥。

已知分布 宁夏；俄罗斯。

寄主 未知。

73. 黑足长腹离颚茧蜂，中国新记录
Coelinidea nigripes (Ashmead)，rec.nov.

（图 2-73）

Coelinius nigripes Ashmead，1890，1: 19；Dalla Torre，1898，4: 19；Szépligeti，1904，22: 197.

Coelinidea nigripes：Muesebeck et Walkley，1951，2: 148；Shenefelt，1974: 1073；Riegel，1982，1（3）: 100；Yu et al.，2005，2016: DVD.

雌虫 体长 3.4mm；前翅长 2.7mm。

头：触角长度接近于虫体长（其长约为体长的 9/10），34—35 节，第 1 鞭节长分别为第 2、3 鞭节长的 1.2 倍和 1.4 倍，第 1 鞭节和倒数第 2 鞭节长分别为宽的 4.2 倍和 1.7 倍。背面观头近方形，头宽为长的 1.15 倍，复眼长为上颊长的 4/5；单眼椭圆形，OOL：OD：POL=13：5：7；头顶、上颊和后头光滑亮泽，仅稀疏地被少量细短刚毛；额较平坦，于两触角窝后方不明显下凹，基本光滑，中部无纵脊，仅具少量小凹刻；脸宽为高的 1.5 倍，表面较光滑，被较多细毛，中纵脊于脸上部明显凸出；唇基凸出（侧面观之，明显高于脸），宽为高的 2.3 倍，表面较光滑，被少量细短毛；上唇短，其下缘平；上颚具 4 齿，第 2 齿为附齿，位于第 3 齿背缘基部，稍隆起，第 3 齿长、尖，稍外弯，大大长于两侧齿；下颚须短、5 节；下唇须 4 节。

胸：长为高的 2.1 倍。前胸背板背凹略呈倒钟形，背板侧面光滑亮泽（仅后下缘具一些刻纹），无被毛，前胸背板槽具平行短刻纹；中胸盾片表面相对较光滑（不呈皮质，仅中叶具少量浅刻点），前缘及中叶被较多细毛，侧叶基本无毛；盾纵沟较发达，汇合于中胸盾片约 3/4 处，整条沟布满十分粗糙的刻纹；中陷始于中胸盾片后缘，向前延伸

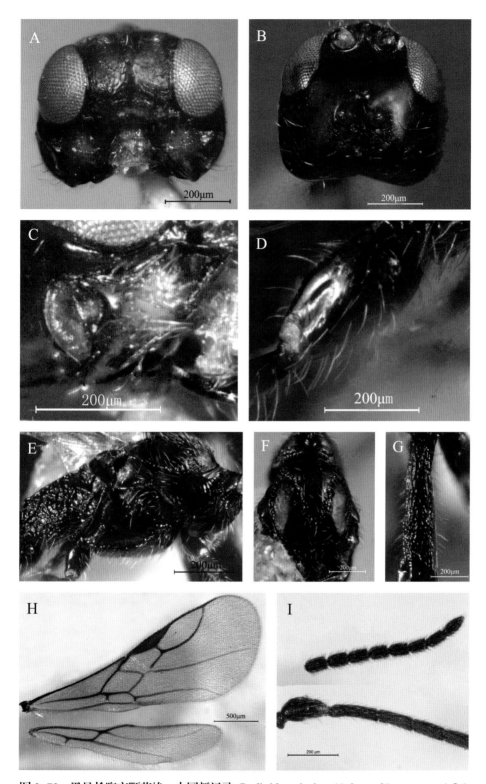

图 2-73　黑足长腹离颚茧蜂，中国新记录 *Coelinidea nigripes* (Ashmead)，rec. nov. (♀)
A：头部正面观；B：头部背面观；C：上颚；D：后足基节；E：胸部侧面观；F：中胸背板；G：腹部第 1 背板；H：前后翅；I：触角基部和端部几节

的长度约为中胸盾片长的 1/4，内具粗糙刻纹；小盾片前沟较宽，沟内具数根短刻条；小盾片表面光滑亮泽，被少量细短毛；中胸侧板大部分区域光滑亮泽，基节前沟较完整且宽大，沟内具平行短刻纹（前半部比后半部粗壮）；中胸侧缝较窄，布满齿状刻痕；并胸腹节表面密被不规则粗刻纹，无被毛，无中纵脊；后胸侧板布满与并胸腹节类似的粗刻纹，并且仅于下缘及后部近后足基节处被有一些刚毛。

翅：前翅长为宽的 4.5 倍，为 1–R1 脉长的 1.2 倍；r 脉起始于翅痣中点稍偏端部位置，其长为翅痣宽的 4/5；1–SR+M 脉较直；3–SR+SR1 脉均匀弯曲；cu–a 脉强烈后叉式，且几乎垂直状；1–CU1 脉较长，1–CU1：2–CU1=3：10；后翅 M+CU：1–M=7：5。

足：后足基节基本光滑（仅于基部具少量刻点）；后足腿节长为宽的 4.7 倍；后足胫节与后足跗节等长；后足胫节距长分别为后足基跗节长的 1/5、3/10；后足第 3 跗节与端跗节等长。

腹：腹部第 1 背板甚细长，由基部至端部有所扩大，中间长为端部宽的 3.6 倍，表面布满不连续纵刻纹，无中纵脊，基部背凹几乎缺；腹部第 1 背板之后表面均光滑；第 3 背板开始各节逐步侧扁，且表面密被细短刚毛；产卵鞘稍向后露出。

体色：触角整个均为暗棕色，基部几鞭节略浅；头部大部分区域、胸部及腹部第 1、2 背板黑色；上颚中部及上唇铜黄色，下颚须和下唇褐黄色；前翅翅痣黄褐色；足基本为黄褐色至褐色，各足基节为黑褐色；腹部第 1 背板之后各节深褐色。

雄虫　与雌虫相似；体长 3.3mm；触角 37 节。

研究标本　1♂，1♀，黑龙江省漠河，2011–Ⅶ–26，郑敏琳；1♀，黑龙江省漠河，2011–Ⅶ–26，董晓慧。

已知分布　黑龙江；美国。

寄主　未知。

注　本种是 Ashmead 于 1890 年根据雄虫标本确定和描述的，1982 年 Riegel 又根据新的雄性标本与原模式核对后，对其进行了重新描述。本研究标本的雄性虫体主要特征和 Ashmead（1890）以及 Riegel（1982）描述基本一致。另外，本研究确定了该种的雌性虫体，并对其特征做了详细描述。

74. 光亮长腹离颚茧蜂，新种
Coelinidea glabrum Zheng & Chen , sp. nov.

（图 2–74）

雌虫　正模，体长 5.3mm；前翅长 3.5mm。

头：头通常前伸；触角较明显短于虫体长，29 节，中后部鞭节几乎方形，第 1 鞭节长和倒数第 2 鞭节长分别为宽的 3.3 倍和 1.2 倍。背面观头近方形，头宽为中间长的 1.15

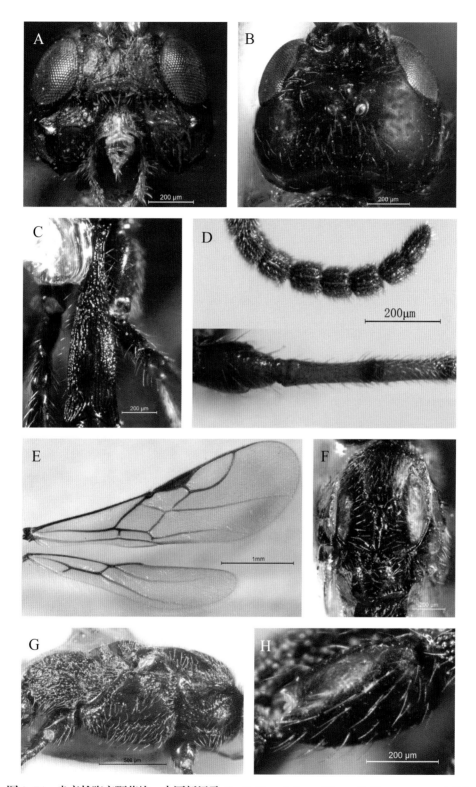

图 2-74 光亮长腹离颚茧蜂，中国新记录 *Coelinidea glabrum* Zheng & Chen , sp. nov. (♀)

A：头部正面观；B：头部背面观；C：腹部第 1 背板；D：触角基部和端部几节；E：前后翅；F：中胸背板；
G：胸部侧面观；H：后足基节

倍，复眼长为上颊长的 3/5；单眼小、近圆形，OOL：OD：POL=5：1：2；头顶、上颊和后头被少量细刚毛；额较明显下凹，于两触角窝间区域具明显纵刻纹，不形成中纵脊；脸较隆起，宽为高的 2.5 倍，表面布满细毛及刻点，中纵脊明显；唇基宽为高的 2.0 倍，甚凸出，侧观，明显高于脸，表面布满刻点及细长刚毛；上颚具 4 齿，附齿位于中齿背缘，呈叶状凸起，中齿甚长、尖，稍外弯；下颚须短；下唇须 4 节。

胸：长为高的 2.3 倍。前胸较长，背板中部具背凹，两侧面无被毛，且绝大部分光滑，仅后缘具刻纹，前胸背板槽仅前半段刻纹明显，后半段几乎光滑；中胸盾片表面绝大部分区域光滑，且前缘和中叶布满密毛，沿盾纵沟及中陷轨迹亦被有较多长刚毛（但相对稀疏），其余部分无被毛；盾纵沟较细，但清晰、完整，汇合于中叶后端，沟内布满细平行短刻纹；中陷深且相对宽，由中胸盾片后缘伸达中叶后端；小盾片表面光滑亮泽，被少量细毛；中胸侧板大部分区域光滑亮泽，不显皮质，中部稀疏地被有少量细刚毛；基节前沟完整，沟内具刻纹（但不太规则），基节前沟至腹板密被大量长刚毛；中胸腹板后端中间（中足基节前）形成 1 具粗糙刻纹的近三角区域；中胸侧缝窄、较深，具短小的齿状刻痕；并胸腹节长，前半部表面刻纹具一定纵向性，后半部较不规则，且仅后端被有少量细刚毛，无中纵脊；后胸侧板表面几乎布满近网格状粗刻纹，并均匀地分布有较多朝向后方的长刚毛（但毛略显稀薄）。

翅：前翅长为宽的 3.8 倍，为 1–R1 脉长的 1.1 倍；r 脉始于翅痣中偏端部处，其长为翅痣宽的 7/10；1–SR+M 脉较直；3–SR+SR1 脉均匀弯曲；cu-a 脉后叉式，近垂直状；1–CU1：2–CU1=1：5；后翅 M+CU：1–M=3：2。

足：后足基节光滑，仅基部具零星刻点；后足腿节长为宽的 3.8 倍；后足胫节略短于后足跗节；后足第 3 跗节与端跗节等长。

腹：腹部甚长，端部几节侧扁；第 1 背板长，前半部较后半部明显隆起，基部向端部扩大较明显，后缘中部较明显前凹，长为端部宽的 3.5 倍，表面几乎无被毛、布满不连贯纵刻纹，无中脊，基部背凹缺；腹部第 2、3 背板表面光滑亮泽；第 3 背板之后强烈侧扁；产卵器几乎不露出。

体色：整体主要呈黑色；触角前 5—6 节明显比后方浅色（铜黄色至棕黄色），其余深棕色至棕黑色；头部大部分区域、胸部及腹部第 1 板黑色；上颚中部棕黄色，下颚须和下唇须褐色；前翅翅痣棕色；足色深，其中前足相对于中、后足色浅些，主要褐色和黄色混杂（基节和转节暗褐色），中、后足的基节、腿节及胫节均棕黑色至黑色，跗节褐色；腹部第 1 背板之后均为深棕色。

变化：体长 5.1—5.7mm；前翅长 3.3—3.7mm；28—30 节。

雄虫　体长 5.8—6.2mm；触角明显比雌虫更显细长，52—57 节；其他特征基本与雌虫相似。

研究标本　正模：♀，青海大通，2008- Ⅵ -20，赵琼。副模：4 ♂♂，青海西宁曹家寨，

2008– Ⅵ –4，赵琼；3 ♂♂，青海民和，2008– Ⅵ –6，赵琼；1 ♂，青海平安，2008– Ⅵ –10，赵琼；2 ♂♂，1 ♀，青海塔尔山，2008– Ⅵ –11，赵琼；12 ♂♂，2 ♀♀，青海大通，2008– Ⅵ –20，赵琼。

已知分布 青海。

寄主 未知。

词源 本新种拉丁名"glabrum"意为光滑或光亮之意，是由于本种在该类群种类中属于外表明显较为光滑、刻纹较少的种，故以此特点命名。

注 本种与 *Coelinidea acicula* Riegel 最相似，但本种后足基节光滑亮泽，后者后足基节外侧布满粗糙刻纹、较暗淡；本种中胸侧板大部分区域和腹部第 2 背板均光滑（不显皮质），后者则多少呈弱皮质；本种前胸两边明显比后者更光滑；本种虫体较明显大于后者。

75. 褐须长腹离颚茧蜂，新种

Coelinidea avellanpalpis Chen & Zheng , sp. nov.

（图 2-75）

雌虫 正模，体长 7.3mm；前翅长 4.5mm。

头：头明显前伸；触角 45 节，第 1、2、3 鞭节的长度比为 6∶4∶3，中段的鞭节几乎方形，第 1 鞭节较细长，但其基部相对粗大，第 1 鞭节和倒数第 2 鞭节长分别为宽的 3.3 倍和 1.4 倍。背面观后头中部较明显前凹（即头后缘中部向前拱弯），头宽为中间长的 1.2 倍，复眼长为上颊长的 7/10；OOL∶OD∶POL=15∶4∶5；头顶、上颊均匀地被有较多细刚毛，后头几乎无毛；额于两触角窝后方明显凹陷，具刻纹，且中间形成一小段纵脊；脸宽为高的 1.8 倍，中纵脊完整且宽，表面光滑，脸表面其余部分布满细毛及刻点；唇基短，极为突出（似鸭嘴状），表面布满刻点，下缘密被刚毛；上唇窄，表面密被细长毛；上颚具 4 齿，第 2 齿为附齿，位于第 3 齿背缘基部，呈叶状隆起，第 3 齿长、尖，稍外弯，第 1 齿相对较尖，第 4 齿短、钝；下颚须 5 节；下唇须 4 节。

胸：长为高的 2.6 倍。前胸背板背凹深、呈纵向椭圆形，侧面三角区表面几乎布满细刻点，且稀疏地被有细长毛，后缘具粗刻纹；前胸背板槽布满精致刻条；前胸侧板布满刻点，并密布十分精细的刚毛；中胸盾片表面除两侧叶光滑亮泽且无被毛，其余部分则布满细长毛及大量浅刻点（毛孔形成）；盾纵沟明显伸达中胸盾片中部，但后方不汇合，沟较深，内具粗壮的平行短刻纹；中陷直线状，较深、窄，由中胸盾片后缘前伸至中叶后端；小盾片前沟相对较浅，明显可见 5 根较粗壮的纵脊纹；小盾片为光亮的凸面；中胸侧板大部分区域较光滑亮泽，中部以下被较多长刚毛；基节前沟完整，近直线状，具粗刻纹；中胸侧缝略显宽，布满较粗壮平行短刻纹；并胸腹节长，表面布满不规则粗

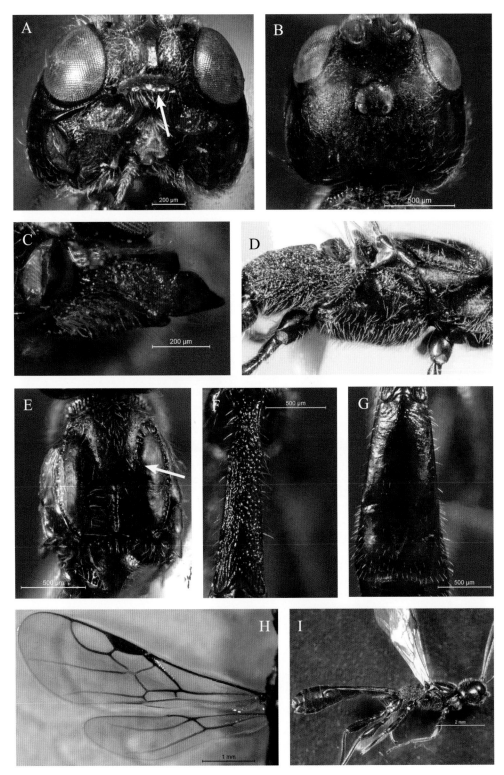

图 2-75　褐须长腹离颚茧蜂，新种 *Coelinidea avellanpalpis* Chen & Zheng , sp. nov.（♀）

A：头部正面观；B：头部背面观；C：上颚；D：胸部侧面观；E：中胸背板；F：腹部第 1 背板；
G：腹部第 2、3 背板；H：前后翅；I：整体图（示）腹部侧扁

刻纹，较均匀地被有细短毛，但不明显，中纵脊由前缘后伸至 1/3 处；后胸侧板表面刻纹同于并胸腹节，被较多精细刚毛。

翅：前翅长为宽的 4.0 倍，为 1–R1 脉长的 1.1 倍；r 脉起始于翅痣中点显著偏向端部位置（r 脉起始点距翅痣基点和端点的长度比为 17：9），其长为翅痣宽的 4/5；1–SR+M 脉两端微弯；3–SR+SR1 脉均匀弯曲；缘室甚短；2–R1 脉长；cu–a 脉后叉式，近垂直状；1–CU1 脉较短，1–CU1：2–CU1=2：15；后翅 M+CU：1–M=19：14。

足：后足基节基本光滑，仅基本具少量刻痕；后足腿节长为宽的 3.6 倍；后足胫节与后足跗节几乎等长；后足胫节距长分别为后足基跗节长的 1/5、3/10；后足第 3 跗节长为端跗节的 1.2 倍。

腹：第 1 背板长，基部至端部较明显扩大，后缘中部较明显前凹，长为端部宽的 4.0 倍，表面刻纹不规则，且几乎无被毛，基部背凹几乎缺；腹部第 2 背板及第 3 背板前半部表面显弱皮质，但较有光泽；第 4 节至腹末逐渐侧扁，两侧密被细短刚毛；产卵器不明显外露。

体色：体黑色；触角浅 8 节明显比后面各节浅色，基本显铜黄色，后方各节棕黑色；头部大部分区域、胸部及腹部第 1 板黑色；上颚中部红棕色，上唇黄棕色，下颚须和下唇须暗褐色；前翅翅痣褐色；前足大部分铜黄色（基节基部、转节及端跗节褐色至暗褐色），中、后足明显色暗，基本为黑色（除中足胫节及中、后足跗节前两节颜色相对浅些）。

变化：体长 7—7.8mm；前翅长 4.3—4.8mm；触角 44—48 节。

雄虫 体长 8mm；触角仅见 58 节（后部缺失），但相对于虫体比雌虫明显更显细长，且颜色较雌虫深；其他特征基本与雌虫相似。

研究标本 正模：♀，内蒙古乌兰察布卓资山，2011– Ⅷ –5，郑敏琳。副模：1 ♂，2 ♀♀，内蒙古乌兰察布卓资山，2011– Ⅷ –6，姚俊丽；1 ♀，内蒙古乌兰察布卓资山，2011– Ⅷ –6，赵莹莹。

已知分布 内蒙古。

寄主 未知。

词源 本种拉丁名称 "avellanpalpis" 意为褐色的须，是由于本种下唇须和下颚须为深褐色，较明显区别于与其相近的一些种类，故以此部位的颜色特征命名。

注 本种与 *Coelinidea minnesota* Riegel 最为相似，其区别为：本种腹部第 1 背板无中纵脊，而后者具十分粗壮的中纵脊；本种盾纵沟后方不汇合，后者明显汇合；本种中胸盾片除侧叶基本无毛，其余部分被较密细毛，而后者中胸盾片几乎无毛，仅沿盾纵沟被有一些毛；本种下唇须和下颚须为深褐色，而后者明显浅色（为类似麦秆色）。

76. 红颈长腹离颚茧蜂，中国新记录

Coelinidea ruficollis (Herrich-Schaffer) , rec. nov.

（图 2-76）

Coelinius ruficollis Herrich-Schaffer, 1838: 153；Vollenhoven, 1873，16: 196，1876，19: 247；Szépligeti, 1904，22: 197.

Alysia procerus Haliday, 1839: 23.（Syn. by Szépligeti, 1904）

Chaenon circulator var. *ruficollis*: Dalla Torre, 1898, 4: 21.

Copidura circulator var. *ruficollis*: Dalla Torre, 1898, 4: 21.

Coelinidea ruficollis: Kloet et Hincks, 1945: 241；Shenefelt, 1974: 1073；Belokobylskij, 2003，53（2）: 360；Papp. 2007，53（1）: 9；Yu et al.，2005，2016: DVD.

雌虫 体长 3.3—4mm；前翅长 2.1—2.5mm。

头：触角 38—40 节，第 1 鞭节长分别为第 2、3 鞭节长的 1.4 倍 1.6 倍，第 1 鞭节和倒数第 2 鞭节长分别为宽的 4.0 倍和 1.7 倍。头背面观宽为中间长的 1.3 倍，复眼长几乎等于上颊长；单眼椭圆形，OOL：OD：POL=10：4：7；头顶和上颊稀疏地被一些细刚毛，后头几乎无被毛；额于两触角窝后方略凹，具明显刻纹；脸宽为高的 1.5 倍，表面几乎布满精细刻纹及细短毛，中纵脊较明显；唇基凸出，具浅刻痕；上颚具 4 齿，中齿长、尖，稍外弯，大大长于两侧齿，中齿背缘 1 具叶凸状附齿；下颚须较短。

胸：长为高的 1.8 倍。前胸背板背凹近圆形，背板侧面后下部具粗糙刻纹，前方基本光滑，几乎无被毛；中胸盾片表面大部分光滑，且毛较稀少；盾纵沟十分清楚，汇合于中胸盾片中后部，沟内布满刻纹；中陷由中胸盾片后缘伸达中叶后端，与盾纵沟汇合形成 1 粗糙的凹陷区域；小盾片前沟较宽，沟内具数根短刻条；小盾片表面光滑亮泽；中胸侧板表面呈极弱皮质，但较亮泽，基节前沟完整且甚宽，沟内充满刻纹；中胸侧缝具齿状刻痕；并胸腹节表面刻纹较精致，基本无被毛，中纵脊较精细，约伸达纵向 1/3 处；后胸侧板布满粗刻纹，并均匀地被有较多长刚毛（多指向后方后足基节方向）。

翅：前翅长为宽的 3.5 倍，为 1-R1 脉长的 1.3 倍；r 脉起始于翅痣中点略偏端部位置，其长为翅痣宽的 4/5；1-SR+M 脉轻微弯曲；3-SR+SR1 脉十分均匀弯曲；缘室短；2-R1 脉长；cu-a 脉后叉式，近垂直状；1-CU1 脉较短，1-CU1：2-CU1=4：19；后翅 M+CU：1-M=5：4。

足：后足基节外侧被有十分精细的浅刻纹；后足腿节长为宽的 3.6 倍；后足胫节与后足跗节等长；后足第 3 跗节长为端跗节的 1.2 倍。

腹：腹部第 1 背板较长，由基部至端部有所扩大（前半部几乎平行，后半部扩大明显），中间长为端部宽的 3.5 倍，表面布满不连续纵刻纹，无中纵脊，基部背凹较浅；

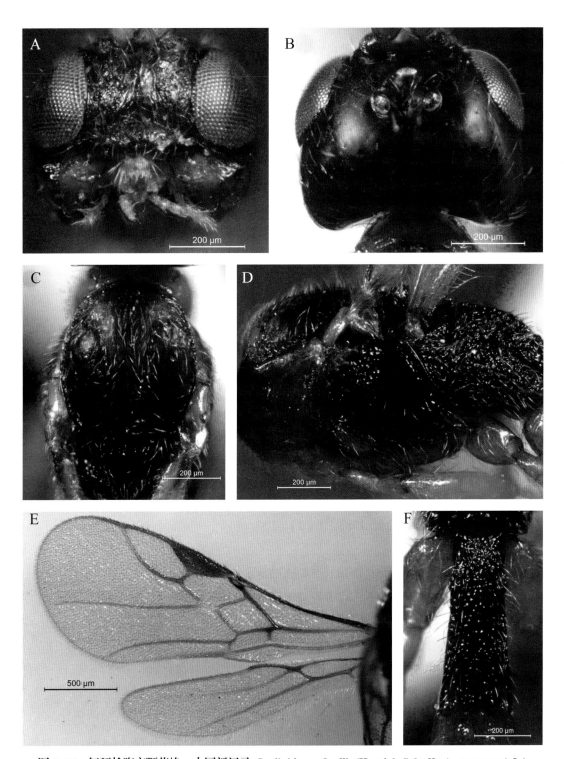

图 2-76　红颈长腹离颚茧蜂，中国新记录 *Coelinidea ruficollis* (Herrich-Schaffer), rec. nov. (♀)
A：头部正面观；B：头部背面观；C：中胸背板；D：胸部侧面观；E：前后翅；F：腹部第 1 背板

腹部第 2 背板表面无明显刻纹，仅呈弱皮质；第 3 背板之后各节明显侧扁；产卵鞘轻微后露。

体色：触角整体显深棕色至棕黑色，但基部 8—10 节明显比后方浅色，其中柄节和梗节明显呈黄色，第 1—10 鞭节由棕黄色加深至棕；头部大部分区域黑色，唇基深褐色，上颚中部及上唇暗黄色，下颚须和下唇须黄色（下颚须端节略暗）；前胸橘黄色，中胸除背板前半部和腹板为黄色或褐黄色，其余部分基本呈黑色，后胸黑色，也有的整个中、后胸均为黑色；前翅翅痣褐色；前、中足基本为黄色（除跗节和中足腿节背面褐黄色），后足色暗，其中除基节和转节黄色，其余部分基本为褐色至黄褐色；腹部第 1 背板棕黑色，第 2、3 背板黄色，之后各节褐色。

雄虫 雌雄虫基本相似；后足基节颜色比雌虫暗（为深棕色），表面刻纹比雌虫稍明显；体长 3.6mm；触角 40 节。

研究标本 2 ♀♀，黑龙江省漠河，2011- Ⅶ -23，郑敏琳；1 ♀，黑龙江省漠河，2011- Ⅶ -23，董晓慧；1 ♂，黑龙江省漠河，2011- Ⅶ -23，赵莹莹；1 ♀，黑龙江省漠河，2011- Ⅶ -23，姚俊丽。

已知分布 黑龙江；韩国、蒙古、法国、德国、匈牙利、荷兰、波兰、西班牙、英国、瑞士、瑞典、俄罗斯、乌兹别克斯坦、塞尔维亚。

寄主 未知。

77. 刺形长腹离颚茧蜂，中国新记录
Coelinidea acicula Riegel , rec. nov.

（图 2-77；图 1-6：B）

Coelinidea acicula Riegel，1982，1（3）：109.

雌虫 体长 3.7—4.8mm；前翅长 2.4 —3.1mm。

头：触角短于体（约为体长的 3/4—7/10），26—33 节，第 1、2 鞭节较细长（但第 1 鞭节较不匀称，长宽比变化较大），第 3 至 8 鞭节逐渐且明显变粗（之后宽度基本稳定），中后部各节近方形，倒数第 2 鞭节长为 1.2 倍。背面观头近方形，头宽为中间长的 1.1 倍，复眼长为上颊长的 4/5；OOL：OD：POL=43：7：13；头顶、上颊和后头稀疏地被有较多细刚毛；额于两触角窝后方明显凹陷，具粗糙刻纹，且中间凸起，形成 1 明显中纵脊；脸为较隆起的凸面，宽为高的 2 倍，表面布满细毛及刻点，中纵脊相对不明显；唇基较突出，宽为高的 2 倍，表面布满与脸部相同的刻点，并被少量细短毛；上唇较短，下缘微凹；上颚具 4 齿，第 2 齿为附齿，位于第 3 齿背缘基部，呈小叶状隆起，第 3 齿长、尖，稍外弯，第 1、4 齿相对短、钝；下颚须短、5 节；下唇须 4 节。

胸：长为高的 2.4 倍。前胸相对较长，其背板背凹宽大，侧面三角区无被毛，且前

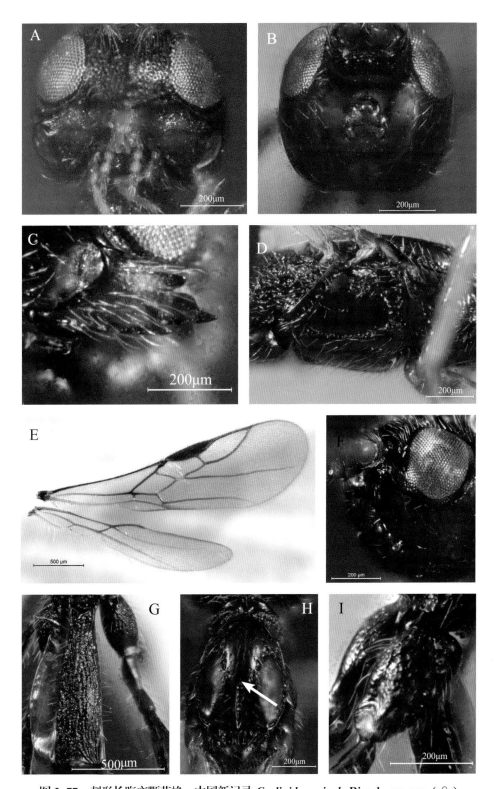

图 2-77　刺形长腹离颚茧蜂，中国新记录 *Coelinidea acicula* Riegel , rec. nov. (♀)
A：头部正面观；B：头部背面观；C：上颚；D：胸部侧面观；E：前后翅；F：（示）额中部凸出的纵脊；
G：腹部第 1 背板；H：中胸背板；I：后足基节

面光滑，中后部具粗刻纹，前胸侧板及斜沟处均布满粗糙刻纹；中胸盾片表面大部分光滑亮泽（有时略显皮质），被少量细短刚毛（主要分布于背板中前部），中叶具较多刻痕；盾纵沟明显，几乎汇合于背板2/3处，沟内布满粗糙刻纹；中陷裂口状，略浅，内具粗刻纹，由中胸盾片后缘向前伸达近中部位置；小盾片前沟略浅，沟内可见 5 根细短刻条；小盾片表面前半部光滑，后半部具刻点；中胸侧板大部分区域较亮泽，但通常呈弱皮质，且中部稀疏但均匀地被有细刚毛；基节前沟完整，沟内布满平行短刻纹；中胸侧缝十分窄，刻痕弱小；并胸腹节长，表面密布不规则网状刻纹，仅后半部零星被有一些细刚毛，中纵脊缺；后胸侧板表面刻纹基本类似于并胸腹节，表面稀疏地被少量细毛。

翅：前翅长为宽的 4.5 倍，为 1–R1 脉长的 1.3 倍；r 脉起始于翅痣中点偏端部位置，其长为翅痣宽的 9/10；1–SR+M 脉略弯；3–SR+SR1 脉均匀弯曲；cu-a 脉后叉式，但明显倾斜状；1–CU1 脉很短，1–CU1：2–CU1=1：7；后翅 M+CU：1–M=7：5。

足：后足基节外侧布满粗糙刻纹；后足腿节长为宽的 3.8 倍；后足胫节等长于后足跗节；后足胫节距长分别为后足基跗节长的 1/5、3/10；后足第 3 跗节与端跗节等长。

腹：腹部甚长，端部几节明显侧扁；第 1 背板长，由基部向端部较明显扩大，后缘中部稍向前凹，长为端部宽的 3.6 倍，表面布满不连贯纵刻纹，几乎无被毛，基部背凹几乎缺；腹部第 2 背板整个表面为十分精细细点状浅纹（即弱皮质）；第 3 背板表面光滑，开始向后方有所收窄；第 4 背板至腹末，强烈侧扁；产卵器短，产卵器鞘稍后露。

体色：整体色黑；触角柄节和梗节黄棕色，第 1、2 鞭节铜黄色，第 4 至 6 鞭节逐渐由暗黄棕色加深至黑色，其余各节黑色；头部大部分区域、胸部及腹部第 1 板黑色；上颚中部暗红棕色，上唇浅红棕色，下颚须和下唇须暗黄色；前翅翅痣褐色；前足除跗节褐色（基跗节褐黄色），其余铜黄色或褐黄色，中、后足明显色暗，包括基节、腿节及胫节基本都为黑色；腹部第 1 背板之后，除第 3 背板略显铜黄色，其余基本都为暗红棕色。

雄虫 体长 4.1—5.0mm；触角明显比雌虫更显细长，38—46 节；后足基节刻纹比雌虫少，有少数仅于基部被有少量刻纹；其他特征基本与雌虫相似。

研究标本 3♀♀，宁夏贺兰山汝箕沟，2001- Ⅷ -9，季清娥；1♀，宁夏六盘山龙潭，2001- Ⅷ -15，杨建全；1♂，青海民和，2008- Ⅵ -6，赵琼；3♂♂，青海平安，2008- Ⅵ -10，赵琼；1♂，青海塔尔山，2008- Ⅵ -11，赵琼；8♂♂，2♀♀，青海大通，2008- Ⅵ -20，赵琼；1♀，黑龙江漠河松苑，2011- Ⅶ -24，郑敏琳；2♀♀，黑龙江漠河，2011- Ⅶ -26，赵莹莹；1♂，内蒙古科尔沁右翼中旗代钦塔拉，2011- Ⅶ -30，赵莹莹；2♂♂，4♀♀，内蒙古乌兰察布卓资山，2011- Ⅷ -5，郑敏琳；1♂，1♀，内蒙古乌兰察布卓资山，2011- Ⅷ -5，董晓慧；5♀♀，内蒙古乌兰察布卓资山，2011- Ⅷ -5，赵莹莹；5♂♂，7♀♀，内蒙古乌兰察布卓资山，2011- Ⅷ -6，郑敏琳；5♀♀，内蒙古乌兰察布卓资山，2011- Ⅷ -6，姚俊丽；1♀，内蒙古呼和浩特乌素图，2011- Ⅷ -

8，董晓慧；1♀，吉林白城森林公园，2011-Ⅷ-2，董晓慧；1♂，吉林白城通榆县，2011-Ⅷ-15，赵莹莹。

已知分布　宁夏、青海、内蒙古、黑龙江、吉林；美国。

寄主　未知。

注　本种原先仅见于新北区报道，古北区尚属首次。

78. 缪氏长腹离颚茧蜂，中国新记录
Coelinidea muesebecki Riegel，rec. nov.

（图 2-78）

Coelinidea muesebecki Riegel，1982，1（3）：141.

雌虫　体长 4.8—5.6mm；前翅长 2.7—3.1mm。

头：触角 41—46 节，第 1 鞭节长分别为第 2、3 鞭节长的 1.3 倍和 1.5 倍，第 1 鞭节和倒数第 2 鞭节长分别为宽的 3.5 倍和 1.5 倍。背面观后头相对较平，头宽为中间长的 1.25 倍，复眼长为上颊长的 4/5；单眼近圆形，OOL：OD：POL=17：5：6；头顶和上颊被较多细刚毛，后头中部几乎无被毛，两侧则密被细长毛；额于两触角窝后方较明显下凹，并具明显刻痕；脸宽为高的 1.5 倍，表面布满刻点及细毛，中纵脊明显（由近两触角窝中间处伸达脸中部）；唇基凸出，宽为高的 2.5 倍，表面布满刻痕及细毛；上颚略显粗短，具 4 齿，中齿较突出，端部尖，较弯，中齿背缘隆起形成附齿；下颚须 5 节；下唇须 4 节。

胸：长为高的 2.6 倍。前胸背板背凹宽大、呈纵向椭圆形，背板侧面绝大部分区域被大量刻纹及刻点，并布满细毛，前胸背板槽布满粗壮刻条（或称平行短刻纹）；中胸盾片表面几乎布满细毛及刻点；盾纵沟完整、清楚，汇合于中胸盾片中后部中陷前端，沟内布满粗刻痕；中陷始于中胸盾片后缘，窄且深，前伸至中叶后端；小盾片前沟具数根短刻条；小盾片表面基本光滑（最多仅零星刻点），并被少量细毛；中胸侧板表面被较多细短毛及浅刻点，但较亮泽，基节前沟完整，呈直线状，沟内刻纹细短，基节前沟下方至腹板密被精细长刚毛；中胸侧缝具清晰齿状刻痕；中胸腹板于中足基节前具明显粗糙的三角形区域；并胸腹节表面布满刻纹，且略呈碎波纹状，中纵脊较浅，约伸达纵向 1/3 处，整个表面仅十分稀疏但较均匀地分布有细短毛；后胸侧板布满粗刻纹，并被较多长刚毛，但相对较稀薄。

翅：前翅长为宽的 5 倍，为 1-R1 脉长的 1.1 倍；r 脉几乎起始于翅痣中点处，其长为翅痣宽的 4/5；1-SR+M 脉仅轻微弯曲；3-SR+SR1 脉均匀弯曲；2-R1 脉长；cu-a 脉仅稍微后叉式，近垂直状；1-CU1 脉极短；后翅 M+CU：1-M=13：9。

足：后足基节外侧明显被细刻纹；后足腿节长为宽的 4.6 倍；后足胫节长为后足跗

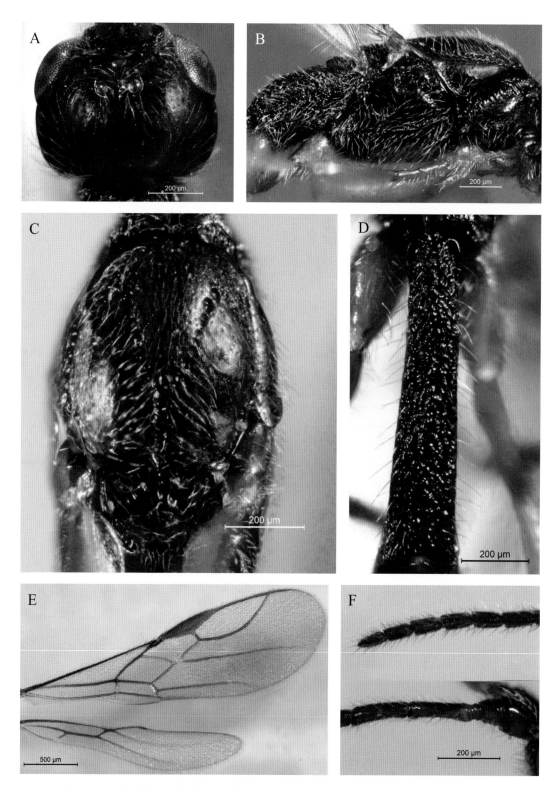

图 2-78　缪氏长腹离颚茧蜂，中国新记录 *Coelinidea muesebecki* Riegel , rec. nov. (♀)

A：头部背面观；B：胸部侧面观；C：中胸背板；D：腹部第 1 背板；E：前后翅；F：触角基部和端部几节

节长的 4/5；后足第 3 跗节长为端跗节的 1.4 倍。

腹：腹部第 1 背板长，基部至端部有所扩大，后缘中部稍前凹（第 1、2 背板节间沟中部形成 1 表面光亮区域），长约为端部宽的 4.5 倍，表面布满不规则刻纹，无中纵脊，基部背凹小、浅；腹部第 2 背板长约为第 1 背板长的 3/5，整个表面几乎布满细刻纹（具一定纵向性）；第 3 背板表面亦绝大范围被有精细刻纹，第 4 节至腹末光滑，且显著侧扁，表面密被短刚毛；产卵器十分短，产卵器鞘不明显外露（最多仅见稍微露出一点）。

体色：触角整体显棕色或棕黑色，基部数节明显浅色，通常为黄色或铜黄色；头部大部分区域、胸部及腹部第 1 背板黑色，上唇铜黄色，上颚中部褐黄色，下颚须和下唇须黄色；前翅翅痣黄棕色；足黄色或铜黄色，但后足腿节及胫节端部常褐色或黄棕色；腹部第 2、3 背板红棕色或深棕色，第 3 节之后黑褐色。

雄虫　雌雄虫基本相似；后足基节颜色比雌虫光滑；体长 4.6—6.3mm；触角 47—54 节。

研究标本　1 ♂，福建武夷山大竹岚，1980- Ⅵ -16，刘依华；2 ♂♂，1 ♀，福建武夷山坳头，1980- Ⅵ -25，黄居昌；2 ♀♀，福建武夷山大竹岚，1982- Ⅵ -14，刘依华；3 ♂♂，4 ♀♀，辽宁西郊森林公园，2012- Ⅶ -4，赵莹莹；10 ♂♂，10 ♀♀，辽宁大连秀月山，2012- Ⅶ -6，赵莹莹；2 ♂♂，5 ♀♀，辽宁大连西尖山，2012- Ⅶ -7，赵莹莹；2 ♂♂，4 ♀♀，辽宁大连西尖山，2012- Ⅶ -7，常春光；1 ♂，辽宁大连台山，2012- Ⅶ -8，常春光。

已知分布　福建、辽宁；美国。

寄主　未知。

注　本种原先仅见于新北区报道，古北区和东洋区尚属首次。本种与古北区的 *Coelinidea niger*（Nees）较接近，最大区别是：相对于虫体，本种腹部第 1 背板比后者长很多。

（六）狭腹离颚茧蜂属，中国新记录 *Coelinius* Nees, rec. nov.

Coelinius Nees，1818，Nov. Act. Acad. Nat. curios，9: 301. Type species（designated by Foerster，1862）: *Stephanus parvulus* Nees，1811.

Chaenon Curtis，1829，Brit. Ent.，6: 289. Type species（by original designation and monotypy）: *Chaenon anceps* Curtis，1829.（Syn. by Halliday，1839）

Copisura Schiodte，1837，Nat. Tidskr.，1: 603. Type species（by monotypy）: *Copisura rimator* Schiodte，1837.（Syn. in Dalla Torre，1898）

Lepton Zetterstedt，1838，Ins. Lapp.，1: 403. Type species（by monotypy）: Lepton attenuator Zetterstedt，1838.（Syn. in Dalla Torre，1898）

Polemon Giraud，1863，Verh. zool.–bot. Ges. Wien，13: 1267. Type species（designated by Viereck，1914）: *Polemon liparae* Giraud，1863.（Syn. by Griffiths，1964）

　　狭腹离颚茧蜂属 *Coelinius* 系 Nees（1818）根据 *Stephanus parvulus* Nees 建立，由 Foerster（1862）确定。一直以来，关于该属的分类地位争议很大。并且许多研究者都曾尝试对 *Coelinius* 进行再划分（如：Thomson 1895；Griffiths 1964；Tobias 1986，1998；Wharton 1994）但对于 Nees 的相关种类的诠释都各不相同，使得是否作为属、亚属或小群体的判断变得复杂化。Nixon（1943）明确将 *Coelinius* 作为一单独属来描述；而 Griffiths（1964）探讨了 *Coelinius* 属团，并建议 *Coelinius* 应作为 *Polemochartus* 和 *Lepton* 的异名，或者与其共同作为亚属地位看待。Shenefelt（1974）和 Fischer（1976）都承认了 *Coelinius* 作为属的地位，而 Maetô（1983）则确定了 *Polemochartus* 和 *Sarops* 作为属的地位。后来 Wharton（1994）在 Griffiths（1964）的基础上将 *Coelinius* 属团的 *Coelinius* Nees、*Lepton* Zetterstedt（=*Coelinidea* Viereck）、*Polemochartus* Schulz 和 *Sarops* Nixon 确定为 *Coelinius* Nees 属的亚属，他的划分依据是：这些属具有重要的共同特性，即都寄生秆蝇科 Chloropidae 昆虫、上颚第 1 和 2 齿间具一附齿、雌成虫腹部都有侧扁现象。在本书作者看来，*Coelinius* 属团虽然具确定的共同特征（腹部第 2 背板具纵刻条或刻纹），但上颚和腹部第 1 背板形状、雌虫腹部有否侧扁、跗爪是否特化等特征却存在较明显差异，而且生物学特性（如专性寄生对象）也有不同，故本专著中将 *Coelinius* 作为独立属来描述。

　　本专著首次记述该属在中国的分布，并记述了 1 个中国新记录种。

　　属征　上颚具 4 齿，颚齿通常较明显向外弯；中齿（第 3 齿）较窄、长，且端部尖，附齿（第 2 齿）位于中齿背缘，通常为 1 小凸起；复眼无或几乎无刚毛；后胸侧板稀疏或较密地被有刚毛，但毛从不接近贴面，总是较为挺立或朝向腹后方，前翅 r 脉始发于翅痣中偏端部位置；基节前沟具刻纹；虫体长，胸部长通常至少为高的 2 倍。

　　已知分布　古北区、东洋区、新北区、热带区（非洲）、澳洲区。

　　寄主　已知寄生双翅目 Diptera 潜蝇科 Agromyzidae、水蝇科 Ephydridae、秆蝇科 Chloropidae 的一些种类。

　　注　本属最容易与长腹离颚茧蜂属 *Coelinidea* Viereck 的种类混淆，但根据 Kees van Achterberg 的建议以及通过检查大量相关标本，我们认为可根据中胸腹板末端中足基节之间部位的特征以及腹部第 1 背板基部背凹的存在与否，便可较容易地将两者区分开来。

79. 剑狭腹离颚茧蜂，中国新记录

Coelinius anceps (Curtis), rec. nov.

（图 2-79）

Chaenon anceps Curtis, 1829, 6: 289; Kirchner, 1967: 141; Marshall, 1896, 5: 513;
Telenga, 1935, 1934（12）: 111; Nixon, 1943, 79: 27; Fischer, 1965, 21: 26.

Coelinius anceps: Haliday, 1833, 1: 264; Curtis, 1837: 123; Tobias, 1962, 31: 118;
Shenefelt, 1974: 1075; Zaykov, 1986, 30: 62; Belokobylskij, 2001: 103–115.

Copisura rimator Schiødte, 1837, 1: 604.（Syn. by Marechal, 1938）

Coelinius bicarinatus Herrich-Schäffer, 1838: 153.（Syn. by Marshall, 1896）

雄虫 体长 7.8mm；前翅长 5.0mm。

头：触角十分细长，最多可见 67 节（后方丢失，根据 Tobias 1962 年记载为 50—65 节），第 1、2、3 鞭节长度比分别为 10：7：6，第 1 和第 2 鞭节长分别为宽的 2.5 倍和 1.9 倍。头背面观宽为长的 1.2 倍，复眼长为上颊长的 4/5；单眼较大、椭圆形，OOL：OD：POL=19：10：7；额中间略凹陷，并从中单眼前方形成 1 具浅刻纹的沟；脸宽为高的 1.5 倍，中部稍隆起，表面较多细毛，并布满刻点，中纵脊显著，几乎纵贯脸区（中部一小段略退化）；唇基凸出，表面布满刻点，并具较多细毛；上颚具明显的 4 齿，第 2 齿为附齿、相对较小，但十分清楚，且位于第 1、3 齿间的中部，第 3 齿最突出、尖且略弯，第 1、4 齿相对钝；下唇须 4 节。

胸：长为高的 1.8 倍。前胸背板背凹较大且深、近圆形，前胸两侧几乎光滑、无毛（除背板侧面三角区被少量浅刻点及细毛、后缘具一凹痕）；中胸盾片表面较光滑，被少量刻点及细长毛；盾纵沟细且相对浅，但基本完整，并汇合于中胸盾片中后部（约纵向 3/4 处），沟内刻痕亦较浅；小盾片表面光滑，两侧缘被较多毛；中胸侧板表面大部分光滑，稀疏但较均匀地布满细短毛；基节前沟完整，沟内刻纹粗糙；并胸腹节表面布满不规则刻纹，并被有少量刚毛，中纵脊仅于基部极短一段可见；后胸侧板表面刻纹与并胸腹节背面相似，前面大部分区域无被毛，仅后方被有少量长刚毛。

翅：前翅长约为宽的 4.0 倍，为 1–R1 脉长的 9/10；r 脉起始于翅痣中点略偏端部位置，其长约为翅痣宽的 7/10；3–SR+SR1 脉明显呈不均匀弯曲；cu–a 脉稍后叉式，垂直于 2–CU1 和 2–1A 脉；1–CU1：2–CU1=1：15；后翅 M+CU：1–M=16：11。

足：后足基节光滑；后足腿节长为宽的 4.2 倍；后足胫节几乎等长于跗节；后足第 3 跗节长为端跗节的 1.4 倍；后足胫节距长分别为后足基跗节长的 3/10 和 1/5。

腹：腹部第 1 背板中长为端部宽的 3.0 倍，背面观呈广口酒瓶状，表面布满不规则粗刻纹，基部背凹深，中纵脊较强（由基部背脊于近基部处愈合后向后延伸至背板中部）；

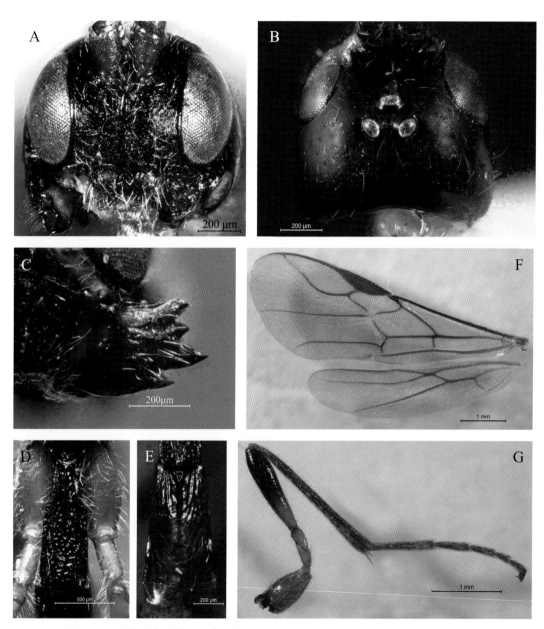

图 2-79　剑狭腹离颚茧蜂，中国新记录 *Coelinius anceps* (Curtis)，rec. nov.（♂）

A：头部正面观；B：头部背面观；C：上颚；D：腹部第 1 背板；E：腹部第 2 背板；F：前后翅；
G：后足

腹部第 2 背板前 1/3 表面具粗壮刻纹（较规则的纵纹），后面光滑；第 3 背板至腹末表面均光滑。

体色：触角整个棕黑色；头部大部分区域暗红色，唇基棕黑色，上颚中部暗棕黄色，下颚须和下唇须黄色；胸部暗红色，仅前胸侧板及其腹面呈红棕色；翅带轻微烟褐色，前翅翅痣黄棕色；前、中足基本为铜黄色（除转节黄色、跗节黄棕色），后足色暗，基节和腿节端半部为铜黄色，转节黄色，其余部分暗黄棕色；腹部第 1 背板棕黑色，第 2 背板暗黄棕色，第 3、4 背板大范围黄色，之后各节深褐色。

雌虫：本研究尚未见。

研究标本 2 ♂♂，福建武夷山七里坪，1981– Ⅳ –29，韩芸。

已知分布 福建；阿塞拜疆、比利时、保加利亚、克罗地亚、捷克、斯洛伐克、芬兰、法国、格鲁吉亚、德国、爱尔兰、英国、意大利、立陶宛、荷兰、挪威、波兰、西班牙、瑞士、瑞典、塞尔维亚、俄罗斯。

寄主 成虫具趋光性；已知寄主为小眼夜蛾 *Panolis flammea*（Denis & Schiffermüller）。

注 关于 *Coelinius anceps*（Curtis），湖南农业大学的曾爱平、游兰韶等 2009 年出版的《茧蜂分类和雄性外生殖器的应用》一书中有提及，但仅是对国外文献的整理，并非描述中国新记录种。

（七）离颚茧蜂属 *Dacnusa* Haliday

Dacnusa Haliday，1833a，Ent. Mag.，1（iii）：264（subgenus of *Alysia* Latreilie，1805）. Type species（designated by Muesebeck & Walkley，1951）：*Bracon areolaris* Nees，1812.

Brachystropha Foerster，1862，Verh. naturh. Ver. Preuss. Rheinl. & Westph.，19: 274. Type species（by original designation and monotypy）：*Brachystropha monticola* Foerster，1862（= *Rhizarcha mutia* Nixon，1948）.（Syn. by Dalla Torre，1898）

Liposcia Foerster，1862，Verh. naturh. Ver. Preuss. Rheinl. & Westph.，19: 276. Type species（by original designation and monotypy）：*Liposcia discolor* Foerster，1862.（Syn. by Griffiths，1964）

Rhizarcha Foerster，1862，Verh. naturh. Ver. Preuss. Rheinl. & Westph.，19: 275. Type species（by original designation and monotypy）：*Bracon areolaris* Nees，1812.（Syn. by Dalla Torre，1898）

Tanystropha Foerster，1862，Verh. naturh. Ver. Preuss. Rheinl. & Westph.，19: 275. Type species（by original designation and monotypy）：*Tanystropha haemorrhoa* Foerster，1862（= *Alysia*（*Dacnusa*）*stramineipes* Haliday，1839）.（Syn. by Szépligeti，1904）

Radiolaria Provancher，1886，Addit. Corr. Faune ent. Canada Hym.，2: 154. Type species（by monotypy）：*Radiolaria clavata* Provancher，1886.（Syn. by Muesebeck & Walkley，1951）

离颚茧蜂属 *Dacnusa* Haliday 是离颚茧蜂族中的第二大属，目前已描述种类有 160 多种。*Dacnusa* 最早是由 Haliday（1833）建立的隶属于 *Alysia* Latreilie 属中的一个亚属，后来由 Muesebeck & Walkley（1951）根据 *Bracon areolaris* Nees 重新描述，将其升格为属。在 Nixon（1943—1954）研究之前，离颚茧蜂族中绝大多数种类都被纳入 *Dacnusa*，后来 Nixon 对该属进行了较大幅度的修订，分出了多个属。Griffiths（1964—1984）在修订 *Chorebus* Haliday 属的过程中，原先 *Dacnusa* 属中不少种类被移至 *Chorebus* 属。Tobias & Jakimavicius（1986）将离颚茧蜂属 *Dacnusa* Halidays 划分为 4 个亚属，即 *Dacnusa* s. str.、*Aphanta* Foerster、*Agonia* Foerster 和 *Pachysema* Foerster。本专著参照了 Tobias 对离颚茧蜂属亚属的划分方式，记述或摘录了来自中国的 7 个新种、9 个新记录种及 6 个已知种。

属征 上颚具 3 齿，且 3 个齿通常发达程度接近；复眼无刚毛；后胸侧板刚毛稀疏或密被刚毛，但刚毛不形成玫瑰花朵形状；前翅翅痣通常具性二型现象（雄虫翅痣更大、颜色更深）；前翅 r 脉始发于较靠近翅痣基部位置；基节前沟几乎总是缺或仅为光滑的浅沟。

已知分布 全世界广布。

寄主 绝大多数寄生双翅目 Diptera 潜蝇科 Agromyzidae，少部分寄生花蝇科 Anthomyiidae、果蝇科 Drosophilidae、秆蝇科 Chloropidae 和水蝇科 Ephydridae 的少数种类。另外，本属茧蜂有极少数种类寄生膜翅目 Hymenoptera 瘿蜂科 Cynipidae 和鳞翅目 Lepidoptera 螟蛾科 Pyralidae 的个别种类。为内寄生，多数产卵于寄主幼虫期。

注 本属与后叉离颚茧蜂属 *Exotela* Foerster 最为相似，但本属前翅翅痣通常明显前叉式，如果少数情况下为稍微前叉式或对叉式，则中胸侧板的基节前沟必定光滑或缺失。该属与繁离颚茧蜂属 *Chorebus* Haliday 也较接近，但通过上颚、腹部第一背板、翅痣、被毛情况等特征便可较容易将两者分开。

离颚茧蜂属 *Dacnusa* Haliday 中国已知种检索表

1. 前翅 1–SR +M 脉缺（图 2–80：G）；前翅 3–CU1 和 CU1b 脉甚粗，明显宽于 m–cu 脉（Subgenus *Aphanta* Foerster）···2

前翅 1–SR+M 脉存在；前翅 3–CU1 和 CU1b 脉较纤细，不宽于或仅轻微宽于 m–cu 脉······3

2. 腹部第 1 背板中间长为端部宽的 1.1—1.3 倍（图 2–80：E）；前翅翅痣等长于或短于 1–R1 脉（图 2–80：G）；中胸盾片中叶前部具强刻痕······**客离颚茧蜂 D.（*Ap.*）*hospita*（Foerster）**

腹部第 1 背板中间长为端宽的 1.8—2.0 倍（图 2–81：E）；前翅翅痣明显长于前翅 1–R1 脉（图 2–81：F、H）；中胸盾片几乎整个光滑··········**萨氏离颚茧蜂 D.（*Ap.*）*sasakawai* Takada**

3. 前翅 r 脉缺，且 3-SR+SR1 脉基部一段贴沿着前翅翅痣下边缘（图 2-82：E）（Subgenus *Agonia* Foerster）···**并痣离颚茧蜂 *D.*（*Ag.*）*adducta*（Haliday）**

前翅 r 脉存在，且 3-SR+SR1 脉基部脱离于前翅翅痣··································· 4

4. 腹部第 1 背板基部向端部强烈扩大，其长通常不明显大于端部宽，几乎光滑或被细浅刻纹，且整个表面通常布满密毛；后胸侧板和并胸腹节的毛总是显得稠密且通常较长；前翅翅痣细长，延伸超过前翅 3-SR 脉，3-SR+SR1 脉通常伸达前翅端点；足通常呈黄色 .（Subgenus *Dacnusa* Haliday）·· 5

腹部第 1 背板基部向端部不十分强烈扩大，通常较长，且长明显大于端部宽，表面总是具刻纹，且所被毛通常稀疏；后胸侧板和并胸腹节的毛通常不显稠密；前翅翅痣多样，但较少情况下显得细长，并且其颜色和形状上通常表现出明显的性二型现象 .（Subgenus *Pachysema* Foerster）··· 11

5. 中胸侧板具带刻纹的基节前沟··· 6

中胸侧板具光滑的基节前沟（有时仅为光滑的浅凹），或无任何基节前沟痕迹··········· 8

6. 前翅翅痣明显向后端扩大（图 2-83：G），前翅 1-R1 脉短且 3-SR+SR1 脉后半段不显曲折或仅轻微曲折·······························**斑足离颚茧蜂 *D.*（*D.*）*maculipes* Thomson**

前翅翅痣不向后或仅轻微向后端扩大·· 7

7. 前翅 r 脉始发点极靠近翅痣基部（图 2-84：G）；盾纵沟极短，仅限于中胸背板前部斜面处；基节前沟具弱刻纹（图 2-84：D）··

···**毗邻离颚茧蜂，中国新记录 *D.*（*D.*）*confinis* Ruthe，rec. nov.**

前翅 r 脉始发点不如此靠近翅痣基部（图 2-85：G）；盾纵沟达中胸背板水平面部分；基节前沟具粗刻纹（图 2-85：D）··

·····························**法罗离颚茧蜂，中国新记录 *D.*（*D.*）*faeroeensis*（Roman），rec. nov.**

8. 上颚具 4 齿（附齿位于第 2、3 齿间，图 2-86：C）··································

·····················**柔毛离颚茧蜂，中国新记录 *D.*（*D.*）*pubescens*（Curtis），rec. nov.**

上颚具 3 齿··· 9

9. 中胸盾片光滑、几乎无被毛且中陷缺（图 2-87：E）；前翅 1-R1 脉十分短（图 2-87：G）·····

·····················**缺沟离颚茧蜂，新种 *D.*（*D.*）*asternaulus* Zheng & Chen，sp. nov.**

中胸盾片整个布满密毛，中陷存在；前翅 1-R1 脉不如此短······················· 10

10. 盾纵沟缺；头部背面观复眼长等于上颊长；后足腿节长为宽的 4.5 倍··················

·····························**小室离颚茧蜂，中国新记录 *D.*（*D.*）*areolaris*（Nees），rec. nov.**

盾纵沟前面部分存在；头部背面观复眼长为上颊长的 1.3 倍；后足腿节长约为宽的 5.3 倍··················**跗离颚茧蜂，中国新记录 *D.*（*D.*）*tarsalis* Thomson，rec. nov.**

11. 中胸侧板存在具刻纹的基节前沟·· 12

中胸侧板的基节前沟光滑或完全缺失·· 13

12. 头背面观复眼后方强烈收窄（图 2-90：B），复眼长为上颊长的 1.7 倍；触角倒数第 2 鞭节长为宽的 1.2 倍；胸部短，其长为高的 1.2 倍；后胸背板的后盾片较强烈外凸成尖刺状；体长 3.9 mm······**费氏离颚茧蜂，新种 D.（P.）fischeri** Chen & Zheng，sp. nov.

头背面观复眼后方几乎不收窄（图 2-91：B），复眼长为上颊长的 1.1 倍；触角倒数第 2 鞭节长为宽的 2.1 倍；胸部略显长，其长约为高的 1.4 倍；后胸背板的后小盾片几乎不外凸；体长 1.4—1.5 mm······**黑龙江离颚茧蜂，新种 D.（P.）heilongjianus** Chen & Zheng，sp. nov.

13. 前翅 mcu 脉对叉式或稍微前叉式······14

前翅 m-cu 脉明显前叉式······16

14. 上颚第 1 齿十分退化（非常小，有的几乎缺）（图 2-92：G）······**异齿离颚茧蜂 D.（P.）heterodentatus** Zheng & Chen

上颚第 1 齿正常······15

15. 前翅 m-cu 脉完全对叉式（图 2-93：G）；产卵器相当长，产卵器鞘长为后足第 1 跗节长的 2.0 倍······**宁夏离颚茧蜂，新种 D.（P.）ningxiaensis** Chen & Zheng，sp. nov.

前翅 m-cu 脉稍微前叉式（图 2-94：H）；产卵器短，产卵器鞘长等于后足第 1 跗节长······**陈氏离颚茧蜂，新种 D.（P.）cheni** Zheng，sp. nov.

16. 足十分暗色，几乎全部黑色或暗棕色；触角倒数第 2 鞭节长为宽的 1.5 倍······**祁连山离颚茧蜂，新种 D.（P.）qilianshanensis** Chen & Zheng，sp. nov.

足基本呈黄色，最多于跗节和后足胫节端部为深色；触角倒数第 2 鞭节长至少为宽的 2.0 倍······17

17. 腹部第 1 背板几乎无被毛（通常仅零星被有极少量刚毛）······18

腹部第 1 背板明显被较多毛（通常整个背板都被毛）······20

18. 前翅翅痣长短于 1-R1 脉长（图 2-96：G）；雄虫前翅翅痣颜色均一；盾纵沟缺······**短痣离颚茧蜂，中国新记录 D.（P.）brevistigma**（Tobias），rec. nov.

前翅翅痣长大于 1-R1 脉长（图 2-97：F）；雄虫前翅翅痣前面部分颜色较其后部显著加深（图 2-98：H）；盾纵沟至少前面部分存在······19

19. 并胸腹节整个布满密毛，几乎完全遮盖住其表面（图 2-97：G）；盾纵沟发达，延伸至中胸盾片后部（图 2-97：D）；中胸盾片中陷前伸至中胸盾片中部位置······**伞形离颚茧蜂，中国新记录 D.（P.）umbelliferae** Tobias，rec. nov.

并胸腹节仅于其两旁被有密毛，其中间区域毛甚稀疏，并无法遮盖住其表面；盾纵沟不发达，仅于中胸盾片前部两侧（即"双肩"）可见；中陷甚短，明显未达中胸盾片中部······**西伯利亚离颚茧蜂 D.（P.）sibirica** Telenga

20. 雌虫前翅翅痣明显向后缩窄；雄虫前翅翅痣前面部分颜色显著深于后面部分（图 2-99：H）；头背面观复眼后方多少有所膨大（图 2-99：B）······**车前离颚茧蜂，中国新记录 D.（P.）plantaginis** Griffiths，rec. nov.

雌虫前翅翅痣上下边几乎平行（图 2-101：G）；雄虫前翅翅痣颜色均一；头背面观复眼后方不膨大（图 2-100：B）··· 21

21. 前翅翅痣与 1-R1 脉等长（图 2-100：F）；后足胫节与后足跗节几乎等长；前胸呈显黄色或棕黄色（图 2-100：D）；触角 23—25 节··

································ **黄胸离颚茧蜂，新种** *D.（P.）flavithorax* Zheng & Chen，sp. nov.

前翅翅痣长于 1-R1 脉（图 2-101：G）；后足胫节明显长于后足跗节；前胸黑色，与胸部其余部分颜色相同；触角 26—31 节···

································ **钟花离颚茧蜂，中国新记录** *D.（P.）soldanellae* Griffiths，rec. nov.

Aphanta Foerster 亚属

Aphanta Foerster，1862，Verh. naturh. Ver. preuss. Rheinl. & Westph.，19: 273. Type species（by original designation and monotypy）：*Aphanta hospita* Foerster，1862.

本亚属主要鉴别特征：前翅 1-SR +M 脉缺；前翅 3-CU1 和 CU1b 脉通常较明显加粗，宽于 m-cu 脉；雌雄成虫前翅翅痣具明显性二型现象（雄虫翅痣比雌虫更宽大些，且颜色更深）基节前沟具刻纹；腹部第 1 背板仅被很少量刚毛或几乎无被毛；触角通常 18—23 节。

80. 客离颚茧蜂
Dacnusa (Aphanta) hospita (Foerster)

（图 2-80）

Aphanta hospita Foerster，1862，19: 273；Kirchner，1867: 139；Nixon，1954，90: 279.

Dacnusa hospita: Griffiths，1967，16（7/8）（1966）：802，1968，18（1/2）：18；Shenefelt，1974: 1090；Belokobylskij，2003，53（2）：361；问锦曾等，2004，26（1）：67；Papp，2005，66: 147.

Dacnusa（Aphanta） hospita: Tobias et Jakimavicius，1986: 7-231；Perepechayenko，2000，8（1）：57-79；Yu et al.，2016: DVD

雌虫 体长 1.9mm；前翅长 2.2mm。

头：触角 23 节，第 1、2、3 鞭节长度比为 16:13:11，第 1 鞭节、倒数第 2 鞭节的长分别为宽的 4.6 倍和 2.0 倍。背面观上颊较圆，头宽为长的 1.9 倍，复眼长为上颊长的 1.3 倍；脸被较多毛及细浅刻点（除中间纵向光滑、无毛）；上颚 3 齿，第 2 齿尖，稍长于两侧齿。

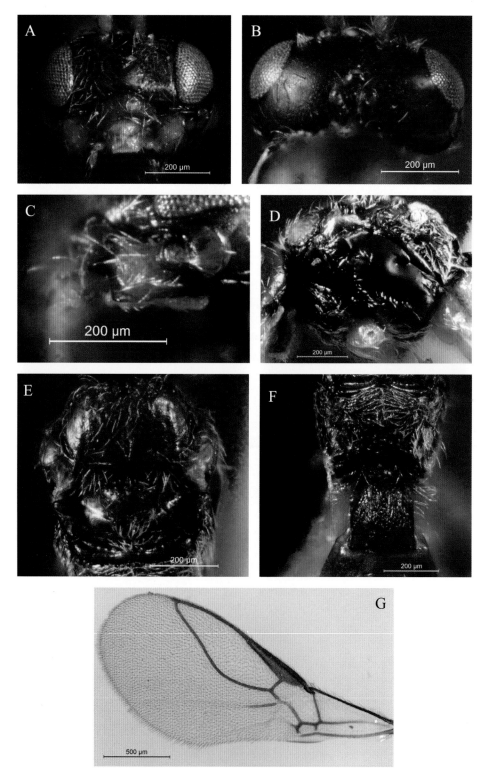

图 2-80　客离颚茧蜂 *Dacnusa* (*Aphanta*) *hospita* (Foerster) (♀)

A: 头部正面观; B: 头部背面观; C: 上颚; D: 胸部侧面观; E: 腹部第 1 背板及并胸腹节; F: 中胸背板;
G: 前翅

胸：长为高的 1.4 倍。中胸盾片中叶前半部布满强刻痕，且除侧叶大部分光滑、无毛，其余区域被毛，但相对不太稠密；盾纵沟不明显；中胸盾片后部中陷窄、深且较长，约达中胸盾片中部；基节前沟相对短且较宽大，具粗壮刻痕（特别是前半部）；并胸腹节密被白色长毛（中间比两侧显得稀薄），但后方斜面部分较大范围无被毛；后胸侧板密被与并胸腹节类似的白长毛，但毛多朝向后足基节方向，完全覆盖住该侧板后半部表面。

翅：前翅 1–SR+M 脉缺；前翅翅痣长为宽的 5.0 倍，与 1–R1 脉等长；前翅 3–SR+SR1 脉后半部明显曲折；前翅 3–CU1 脉和 CU1b 脉明显粗，且宽于 m–cu 脉。

足：后足腿节长为宽的 4.7 倍；后足跗节长等于后足胫节长，后足第 2 跗节长为基跗节的 3/5，第 3 跗节与端跗节等长。

腹：第 1 背板由基部向后较显著扩大，中间长为端部宽的 1.3 倍，表面几无被毛；产卵器鞘长为后足基跗节长的 7/10。

体色：触角除柄节和梗节和第 1 鞭节褐色，其他各节为暗褐色；头部大部分区域和整个胸部都为棕黑色；脸深棕色，唇基棕黄色，上唇金黄色，下颚须、下唇须淡黄色，上颚中间部分黄色；足除端跗节褐色，其他部分亮黄色；腹部第 1 背板暗褐色，第 2、3 背板黄褐色，其后部分深褐色。

雄虫　本研究尚未见。

研究标本　1 ♀，青海贵德，2008– Ⅶ –18，赵琼。

已知分布　甘肃、北京（马连洼）；伊朗、德国、意大利、西班牙、匈牙利、保加利亚、丹麦、英国、爱尔兰。

寄主　已知寄生番茄斑潜蝇 *Liriomyza bryoniae*（Kaltenbach）和南美斑潜蝇 *Liriomyza huidobrensis*（Blanchard）；亦可寄生植潜蝇属 Phytomyza 的某些种类。

注　本研究标本采自我国西部地区，属于在中国的新分布，比问锦曾等（2004）在北京发现的该种体型大。

81. 萨氏离颚茧蜂
Dacnusa (Aphanta) sasakawai Takada

（图 2-81）

Dacnusa sasakawai Takada，1977，11: 2–5；Fischer，1994，26（1）: 249–288；Belokobylskij，2003，53（2）: 361.

Dacnusa（*Aphanta*）*distracta* Tobias，1986.（Syn. By Tobias，1998）

Dacnusa（*Aphanta*）*sasakawai*: Tobias，1998: 324；Ku et al.，1998，37（2）: 111；Perepechayenko，2000，8（1）: 57–79；Papp，2004，50（3）:257，2005，51（3）: 229，2007，53（1）: 10；Zheng & Chen，2017，4232（4）: 511‒522.

雌虫 体长 1.3—2mm；前翅长 1.2—2mm。

头：触角 19—22 节，第 1 鞭节长分别为第 2、3 鞭节长的 1.2 倍和 1.3 倍，第 1 鞭节、倒数第 2 鞭节的长分别为宽的 4.5 倍和 2.0 倍。头部背面观复眼后方有所膨大，头宽为长的 1.8 倍，复眼长约为上颊长的 1.4 倍，OOL：OD：POL=26：5：12；脸中间甚隆起，表面几乎布满毛和刻点，且两侧比中间毛长、密；上颚 3 齿，第 1 齿轻微扩展、钝，中齿稍长于第 1 齿，且端部尖。

胸：长为高的 1.3 倍。前胸背板侧面光滑、无毛，前胸侧板被较密毛；中胸盾片通常前缘及中叶被有密毛，其余部分毛稀少或无毛，表面基本光滑，但有少数被有较明显刻点；盾纵沟明显伸达本背板中部，后方极浅或消失；中胸盾片后部中陷深，其长约占中胸盾片长的 2/7；中胸侧板光滑亮泽，基节前沟深且长，沟内刻痕清晰；并胸腹节被较密白色长毛（前半部比后半部稠密），且围绕两侧气孔各形成 1 个"玫瑰花朵"形；后胸侧板具粗糙刻痕，且亦被有浓密的白色长毛，毛多朝后足基节方位。

翅：前翅 1–SR+M 脉缺；前翅翅痣长为宽的 5.0—5.5 倍，为 1–R1 脉长的 1.4 倍；前翅 r 脉始发点甚靠近翅痣基部（约翅痣长的 1/5 处）；前翅 3–SR+SR1 脉后半部明显曲折；前翅 3–CU1 脉和 CU1b 脉明显加粗，宽于 m–cu 脉。

足：后足腿节长为宽的 4.5 倍；后足跗节约等长于后足胫节。

腹：第 1 背板由基部至两气孔处明显扩大，但气孔之后部分两边几乎平行，中间长为端部宽的 1.8 倍，表面几无被毛，基部背脊较明显；产卵器鞘细，且其长为后足基跗节长的 4/5。

体色：触角通体黑褐色，柄节和梗节略浅（柄节腹面常黄色）；头部大部分区域和整个胸部都为黑色；唇基褐黄色，上唇、下颚须、下唇须及颚中间区域均为黄色；翅透明，前翅翅痣褐色至浅褐色；足除端跗节褐色，其他部分黄色；腹部第 1 背板黄褐色或棕黄色，其后各节褐色或深褐色（有些腹部第 2+3 节褐黄色，明显浅于后面的深褐色）。

雄虫 前翅翅痣明显比雌虫宽大，且颜色明显更暗；有少数头和胸显暗红棕色；体长 1.3—1.7mm；触角 19—21 节。

已知分布 云南、甘肃、陕西、新疆、吉林、辽宁、黑龙江、内蒙古、山西；日本、韩国、蒙古、德国、意大利、俄罗斯。

寄主 已知寄生豌豆彩潜蝇 *Chromatomyia horticola*（Goureau）和番茄斑潜蝇 *Liriomyza bryoniae*（Kaltenbach），为内寄生，卵产于寄主幼虫，蛹期羽化。

注 本种内容是在郑敏琳和陈家骅 2017 年发表的新种基础上，增加了该种在中国云南地区（普洱）的地理分布。

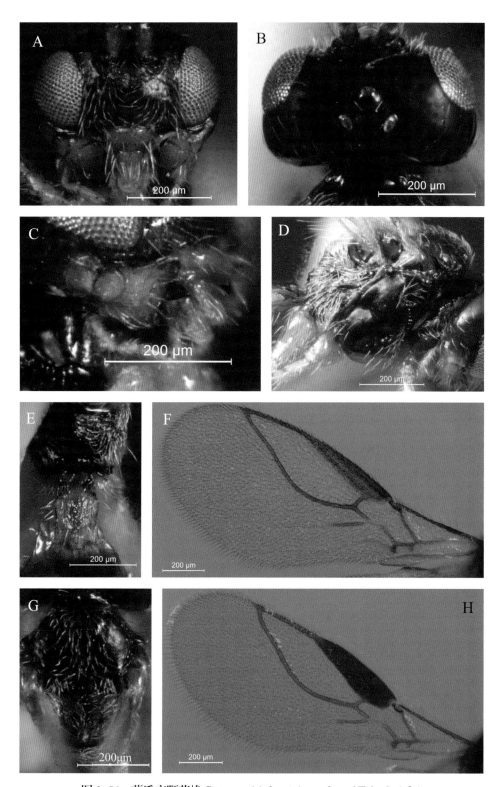

图 2-81 萨氏离颚茧蜂 *Dacnusa* (*Aphanta*) *sasakawai* Takada（♀）

A：头部正面观；B：头部背面观；C：上颚；D：胸部侧面观；E：腹部第 1 背板及并胸腹节；F：前翅；
G：中胸背板；H：前翅（♂）

Agonia Foerster 亚属

Agonia Foerster，1862，Verh. naturh. Ver. preuss. Rheinl. & Westph.，19: 274. Type species（by original designation and monotypy）: *Alysia*（*Dacnusa*）*adducta* Haliday，1839.

本亚属的主要鉴别特征：前翅 r 脉缺或几乎缺，且 3-SR+SR1 脉基部一段贴沿着前翅翅痣下边缘；雄虫前翅翅痣比雌虫肥大；基节前沟缺；中胸盾片和并胸腹节均密被刚毛；足黄色或黄棕色。

82. 并痣离颚茧蜂，中国新记录
Dacnusa (*Agonia*) *adducta* (Haliday)，rec. nov.

（图 2-82）

Alysia（*Dacnusa*）*adducta* Haliday，1839: 13.

Dacnusa adducta: Marshall，1895，5: 461，1897:1；Dalla Torre，1898，4: 23；Graeffe，1908，24: 156；Nixon，1937，4: 48；Tobias，1962，31: 36；Griffiths，（1966）1967，16（7/8）: 895，1968，18（1/2）: 22；Shenefelt，1974: 1083.

Agonia adducta: Foerster，1862，19: 274；Kirchner，1867: 139；Telenga，1935，1934（12）: 114；Nixon，1954，90: 278；Fischer，1962，14（2）: 36；Tobias，1962，31: 136；van Achterberg，1997: 12；Quicke et al.，1997，26（1）: 25；Papp，2003，49（2）: 127，2005，66: 145，2007，53（1）: 7.

Dacnusa（*Agonia*）*adducta*: Thomson，1895，20: 2320；Tobias et Jakimavicius，1986: 7-231；Tobias，1998: 324；Yu et al.，2016: DVD；Zheng & Chen，2017，4232（4）:511-522.

雄虫 体长 1.8mm；前翅长 2.5mm。

头：触角 31 节，第 1 鞭节长分别为第 2、3 鞭节长的 1.2 倍和 1.4 倍，第 1 鞭节、倒数第 2 鞭节的长分别为宽的 4.5 倍和 2.8 倍。头背面观较显横宽，宽为长的 1.9 倍，复眼长等于上颊长，OOL：OD：POL=12：2：7；脸几乎光滑，稀疏地被有细毛；上颚 3 齿，不扩展，中齿尖；下颚须很长，几乎达中足基部处；下唇须 4 节。

胸：长为高的 1.2 倍。前胸背板具近圆形背凹，前胸侧板及侧面三角区均无被毛；中胸盾片布满密毛；盾纵沟不明显；中胸侧板光滑亮泽，基节前沟缺；并胸腹节被较密贴面细毛；后胸侧板亦被有与并胸腹节密度相近的细长毛，方向基本都朝向后足基节处，且中部具一光滑无毛的区域。

翅：最明显的特征为前翅 r 脉缺失，2-SR 与 3-SR+SR1 脉交接处如同焊接至翅痣

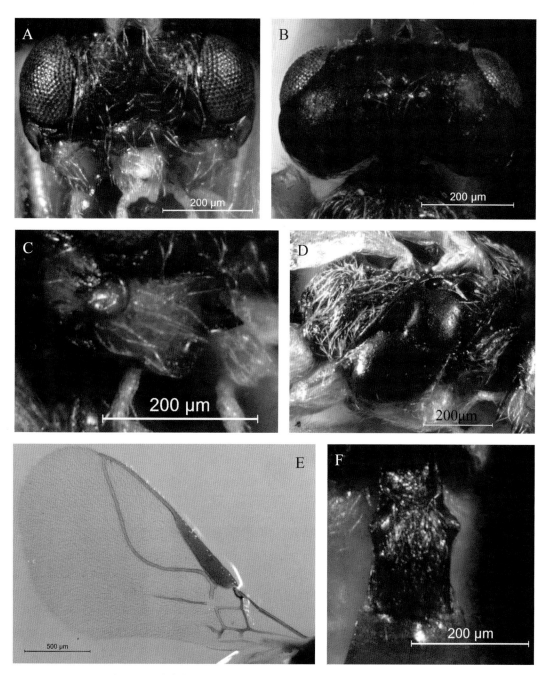

图 2–82 并痣离颚茧蜂 *Dacnusa* (*Agonia*) *adducta* (Haliday) (♂)

A：头部正面观；B：头部背面观；C：上颚；D：胸部侧面；E：前翅；F：腹部第 1 背板

下缘一般；前翅翅痣长为宽的 6.0 倍，为 1–R1 脉长的 9/10；前翅缘室甚长，3–SR+SR1 脉整体甚弯，后半部稍显曲折。

足：后足腿节长为宽的 5.0 倍；后足跗节短于后足胫节，其长为后足胫节的 4/5；后足第 2 跗节长为基跗节的 1/2；后足第 3 跗节与端跗节等长。

腹：第 1 背板由基部向端部稍有扩大，中间长为端部宽的 1.8 倍，表面大范围无毛，仅见基半部被少量细短毛，背板近中部两气孔处较强烈侧凸起；第 2 背板至腹末表面均光滑无刻纹，第 3 背板表面无毛。

体色：触角浅棕色（除柄节和梗节背面棕黄色、腹面明显黄色）；头部大部分区域、整个胸部及腹部第 1 背板暗红棕色；脸和唇基棕色，上唇黄色，下颚须和下唇须均为浅黄色；颚中间区域黄色，齿边缘棕色；足除端跗节褐黄色，其他部分黄色；腹部第 2、3 背板棕黄色，其后各节深褐色。

雌虫 本研究尚未见；根据 Nixon（1954）和 Griffiths（1968）描述，雌雄前翅翅痣具一定性二型特点，即雄虫翅痣比雌虫宽大且颜色更深，且雌虫基本仅 2–SR 与 3–SR+SR1 脉交接处的一个点并入翅痣（雄虫则并入一段）；体长 1.8—2.0 mm；触角 28—34 节。（可借用 Griffiths 的翅图比较）

已知分布 宁夏；韩国、奥地利、匈牙利、德国、捷克、斯洛伐克、波兰、意大利、阿塞拜疆、丹麦、瑞典、瑞士、保加利亚、爱尔兰、英国、西班牙、俄罗斯、塞尔维亚、乌克兰。

寄主 已知寄生角潜蝇属的 *Cerodontha pygmaea*（Meigen）和斑潜蝇属的 *Liriomyza flaveola*（Fallen）。

Dacnusa s. str. 亚属

Dacnusa Haliday，1833a，Ent. Mag.，1（iii）：264（subgenus of *Alysia* Latreilie，1805）. Type species（designated by Muesebeck & Walkley，1951）：*Bracon areolaris* Nees，1812.

本亚属主要鉴别特征：腹部第 1 背板基部向端部强烈扩大，其长通常不明显大于端部宽，几乎光滑或被细浅刻纹，且整个表面通常布满密毛；后胸侧板和并胸腹节的毛总是显得稠密且通常较长；前翅翅痣细长，延伸超过前翅 3–SR 脉，3–SR+SR1 脉通常伸达前翅端点；足通常呈黄色。

83. 斑足离颚茧蜂

Dacnusa (Dacnusa) maculipes Thomson

（图 2-83）

Dacnusa (Rhizarcha) maculipes Thomson，1895，20: 2321.

Dacnusa maculipes: Dall Torre，1898，4: 27；Szépligeti，1904，22: 194；Nixon，1937，4: 66；Griffiths，1967，16（7/8）（1966）: 566；Shenefelt，1974: 1093；Belokobylskij，2003，53（2）: 361.

Rhizarcha maculipes: Nixon，1948，84: 217；Fischer，1962，14: 36；Tobias，1962，31: 132.

Dacnusa (Dacnusa) maculipes: Tobias et Jakimavicius，1973，2: 23–38，1986: 7–231；Quicke et al.，1997: 25；Tobias，1998: 327；Ku，2001: 1–283；Papp，2004，21: 145，2007，53（1）: 10，2009，55（3）: 237；Zheng & Chen，4232（4）: 511‒522.

雌虫　体长 1.6—1.9mm；前翅长 1.8—1.9mm。

头：触角 19—20 节，第 1 鞭节和倒数第 2 鞭节长分别为宽的 4.8 倍和 2.0 倍。头部背面观较横宽、于复眼后方仅轻微膨大，头宽为长的 2.1 倍，复眼长约等于上颊长；脸中部稍隆起，表面多毛（中间区域毛短，两侧毛明显长），但基本光滑；侧观唇基与脸平，表面光滑；上颚具 3 齿，第 2 齿稍长于两侧齿，且端部较尖，第 1、3 齿钝；下颚须 5 节；下唇须 4 节。

胸：长为高的 1.3 倍。前胸背板两侧毛稀少、相对较光滑，其中侧面三角区被有一些细短毛（但不太明显），且除其后边缘处具刻痕，其余大部分区域光滑；中胸盾片几乎整个布满密毛，并被有一些细浅刻痕（中叶前半部较明显）；盾纵沟仅于中胸盾片前部斜面处很短一段可见；中胸盾片后部的中陷小椭圆形，甚浅；小盾片光滑亮泽，仅后缘具刻痕；中胸侧板大部分区域光滑亮泽，基节前沟较宽，沟内具清晰的平行短刻纹；侧观后胸背板中脊较为凸起；并胸腹节几乎布满十分浓密的白色细毛，遮住其表面；后胸侧板表面亦布满浓密的软长毛（主要指向后足基节处）。

翅：前翅略长于或等于体长；前翅翅痣整体细长，但由基部向后端明显扩大；1–R1 脉较短，其长为翅痣长的 2/5；r 脉始发点极靠近翅痣基部；3–SR+SR1 脉端点具翅端甚远，缘室相对短；m–cu 脉显著前叉式。

足：后足腿节长约为宽的 4.5 倍；后足胫节长为后足跗节长的 1.1 倍；后足第 3 跗节与端跗节等长。

腹：第 1 背板基部向端部较强烈扩大，长为端部宽的 1.1 倍，表面布满浓密细毛及细刻纹；腹部第 2 背板至腹末表面均光滑，并稀疏地被有刚毛；产卵器稍露出腹末端，

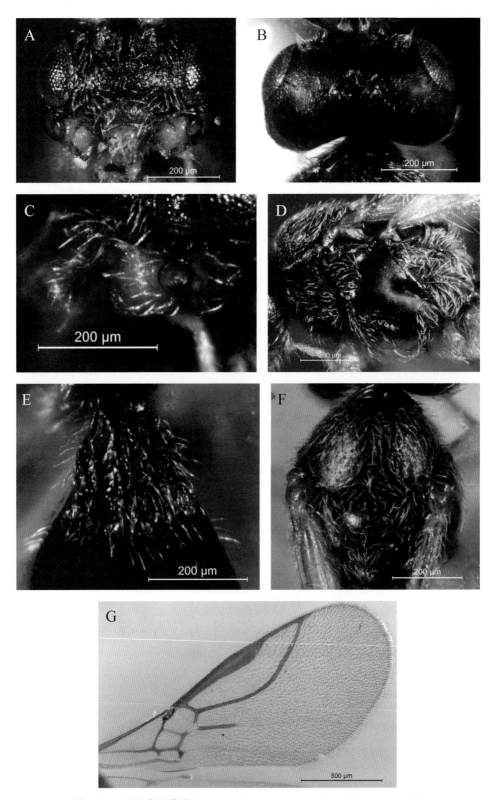

图 2-83 斑足离颚茧蜂 *Dacnusa* (*Dacnusa*) *maculipes* Thomson (♀)

A：头部正面观；B：头部背面观；C：上颚；D：胸部侧面；E：腹部第 1 背板；F：中胸背板；G：前翅

产卵器鞘长几乎与后足基跗节等长。

体色：触角整体黄棕色或深棕色，基部几节颜色通常比后方浅；头部大部分区域为暗棕色或黑色；唇基棕色，上唇棕黄色，上颚中间区域黄色，下颚须和下唇须浅黄色；胸部棕黑色或黑色；前翅翅痣褐色；足除端跗节褐色，其余部分均为黄色；腹部第1背板棕黑或黑色，其后各节为暗棕色，产卵器鞘黑色。

雄虫 雄虫前翅翅痣颜色明显比雌虫深；体长 1.4—1.9 mm；触角 19—21 节。

已知分布 宁夏、青海、甘肃、山西、内蒙古、黑龙江；韩国、日本、蒙古、阿塞拜疆、保加利亚、奥地利、匈牙利、比利时、捷克、斯洛伐克、丹麦、德国、法国、意大利、爱尔兰、英国、立陶宛、荷兰、波兰、马其顿（希腊）、葡萄牙、西班牙、罗马尼亚、瑞士、瑞典、俄罗斯、塞尔维亚。

寄主 该茧蜂为内寄生，且寄主范围广，已知可寄生潜蝇科 Agromyzidae 的 80 多个种类及水潜蝇科 Ephydridae 的 *Hydrella griseola* Fallen。

84. 毗邻离颚茧蜂，中国新记录
Dacnusa (Dacnusa) confinis Ruthe, rec. nov.

（图 2-84）

Dacnusa confinis Ruthe, 1859, 20: 321; Dalla Torre, 1898, 4:25; Griffiths, 1967, 16（7/8）（1966）: 832; Shenefelt, 1974:1087; Zaykov, 1986, 30: 61; Belokobylskij et al., 2003, 53（2）: 361.

Dacnusa（*Rhizarcha*）*confinis*: Roman, 1910, 31: 121.

Rhizarcha confinis: Nixon, 1948, 84: 218; Petersen, 1956, 3: 39; Burghele, 1964, 16（2）: 15.

Dacnusa（*Dacnusa*）*confinis*: Tobias et Jakimavicius, 1986: 7–231; Papp, 2004, 21: 143.

雌虫 体长 1.9—2.2 mm；前翅长 1.9—2.2 mm。

头：触角 20—25 节，基部鞭节较细长，第 1、2 和 3 鞭节长度比为 13：12：10，第 1、2 鞭节和倒数第 2 鞭节的长分别为宽的 5.0 倍、4.5 倍和 2.5 倍。头部背面观复眼后方较圆、几乎不扩大，头宽为长的 1.9 倍，复眼长约为上颊长的 1.2 倍。脸稍隆起，表面光滑，但被较多细毛；唇基（侧观）基本与脸平，表面光滑；上颚具 3 齿，第 2 齿甚凸出，且端部尖，第 1、3 齿较短、钝；下颚须较长，6 节；下唇须 4 节。

胸：长为高的 1.4 倍。前胸背板两侧几乎无毛，侧面三角区光滑亮泽；中胸盾片几乎整个布满较密毛，表面基本光滑、具一定光泽；盾纵沟约达中胸盾片纵向 1/3 处；中

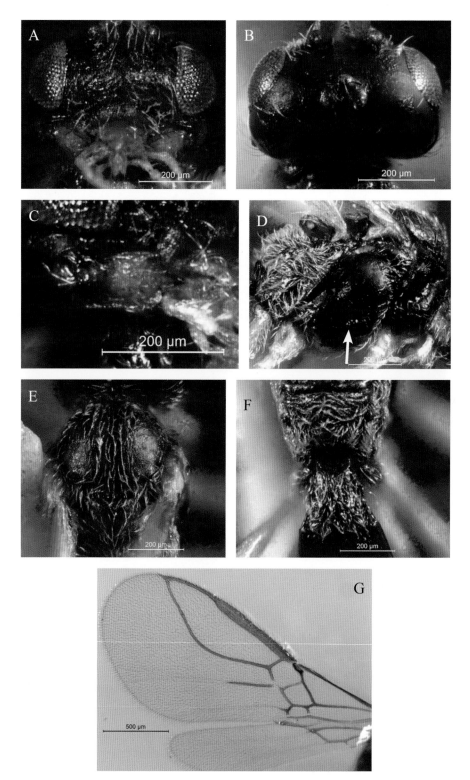

图 2-84　毗邻离颚茧蜂，中国新记录 *Dacnusa (Dacnusa) confinis* Ruthe , rec. nov. (♀)

A：头部正面观；B：头部背面观；C：上颚；D：胸部侧面；E：中胸背板；F：腹部第 1 背板及并胸腹节；

G：前翅

陷短小，且甚浅；中胸侧板大部分区域光滑亮泽，基节前沟深且较长，沟内具刻痕，但相对较弱；侧观后胸背板中脊略凸起；并胸腹节几乎布满较密贴面白毛，基本遮住其表面刻纹；后胸侧板表面具细刻纹，并密被白色软长毛（多指向后足基节处）。

翅：前翅长等于体长；前翅翅痣细长，且两边平行；r脉始发点极为靠近翅痣基部；3-SR+SR1脉后半部轻微曲折；m-cu脉明显前叉式。

足：后足腿节长约为宽的4.5倍；后足跗节几乎与后足胫节等长。

腹：第1背板由基部向端部较强烈扩大，中间长几乎等于端部宽，表面布满密毛及细刻痕；腹部第2背板至腹末表面均光滑，除末端外前面毛甚稀少；产卵器较明显伸出腹末端，产卵器鞘长为后足基跗节长的4/5。

体色：触角整体黄棕色至棕色，基部几节颜色明显浅于后方各节（前3节通常黄色）；头部大部分区域为暗棕色或黄棕色；唇基黄褐色，上唇、下颚须、下唇须及颚中间区域均为黄色；胸部棕黄色或棕黑色；翅透明，前翅翅痣浅褐色；足除端跗节黄褐色，其余部分均为黄色；腹部第1背板棕黑，其后各节基本为黄棕色（有些腹部第2背板端半部色稍浅）。

雄虫　与雌虫相似；翅痣颜色较雌虫通常更深些；体长1.6—1.7mm；触角21—25节。

研究标本　1♂，3♀♀，宁夏六盘山龙潭，2001-Ⅷ-15，林智慧；1♀，宁夏六盘山凉殿峡，2001-Ⅷ-21，梁光红；1♂，3♀♀，宁夏六盘山米缸山，2001-Ⅷ-22，林智慧；3♀♀，宁夏六盘山米缸山，2001-Ⅷ-22，季清娥；1♀，宁夏六盘山米缸山，2001-Ⅷ-22，梁光红；1♀，宁夏六盘山二龙河，2001-Ⅷ-23，石全秀；1♀，宁夏六盘山二龙河，2001-Ⅷ-23，杨建全；11♂♂，16♀♀，陕西汤峪西峰山，2008-Ⅴ-14，赵琼；2♀♀，甘肃兴隆山，2008-Ⅷ-2，赵琼；1♂，2♀♀，甘肃成县，2008-Ⅷ-30，赵琼；2♀♀，黑龙江牡丹峰自然保护区，2011-Ⅶ-16，姚俊丽；1♀，黑龙江牡丹峰自然保护区，2011-Ⅶ-16，赵莹莹；1♀，黑龙江牡丹峰自然保护区，2011-Ⅶ-16，董晓慧；1♂，2♀♀，黑龙江牡丹江国家森林公园，2011-Ⅶ-18，赵莹莹；1♂，1♀，黑龙江牡丹江国家森林公园，2011-Ⅶ-18，姚俊丽；1♂，1♀，黑龙江牡丹江国家森林公园，2011-Ⅶ-19，郑敏琳；1♂，1♀，黑龙江省漠河，2011-Ⅶ-26，赵莹莹。

已知分布　宁夏、陕西、甘肃、黑龙江；伊朗、阿塞拜疆、保加利亚、捷克、丹麦、德国、希腊、匈牙利、西班牙、瑞士、瑞典、荷兰、冰岛、爱尔兰、英国。

寄主　成虫具趋光性；已知寄主为潜蝇科的 *Chromatomyia syngenesiae* Hardy，南美斑潜蝇 *Liriomyza huidobrensis*（Blanchard），植潜蝇属的 *Pyhtomyza glechomae* Kaltenbach 和 *Pyhtomyza ranunculivora* Hering。

注　本种宁夏的标本比黑龙江的整体颜色浅些，主要呈棕黄色。

85. 法罗离颚茧蜂，中国新记录
Dacnusa (*Dacnusa*) *faeroeensis* (Roman), rec. nov.

（图 2–85）

Rhizarcha confinis faeroeensis Roman，1917，11（7）：6；Roman，1925，14：442.

Dacnusa lestes Nixon，1937，4：68.（Syn. by Griffiths，1967）

Dacnusa faeroeensis: Griffiths，1967，16（7/8）（1966）：893；Shenefelft，1974：1089；Docavo et Tormos，1988，12：162；Belokobylskij et al.，2003，53（2）：361；van Achterberg，2007，67（6）：207.

Dacnusa（*Dacnusa*）*faeroeensis*: Tobias et Jakimavicius，1973，2：23–38，1986：7–231；Tobias，1998：329；Papp，2004，21：145.

雌虫　体长 2.1mm；前翅长 2.1mm。

头：触角 23 节，第 1 鞭节长分别为第 2、3 鞭节长的 1.2 倍和 1.3 倍，第 1 鞭节和倒数第 2 鞭节的长分别为宽的 5.5 倍和 2.1 倍。头宽为长的 2.2 倍，复眼长为上颊长的 1.2 倍；脸宽为高的 1.5 倍，中间较隆起，表面光滑，被较多细毛；唇基略凸出，表面光滑、被较多细毛；上颚较小，具 3 齿；下颚须十分长，几乎达中足基节处。

胸：长为高的 1.2 倍。前胸背板侧面三角区后半部具明显刻纹，并被有几根细毛，背板槽中前部形成较深凹陷；中胸盾片表面显得粗糙，整个布满密长毛，并具大量细浅刻痕；盾纵沟仅前面一小部分存在；中陷浅且较短小；小盾片甚隆起，表面光滑，被较多细短毛；基节前沟较宽且深，沟内刻纹清晰；后胸背板中脊较突起，侧观，稍高于小盾片，且中脊上密被细短毛；并胸腹节整个表面布满甚浓密的白色贴面软长毛，几乎完全遮掩住其下刻纹；后胸侧板表面较粗糙，亦布满稠密的白色长毛，且毛多数指向后足基节方向。

翅：前翅翅痣较细长，上下边几乎平行，且其长为 1–R1 脉长的 2.2 倍；前翅 r 脉始发点至翅痣基部间的翅痣长度约等于 r 脉长度；3–SR+SR1 脉后半部几乎不曲折。

足：后足腿节长约为宽的 4.5 倍；后足胫节长为后足跗节长的 1.1 倍；后足第 3 跗节与后足端跗节等长。

腹：第 1 背板由基部向端部显著扩大，中间长为端部宽的 1.1 倍，整个表面较浓密地布满类似于并胸腹节上的贴面白毛，仅隐约可见其表面布满细刻纹；腹部第 1 背板之后各节表面光滑亮泽，第 2、3 背板表面仅具零星几根刚毛；产卵器较明显露出腹部末端，产卵器鞘长等于后足第 1 跗节长。

体色：头部大部分区域红棕色，触角柄节和梗节黄色，第 1 鞭节棕黄色，其余各节基本为棕色；唇基黄棕色，上唇和上颚中间区域黄色，下颚须和下唇须浅黄色；胸部棕

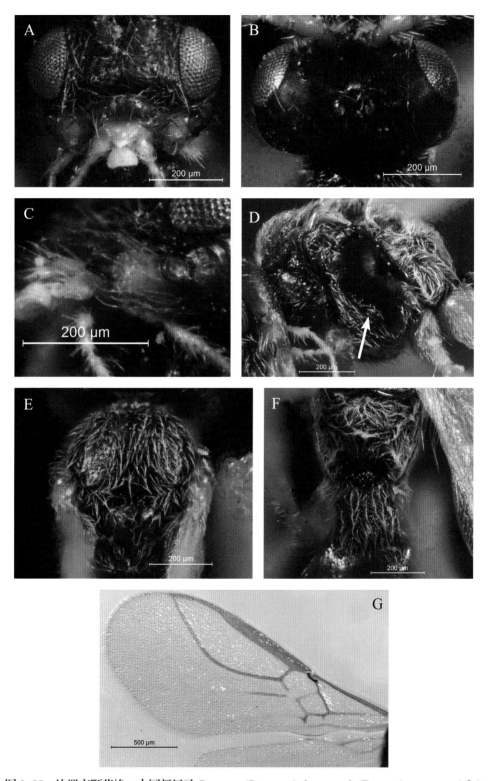

图 2-85　法罗离颚茧蜂，中国新记录 *Dacnusa (Dacnusa) faeroeensis* (Roman), rec. nov. (♀)
A：头部正面观；B：头部背面观；C：上颚；D：胸部侧面；E：中胸背板；F：腹部第 1 背板及并胸腹节；
G：前翅

黑色；足黄色；腹部第 1 背板棕黑色，腹部第 1 背板之后各节呈棕黄色。

雄虫 与雌虫相似，但前翅翅痣颜色比雌虫深；体长 2.1mm；触角 23 节。

研究标本 1♀，湖北神农架红坪，2000– Ⅷ –21，杨建全；1♂，湖北神农架天门垭，2000– Ⅷ –20，季清娥。

已知分布 湖北；保加利亚、捷克、斯洛伐克、匈牙利、德国、爱尔兰、英国、立陶宛、荷兰、挪威、冰岛、西班牙、波兰、瑞士、瑞典、俄罗斯、塞尔维亚、法罗群岛。

寄主 内寄生；已知寄主为角潜蝇属的 *Cerodontha* sp. 和姬果蝇属的 *Scaptomyza incana* Meigen。

86. 柔毛离颚茧蜂，中国新记录
Dacnusa (Dacnusa) pubescens (Curtis), rec. nov.

（图 2–86）

Alysia pubescens Curtis，1826，3: 120 & 141；Kirchner，1867: 137.

Alysia exserens Nees，1834，1: 262.（Syn. by Griffiths，1967）

Dacnusa pubescens: Curtis，1837: 123；Ruthe，1859，20: 321；Nixon，1937，4: 63；Griffiths，1967，16（7/8）（1966）: 829；König，1972，4: 91；Shenefelft，1974: 1096.

Rhizarcha pubescens: Dours，1874，3: 86；Nixon，1943，79: 32，1945，81: 189，1948，84: 211；Docavo，1960，63: 154；Fischer，1962，14（2）: 36；Tobias，1962，31: 132.

Dcnusa（Dacnusa）pubescens: Tobias et Jakimavicius，1973，2: 23–38，1986: 7–231；Quicke et al.，1997，26（1）: 25；Tobias，1998: 326.

雌虫 体长 2.7mm；前翅长 2.9mm。

头：触角 29 节，第 1 鞭节分别为第 2、3 鞭节的 1.1 倍和 1.3 倍，第 1 鞭节和倒数第 2 鞭节的长分别为宽的 3.6 倍和 1.5 倍。头部背面观复眼后方稍膨大，头宽为长的 2.0 倍，复眼长等于上颊长，OOL : OD : POL=9 : 2 : 3；额光滑，中间略凹；脸被较多细长毛，但光滑并较具光泽；唇基较凸出，表面光滑亮泽；上颚具明显 4 齿；下颚须中等长度；下唇须 4 节。

胸：胸部甚长，其长为高的 1.6 倍。前胸背板侧面三角区光滑、无毛；前胸侧板被有较多细毛；中胸盾片整个表面密被细毛以及大量有毛孔形成的细浅刻点；盾纵沟仅前面一小部分可见；中陷有中胸盾片后缘前伸至近中部处；小盾片前沟深；小盾片表面几乎布满细毛；基节前沟缺；并胸腹节表面布满较为稠密的白色贴面长毛，但基本仍可见其下所布满的较粗糙的刻纹；后胸侧板表面具大量刻点，并布满较密细长毛（基本都朝向后足基节方向）。

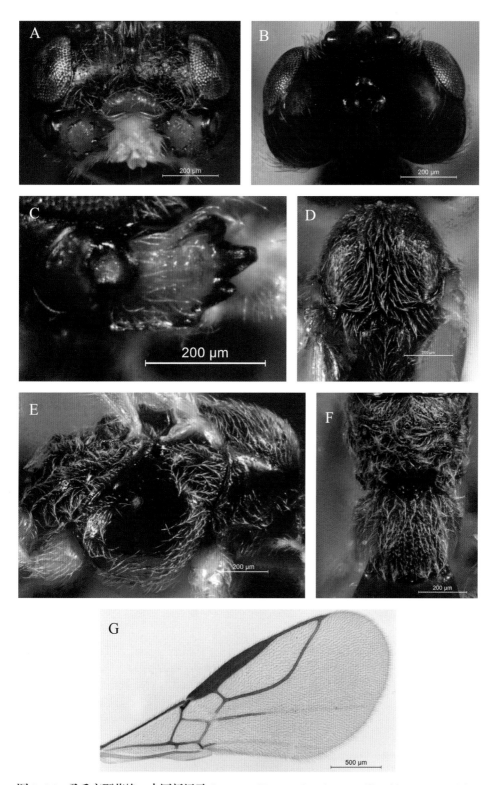

图2-86 柔毛离颚茧蜂，中国新记录 *Dacnusa (Dacnusa) pubescens* (Curtis)，rec. nov.（♀）
A：头部正面观；B：头部背面观；C：上颚；D：中胸背板；E：胸部侧面；F：腹部第1背板及并胸腹节；
G：前翅

翅：前翅翅痣长为 1–R1 脉长的 1.7 倍，r 脉始发点较游离于翅痣基部，其间翅痣长度明显长于 r 脉；3–SR+SR1 脉后半部甚为曲折；m–cu 脉前叉式。

足：后足腿节长约为宽的 5.0 倍；后足胫节几乎等长于后足跗节；后足第 3 跗节与后足端跗节（第 5 跗节）等长。

腹：第 1 背板较宽大，中间长为端部宽的 1.2 倍，表面刻纹以及所被毛均类似于并胸腹节（但毛相对稀疏些，且均朝向后方）；腹部第 2 背板仅于中部零星被有几根细短刚毛，第 3 背板至腹末端各节近基部处均被有 1 横排刚毛；产卵器鞘长为后足跗节第 1 节长的 1.1—1.2 倍。

体色：头部大部分区域、胸部及腹部第 1 背板均为黑色；触角除柄节腹面、梗节腹面以及第 1 鞭节基部的腹面呈铜黄色，其余部分都为深褐色；唇基黄棕色，上唇黄色，上颚中间区域锈黄色，下颚须、下唇须暗黄色（但下颚须端节加深至深褐色）；足除跗节黄棕色，其余基本都为暗黄色，或后足基节基半部颜色加深至暗棕色；腹部第 1 背板之后各节为黄棕色。

雄虫 前翅翅痣颜色比雌虫明显更深；体长 2.8mm；触角 31 节；其他特征（除生殖器外）基本与雌虫相似。

研究标本 1 ♂，1 ♀，青海贵德，2008– Ⅶ –18，赵琼。

已知分布 青海；奥地利、阿塞拜疆、比利时、保加利亚、加那利群岛、捷克、斯洛伐克、法国、德国、希腊（包括马其顿）、意大利、立陶宛、荷兰、波兰、斯洛文尼亚、西班牙、英国、瑞士、瑞典、乌克兰、俄罗斯、塞尔维亚。

寄主 成虫具趋光性。已知寄生潜蝇科 Agromyzidae 彩潜蝇属的 2 种：*Chromatomyia ramosa*（Hendel）和 *Chromatomyia syngenesiae* Hardy；萝潜蝇属的 3 种：*Napomyza carotae* Spencer、*Napomyza cichorii* Spencer 和 *Napomyza lateralis*（Fallen）；植潜蝇属的 6 种 *Phytomyza buhriella* Spencer、*Phytomyza conyzae* Hendel、*Phytomyza picridocecis* Hering、*Phytomyza robustella* Hendel、*Phytomyza rufipes* Meigen 和 *Phytomyza wahlgreni* Ryden；花蝇科 Anthomyiidae 泉蝇属的 1 种：*Pegomya hyoscyam*（Panzer）。

注 根据 Nixon（1948）记载，体长 2.2—2.8mm，触角为 22—27 节。

87. 缺沟离颚茧蜂，新种
Dacnusa (Dacnusa) asternaulus Zheng & Chen，sp. nov.

（图 2–87）

雌虫 正模，体长 1.6mm；前翅长 1.3mm。

头：触角 15 节，第 1、2 鞭节等长，第 1 鞭节和倒数第 2 鞭节的长分别为宽的 3.8 倍和 2.0 倍。头部背面观复眼后方强烈膨大，头宽为长的 2 倍，复眼长约为上颊长的 4/5，OOL：OD：POL=10：2：7；头顶、上颊和后头均稀疏地被少量细短毛；脸宽为高

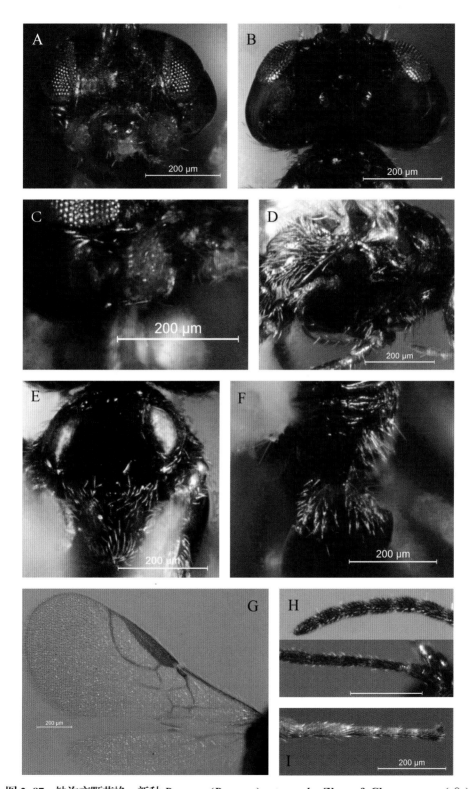

图 2-87 缺沟离颚茧蜂，新种 *Dacnusa (Dacnusa) asternaulus* Zheng & Chen , sp. nov. (♀)
A：头部正面观；B：头部背面观；C：上颚；D：胸部侧面；E：中胸背板；F：腹部第 1 背板及并胸腹节；
G：前翅；H：触角端部及基部几节；I：后足跗节

的 2.0 倍，表面光滑，被少量细毛，中纵脊较明显；唇基稍凸，表面光滑；上颚轻微向上扩展，第 2 齿较短小，短于第 1 齿，第 1 齿和第 3 齿呈弧形；下颚须较短。

胸：长为高的 1.3 倍。前胸背板两侧面光滑、无被毛；中胸盾片光滑亮泽，几乎无被毛（仅零星几根细短刚毛）；盾纵沟缺；中陷无；中胸盾片较隆起，表面光滑，并被较多细短毛（前半部毛相对稀，后半部毛较密）；中胸侧板甚光滑，基节前沟缺；侧观后胸背板无被毛，且中脊几乎不凸起；并胸腹节表面光滑，仅具少量细刻点，且仅较稀薄地被有一些细短毛（主要分布于前面水平处以及后方斜面处的两侧）；后胸侧板被有较多朝向后足基节方向的细长毛，并具较多细刻点，无明显刻纹。

翅：前翅翅痣长为宽的 4.7 倍，1–R1 脉很短，其长为翅痣长的 3/10；r 脉较短，其长分别为翅痣宽和 1–SR+M 脉长的 2/5 和 3/10；前翅 3–SR+SR1 脉十分均匀地弯曲，且止于距翅顶端相当远的前部，故缘室很短；m–cu 脉明显前叉式；CU1b 脉退化，亚盘室后方开放。

足：后足腿节长约为宽的 5 倍；后足胫节长为后足跗节长的 1.1 倍；后足第 3 跗节长为端跗节的 9/10。

腹：第 1 背板由基部向端部十分强烈扩大，中间长稍短于端部宽，表面光滑、无明显刻纹，且背板除中间较窄的纵向区域无毛，其余部分布满密毛；腹部第 2 背板至腹末表面均光滑，第 2 背板基部被数根极短刚毛；产卵器几乎未超出腹末端。

体色：整体较暗色。触角除环节黄色，其余全部黑褐色；头部大部分区域、胸部及腹部第 1 背板为黑色；唇基棕黑色，上颚中间区域均为锈黄色，上唇深棕色，下颚须、下唇须浅褐色（端节颜色均有加深）；胸部棕黄色或棕黑色；翅透明，前翅翅痣浅褐色；足大范围呈暗褐色（包括基节、腿节、胫节大部分及端跗节），其余掺杂有黄色和褐黄色；腹部第 1 背板之后各节为黑褐色。

雄虫 未知。

研究标本 正模：♀，内蒙古二连浩特国门，2011– Ⅷ –21，姚俊丽。

已知分布 内蒙古。

寄主 未知。

词源 本新种拉丁名 "asternaulus" 为缺沟之意，是根据该新种的盾纵沟、中陷和基节前沟都缺失这一重要特征予以命名。

注 本新种与小室离颚茧蜂 Dacnusa（Dacnusa）areolaris（Nees）最为接近，其主要区别为：本种中胸盾片光滑，后则中胸盾片布满密毛；本种中陷缺，后者中陷存在；本种前翅缘室很短，后者前翅缘室甚长。

88. 小室离颚茧蜂，中国新记录
Dacnusa (*Dacnusa*) *areolaris* (Nees), rec. nov.

（图 2-88）

Bracon areolaris Nees，1811，5：20.

Alysia areolaris：Nees，1819，9（1818）：309，1834，1：262.

Alysia (*Dacnusa*) *areolaris*：Haliday，1833：265，1839：15.

Dacnusa areolaris：Curtis，1837：123；Kircher，1854，4：301；Vollenhoven，1873，16：196；Marshall，1896，5：492；Szépligeti，1901，2：130；Nixon，1937，4：66；Griffiths，1967，16（7/8）（1966）：837，1984，34：349；Shenefelft，1974：1084.

Dacnusa lysias Goureau，1851，（2）9：150.（Syn. by Rondani，1876）

Rhizarcha areolaris：Foerster，1862，19：275；Telenga，1935，1934（12）：114；Nixon，1948，84：215；Petersen，1956：38.

Dacnusa (*Rhizarcha*) *areolaris*：Thomson，1895，20：2321.

Dacnusa (*Dacnusa*) *areolaris*：Tobias et Jakimavicius，1973，2：23-38，1986：7-231；Quicke et al.，1997，26（1）：25；Tobias，1998：330；Papp，2004，21：144.

雌虫 体长 2.1mm；前翅长 2.2mm。

头：触角 19 节，第 1 鞭节和倒数第 2 鞭节的长分别为宽的 3.8 倍和 1.4 倍。头背面观宽为长的 2.0 倍，复眼长等于上颊长；额较平坦、光滑，两侧被有一些细短毛；脸较隆起，表面较多细毛，无明显刻纹；唇基（侧观）与脸中部平，表面光滑；上颚较小，具 3 齿；下颚须短。

胸：长为高的 1.4 倍。前胸两侧基本光滑、无毛；中胸盾片布满密毛，表面基本光滑、具一定光泽；盾纵沟缺；中陷短且窄；小盾片较隆起，表面光滑，被较多细短毛；基节前沟缺；并胸腹节和后胸侧板均布满密毛，且表面均大范围光滑，无明显刻纹。

翅：前翅翅痣细长，且上下边接近平行，r 脉始发点十分靠近翅痣基部；3-SR+SR1 脉后半部明显曲折；m-cu 脉前叉式，2-SR+M 脉相对较长。

足：后足腿节长约为宽的 4.5 倍；后足胫节与后足跗节等长。

腹：第 1 背板由基部向端部较强烈扩大，中间长等于端部宽，表面较光滑，但布满密毛；腹部第 2 背板基部亦被有一些细短毛；产卵器鞘长约为后足基跗节长的 4/5。

体色：头部大部分区域、胸部及腹部第 1 背板均为黑色；触角除环节棕黄色，其余全部棕黑色；唇基棕黑色，上唇红棕色，上颚中间区域暗黄色，下颚须褐色，下唇须暗黄色（端节褐色）；足大范围呈棕黄色，但后足基节强烈加深至棕黑色，且各足腿节、胫节及端跗节颜色都有所加深；腹部第 1 背板之后各节为黑褐色。

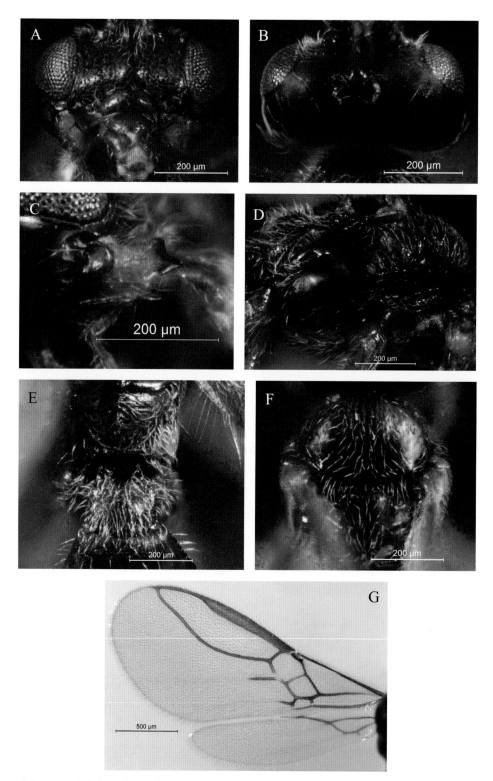

图 2-88 小室离颚茧蜂，中国新记录 *Dacnusa (Dacnusa) areolaris* (Nees)，rec. nov. (♀)

A：头部正面观；B：头部背面观；C：上颚；D：胸部侧面；E：腹部第 1 背板及并胸腹节；F：中胸背板；G：前翅

雄虫 与雌虫相似；但翅痣颜色明显比雌虫深；体长 1.8—2.0mm；触角 19—20 节。

研究标本 1 ♂，1 ♀，黑龙江漠河，2011- Ⅷ -23，郑敏琳；2 ♂♂，黑龙江漠河，2011- Ⅷ -26，郑敏琳。

已知分布 黑龙江；韩国、奥地利、匈牙利、德国、阿塞拜疆、比利时、保加利亚、波斯尼亚和黑塞哥维那、捷克、法国、法罗群岛、爱尔兰、英国、荷兰、立陶宛、葡萄牙、波兰、西班牙、罗马尼亚、斯洛文尼亚、丹麦、希腊、意大利、西班牙、瑞士、瑞典、冰岛、俄罗斯、乌兹别克斯坦、塞尔维亚、新西兰。

寄主 内寄生；已知寄主为潜蝇科的暗潜叶蝇属的 *Amauromyza labiatarum*（Hendel）；黄潜蝇属的 *Chlorops pumilionis* Bjekander；彩潜蝇属的 *Chromatomyia asteris*（Hendel）*Chromatomyia horticola*（Goureau）、*Chromatomyia milii*（Kaltenbach）、*Chromatomyia nigra*（Meigen）、*Chromatomyia ramosa*（Hendel） 和 *Chromatomyia syngenesiae* Hardy 等 6 种；蛇潜蝇属的 *Ophiomyia beckeri*（Hendel）；植潜蝇属的 *Pyhtomyza albiceps* Meigen、*Pyhtomyza glechomae* Kaltenbach、*Pyhtomyza obscurella* Fallen、*Pyhtomyza ranunculivora* Hering 和 *Pyhtomyza rufipes* Meigen 等 5 种；瘿蜂科的 *Diplolepis eglanteriae*（Hartig）和 *Diplolepis rosae*（Linnaeus）。

89. 跗离颚茧蜂，中国新记录
Dacnusa (Dacnusa) tarsalis Thomson , rec. nov.

（图 2–89）

Dacnusa tarsalis Thomson, 1895, 20: 2327; Szépligeti, 1904, 22: 195; Griffiths, 1967, 16(7/8)（1966）: 828; Shenefelt, 1974: 1099.

Rhizarcha nitetis Nixon, 1948, 84: 209, 207.（Syn. by Griffiths, 1967）

Dacnusa（*Dacnusa*） *tarsalis*: Tobias et Jakimavicius, 1973, 2: 23–38; Tobias, 1998: 330.

雌虫 体长 2.1—2.5mm；前翅长 2.3—2.7mm。

头：触角 21—26 节，触角基部鞭节甚为细长，第 1 鞭节长分别为第 2、3 鞭节长的 1.1 倍和 1.3 倍，第 1 鞭节和倒数第 2 鞭节的长分别为宽的 5.0 倍和 2.3 倍。头背面观宽为长的 2.3 倍，复眼长为上颊长的 1.3 倍；额于复眼至同侧触角窝间区域密被细短毛。脸宽约为高的 1.5 倍，中间较隆起，表面光滑，被较多细毛；唇基略显长，侧面观几乎与脸中部平，表面光滑；上颚较小，具 3 齿，中齿相对较窄、尖，且甚凸出；下颚须较长。

胸：长为高的 1.5 倍。前胸背板无背凹，侧面三角区布满极细短的毛（不太明显）；中胸盾片整个布满十分稠密的长毛（毛半贴于表面，朝向后方或侧后方）；盾纵沟仅前

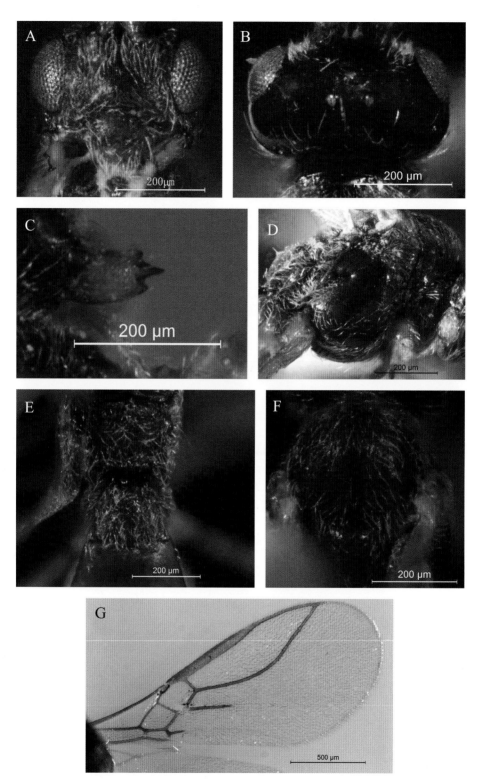

图 2-89 跗离颚茧蜂，中国新记录 *Dacnusa (Dacnusa) tarsalis* Thomson , rec. nov. (♀)

A：头部正面观；B：头部背面观；C：上颚；D：胸部侧面；E：腹部第 1 背板及并胸腹节；F：中胸背板；G：前翅

面一小部分存在（于中胸盾片前方的斜面处）；中陷轻微游离于中胸盾片后缘，其长度约为中胸盾片长的 2/7；小盾片前沟较宽且深，前后边缘平整，沟两侧具毛甚稠密；小盾片表面光滑，后端密被细短毛；中胸侧板光滑，基节前沟缺；后胸背板表面无被毛，中脊稍突起；并胸腹节表面除了大量细刻点，无明显刻纹，且整个表面密布软长毛（整体看，略呈绒毛状）；后胸侧板表面光滑，被稠密长毛。

翅：前翅翅痣较细长，上下边几乎平行，且其长为 1-R1 脉长的 1.4 倍；前翅 r 脉始发点至翅痣基部间的翅痣长度约等于 r 脉长度；3-SR+SR1 脉后半部稍曲折。

足：后足腿节长约为宽的 5.3 倍；后足胫节与后足跗节等长；后足第 3 跗节与后足端跗节等长。

腹：第 1 背板由基部向端部强烈扩大，中间长为端部宽的 11/13，整个表面毛及刻痕情况与并胸腹节相似；腹部第 1 背板之后各节表面光滑亮泽，除腹末端外，表面刚毛相对稀少；产卵器鞘稍微超出腹部末端。

体色：头部大部分区域、胸部及腹部第 1 背板均为红棕色或棕黑色；触角通体黄棕色或棕黑色；上唇铜黄色，上颚中间区域暗黄色或淡黄色，下颚须、下唇须黄色（端节褐色）；足铜黄色或浅黄色（除跗节端部 2—3 节及后足基节基半部颜色有所加深）；腹部第 1 背板之后各节呈黄棕棕色或暗黄棕色。

雄虫　与雌虫相似；前翅翅痣颜色较雌虫有所加深；体长 2.1—2.3 mm；触角 22—25 节。

研究标本　1♀，湖北神农架红坪，1988- Ⅷ -16，杨建全；1♀，湖北神农架天门垭，2000- Ⅷ -17，杨建全；　1♂，9♀♀，湖北神农架神农顶，2000- Ⅷ -22，杨建全；4♂♂，12♀♀，湖北神农架神农顶，2000- Ⅷ -22，石全秀；16♂♂，3♀♀，湖北神农架神农顶，2000- Ⅷ -22，宋东宝；1♂，陕西杨凌，2008- Ⅴ -9，赵琼；1♂，陕西汤峪东峰山，2008- Ⅴ -13，赵琼；1♂，陕西汤峪水库，2008- Ⅴ -15，赵琼；2♂♂，6♀♀，陕西汤峪西峰山，2008- Ⅴ -17，赵琼；18♂♂，3♀♀，陕西固城水磴，2008- Ⅴ -21，赵琼。

已知分布　湖北、陕西；奥地利、匈牙利、德国、英国、西班牙、捷克、瑞典。

寄主　内寄生；已知寄主为植潜蝇属的 *Pyhtomyza affinis*、*Pyhtomyza angelicae*、*Pyhtomyza autumnalis* 和 *Pyhtomyza farfarae* 等 4 种。

Pachysema Foerster 亚属

Pachysema Foerster，1862，Verh. naturh. Ver. Preuss. Rheinl. & Westph.，19: 274. Type species（by original designation and monotypy）: *Alysia*（*Dacnusa*）*macrospila* Haliday, 1839.

本亚属主要鉴别特征：腹部第 1 背板基部向端部不十分强烈扩大，通常较长，且长明显大于端部宽，表面总是具刻纹，且所被毛通常稀疏；后胸侧板和并胸腹节的毛通常不显稠密；前翅翅痣多样，但较少情况下显得细长，并且其颜色和形状上通常表现出明显的性二型现象。

90. 费氏离颚茧蜂，新种

Dacnusa (*Pachysema*) *fischeri* Chen & Zheng, sp. nov.

（图 2-90）

雌虫 正模，体长 3.9mm；前翅长 3.2mm。

头：触角 26 节，第 1 鞭节长为第 2 鞭节长的 1.3 倍，第 2、3 鞭节等长，中后部鞭节几乎方形，第 1 鞭节长和倒数第 2 鞭节长分别为宽的 2.7 倍和 1.2 倍。头部背面观复眼后方强烈收窄，头宽为长的 2.0 倍，复眼长为上颊长的 1.7 倍，OOL：OD：POL=33：14：16。脸宽为高的 1.6 倍，表面光滑，两侧被较密毛，中间毛稀少；唇基宽为高的 2 倍，侧面观与脸部平，表面光滑，于两侧被有数根长刚毛；上颚具 3 齿，中齿尖，两侧齿相对钝，第 3 齿稍长于第 1 齿；下颚须中等长度。

胸：长为高的 1.4 倍。前胸背板两侧面绝大范围光滑（除后下角具粗刻纹，与背板槽后方刻纹汇合）、无毛；中胸盾片甚光滑亮泽，且表面仅前缘、中叶前 1/3 部分以及沿盾纵沟应有轨迹分布有较多细长刚毛，其余区域无被毛；盾纵沟仅到达中胸盾片前部的斜坡与水平背面交界处，沟较深，布满粗糙刻纹；中陷较细长（前 1/3 浅，后部深），具清晰刻痕，长度约为中胸盾片长的 3/5；小盾片表面光滑、主要于两侧被有少量细长刚毛，中后部具一横排极浅刻痕；基节前沟十分宽大，沟内布满细刻纹；后胸背板中脊呈较强烈尖状凸起，侧观之，显著高于中胸盾片；并胸腹节布满不规则粗刻纹，中间大部分区域仅十分稀疏地被有少量细短毛，两旁毛稍多，且明显较长；后胸侧板表面光滑亮泽，前面大部分区域无被毛，主要于后部及上下边被有一些朝向后足基节方向的长毛。

翅：前翅翅痣短，近三角形，其长为宽的 3.0 倍，为 1-R1 脉长的 4/5；前翅 r 脉长为翅痣宽的 4/5；前翅 3-SR+SR1 脉几乎终止于翅顶端，其前半部弯曲程度小，后半部轻微曲折；m-cu 脉前叉式。

足：后足腿节长为宽的 4.0 倍；后足胫节与后足跗节等长；后足第 3 跗节与后足端跗节的长度比为 2：3。

腹：第 1 背板由基部向端部较强烈扩大，中间长为端部宽的 1.4 倍，表面布满纵刻纹，仅零星被有十多根细刚毛（主要分布于后部）；腹部第 1 背板之后各节背板光滑，第 2 背板几乎整个表面十分稀疏但较均匀地被有细刚毛；第 3 背板至后方各节均于近端部稀疏地被一横排刚毛；产卵器稍微超出腹末端，产卵器鞘长约等于后足第 1 跗节长。

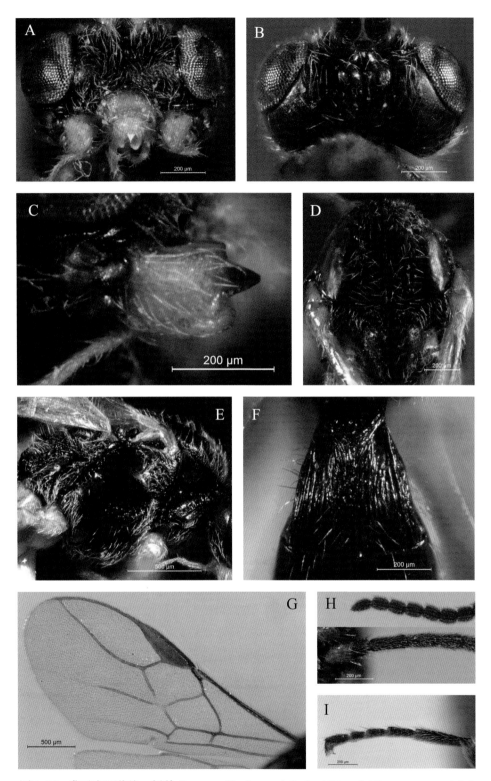

图 2-90　费氏离颚茧蜂，新种 *Dacnusa* (*Pachysema*) *fischeri* Chen & Zheng , sp. nov. (♀)

A：头部正面观；B：头部背面观；C：上颚；D：中胸背板；E：胸部侧面；F：腹部第 1 背板；G：前翅；H：触角端部及基部几节；I：后足跗节

体色：头部大部分区域、胸部为黑色；触角除柄节腹面棕黄色、其余呈暗棕色；唇基黄褐色，上唇暗黄色，上颚中间区域、下颚须及下唇须均为黄色；中足跗节黄褐色，后足跗节和后足胫节端部褐色，足其余部分为基本为黄色；腹部第1—4背板基本呈黑色，第5背板红棕色，第6—7背板黄色；产卵器鞘褐色。

雄虫　未知。

研究标本　正模：♀，宁夏六盘山龙潭，2001-Ⅷ-15，林智慧。

已知分布　宁夏。

寄主　未知。

词源　本新种名"fischeri"是以著名茧蜂分类学家 M. Fischer 的名字命名，以此表达敬意。

注　本种与 *Dacnusa*（*Pachysema*）*nigricoxa* Tobias 最接近，但本种头于复眼后方强烈收窄，后者仅稍微收窄；本种胸部长为高的 1.4 倍，后者为 1.2 倍；前者并胸腹节及后胸侧板毛明显比后者稀少；本种触角第 1 鞭节长为第 2 鞭节长的 1.3 倍，后者触角第 1 鞭节仅轻微长于第 2 鞭节；本种体长 3.9 mm，后者 1.9 mm。

91. 黑龙江离颚茧蜂，新种
Dacnusa (Pachysema) heilongjianus Chen & Zheng，sp. nov.

（图 2-91）

雌虫　正模，体长 1.4—1.5mm；前翅长 1.5mm。

头：触角 19 节，第 1 鞭节长分别为第 2、3 鞭节长的 1.1 倍和 1.3 倍，第 1 鞭节长和倒数第 2 鞭节长分别为宽的 4.5 倍和 2.1 倍。头部背面观复眼后方不明显收窄，头宽为长的 2.1 倍，复眼长为上颊长的 1.1 倍，OOL∶OD∶POL=18∶5∶10；脸宽为高的 1.4 倍，表面光滑，毛相对较少；唇基微凸，表面光滑；上颚具 3 齿，中齿尖，两侧齿钝。

胸：长为高的 1.2 倍。前胸背板两侧面光滑、无毛；中胸盾片甚光滑，仅稀疏地被有少量刚毛（且主要分布于前缘及两盾纵沟之间区域，侧叶无毛）；盾纵沟清晰沟槽部分仅至中胸盾片前部的斜坡与水平背面交界处，后方仅以极浅且光滑的沟痕形式延伸至中胸盾片后缘；中陷由中胸盾片后缘延伸至近中部处；小盾片表面光滑，被少量细短毛；中胸侧板较光滑，基节前沟较短，但略宽，沟内具明显刻纹；后胸背板（侧观）中脊不高于小盾片；并胸腹节背面较光滑，仅具少量刻纹，且表面细毛十分稀薄；后胸侧板表面较光滑，仅具少量细浅刻痕，并稀疏地被有一些朝向后方的细长毛。

翅：前翅翅痣长为 1-R1 脉长的 1.3 倍；前翅 r 脉长为翅痣宽的 4/5；前翅 3-SR+SR1 脉后半部轻微曲折；m-cu 脉明显前叉式。

足：后足腿节长为宽的 5.0 倍；后足胫节显著长于后足跗节，其长为后足跗节长的 1.4

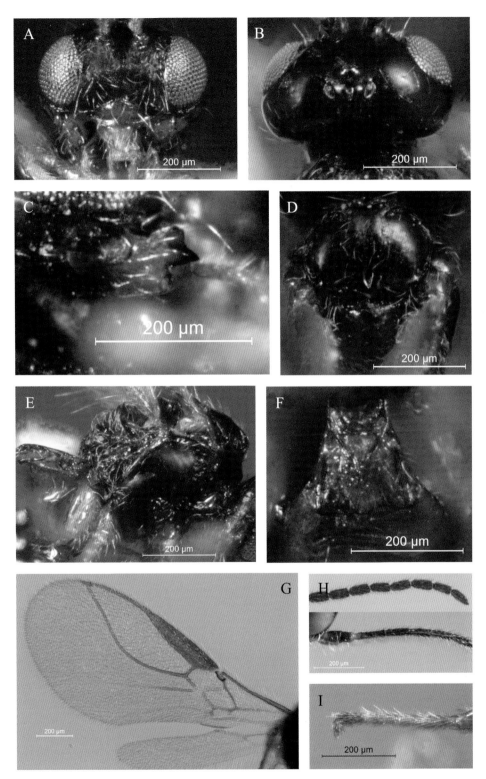

图 2-91　黑龙江离颚茧蜂，新种 *Dacnusa* (*Pachysema*) *heilongjianus* Chen & Zheng , sp. nov. (♀)

A：头部正面观；B：头部背面观；C：上颚；D：中胸背板；E：胸部侧面观；F：腹部第 1 背板；
G：前翅；H：后足跗节；I：触角端部及基部几节

倍；后足第 3 跗节大大短于后足端跗节，其长为后足端跗节长的 3/5。

腹：第 1 背板由基部向端部显著扩大，中间长为端部宽的 1.4 倍，表面布满细刻纹，但几乎无毛（仅被有几根细短毛），基部背脊汇合于第 1 背板中后部；腹部第 2 背板无被毛；产卵器明显伸出腹末端，产卵器鞘长为后足第 1 跗节长的 2.3 倍，亦明显长于第 2、3 跗节长度和。

体色：头部大部分区域和胸部为棕黑色；触角除环节黄色，其余全部棕黑色；唇基、上唇及上颚中间区域棕黄色，下颚须及下唇须均为黄色（但下颚须基节和端节略呈棕黄色）；足除端跗节黄褐色，其余部分为黄色；腹部第 1—2 背板棕黄色，第 3 背板至腹末端呈暗棕色；产卵器鞘棕黑色（基部棕黄色）。

变化：本研究另一只雌虫体长 1.4mm，前翅长 1.5mm，触角 19 节。

雄虫 未知。

研究标本 正模：♀，黑龙江牡丹江牡丹峰，2011- Ⅶ -17，董晓慧。副模：1 ♀，黑龙江牡丹江国家森林公园，2011- Ⅶ -19，赵莹莹。

已知分布 黑龙江。

寄主 未知。

词源 本新种拉丁名称"heilongjianus"是以正模标本采集地所在的省份名称"黑龙江"来命名。

注 本新种与 *Dacnusa*（*Pachysema*） *barkalovi* Tobias 相对较接近，其区别为：本种具有带明显刻纹的基节前沟，后者基节前沟缺；本种前翅 3–SR+SR1 脉相对平缓弯曲后者 3–SR+SR1 脉强烈向上弯曲，终止于远离翅顶端的前部边缘；本种产卵器鞘显著长于后足基跗节，后者几乎与基跗节等长；本种腹部第 1 背板几乎无被毛，后者被较多毛。

92. 异齿离颚茧蜂
Dacnusa (*Pachysema*) *heterodentatus* Zheng & Chen

（图 2–92）

Dacnusa（*Pachysema*） *heterodentatus*: Zheng & Chen，2017: 511–522.

雌虫 体长 2.7mm；前翅长 3.0mm。

头：触角 31 节，第 1、2 和 3 鞭节长度比为 14：11：11，第 1 鞭节和倒数第 2 鞭节长分别为宽的 3.2 倍和 2.2 倍。头背面观宽为长的 2.4 倍，复眼长为上颊长的 1.3 倍；单眼区中间至后头底部具一细纵沟，且沟内具细刻痕，OOL：OD：POL=26：10：13；后头被有较多半贴面细毛，且中间相对稀少，两边毛稠密（并扩展至上颊的部分区域）；额中间光滑，两边（靠近复眼处）被有一些密毛，并具少量浅刻纹；脸宽为高的 1.7 倍，

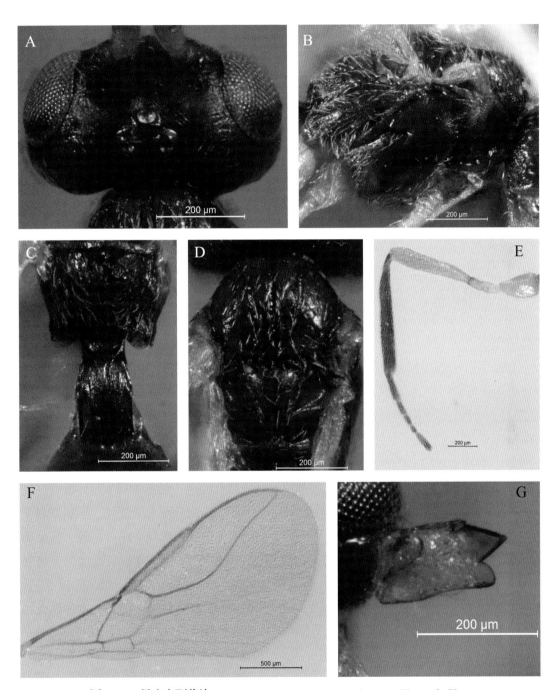

图 2-92 异齿离颚茧蜂 *Dacnusa (Pachysema) heterodentatus* Zheng & Chen
A：头部背面观；B：胸部侧面观；C：腹部第 1 背板及并胸腹节；D：中胸背板；E：后足；F：前翅；
G：上颚

表面无明显刻纹（仅有一些极浅的细刻点），但几乎表面布满细长毛（毛基本都朝向脸上方），且脸上半部的中间形成较深凹陷；唇基宽大，表面光滑、无毛，下端形成发达并稍外凸的檐片；上颚具3齿，但第1齿甚为退化，十分短小（显著短于第2、3齿），第2齿近等边三角形，第3齿形成近半圆形；下颚须相当长，明显伸达中足基节。

胸：长为高的1.3倍。前胸背板中部具一小背凹，侧面光滑、无毛；中胸盾片表面整个密布细刚毛；盾纵沟完整，并具刻痕；中陷十分细长，由中胸盾片后缘纵贯至前缘；小盾片前沟较深，沟内脊纹清楚；小盾片光滑亮泽，并被较多细短毛，且后缘明显较密；中胸侧板光滑亮泽，无明显基节前沟，仅于侧板近下缘处形成1较宽长的浅凹痕；并胸腹节较宽大，表面密布相对精细的刻纹，并被有一些半贴面的白色长毛（但主要分布于两旁，中间大片区域十分稀少）；后胸侧板表面除了较多浅刻点，无明显刻纹，且整个侧板布满十分精细并朝向后足基节方向的长毛。

翅：前翅翅痣长几乎等于1-R1脉长；前翅r脉长等于其始发点至翅痣基部间的翅痣长度；前翅缘室甚长，3-SR+SR1脉几乎伸达翅顶端，且该翅脉后半部明显曲折；m-cu脉几乎对叉式。

足：后足腿节长为宽的4.5倍；后足胫节长为后足跗节长的1.4倍；后足第2跗节等长于端跗节，第3跗节长为端跗节的4/5。

腹：第1背板由基部至气孔处轻微扩大，之后部分两边平行，中间长为端部宽的1.8倍，表面布满较规则的纵刻纹，且背面几乎无被毛（仅背板后半部分布有数根细短刚毛）；腹部第1背板之后各节背板表面均光滑，且背板近端部处均被1横排短刚毛（但第2背板较稀少，通常仅5—6根）；产卵器仅稍微露出腹末端，产卵器鞘长为后足基跗节长的9/10，且表面被较多长刚毛。

体色：头部大部分区域、胸部及腹部第1背板暗红棕色；触角除柄节和环节黄色，其余部分全为红棕色；唇基铜黄色，上唇黄色，上颚中间部分均为暗黄色，下颚须和下唇须为浅黄色（接近乳白色）；足除后足胫节和后足跗节明显加深为暗红棕色，其余部分全部黄色；腹部第1背板之后各节均为红棕色（其中第3—5节背板后端加深至暗红棕色）。

变化：体长2.5—2.8mm；前翅长2.8—3.1mm；触角31—32节。另外，本种黑龙江的标本体色（主要是头、胸及腹部第1背板）比宁夏的更暗些。

雄虫 与雌虫相似；体长2.4—2.5mm，触角33—34节。

已知分布 宁夏、黑龙江。

寄主 未知。

注 本种内容为摘录于本文作者等2017年发表的新种。

93. 宁夏离颚茧蜂，新种

Dacnusa (*Pachysema*) *ningxiaensis* Chen & Zheng, sp. nov.

（图 2-93）

雌虫 正模，体长 2.4mm；前翅长 2.3mm。

头：触角 28 节，第 1、2 和 3 鞭节长度比为 11∶10∶9，第 1 鞭节长为宽的 3.0 倍，鞭节中后部各节近方形。头背面观宽为长的 1.9 倍，复眼长为上颊长的 1.1 倍，单眼近圆形，单眼区中间至后头具一细浅纵沟，OOL∶OD∶POL= 4∶1∶2；后头被较多刚毛，但中间少于两侧；额较平坦、光滑；脸宽为高的 2.0 倍，表面较光滑，几乎布满稠密的细短毛（除复眼内缘处毛朝脸下方，其余基本都朝上方），中纵脊较明显；唇基稍凸出，表面光滑，但被有较多细长毛；上颚具 3 齿，第 1 齿轻微向上扩展，第 2 齿相对较短，端部略尖，其长度约等于第 1 齿；下颚须 5 节；下唇须 4 节。

胸：长为高的 1.3 倍。前胸背板侧面光滑、无被毛；中胸盾片表面除了侧叶后部一小片区域无毛，其余区域布满密毛，中胸盾片前缘和中叶显得较粗糙（具较多细浅刻点）；盾纵沟仅前面一小段可见；中陷由中胸盾片后缘前伸至约 1/3 处；小盾片光滑亮泽，被少量细毛；中胸侧板光滑亮泽，基节前沟较宽且深，沟内光滑；后胸背板无被毛，中纵脊稍凸，且呈片状；并胸腹节相对较短，其斜面部分几乎为垂直的截面，表面布满刻纹（其中水平部分刻纹较细且密，后方斜面处刻纹相对粗壮，但稀疏），毛相对稀少，且主要分布于两旁，中间无被毛；后胸侧板表面光滑，仅稀疏地被有数根长刚毛。

翅：前翅翅痣长为 1–R1 脉长的 1.3 倍；前翅 r 脉起始点相对较游离于翅痣基部（其间翅痣长度略长于 r 脉），r 脉长为翅痣宽的 1.4 倍；3–SR+SR1 脉后半部明显曲折；m-cu 脉对叉式。

足：后足腿节长为宽的 5.0 倍；后足胫节与后足跗节的长度比为 7∶6；后足第 2、3 及端跗节的长度比为 12∶9∶8。

腹：第 1 背板由基部至气孔处稍有扩大，之后两边平行，中间长为端部宽的 1.5 倍，表面布满较精细纵刻纹，仅被数根短刚毛；腹部第 1 背板之后各节背板均光滑，且除腹末端外，各节几乎无被毛；产卵器较长，显著超出腹末端，产卵器鞘长为后足基跗节长的 2.0 倍，为后足跗节长的 3/4。

体色：头部大部分区域呈棕黑色；触角除环节呈黄色，其余部分都为棕黑色；唇基暗黄棕色，上唇黄棕色，上颚中间区域黄色，下颚须和下唇须棕色；胸部黑色；足主要呈棕黄色，但各足基节均明显加深至暗棕色；腹部第 1 背板黑色，其后各节均为深棕色。

变化：触角 27—28 节。

雄虫 未知。

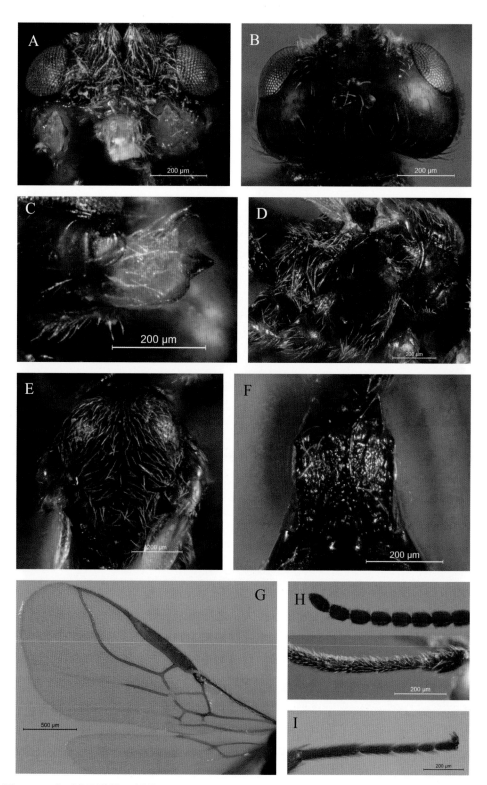

图 2-93 宁夏离颚茧蜂，新种 *Dacnusa* (*Pachysema*) *ningxiaensis* Chen & Zheng , sp. nov. (♀)

A：头部正面观；B：头部背面观；C：上颚；D：胸部侧面观；E：中胸背板；F：腹部第 1 背板；

G：前翅；H：触角基部和端部几节；I：后足跗节

研究标本 正模：♀，宁夏六盘山米缸山，2001- Ⅷ -22，林智慧。副模：1 ♀，宁夏六盘山米缸山，2001- Ⅷ -22，梁光红；1 ♀，宁夏六盘山米缸山，2001- Ⅷ -22，石全秀。

已知分布 宁夏。

寄主 未知。

词源 本新种名"ningxiaensis"是以正模标本来源地所在的宁夏自治区名称来命名。

注 本种与 *Dacnusa*（*Pachysema*）*subfasciata* 最为接近，其区别是：本种产卵器鞘长度为后足跗节长的 3/4，后者产卵器鞘长等于后足跗节长；本种复眼长为上颊长的 1.1 倍，后者复眼长为上颊长的 1.5 倍；本种胸部长为高的 1.3 倍，后者胸部长仅稍微大于胸高，即胸部明显更短；本种盾纵沟明显未伸达中胸盾片中部，后者盾纵沟伸达中胸盾片中部。

94. 陈氏离颚茧蜂，新种
Dacnusa (Pachysema) cheni Zheng, sp. nov.
（图 2-94）

雌虫 正模，体长 2.4mm；前翅长 2.6mm。

头：触角 34 节，第 1、2 和 3 鞭节长度比为 14：13：12，第 1 鞭节和倒数第 2 鞭节长分别为宽的 4.3 倍和 2.1 倍。头背面观宽为长的 2.2 倍，复眼长等于上颊长；单眼区中间至后头底部仅形成 1 光滑浅细沟痕，OOL：OD：POL=15：4：6；后头大部分区域仅零星被有少量刚毛，靠近上颚基部处稍多；额中间略凹、光滑，两边（靠近复眼处）具一些刚毛；脸宽为高的 1.6 倍，表面较光滑，被有大量细长毛，两触角窝间形成的"V"形凹陷达脸中部；唇基光滑，被较多细长毛，侧观，几乎与脸中部平；上颚具 3 齿，各齿长短相对接近；下颚较长。

胸：长为高的 1.3 倍。前胸背板中部无背凹，侧面光滑、无毛，背板槽布满细平行短刻纹；中胸盾片表面除侧叶后部一小片区域无毛，其余部分密被刚毛，且除了前缘和中叶略显粗糙，其余大部分区域较光滑；盾纵沟仅于中胸盾片前面斜坡处一小段可见；中陷较短、窄；小盾片前沟深，沟内可见 5 根短纵脊；小盾片表面光滑亮泽，主要于其后缘被有一些短毛；中胸侧板光滑亮泽，基节前沟几乎缺，仅于侧板近下缘前半部形成光滑浅凹；并胸腹节表面较有光泽，刻纹相对精细，并被有较多长毛（前面水平部分毛较细，且主要分布于两旁，毛朝向中间，中间毛相对稀少，后部斜面处毛相对前方密，且比前面毛粗，并朝向后方），但并胸腹节表面刻纹仍基本可见；后胸侧板表面基本光滑，密被十分精细的长刚毛，毛主要朝向后足基节方向。

翅：前翅翅痣由基部向后方稍有扩大，且其长为 1–R1 脉长的 1.6 倍；3–SR+SR1 脉

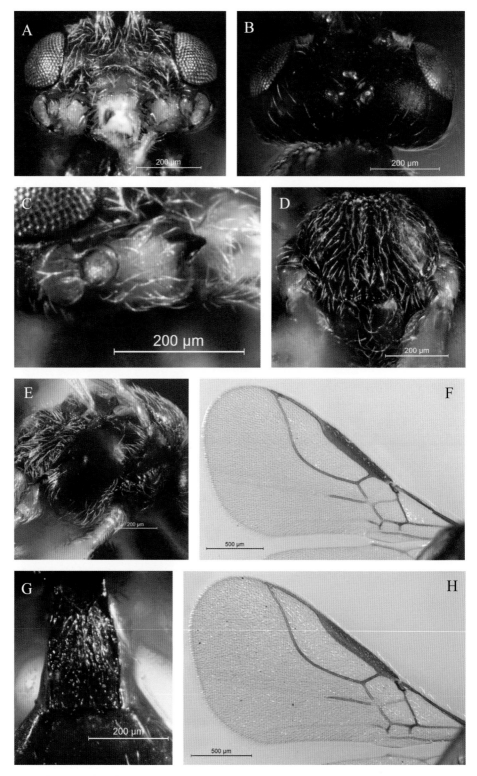

图 2-94 陈氏离颚茧蜂，新种 *Dacnusa (Pachysema) cheni* Zheng , sp. nov. (♀)

A：头部正面观；B：头部背面观；C：上颚；D：中胸背板；E：胸部侧面观；F：前翅（♂）；G：腹部第 1 背板；H：前翅

后半部略显曲折；m-cu 脉稍微前叉式。

足：后足腿节长为宽的 5.0 倍；后足胫节长为后足跗节长的 1.2 倍；后足第 2 跗节长为后足端跗节长的 1.2 倍，第 3 跗节与端跗节等长。

腹：第 1 背板由基部至气孔处均匀扩大，之后部分两边平行，中间长为端部宽的 1.7 倍，表面仅十分稀疏地被有十多根刚毛，并被纵刻纹，基部背脊于背板中前部愈合；腹部第 1 背板之后各节背板表面均光滑；第 2 背板仅具 6—8 根刚毛，分左右两边分布；第 3 背板仅于中后部稀疏地被一横排刚毛；产卵器较明显露出腹末端，产卵器鞘与后足基跗节等长。

体色：头部大部分区域棕黑色；触角棕黑色（柄节和梗节暗黄棕色，环节黄色）；唇基黄棕色，上唇金黄色，上颚中间部分均为棕黄色，下颚须和下唇须浅黄色；胸部及腹部第 1 背板黑色；足黄色（各足跗节及后足胫节端部颜色略有加深）；腹部第 1 背板之后各节均为深棕色。

变化：虫体主要颜色变化（头、胸和腹部第 1 背板呈红棕色至棕黑色）；腹部第 1 背板中间长为端部宽的 1.7—2.0 倍；体长 2.2—2.7mm；前翅长 2.4—2.9mm；触角 31—34 节。

雄虫　与雌虫相似；体长 2.0—2.6mm，触角 30—34 节。

研究标本　正模：♀，宁夏六盘山米缸山，2001- Ⅷ -22，季清娥。副模：1 ♀，宁夏贺兰山苏峪口，2001- Ⅷ -12，林智慧；1 ♂，宁夏六盘山龙潭，2001- Ⅷ -15，林智慧；1 ♀，宁夏六盘山西峡，2001- Ⅷ -17，林智慧；1 ♀，宁夏六盘山凉殿峡，2001- Ⅷ -21，梁光红；9 ♂♂，10 ♀♀，宁夏六盘山米缸山，2001- Ⅷ -22，季清娥；5 ♂♂，10 ♀♀，宁夏六盘山米缸山，2001- Ⅷ -22，梁光红；5 ♂♂，5 ♀♀，宁夏六盘山米缸山，2001- Ⅷ -22，石全秀；4 ♂♂，4 ♀♀，宁夏六盘山米缸山，2001- Ⅷ -22，林智慧；1 ♀，宁夏六盘山米缸山，2001- Ⅷ -22，杨建全；1 ♂、1 ♀，宁夏六盘山二龙河，2001- Ⅷ -23，杨建全；2 ♀♀，宁夏六盘山二龙河，2001- Ⅷ -23，石全秀。

已知分布　宁夏。

寄主　未知。

词源　本新种拉丁名 "cheni" 是以茧蜂分类学家陈家骅教授姓氏来命名。

注　本新种与 *Dacnusa*（*Pachysema*）*abdita*（Haliday）最为接近，主要区别为：前者腹部第 2 背板仅被 6—8 根刚毛，绝大部分区域无毛，第 3 背板仅于中后部稀疏地被一横排刚毛，而后者腹部第 2、3 背板几乎布满较挺立的刚毛（见 Nixon 1954 fig.322）；前者中胸盾片中叶后部区域无毛，后者整个中胸盾片都布满密毛；前者前翅 m-cu 脉稍前叉式，后者前翅 m-cu 脉完全对叉式；前者雌虫产卵器较明显外露，后者产卵器不外露。

95. 祁连山离颚茧蜂，新种

Dacnusa (Pachysema) qilianshanensis Chen & Zheng , sp. nov.

（图 2–95）

雌虫 正模，体长 2.7mm；前翅长 2.5mm。

头：触角明显短于体长，23 节，第 1、2、3 鞭节长度比为 11：10：9，中后部鞭节近方形，第 1 鞭节长和倒数第 2 鞭节长分别为宽的 3.0 倍和 1.5 倍；头部背面观复眼后方较有所膨大，头宽为长的 2.1 倍，复眼长等于上颊长，OOL：OD：POL=32：7：16；后头两旁及上颊被有半贴面细短刚毛；脸宽为高的 1.6 倍，相对较平坦，表面光滑，被较多毛（主要分布于两侧，中间区域毛稀少）；唇基（侧观）略高于脸，表面光滑，被较多细长毛；上颚略显宽短，具 3 齿，第 2 齿近直角三角形，大小长短均与两侧齿较为接近；下颚须短。

胸：长为高的 1.3 倍。前胸背板侧面光滑、无毛；前胸侧板表面具细刻痕、几乎无被毛；中胸盾片表面较光滑，并具光泽，除侧叶大范围无被毛，其余区域密被细毛；盾纵沟前面极短一段存在；中陷细裂缝状，长约为中胸盾片长的 1/3；小盾片较隆起，表面光滑，后端密被细短毛；中胸侧板大范围光滑亮泽，基节前沟较深，沟内光滑；后胸背板（侧观）中脊较凸起，略高于小盾片；并胸腹节表面显得较光滑、有光泽，无粗糙刻纹，仅被一些较精细的刻纹及细刻点，且前半部仅被有一层十分稀薄的贴面细毛，后半部毛稍多、密，毛多朝向后方；后胸侧板表面较光滑（仅具少量细浅刻点），密被十分精细的长毛（绝大部分朝向后足基节方向）。

翅：前翅翅痣长为 1–R1 脉长的 2.0 倍；前翅 r 脉长略短于 r 脉始发点至翅痣基部间的翅痣长度；前翅 3–SR+SR1 脉后半部弯曲甚为均匀，几乎不显曲折；m–cu 脉前叉式。

足：后足腿节长为宽的 4.5 倍；后足胫节长与后足跗节长的比为 7：6；后足第 3 跗节长等于端跗节长。

腹：第 1 背板由基部至端部呈不均匀加宽，中间长为端部宽的 1.4 倍，表面布满较精细纵刻纹，无中纵脊，并被有大量细短毛（两侧较密，中间相对稀少）；腹部第 1 背板之后各节背板表面均光滑亮泽，第 2 背板几乎无刚毛，第 3 背板开始于近后缘处均具一横排细短刚毛；产卵器较明显露出腹末端，产卵器鞘与后足第 1 跗节等长。

体色：虫体几乎全黑。头部大部分区域黑色；触角黑色；下颚须及下唇须为深褐色，上颚中间区域暗黄褐色；胸部深黑色；翅透明状，翅痣和翅脉主要呈暗棕色；足绝大部分黑色，胫节和跗节的部分区域呈暗黄棕色或深棕色；腹部第 1 背板深黑色，之后各节黑色。

变化：有些虫体腹部和足颜色略浅些，呈棕黑色或暗黄褐色。体长 2.5—2.7 mm；.前翅长 2.3—2.5mm；触角 21—26 节。

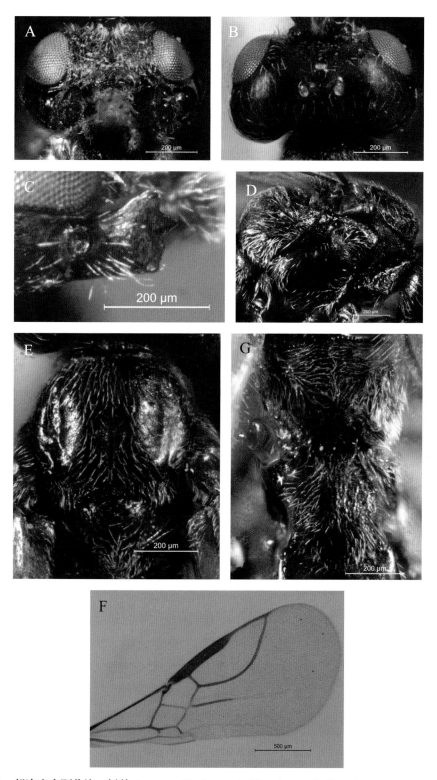

图 2-95 祁连山离颚茧蜂，新种 *Dacnusa (Pachysema) qilianshanensis* Chen & Zheng, sp. nov. (♀)
A：头部正面观；B：头部背面观；C：上颚；D：胸部侧面观；E：中胸背板；F：前翅；G：腹部第 1
背板及并胸腹节

雄虫 与雌虫相似；体长 2.3—2.7mm；触角 24—27 节。

研究标本 正模：♀，青海祁连山，2008- Ⅶ -11，赵琼。副模：22 ♂♂，9 ♀♀，青海祁连山，2008- Ⅶ -11，赵琼。

已知分布 青海。

寄主 未知。

词源 本新种拉丁名"qilianshanensis"是以正模标本的来源地"祁连山"来命名。

注 本种与 *Dacnusa*（*Pachysema*）*nigrella* Griffiths 最为相似，但其主要区别为：本种基节前沟明显存在，为光滑但较深的沟，后者基节前沟则不存在；本种腹部第 1 背板由基部向后端扩大的程度明显不如后者；本种中间长为后端宽的 1.4 倍，而后者中间长等于后端宽。另外，本种的胸部比后者短些。

96. 短痣离颚茧蜂，中国新记录
Dacnusa (*Pachysema*) *brevistigma* (Tobias), rec. nov.

（图 2-96）

Pachysema brevistigma Tobias，1962，31: 133.

Dacnusa brevistigma: Griffiths，1967，16（7/8）（1966）：812；Shenefelt，1974: 1086.

Dacnusa（*Pachysema*）*brevistigma*: Tobias et Jakimavicius，1986: 7–231；Yu et al.，2016: DVD.

雌虫 体长 1.9—2mm；前翅长 2.0—2.1mm。

头：触角 26—30 节，第 1 鞭节长分别为第 2、3 鞭节长的 1.2 倍和 1.4 倍，第 1 鞭节长和倒数第 2 鞭节长分别为宽的 4.5 倍和 2.7 倍。头部背面观复眼后方较明显收窄，头宽为长的 2.3 倍；复眼长为上颊长的 1.5 倍，单眼小、椭圆形，OOL：OD：POL=10：3：6；脸宽为高的 1.5 倍，中间较明显隆起，表面十分光滑亮泽，中间区域几乎无被毛，两旁毛较多；唇基（侧观）与脸平，表面光滑、无毛；上颚较小，具 3 齿，第 2 齿呈锐角三角形，第 1、3 齿钝。

胸：长为高的 1.3 倍。前胸背板侧面光滑亮泽；中胸盾片除侧中部无被毛，其余区域被有密毛，表面具一些细浅刻点，前缘略显粗糙；盾纵沟缺；中陷细裂缝状，长约为中胸盾片长的 2/7；小盾片表面光滑，被数根细短毛；中胸侧板十分光滑、亮泽，基节前沟缺；并胸腹节背面相对较光滑，仅具少量细刻纹，且仅稀疏地被有一些细长毛（并胸腹节表面几乎完全不被遮掩）；后胸侧板表面光滑亮泽，较大区域无被毛，主要于中后部具一些细长刚毛（朝向后足基节处）。

翅：前翅翅痣长为 1–R1 脉长的 4/5；前翅 r 脉长为翅痣宽的 4/5；前翅 3–SR+SR1 脉后半部明显曲折；m–cu 脉前叉式，且 2–SR+M 脉较长。

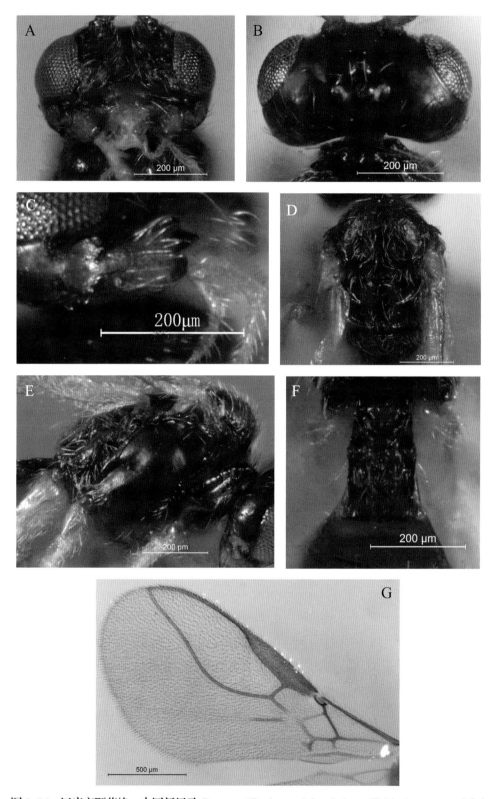

图 2-96 短痣离颚茧蜂，中国新记录 *Dacnusa (Pachysema) brevistigma* (Tobias)，rec. nov.（♀）

A：头部正面观；B：头部背面观；C：上颚；D：中胸背板；E：胸部侧面观；F：腹部第 1 背板；G：前翅

足：后足腿节长为宽的 4.5 倍；后足胫节长为后足跗节长的 1.1 倍；后足第 3 跗节长为端跗节长的 4/5。

腹：第 1 背板左右两边接近平行，中间长为端部宽的 1.9 倍，表面几乎无被毛，被不规则细刻纹，基部背脊明显，且延伸至第 1 背板中后部汇合；腹部第 1 背板之后各节背板表面均光滑，且刚毛较稀少；产卵器稍露出腹末端，产卵器鞘长为后足第 1 跗节长的 4/5。

体色：头部大部分区域、胸部及腹部第 1 背板暗红棕色或棕黑色；触角除柄节、梗节和第 1 鞭节黄色，其余部分为红棕色或暗红棕色；唇基棕黄色，上唇黄色，上颚中间区域铜黄色，下颚须及下唇须均为浅黄色；足除端跗节及胫节端部颜色略有加深，其余部分均为黄色；腹部第 2、3 背板黄棕色，之后各节主要呈暗棕色；产卵器鞘棕黑色。

雄虫　本研究尚未知。根据 Tobias（1962）及 Griffiths（1967），体长约 1.7mm，触角 23—27 节，前翅翅痣比雌虫短、宽且厚（颜色深）。

研究标本　2 ♀♀，黑龙江牡丹江牡丹峰，2011- Ⅶ -17，郑敏琳；1 ♀，黑龙江牡丹江牡丹峰，2011- Ⅶ -17，姚俊丽。

已知分布　黑龙江；法国、德国、匈牙利、意大利、俄罗斯、塞尔维亚。

寄主　已知寄生植潜蝇属的 *Phytomyza anemones* Hering、*Phytomyza auricomi* Hering 和 *Phytomyza hellebore* Kaltenbach。

97. 伞形离颚茧蜂，中国新记录
Dacnusa (Pachysema) umbelliferae Tobias, rec. nov.

（图 2-97）

Dacnusa（*Pachysema*）*umbelliferae* Tobias，1998: 342；Yu et al.，2016: DVD.

雌虫　体长 1.8—2.1mm；前翅长 1.9—2.1mm。

头：触角 21—23 节，第 1、2 和 3 鞭节长度比为 7：6：5，第 1 鞭节长为宽的 4.0 倍，倒数第 2 鞭节长为宽的 2.0 倍。头背面观宽为长的 2.0 倍，复眼长为上颊长的 1.3 倍,单眼小、近圆形，OOL：OD：POL=13：3：7；脸宽为高的 1.8 倍，表面光滑，中间几乎无被毛，两侧被较多毛；唇基略凸，表面光滑、无毛；上颚具 3 齿，第 1 齿弧形，第 2 齿略长于第 1 齿，端部尖，第 3 齿短、基部宽；下颚须较短。

胸：长为高的 1.3 倍。前胸背板侧面三角区光滑，背板槽布满细刻纹；中胸盾片表面较具光泽，前半部具较多浅刻点，且除侧叶大范围无被毛，其余区域密被细短毛；盾纵沟较发达，伸达中胸盾片中后部（不愈合）；中陷窄，约达中胸盾片中部；小盾片前沟较宽且深；小盾片光滑亮泽，后端具较多细短毛；中胸侧板大部分区域光滑

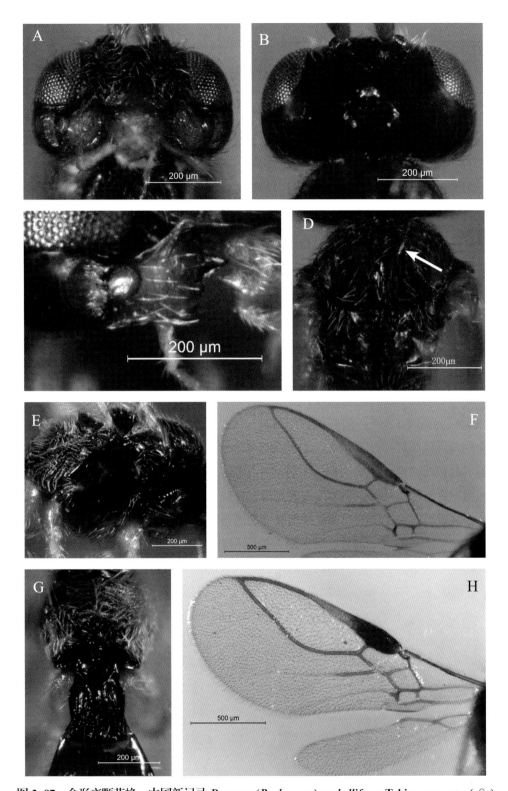

图 2-97 伞形离颚茧蜂，中国新记录 *Dacnusa (Pachysema) umbelliferae* Tobias , rec. nov. (♀)
A：头部正面观；B：头部背面观；C：上颚；D：中胸背板；E：胸部侧面观；F：前翅；G：腹部第 1
背板及并胸腹节；H：前翅（♂）

亮泽，基节前沟宽且较长，沟内光滑；并胸腹节密被白色贴面长毛，几乎完全遮住表面刻纹；后胸侧板表面被有甚为稠密的白色长毛（特别于后半部），毛多朝向后足基节方向。

翅：前翅翅痣长为 1–R1 脉长的 1.3 倍；前翅 r 脉长等于翅痣宽；前翅缘室较长；3–SR+SR1 脉端点较接近翅顶端，其后半部稍显曲折；m-cu 脉显著前叉式。

足：后足腿节长为宽的 4.5 倍；后足胫节长为后足跗节长的 1.13 倍；后足第 3 跗节为端跗节的 4/5。

腹：第 1 背板由基部至气孔处逐步扩大，之后部分两边平行，中间长为端部宽的 1.4 倍，表面被粗糙刻纹，且几乎无被毛（仅后部具 3—4 根短刚毛）；腹部第 1 背板之后各节背板表面均光滑，第 2 背板几乎无被毛，第 3 背板开始各节近端部处均被有 1 横排短刚毛；产卵器稍露出腹末端，产卵器鞘长为后足基跗节长的 9/10。

体色：头部大部分区域、胸部及腹部第 1 背板黑色或暗红棕色；触角除柄节、梗节的腹面及环节呈黄色，其余部分都为暗棕色；唇基黄棕色，上唇、上颚中间区域褐黄色、下颚须及下唇须均为黄色；前翅翅痣浅棕黄色；足除端跗节黄褐色，其余部分均为黄色；腹部第 1 背板之后各节均为深褐色。

雄虫　前翅翅痣较之雌虫具明显性二型现象，翅痣前部约 3/5 部分颜色显著加深（加深位置明显超过 r 脉起始处，呈暗棕色），后方余下部分近灰白色，且翅痣由基部向端部缩小幅度较之雌虫更为显著；体长 1.6—2mm；触角 22 节；其余特征与雌虫相似。

研究标本　1♂，2♀♀，山西晋城历山自然保护区，2011- Ⅸ -15，姚俊丽；2♂♂，3♀♀，山西晋城历山自然保护区，2011- Ⅸ -16，姚俊丽。

已知分布　山西；俄罗斯。

寄主　未知。

注　Tobias（1998）仅根据雌虫确定了本种，本研究中发现并确定了本种雄性虫体。

98. 西伯利亚离颚茧蜂
Dacnusa (Pachysema) sibirica Telenga

（图 2-98）

Dacnusa sibirica Telenga, 1934, 44: 121; Griffiths, 1967, 16（7/8）（1966）: 822; Shenefelft, 1974: 1097; Docavo, 1988, 12: 161-163; Belokobylskij et al., 2003, 53（2）: 361; 杨华等, 2005, 42（6）: 389.

Pachysema comis Nioxn, 1954, 90: 271.（Syn. by Tobias, 1998）

Dacnusa（Pachysema）sibirica: Tobias et Jakimavicius, 1986: 7-231; Tobias, 1998: 336; Yu et al., 2016: DVD.

雌虫 体长 1.5—2.2mm；前翅长 1.7—2.4mm。

头：触角 22—24 节，基部鞭节较细长，第 1、2、3 鞭节长度比约为 11∶10∶9，第 1 鞭节和倒数第 2 鞭节长分别为宽的 4.5 倍和 2.0 倍。头背面观宽为长的 1.8 倍，复眼长约为上颊长的 1.2 倍，单眼小、近圆形，排成 1 明显三角形；脸表面光滑，仅较稀疏地被有一些细毛（其中分布在中间的毛朝向内，两边的朝向脸下方）；上颚具 3 齿，中齿尖；下颚须较短。

胸：长为高的 1.3 倍。中胸盾片表面大范围光滑，除了侧叶后部小范围无被毛，其余部分布满细短毛；盾纵沟仅前面一小段可见（仅于"双肩处"）；中陷甚短小；基节前沟仅为光滑的浅凹陷；并胸腹节两旁被有较密长毛，而中部毛较精细，且相对稀薄，基本无法遮掩其下所被的刻纹；后胸侧板表面光滑亮泽，其中部仅具零星几根细刚毛，后部相对被有较密毛，且毛几乎都朝向后足基节方向。

翅：前翅略长于体，翅痣向端部较明显缩小；3-SR+SR1 脉后半部稍显曲折；m-cu 脉明显前叉式。

足：后足腿节长约为宽的 4.2—4.5 倍；后足胫节略长于后足跗节；后足第 3 跗节约等于端跗节。

腹：第 1 背板中间长约为端部宽的 1.7 倍，表面布满较不规则刻纹、几乎无被毛；腹部第 1 背板之后各节背板表面均光滑，且第 2 背板仅被 3—4 根细短刚毛，第 3 节开始各节背板均被有一横排刚毛；产卵器几乎不露出腹末端。

体色：头部大部分区域、胸部及腹部第 1 背板呈棕黑色；触角除柄节腹面及环节棕黄色，其余全部棕黑色；唇基黄棕色，上颚中间区域暗黄色，上唇、下颚须和下唇须黄色；足除跗节颜色有所加深，其余部分均为黄色；腹部第 2、3 背板略显暗黄褐色，之后各节深褐色。

雄虫 前翅翅痣较之雌虫呈现明显性二型现象：翅痣颜色大范围（约前 3/5 部分）显著加深（通常深棕色），后方余下部分呈近灰白色，且较之雌虫翅痣基半部明显肥大，且由基部向端部缩小更为显著；体长 1.4—1.8mm；触角 21—24 节。

研究标本 2 ♂♂，2 ♀♀，新疆昌吉，2008- Ⅷ -11，赵琼；2 ♂♂，1 ♀，新疆石河子，2008- Ⅷ -17，赵琼；1 ♂，黑龙江牡丹江兴隆镇，2011- Ⅷ -14，赵莹莹；3 ♂♂，4 ♀♀，西藏林芝，2017- Ⅶ -15，潘立婷；5 ♂♂，4 ♀♀，西藏拉萨，2017- Ⅷ -15，刘万学；2 ♂♂，西藏日喀则，2017- Ⅸ -3，潘立婷。

已知分布 西藏、新疆、甘肃、黑龙江；越南、伊朗、蒙古、亚美尼亚、奥地利、匈牙利、阿塞拜疆、保加利亚、丹麦、德国、意大利、立陶宛、荷兰、波兰、爱尔兰、英国、瑞典、西班牙、俄罗斯、乌兹别克斯坦、塞尔维亚。

寄主 幼虫至蛹跨期内寄生蜂，且为单寄生。已知寄主为潜蝇科 Agromyzidae 彩潜蝇属 *Chromatomyia* 的 *Chromatomyia asteris*（Hendel）、*Chromatomyia horticola*（Guoreau）

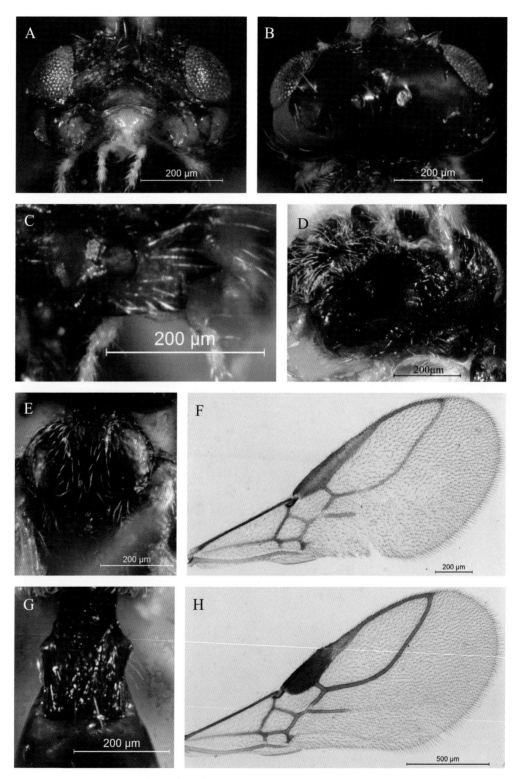

图 2-98 西伯利亚离颚茧蜂 *Dacnusa (Pachysema) sibirica* Telenga (♀)

A: 头部正面观; B: 头部背面观; C: 上颚; D: 胸部侧面观; E: 中胸背板; F: 前翅; G: 腹部第 1 背板;
H: 前翅 (♂)

和 *Chromatomyia syngenesiae* Hardy 等 3 种；斑潜蝇属 *Liriomyza* 的 *Liriomyza bryoniae*（Kaltenbach）、*Liriomyza huidobrensis* Blanchard、*Liriomyza sonchi* Hendel、*Liriomyza strigata*（Meigen）和 *Liriomyza trifolii*（Burgess）等 5 种；植潜蝇属的 *Pyhtomyza autumnalis* Griffiths、*Pyhtomyza plantaginis* Robineau–Desvoidy 和 *Pyhtomyza ranunculivora* Hering 等 3 种。

99. 车前离颚茧蜂，中国新记录
Dacnusa (*Pachysema*) *plantaginis* Griffiths, rec. nov.

（图 2-99）

Dacnusa plantaginis Griffiths，1967，16（7/8）（1966）：825；Shenefelt，1974：1096.

Dacnusa（*Dacnusa*）*plantaginis*: Quicke et al.，1997，26（1）：25.

Dacnusa（*Pachysema*）*plantaginis*: Tobias et Jakimavicius，1986：7–231；Papp，2004，21：147.

雌虫 体长 1.8—2.2mm；前翅长 1.7—2mm。

头：触角 22—25 节，基部鞭节较细长，第 1、2 鞭节等长，第 1 鞭节长为宽的 4.0 倍，倒数第 2 鞭节长为宽的 2.0—2.2 倍。头部背面观复眼后方稍有膨大，头宽为长的 1.9 倍，复眼长约为上颊长的 1.1 倍，单眼小、近圆形，OOL：OD：POL=12：2：5；脸较隆起，表面光滑亮泽，被较多细毛（毛大部分朝向中间，近复眼内缘处的毛朝向下方）；唇基（侧观）略低于脸中部，表面光滑；上颚较小，具 3 齿；下颚须较短。

胸：长为高的 1.4 倍。前胸背板具一小背凹，侧面三角区光滑亮泽；中胸盾片除了侧叶后部小片区域无被毛，其余部分布满较密细短刚毛；盾纵沟明显伸达中胸盾片近中部，沟较深且具细刻痕；中陷窄、深，由中胸盾片后缘前伸至近中部位置；小盾片光滑亮泽，被少量细毛；中胸侧板大部分区域光滑亮泽，基节前沟仅为较宽、长的光滑浅凹；并胸腹节被较密白色细长毛，并遮住大部分表面；后胸侧板表面亦密被类似于并胸腹节的白色长毛，毛基本朝向后足基节方向。

翅：前翅长略短于体长，翅痣长约为 1-R1 脉长的 1.2 倍；前翅缘室较窄、长；3–SR+SR1 脉后半部明显曲折；m-cu 脉明显前叉式。

足：后足腿节长为宽的 3.8—4.0 倍；后足跗节长于或等长于后足胫节；后足第 3 跗节约等于端跗节。

腹：第 1 背板由基部至气孔处有所扩大，之后部分两边平行，中间长为端部宽的 1.7 倍，表面均匀地被有较多十分精细的短刚毛，但不显稠密，可较清楚看见背板表面刻纹；腹部第 1 背板之后各节背板表面均光滑，且第 3 背板基部几乎无被毛；产卵器稍微伸出

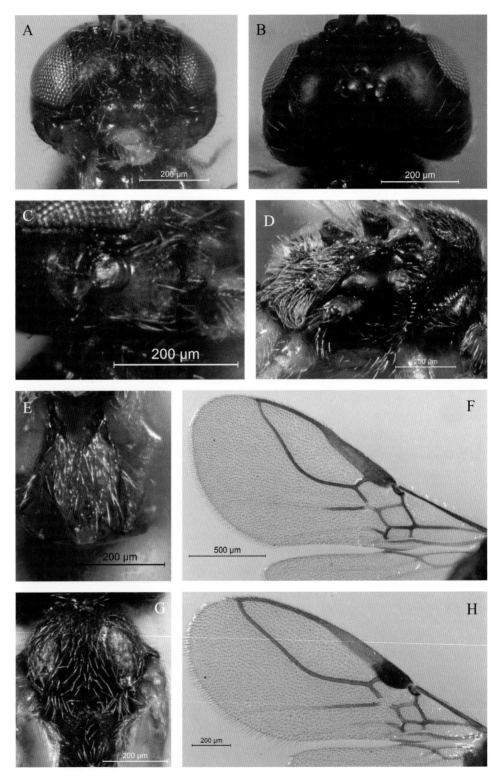

图 2-99 车前离颚茧蜂，中国新记录 *Dacnusa* (*Pachysema*) *plantaginis* Griffiths , rec. nov. (♀)

A：头部正面观；B：头部背面观；C：上颚；D：胸部侧面观；E：腹部第 1 背板；F：前翅；G：中胸背板；H：前翅（♂）

腹末端。

体色：头部大部分区域及胸部呈暗红棕色或棕黑色；触角除环节黄色，其余全部呈棕色或棕黑色；唇基棕色或黄棕色，上唇黄棕色，上颚中间区域棕黄色或深棕色，下颚须、下唇须为棕黄色或浅棕色；前翅翅痣浅黄褐色至近灰色（通常基部颜色轻微加深）；足除端跗节黄褐色，其余部分均为黄色或铜黄色；腹部第 1 背板多数呈黄色，个别黄棕色，第 2、3 背板通常棕黄色，第 3 背板之后暗棕色。

雄虫 前翅翅痣较之雌虫呈现明显性二型现象，翅痣基部（大约从 r 脉起始处至翅痣基点）颜色显著加深（通常棕黑色），后方余下部分通常呈近似灰白色，且翅痣由基部向端部缩小较之雌虫更为显著；体长 1.6—2.1mm；触角 23—25 节。

研究标本 1♀，宁夏六盘山米缸山，2001-Ⅷ-22，季清娥；1♀，山西大同恒山，2010-Ⅷ-30，常春光；1♂，黑龙江牡丹峰自然保护区，2011-Ⅶ-16，姚俊丽；2♀♀，黑龙江漠河，2011-Ⅶ-23，郑敏琳；2♀♀，黑龙江漠河，2011-Ⅶ-23，姚俊丽；1♀，黑龙江漠河，2011-Ⅶ-23，董晓慧；1♀，黑龙江漠河，2011-Ⅶ-26，赵莹莹；1♀，内蒙古乌兰察布卓资山，2011-Ⅷ-5，郑敏琳；1♀，内蒙古乌兰察布卓资山，2011-Ⅷ-5，赵莹莹；1♀，内蒙古乌兰察布卓资山，2011-Ⅷ-6，姚俊丽；3♂♂，2♀♀，内蒙古呼和浩特乌素图，2011-Ⅷ-8，郑敏琳；4♂♂，1♀，内蒙古呼和浩特乌素图，2011-Ⅷ-8，赵莹莹；1♂，1♀，内蒙古呼和浩特乌素图，2011-Ⅷ-8，姚俊丽。

已知分布 黑龙江、内蒙古、山西；阿塞拜疆、德国、匈牙利、意大利、波兰、英国、爱尔兰、乌兹别克斯坦。

寄主 成虫具趋光性；已知寄主为潜蝇科 Agromyzidae 彩潜蝇属的 *Chromatomyia primulae*（Robineau–Desvoidy）和植潜蝇属 *Pyhtomyza plantaginis* Robineau–Desvoidy。

100. 黄胸离颚茧蜂，新种

Dacnusa (Pachysema) flavithorax Zheng & Chen, sp. nov.

（图 2-100）

雌虫 正模，体长 1.6—1.8mm；前翅长 1.6—1.8mm。

头：触角 24—25 节，第 1 鞭节长为第 2 鞭节长的 1.2 倍，第 1 鞭节长和倒数第 2 鞭节长分别为宽的 4.5 倍和 2.2 倍。头部背面观复眼后方稍有收窄，头宽为长的 1.9 倍，复眼长为上颊长的 1.4 倍，单眼近椭圆形，OOL∶OD∶POL=10∶3∶4；脸宽为高的 1.5 倍，表面光滑亮泽，两侧被较多细长毛，中间无被毛（但两侧靠近中间的毛指朝向中间，故遮住中间的部分区域）；唇基较凸出，（侧观）略高于脸，表面光滑、无毛；上颚正常，具 3 齿，第 2、3 齿均呈三角形；下颚须较长。

胸：长为高的 1.25 倍。前胸两侧旁几乎无被毛，背板侧面三角区光滑亮泽；中胸盾片表面几乎布满稠密的细短刚毛（朝向后方），并具大量细刻点；盾纵沟较完整（虽然仅前半部清晰，后半部为较浅细沟痕）；中陷裂缝状，长约为中胸盾片长的 1/3；小盾片表面被较多细短毛；中胸侧板大部分区域甚为光滑亮泽，基节前沟较长且深，但光滑；并胸腹节与后胸侧板均密被白色长毛。

翅：前翅翅痣长等于 1–R1 脉长；前翅 r 脉长为翅痣宽的 4/5；前翅 3–SR+SR1 脉后半部较明显曲折；m–cu 脉前叉式，且 2–SR+M 脉较长。

足：后足腿节长为宽的 4.5 倍；后足胫节长几乎等长于后足跗节；后足第 3 跗节与后足端跗节的长度比约为 7∶8。

腹：第 1 背板中间长为端部宽的 1.5 倍，表面较密地布满向后放射状刚毛，且被粗刻纹；腹部第 1 背板之后各节背板表面均光滑，第 2、3 背板几乎无被毛；产卵器稍露出腹末端，产卵器鞘长为后足基跗节长的 4/5。

体色：头部大部分区域棕黑色或黄棕色；触角除柄节腹面及环节呈黄色，其余部分为暗棕色；唇基棕黄色，上唇黄色，上颚中间区域铜黄色，下颚须及下唇须均为浅黄色；胸部棕黑色或黄棕色，但前胸明显比胸部其他区域色浅（棕黄色或黄色）；足除端跗节及胫节端部颜色稍有加深外，其余部分均为黄色；腹部第 1 背板黄棕色或棕黑色，之后各节主要呈黄褐色。

雄虫　前翅翅痣较之雌虫显得粗短，且颜色明显更深；体长 1.6—1.8mm；触角 23—24 节；其他特征与雌虫基本相似。

研究标本　正模：♀，黑龙江牡丹江牡丹峰，2011–Ⅶ–16，董晓慧。副模：1 ♂，黑龙江牡丹峰自然保护区，2011–Ⅶ–15，郑敏琳；1 ♀，黑龙江牡丹江牡丹峰，2011–Ⅶ–16，董晓慧；1 ♂，黑龙江牡丹江国家森林公园，2011–Ⅶ–19，郑敏琳；1 ♀，吉林白城森林公园，2011–Ⅷ–2，姚俊丽；2 ♂♂，5 ♀♀，山西晋城历山自然保护区，2011–Ⅸ–17，姚俊丽。

已知分布　山西、黑龙江、吉林。

寄主　未知。

词源　本新种拉丁名"flavithorax"意指胸部黄色，但这里仅是由于本新种前胸呈显黄色或棕黄色，胸部其他区域暗色。

注　本新种与 *Dacnusa*（*Pachysema*）*soldanellae* Griffiths 最为接近，其主要区别为：本种前翅翅痣长等于 1–R1 脉长，r 脉短于前翅翅痣宽，后者前翅翅痣长于 1–R1 脉，r 脉长于前翅翅痣宽；本种中胸盾片几乎整个都布满稠密的细短刚毛，后者至少中胸盾片两侧叶后半部无毛；本种基节前沟较长、深且光滑，后者基节前沟仅为光滑的浅凹；本种后足胫节几乎等长于后足跗节，后者后足胫节较明显长于后足跗节；本种前胸为棕黄色或黄色，明显比胸部其他区域色浅，后者整个胸部均显黑色，无明显浅色部分。

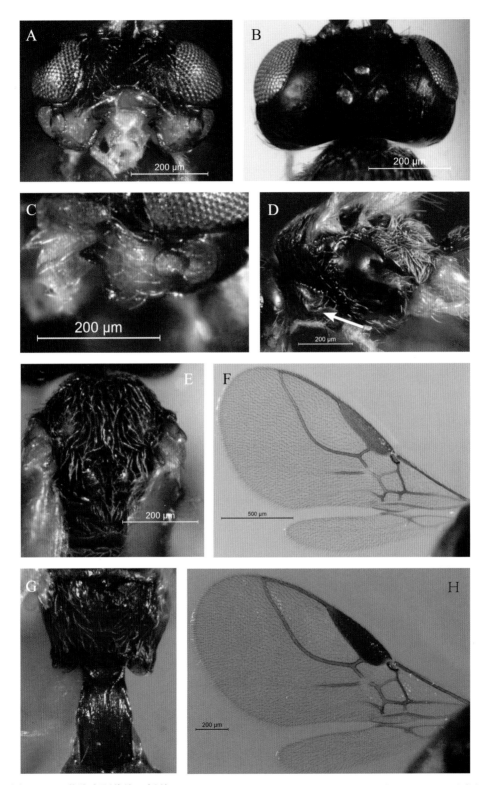

图 2-100　黄胸离颚茧蜂，新种 *Dacnusa* (*Pachysema*) *flavithorax* Zheng & Chen , sp. nov. (♀)

A：头部正面观；B：头部背面观；C：上颚；D：胸部侧面观；E：中胸背板；F：前翅；G：腹部第 1 背板及并胸腹节；H：前翅（♂）

101. 钟花离颚茧蜂，中国新记录

Dacnusa (*Pachysema*) *soldanellae* Griffiths, rec. nov.

（图 2-101）

Dacnusa soldanellae Griffiths, 1967, 16（7/8）（1966）: 806；Shenefelt, 1974: 1097；Belokobylskij et al., 2003, 53（2）: 362；Papp, 2005, 66: 147.

Dacnusa（*Pachysema*）*soldanellae*: Tobias et Jakimavicius, 1986: 7–231；Tobias, 1998: 338；Yu et al., 2016: DVD.

雌虫 体长 1.8—2mm；前翅长 2.1—2.4mm。

头：触角 26—31 节，整个布满浓密刚毛，第 1、2、3 鞭节长度比为 15：12：10，第 1 鞭节长和倒数第 2 鞭节长分别为宽的 4.0 倍和 2.1 倍。头部背面观复眼后方有所收窄，头宽为长的 2.4 倍，复眼较大，复眼长为上颊长的 1.7 倍，OOL：OD：POL=12：4：7；额较平坦，且光滑；脸宽为高的 1.8 倍，表面具较多细浅刻点（但脸中间光滑），并被较多细长毛，且靠近中间的毛朝向内，靠近复眼内缘处的毛均朝向脸下方；唇基表面光滑、无毛，侧面观略高于脸；上颚正常，具 3 齿；下颚须较长。

胸：长为高的 1.3 倍。前胸背板中部具一大且深的背凹，两侧面光滑、无被毛；中胸盾片表面除侧叶后半部区域无毛，其余区域布满稠密的刚毛（朝向后方），并具较多毛孔形成的细浅刻点；盾纵沟伸达中胸盾片中部；中陷细缝状，始于中胸盾片后边缘，约前伸至中胸盾片中部处；小盾片表面光滑，并被有较多细短毛；中胸侧板较光滑亮泽，基节前沟为较宽大且光滑的浅凹；并胸腹节表面布满较粗糙刻纹，且被有较多白色长毛，但主要分布于前面的水平部分，后方斜面处则相对稀少；后胸侧板隆起部分的前半部光滑，且几乎无被毛，后半部密被朝向后足基节方向的长毛，且表面布满细刻点。

翅：前翅长于体；翅痣长为 1–R1 脉长的 1.3 倍，上下边接近平行；前翅 r 脉长几乎等于翅痣宽；3–SR+SR1 脉后半部较明显曲折；m–cu 脉显著前叉式。

足：后足腿节长为宽的 5.0 倍；后足胫节长为后足跗节长的 1.3 倍；后足第 3 跗节长为后足端跗节长的 4/5。

腹：第 1 背板由基部较均匀地向端部扩大，中间长为端部宽的 1.5 倍，表面明显地布满刚毛（但前半部以及后半部的纵向中间区域毛相对稀少），并具较细刻纹，基部背脊清楚，但不愈合；腹部第 2 背板至腹末端表面均光滑，且第 2 背板表面几乎无被毛，第 3 背板则较明显地被有一横排刚毛；产卵器稍露出腹末端，产卵器鞘（侧面观）呈舟形，其长为后足基跗节长的 9/10。

体色：头部大部分区域及胸部黑色；触角除柄梗节腹面、环节以及第 1 鞭节基部呈棕黄色，其余部分为深棕色；唇基深棕色，上唇及上颚中间区域黄色，下颚须及下唇须

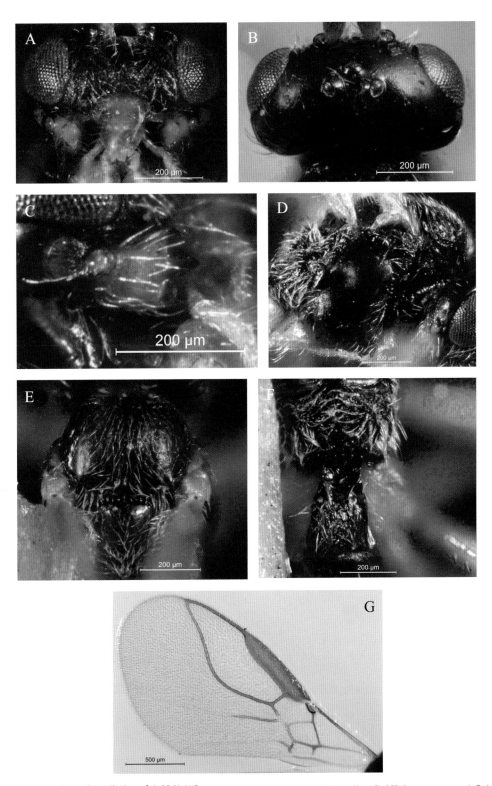

图 2-101 钟花离颚茧蜂，中国新记录 *Dacnusa* (*Pachysema*) *soldanellae* Griffiths , rec. nov. (♀)
A: 头部正面观；B: 头部背面观；C: 上颚；D: 胸部侧面观；E: 中胸背板；F: 腹部第 1 背板及并胸腹节；
G: 前翅

均为浅黄色；足除端跗节褐色，其余部分均为黄色；腹部第 1 背板棕黑色，第 2、3 背板黄棕色，之后各节主要呈深褐色。

雄虫 本研究尚未知。根据 Griffiths（1967）记载，触角 28—30 节，且前翅翅痣颜色明显比雌虫深。

研究标本 1♀，黑龙江牡丹峰自然保护区，2011- Ⅶ -17，郑敏琳；1♀，黑龙江牡丹江国家森林公园，2011- Ⅶ -19，赵莹莹；2♀♀，黑龙江漠河松苑，2011- Ⅶ -24，郑敏琳；2♀♀，黑龙江漠河松苑，2011- Ⅶ -24，董晓慧；2♀♀，黑龙江漠河松苑，2011- Ⅶ -24，姚俊丽。

已知分布 黑龙江；德国、匈牙利、瑞士、俄罗斯。

寄主 已知寄生植潜蝇属的 *Phytomyza soldanellae* Stary。

（八）圆齿离颚茧蜂属 *Epimicta* Foerster

Epimicta Foerster，1862，Verh. naturh. Ver. preuss. Rheinl.，19: 274. Type species（by original designation and monotypy）: *Alysia*（*Dacnusa*）*marginalis* Haliday，1839.

圆齿离颚茧蜂属 *Epimicta* Foerster 是离颚茧蜂族 Dacnusini 中较小的属，目前仅已知 5 个已描述种类。曾在较长一段时期里，本属一直仅记录了分布于古北区东、西部的 1 种，即 *E. marginalis*（Haliday）。本属记录的另一个古北区的种 *Synelix rossica*（Telenga）被 Tobias（1986）移至 *Synelix* Foerster 属；后来加入的 4 个种于 20 世纪 90 年代以后才出现，分别为 *E. griffithsi* Wharton、*E. longicaudalis* Tobias、*E. konzaensis* Kula 和 *E. sulciscutum* Zheng et al.。

属征 头短且横宽；触角较粗，且第 3 节长于第 4 节；额短；脸具刻点；上颚宽，具 4 齿，第 1 齿宽且钝，第 2 齿近等边三角形，第 3 齿瓣叶形、较圆，第 4 齿小，位于上颚腹向边缘。前胸具一小背凹；盾纵沟深且具齿状刻痕；小盾片前沟深、长，并具数根粗壮的短纵脊；基节前沟达中胸侧板前后缘，并具平行短刻纹；后盾片稍显凸出；并胸腹节具网状刻纹；后胸侧板具刻纹和刚毛。前翅 r 脉始发于翅痣中点偏基部位置，m-cu 脉前叉式；后翅 m-cu 脉缺。后足基节相对小，后足腿节较细；跗爪简单。腹部第 2 节背板以及通常第 3 节背板部分区域具刻痕。

已知分布 古北区东部、古北区西部、新北区。

寄主 未知。

注 根据 Nixon（1943），Griffiths（1964），Riegel（1982）和 Wharton（1994）描述，该属与 *Trachionus* Haliday 最为接近。但该属与 *Trachionus* Haliday 属的明显区别是：腹部背板最多只到第 3 节的部分区域具刻纹，不像后者那样形成强大的背甲，且后盾片中部仅稍向外凸，不像后者那样十分显著地向外尖凸（形成中刺）。

102. 沟盾圆齿离颚茧蜂
Epimicta sulciscutum Zheng，Chen & van Achterberg

（图 2-102）

Epimicta sulciscutum Zheng，Chen & van Achterberg，2013: 190–194.

雌虫　体长 3.6mm；前翅长 3.1mm。

头：触角 28 节，第 1 鞭节为第 2 鞭节的 1.2 倍，第 1 鞭节和倒数第 2 鞭节长分别为宽的 1.8 倍和 1.6 倍。头部背面观横宽，宽为长的 2.4 倍；上颊长为复眼长的 7/10；OOL：OD：POL=13：5：6；脸具精细刻痕和刚毛，其宽为高的 1.7 倍；唇基宽为高的 3.0 倍；下颚须 5 节；上颚轻微扩展，第 1 齿宽且钝，第 2 齿几乎等边三角形，且端部尖，第 3 齿较大，呈半圆形，第 4 齿位于上颚腹缘，小且钝。

胸：长为高的 1.4 倍。前胸两侧具粗糙刻纹；盾纵沟完整，沟内具明显平行短刻纹；中陷很长，伸达中胸盾片前缘；小盾片两侧区具大量白刚毛；后盾片中脊显著外凸；并胸腹节具不规则网状刻纹；基节前沟深宽且完整，并具强刻纹；中胸侧缝布满平行短刻纹；后胸侧板具粗壮刻纹和稀疏刚毛。

翅：前翅长为宽的 2.5 倍；翅痣长为宽的 3.3 倍；r 脉始发于翅痣中间稍偏基部位置，1–R1 脉长为翅痣长的 1.1 倍；3–SR+SR1 脉止于翅顶端；r 脉为翅痣宽的 1.1 倍，为 3–SR+M 脉长的 1/5，为 1–SR+M 脉长的 1/2；m–cu 脉前叉式。后翅长为宽的 3.0 倍，后翅 cu–a 脉明显远离 M+CU+1–M 脉中部。

腹：腹部第 1 背板宽大且被粗糙刻纹，中间长为端部宽的 4/5；第 2 背板具纵刻纹，中间长为端宽的 2/5，为第 3 节背板长的 9/10；第 3 背板也具有一部分由前一背板延伸来的刻纹，且背板中部刻纹同样粗糙；第 3 背板以后各背板光滑；产卵器鞘甚短且不外露。

体色：整体呈黑色；触角柄节和梗节橘黄色，其余各节红棕色；上颚中间部分橘黄色；下颚须和下唇须浅黄色（有些发白）；前翅翅痣暗棕色；足除腿节和胫节部分加深，端跗节暗棕色及后足跗节暗棕色，其余部分为黄色；腹部第 3 至 4 节背板端缘黄褐色，最后一节背板橘黄色；产卵器鞘黑色。

雄虫　未知。

寄主　未知。

已知分布　黑龙江。

注　本种内容为摘自本书作者等 2013 年已发表新种的文章。

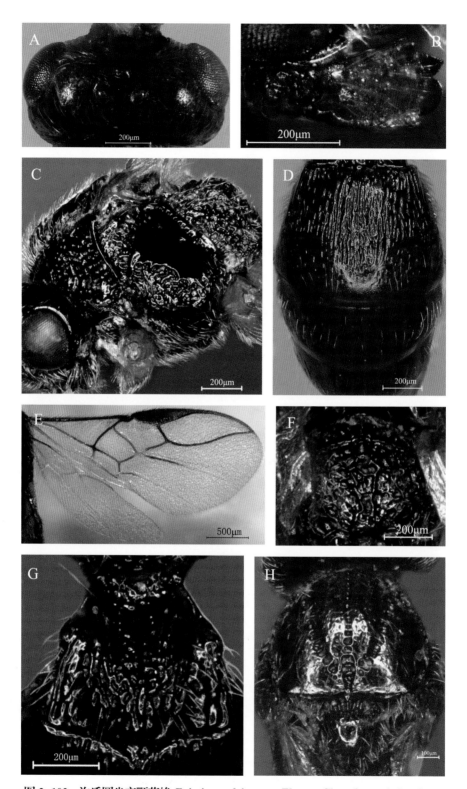

图 2–102　沟盾圆齿离颚茧蜂 *Epimicta sulciscutum* Zheng , Chen & van Achterberg

A：头部背面观；B：上颚；C：胸部侧面观；D：腹部第 2、第 3 背板；E：翅；F：并胸腹节；G：腹部第 1 背板；H：胸背

（九）后叉离颚茧蜂属，中国新记录 *Exotela* Foerster, rec. nov.

Exotela Foerster，1862，Verh. naturh. Ver. preuss. Rheinl. & Westph., 19: 274. Type species（by original designation and monotypy）: *Exotela cyclogaster* Foerster，1862.

Mesora Foerster，1862，Verh. naturh. Ver. preuss. Rheinl. & Westph., 19: 275. Type species （by original designation and monotypy）: *Alysia （Dacnusa） gilvipes* Haliday，1839.（Syn. by Griffiths，1964）

Toxelea Nixon，1943，Ent. mon. Mag.，79: 29. Type species（by original designation and monotypy）: *Alysia （Dacnusa） gilvipes* Haliday，1839.（Syn. by Griffiths，1964）

Antrusa Nixon，1943，Ent. mon. Mag.，79: 30. Type species（by original designation and monotypy）: *Dacnusa mela-nocera* Thomson，1895.（Syn. by Griffiths，1964）

Exotela Foerster 是 Foerster（1862）根据模式种 *Exotela cyclogaster* Foerster，并以前翅 m-cu 脉后叉式为主要特征建立起来的。Griffiths（1964）则认为，仅以前翅 m-cu 对叉式为本属主要鉴别特征具很大局限性，因此他将有一些形态特征极为相似的种类但前翅 m-cu 脉呈对叉式或者轻微前叉式的种类也纳入本属，对本属进行了较为明确的界定。Tobias 和 Jakimavicius（1986）根据 Nixon 的 *Toxelea* Nixon 属和 *Antrusa* Nixon 属将其分成两个亚属，即 *Exotela* s. str. 亚属（*Toxelea* Nixon）和 *Antrusa* Nixon 亚属。但 Tobias（1998）最终又取消了两个亚属的划分。

属征 最为重要的特征为前翅 m-cu 脉通常后叉式，如果对叉式或轻微前叉式，则中胸侧板必定具有具刻纹的基节前沟。其他特征，如上颚具 3 齿；后胸侧板被有长刚毛，通常相对较稀疏，且均朝向后足基节方向。

已知分布 古北区（东部和西部）。

寄主 已知本属种类全部寄生双翅目 Diptera 潜蝇科 Agromyzidae。成虫具较强的趋光性（Lozan 2004）。

注 本属与离颚茧蜂属 *Dacnusa* Haliday 最为接近，但本属区别于后者的主要特征是：前翅 m-cu 脉通常后叉式；如果前翅 m-cu 脉为对叉式或轻微前叉式时，基节前沟必定存在并具刻纹；后胸侧板毛通常相对于后者显得稀疏。

后叉离颚茧蜂属 *Exotela* Foerster 中国已知种检索表

1. 上颚具 4 齿 ··2

　　上颚具 3 齿 ··3

2. 上颚明显向上扩展（图 2-103：D）；头部背面观复眼后方明显膨大（图 2-103：B）中胸

盾片几乎整个布满密毛；前翅 m-cu 脉稍微后叉式（图 2-103：F）；触角 36—42 节…………
……………………………长角后叉离颚茧蜂，新种 *E. longicorna* Chen & Zheng，sp. nov.

上颚不扩展（2-104：C）；头部背面观复眼后方不膨大（图 2-104：B）中胸盾片前缘被毛，但其背面几乎光滑，除了沿盾纵沟轨迹分布有少量细长毛；前翅 m-cu 脉对叉式（图 2-104：D）；触角（♀）20—21 节……………………………………………………………………

……………………………四齿后叉离颚茧蜂，新种 *E. quadridentata* Chen & Zheng，sp. nov.

3. 基节前沟光滑或缺……………………………………………………………………………4

基节前沟存在，并总具有刻纹（尽管有些种类刻纹十分浅）…………………………………5

4. 头部背面观复眼后方明显膨大（图 2-105：B）；基节前沟存在；前翅 m-cu 脉对叉式（图 2-105：G）；雄虫触角 28—35 节，雌虫 24—27 节……………………………………………………

……………………………暗足后叉离颚茧蜂，新种 *E. infuscatus* Chen & Zheng，sp. nov.

头部背面观复眼后方不膨大（图 2-106：B）；基节前沟缺；前翅 m-cu 脉明显后叉式（图 2-106：G）；触角 26—28 节………斑脸后叉离颚茧蜂，新种 *E. maculifacialis* Zheng & Chen，sp. nov.

5. 前翅 m-cu 脉几乎对叉式（或轻微前叉）……………………………………………………6

前翅 m-cu 脉后叉式……………………………………………………………………………7

6. 盾纵沟明显，约延伸至中胸盾片中部（图 2-107：D）；前翅 r 脉长略短于翅痣宽（图 2-107：G）；腹部第 2 背板被较多刚毛；上颚第 2 齿较明显长于两侧齿，且端部尖（图 2-107：C）……………………黄基后叉离颚茧蜂，中国新记录 *E. flavicoxa*（Thomson），rec. nov.

盾纵沟几乎缺（图 2-108：D）；前翅 r 脉稍长于翅痣宽（图 2-108：G）；腹部第 2 背板几乎无刚毛；上颚第 2 齿不明显长于两侧齿，且端部不甚尖（图 2-108：C）……………

……………………………沟后叉离颚茧蜂，中国新记录 *E. sulcata*（Tobias），rec. nov.

7. 前翅翅痣长为前翅 1-R1 脉长的 1.4 倍；盾纵沟明显伸达中胸盾片水平面区域……………8

前翅翅痣长为前翅 1-R1 脉长的至少 1.7 倍；盾纵沟很短，几乎都未超出中胸盾片前方斜面处……………………………………………………………………………………………9

8. 前翅 1-CU1 脉较长，1-CU1：2-CU1=10：19（图 2-111：G）；触角第 1 鞭节为第 2 鞭节的 1.5 倍，第 2、3 鞭节等长；后足第 3 跗节稍短于端跗节；触角整个都为棕黑色（除柄节腹面棕黄色）；触角 29—32 节……赫拉后叉离颚茧蜂，中国新记录 *E. hera*（Nixon），rec. nov.

前翅 1-CU1 脉较短，1-CU1：2-CU1=5：14（图 2-113：G）；触角第 1 鞭节为第 2 鞭节的 1.3 倍，第 2 鞭节长于第 3 鞭节；后足第 3 跗节与端跗节等长；触角柄节、梗节及第 1、2 鞭节呈显亮黄色；触角 25—28 节…………………………………………………………………………

……………………………苦荬蝇后叉离颚茧蜂，中国新记录 *E. sonchina* Griffiths，rec. nov.

9. 腹部第 1 背板由基部至端部逐步扩大，两侧边不平行；前翅 1-CU：2-CU1=7：16；触角 21—28 节，前 3 节颜色较之其他节明显浅，第 1 鞭节长为宽的 4.5 倍；体长 1.5—2.4 mm……………………………环腹后叉离颚茧蜂，中国新记录 *E. cyclogaster* Foerster，rec. nov.

10. 脸表面甚粗糙，布满粗皱纹；前翅翅痣长为 1–R1 脉长的 1.9 倍；触角 25—31 节；体长 1.8—

2.4 mm·····························**皱脸后叉离颚茧蜂，新种 *E. caperatus* Zheng & Chen**，sp. nov.

脸表面不甚粗糙，最多仅具一些细刻点或浅刻纹；前翅翅痣长为 1–R1 脉长的 1.7 倍········

···11

11. 小盾片毛稀少；触角第 1 鞭节较细长，其长为宽的 5.0 倍；前翅 1–CU1 脉较短，1–CU1 ：

2–CU1=5 ：16；触角 21—27 节；体长 1.5—1.9 mm··

·······················**黄腹后叉离颚茧蜂，中国新记录 *E. flavigaster* Tobias**，rec. nov.

小盾片多毛；触角第 1 鞭节不甚细长，长为宽的 3.0 倍；前翅 1–CU1 脉较长，1–CU1 ：

2–CU1=9 ：20；触角 31—37 节；体长 2.5—3.3 mm··

·····················**毛盾后叉离颚茧蜂，新种 *E. chaetoscutatus* Zheng & Chen**，sp. nov.

103. 长角后叉离颚茧蜂，新种

Exotela longicorna Chen & Zheng，sp. nov.

（图 2–103）

雌虫　正模，体长 3.4mm；前翅长 3.3mm。

头：触角 37 节，由中部鞭节开始向端部鞭节部逐渐变细，第 1、2、3 鞭节长度比为 15 ：11 ：11，第 1 鞭节和倒数第 2 鞭节的长分别为宽的 3.0 倍和 1.8 倍。头部背面观复眼后方明显著膨大，头宽为长的 2.0 倍，复眼长为上颊长的 7/10，OOL ：OD ：POL=24 ：5 ：7；后头中部几乎无被毛，两侧毛稍多，但不稠密；脸较宽大，宽为高的 1.9 倍，表面几乎布满密长毛，并被有较多横向刻纹（主要分布于两触角窝之下的整个脸纵向区域），中纵脊较弱；唇基较凸出，表面被较多长毛及少量浅刻痕；上颚显著向上方扩展，具 4 齿，第 1 齿呈耳叶状，第 2 齿略短于第 1 齿，端部稍钝，第 3 齿甚短宽，第 4 齿相对弱；下颚须 6 节；下唇须 4 节。

胸：长为高的 1.4 倍。前胸两侧几乎无毛，背板两侧面光滑亮泽，背板槽具平行短刻纹（但相对较浅），前胸侧板表面仅具少量浅刻痕；中胸盾片表面几乎布满密毛（但后半部较之前面略显稀疏），中叶及前缘具较多毛孔形成的浅刻点，盾纵沟仅前面部分清楚（约延伸至斜坡与水平部分交界处）；中陷裂口状、较深，沟内具明显刻痕；小盾片前沟十分宽大，略显倒三角状，沟内具数根纵脊纹；小盾片前缘稍微向后凹入，表面光滑亮泽，被有少量细短毛；中胸侧板大部分区域光滑亮泽，中部无被毛，基节前沟宽大且较长，沟内具粗糙刻纹（不呈明显齿状）；后胸背板中脊较强烈凸起，侧观之，明显高于小盾片；并胸腹节表面布满粗刻纹，毛相对稀少；后胸侧板表面被大量粗刻纹（后半部明显比前半部粗糙），并被有少量长毛（毛均朝向后足基节方向）。

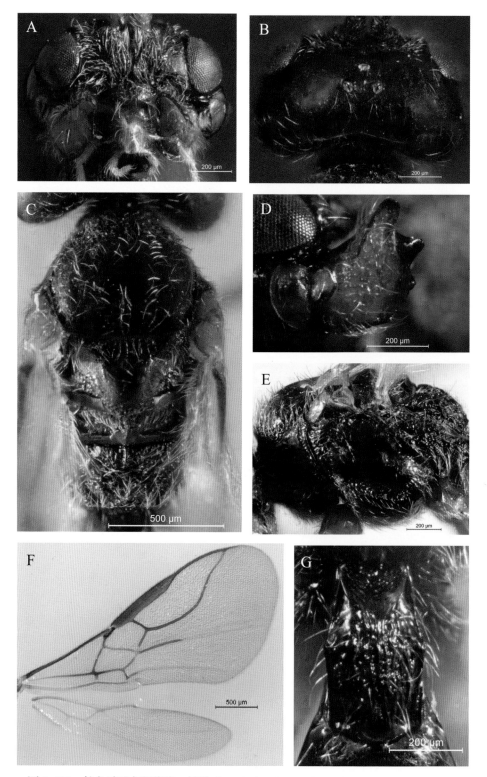

图 2–103　长角后叉离颚茧蜂，新种 *Exotela longicorna* Chen & Zheng , sp. nov. (♀)

A：头部正面观；B：头部背面观；C：胸部背板及并胸腹节；D：上颚；E：胸部侧面观；F：前后翅；
G：腹部第 1 背板

翅：前翅翅痣长为宽的 7.0 倍，为 1–R1 脉长的 1.5 倍；r 脉长为翅痣宽的 1.5 倍，且等长于其始发点到翅痣基部间的长度；3–SR+SR1 脉后半部甚为曲折；m–cu 脉稍微后叉式；cu–a 脉明显后叉式，1CU1∶2–CU1=7∶30；亚盘室封闭，3–CU1∶CU1b=12∶5。后翅 M+CU 脉为 1–M 脉的 2.0 倍。.

足：后足腿节长为宽的 4.8 倍；后足跗节与后足胫节几乎等长，后足第 3 跗节长为端跗节长的 1.1 倍。

腹：第 1 背板由基部至气孔处有所扩大，之后部分则两边平行，中间长约为端部宽的 1.8 倍，表面被布满纵刻纹，仅零星分布少量刚毛；腹部第 2 背板至腹末表面均光滑亮泽，第 2 背板几乎无刚毛，由第 3 节开始各节近后缘处均被较多刚毛；产卵器较明显露出腹末端，产卵器鞘长约等于后足基跗节长。

体色：头大部分区域、胸部及腹部第 1 背板均为黑色；触角棕黑色（除柄节腹面和环节棕黄色）；唇基暗红棕色，上唇及上颚中间部分棕黄色，下颚须（端节略呈黄棕色）及下唇须浅黄色；翅透明，前翅翅痣黄棕色；前足跗节及后足腿节背面黄棕色，后足胫节端半部及后足跗节为深褐色，其余部分均为黄色；腹部第 1 背板以后各节为暗红棕色。

变化：体长 3.3—3.8mm；前翅长 3.3—3.8mm，通常等于或略短于其体长；触角 36—41 节。

雄虫　与雌虫相似；体长 3.2—3.8mm；触角 37—42 节。

研究标本　正模：♀，宁夏六盘山王化南，2001- Ⅷ -20，杨建全。副模：1 ♂，宁夏六盘山龙潭，2001- Ⅷ -15，林智慧；8 ♂♂，6 ♀♀，宁夏六盘山王化南，2001-Ⅷ -20，杨建全；6 ♂♂，4 ♀♀，宁夏六盘山王化南，2001- Ⅷ -20，季清娥；2 ♂♂，10 ♀♀，宁夏六盘山王化南，2001- Ⅷ -20，林智慧；1 ♂，宁夏六盘山王化南，2001-Ⅷ -20，石全秀；2 ♂♂，1 ♀，宁夏六盘山二龙河，2001- Ⅷ -23，季清娥。

已知分布　宁夏。

寄主　未知。

词源　本新种拉丁名 "longicorna" 意为长的触角，这里由于该种与其他和其较接近的种类相比触角明显更细长，故以此特征命名。

注　本种与 *Exotela dives*（Nixon）最为接近，其区别为：本种触角 36—42 节，体长 3.2—3.8 mm，后者触角 25—26 节，体长约 2 mm；本种盾纵沟至少前部一段清楚，后者则几乎消失；本种基节前沟刻纹粗糙，后者不粗糙；本种后足胫节端半部及跗节较之整体明显呈深色，而后者足仅跗节端部颜色加深，其余基本都呈黄色。

104. 四齿后叉离颚茧蜂，新种

Exotela quadridentata Chen & Zheng，sp. nov.

（图 2-104）

雌虫 正模，体长 1.8mm；前翅长 2.0mm。

头：触角 20 节，第 1 鞭节长为第 2、3 鞭节长的 1.2 倍和 1.3 倍，第 1 鞭节和倒数第 2 鞭节的长分别为宽的 4.5 倍和 1.5 倍。头部背面观复眼后方仅轻微扩大，头宽为长的 1.8 倍，复眼长为上颊长的 1.3 倍；单眼小且近圆形，OOL：OD：POL=11：2：8；上颊、头顶及后头光滑且几乎无被毛，单眼区中间至后头具一细纵凹；脸宽为高的 1.6 倍，表面光滑、有光泽，仅较稀疏地被有一些细毛，中纵脊不明显；唇基宽为高的 2.5 倍，稍凸出，表面光滑；上颚除具正常的 3 齿外，于第 3 齿腹缘基部处又生出 1 相对细小的尖齿；下颚须较长。

胸：长为高的 1.3 倍。前胸背板两侧光滑，几乎无被毛；中胸盾片表面光滑，且绝大范围无被毛，仅前缘和沿盾纵沟应有轨迹被少量细毛；盾纵沟极不发达，仅可见最前面 1 小凹坑；中陷较细长，起始于中胸盾片后缘，其长度约为中胸盾片长的 2/5；小盾片表面光滑亮泽，稀疏地被有细短毛；中胸侧板大部分区域光滑亮泽，中部无被毛，基节前沟略短，但刻纹较清楚；侧观，后胸背板中脊不明显凸起；并胸腹节背面水平部分相对窄，且表面布满细刻纹，斜面部分宽大，表面由几根粗脊纹围成一个光滑亮泽的巨大中区；后胸侧板表面光滑，稀疏地被有少量细毛。

翅：前翅翅痣长为宽的 6.7 倍；r 脉长等于翅痣宽以及其始发点到翅痣基部间的距离；3-SR+SR1 脉后半部轻微曲折；前翅 m-cu 脉对叉式。

足：后足腿节长为宽的 4.3 倍；后足胫节长为后足跗节长的 1.2 倍；后足第 3 跗节长为端跗节长的 7/10。

腹：第 1 背板由基部向端部均匀且明显扩大，中间长约为端部宽的 1.4 倍，表面被不规则且相对稀疏的网状刻纹，并稀疏且较均匀地被有一些刚毛；腹部第 2 背板至腹末表面均光滑，且各节近后缘处均稀疏地被一横排刚毛；产卵器较明显伸出腹末端，产卵器鞘与后足基跗节等长。

体色：头大部分区域、胸部及腹部第 1 背板均为暗红棕色；触角整体呈黄棕色，前 4 节明显比后方各节颜色浅（黄色至浅棕黄色）；脸暗黄棕色，唇基棕黄色，上唇、下颚须及下唇须浅黄色；翅透明，前翅翅痣黄棕色；足整体呈黄色，但后足胫节较明显加深为黄棕色；腹部第 1 背板以后各节为暗黄棕色。

变化：体长 1.7—1.9mm；前翅长 1.9—2.1mm；触角 20—21 节。

雄虫 未知。

研究标本 正模：♀，宁夏六盘山米缸山，2001-Ⅷ-22，梁光红。副模：1 ♀，

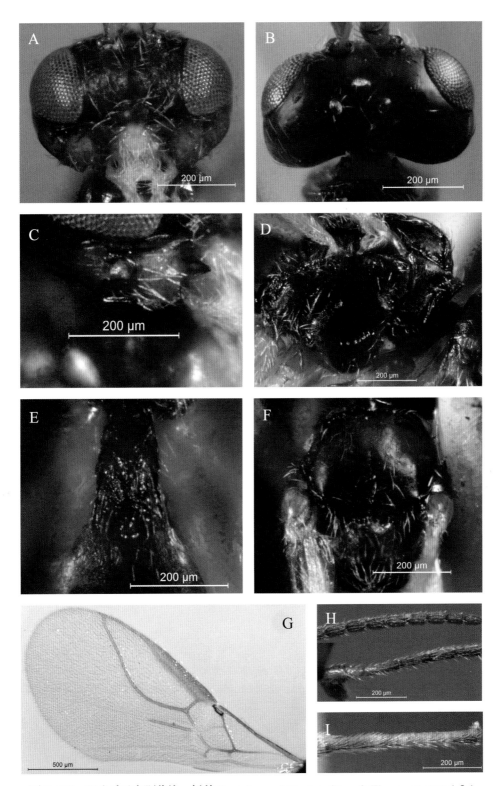

图 2-104 四齿后叉离颚茧蜂，新种 *Exotela quadridentata* Chen & Zheng , sp. nov. (♀)
A：头部正面观；B：头部背面观；C：上颚；D：胸部侧面观；E：腹部第 1 背板；F：中胸背板；
G：前翅；H：触角基部和端部几节；I：后足跗节

宁夏六盘山米缸山，2001- Ⅷ -22，梁光红；1 ♀，宁夏六盘山米缸山，2001- Ⅷ -22，杨建全。

已知分布　宁夏。

寄主　未知。

词源　本新种拉丁名 "quadridentata" 意为具 4 个齿，这里用此特征命名是因为本种为后叉离颚茧蜂属中极为罕见的上颚出现 4 个颚齿的种类。

注　本新种与 *Exotela interstitialis*（Thomson）接近，相比较区别如下：本种上颚第 1 齿几乎不扩展，后者则向颚上方甚为扩展；本种复眼于脸下部仅轻微收敛，后者复眼于脸下部显著向内收敛；本种后足跗节第 3 节明显短于第 5 节，后者后足跗节第 3 节几乎与第 5 节等长；本种产卵器较明显外露，后者则几乎不外露；本种足颜色明显比后者浅。

105. 暗足后叉离颚茧蜂，新种
Exotela infuscatus Chen & Zheng , sp. nov.
（图 2-105）

雌虫　正模，体长 2.5mm；前翅长 2.5mm。

头：触角 24 节，第 1、2 鞭节几乎等长，第 1 鞭节、倒数第 2 鞭节的长分别为宽的 3.5 倍和 1.5 倍。头部背面观复眼后方较明显膨大，头宽为长的 1.8 倍，复眼长等于上颊长，单眼较小，OOL：OD：POL=5：1：2；头顶光亮，后头被较多长刚毛；脸较为隆起，宽为高的 1.8 倍，表面布满细毛（方向朝脸上方），具较多细浅刻点，中纵脊较弱；唇基（侧观）与脸平，表面被较多细长毛；上颚具 3 齿，第 1 齿轻微向上扩展，第 2 齿较尖几乎与第 1 齿等长，第 3 齿甚短、宽且钝；下颚须较短。

胸：长为高的 1.3 倍。前胸两侧光滑亮泽，几乎无被毛；中胸盾片表面光滑，几乎布满较密细毛；盾纵沟仅前面一小段存在（伸达"斜坡"与水平部分交界处）；中陷呈较窄裂口状，始于中胸盾片后缘，其长约占中胸盾片长的 1/4；小盾片前沟略窄、较深，沟内均匀排列 5 根纵脊纹；小盾片较隆起，表面光滑亮泽，零星被几根细毛；中胸侧板大部分区域光滑亮泽，基节前沟光滑，呈略宽的条状；并胸腹节短，斜面部分几乎与水平部分垂直，表面均布满粗糙刻纹，毛稀少；后胸侧板表面光滑亮泽，稀疏地被有一些朝向后足基节方向的细长刚毛。

翅：前翅长等于体长，翅痣长约为 1-R1 脉长的 1.5 倍；前翅 r 脉长等于其始发点至翅痣基点的距离；3-SR+SR1 脉后半部略显曲折；前翅 m-cu 脉对叉式；后翅 M+CU：1-M=2：1。

足：后足腿节长为宽的 5.0 倍；后足胫节与后足跗节等长；后足第 3 跗节与后足端跗节等长。

图 2-105 暗足后叉离颚茧蜂，新种 *Exotela infuscatus* Chen & Zheng , sp. nov.（♀）
A：头部正面观；B：头部背面观；C：上颚；D：中胸背板；E：腹部第 1 背板；F：腹部侧面及产卵器；
G：前翅；H：胸部侧面观

腹：第 1 背板由基部至气孔处均匀扩大，之后部分则两边平行，中间长为端部宽的 1.5 倍，表面布满不规则细刻纹，背板中间大范围无毛，仅两旁（靠近侧缘的区域）稀疏地被有少量短刚毛；第 2 背板至腹末表面均光滑亮泽，处第 2 节无被毛，其后各节均具一横排短刚毛；产卵器相当长，强烈伸出腹部末端。

体色：体暗色。触角各节全部棕黑色；头部大部分区域、胸部及腹部第 1 背板均为黑色；唇基暗棕色，上颚中间部分黄色（中齿棕红色），下颚须和下唇须深褐色；足色暗，主要以黄褐色至深褐色混杂分布，各足腿基节为深褐色；腹部第 1 背板以后各节为深褐色；产卵器鞘棕黑色。

变化：体长 2.4—2.6mm；前翅长 2.4—2.6mm；触角 24—27 节；体色方面：有些虫体头、胸部呈暗棕色，足颜色略浅。另外，有些虫体前翅 m-cu 脉为对叉式。

雄虫　与雌虫相似；但头于复眼后方通常比雌虫更为明显膨大；体长 2.1—2.7mm；触角 28—35 节。

研究标本　正模：♀，青海省祁连山，2008-Ⅶ-11，赵琼。副模：53 ♂♂，15 ♀♀，青海省祁连山，2008-Ⅶ-11，赵琼；10 ♂♂，1 ♀，青海省祁连山，2008-Ⅶ-11，赵鹏。

已知分布　青海。

寄主　未知。

词源　本新种拉丁名"infuscatus"意为暗色的足，主要由于本种足呈明显暗色，与其相近种类差异十分明显，故以此特征命名。

注　本种与 *Exotela gilvipes*（Haliday）最接近，其区别为：本种基节前沟光滑或具轻微细刻纹，后者刻纹明显、粗糙；相对于虫体本种产卵器比后者明显更长，且更显著伸出腹部末端；本种足颜色明显比后者暗。另外，本新种与 *Amyras clandestina*（Haliday）也较相似，但不同之处是本种上颚最多轻微向上扩展，而后者上颚较强烈向上端扩展；本种前翅 m-cu 脉对叉或稍微后叉式，后者明显为前叉式；本种盾纵沟明显不如后者发达；本种雌雄虫翅痣无明显性二型现象，后者性二型特征明显；本种后足端跗节与后足第 3 跗节几乎等长，后者后足端跗节明显长于后足第 3 跗节；本种 T1 长为端部宽的 1.5 倍，后者 T1 长几乎等于端宽。

106. 斑脸后叉离颚茧蜂，新种
Exotela maculifacialis Zheng & Chen, sp. nov.

（图 2-106）

雌虫　正模，体长 2.2mm；前翅长 2.3mm。

头：触角 27 节，第 1、2 和 3 鞭节长度比为 10：9：9，第 1 鞭节和倒数第 2 鞭节的长分别为宽的 3.3 倍和 2.0 倍。头部背面观较显横宽，于复眼后方不膨大，头宽为长的 2.0

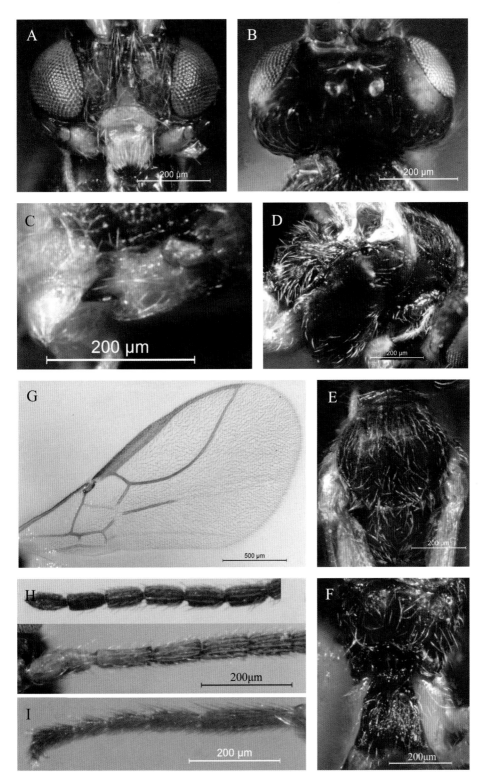

图 2-106　斑脸后叉离颚茧蜂，新种 *Exotela maculifacialis* Zheng & Chen，sp. nov.（♀）

A：头部正面观；B：头部背面观；C：上颚；D：胸部侧面观；E：中胸背板；F：腹部第1背板及并胸腹节；

G：前翅；H：触角基部和端部几节；I：后足跗节

倍，复眼长为上颊长的 1.3 倍，OOL：OD：POL=20：7：13；后头中部毛稀少，两侧较多；额较平坦、光滑；脸宽为高的 1.5 倍，表面光滑，被较多细长毛，中纵脊相对明显（仅占脸上半部）；唇基略显平坦，表面光滑，并被少量细毛；上颚具 3 齿，相对于两侧齿中齿较明显凸出，且端部尖，第 1、3 齿钝，且长短和大小接近。

胸：长为高的 1.3 倍。前胸两侧几乎无被毛（仅侧板被少量细短毛），背板侧面三角区光滑，背板槽无明显刻痕；中胸盾片整个表面几乎布满密毛，但表面光滑亮泽，但较均匀地布满细短毛；盾纵沟仅于中胸盾片前面斜坡处可见；中陷细裂缝状，其长约为中胸盾片长的 2/5；小盾片前沟较窄、深，沟内脊纹相对弱；小盾片表面光滑亮泽，被少量短刚毛；中胸侧板整个表面光滑亮泽，基节前沟缺；侧观后胸背板中脊几乎不凸起；并胸腹节表面光滑亮泽，仅后半部两旁具少量细刻纹；后胸侧板表面光亮，毛甚稀少。

翅：前翅翅痣长为宽的 6.7 倍，约为 1–R1 脉长的 1.3 倍；r 脉长等于其始发点到翅痣基点的距离，其长为翅痣宽的 1.3 倍；3–SR+SR1 脉后半部微弯；m–cu 脉显著后叉式。

足：后足腿节长为宽的 4.5 倍；后足胫节长为后足跗节长的 1.2 倍；后足第 3 跗节等长于后足端跗节。

腹：第 1 背板由基部至端部明显扩大，其长为端部宽的 1.4 倍，表面布满精细的纵刻纹、并零星被有细短刚毛；腹部第 1 背板之后各节表面均光滑，并被少量刚毛；产卵器几乎不超出腹末端，产卵器鞘长为后足基跗节长的 4/5。

体色：头部大部分区域、胸部及腹部第 1 背板红棕色；触角黄棕色，但前面 3 节颜色明显比后方浅；脸黄棕色，但其下半部中间（相对于左右两边）具小块明显的黄色区域；唇基鲜黄色，上唇及上颚中间部分黄色，下颚须、下唇须浅黄色（有些发白）；翅透明，前翅翅痣浅黄棕色；足黄色（但后足胫节端部及后足跗节通常略有加深）；腹部第 2、3 背板棕黄色，之后各节呈暗棕色；产卵器鞘棕黑色。

变化：体长 2.0—2.3mm；前翅长 2.2—2.5mm；触角 26—28 节。

雄虫 与雌虫相似；体长 2.2mm；触角 28 节。

研究标本 正模：♀，宁夏六盘山米缸山，2001- Ⅷ -22，季清娥。副模：1 ♂，宁夏贺兰山苏峪口，2001- Ⅷ -12，杨建全；1 ♂，7 ♀♀，宁夏六盘山米缸山，2001- Ⅷ -22，梁光红；2 ♂♂，4 ♀♀，宁夏六盘山米缸山，2001- Ⅷ -22，林智慧；1 ♂，3 ♀♀，宁夏六盘山米缸山，2001- Ⅷ -22，季清娥；3 ♀♀，宁夏六盘山米缸山，2001- Ⅷ -22，石全秀；1 ♂，甘肃兴隆山，2008- Ⅷ -2，赵琼。

已知分布 宁夏、甘肃。

寄主 未知。

词源 本新种拉丁名"maculifacialis"意为具斑的脸，这里是由于本种下半部中间（相对于左右两边）具小块明显的黄色区域，颜色明显不同于脸部其余部分。

注 本种与 *Exotela arunci* Griffiths 最为接近，其主要区别为：本种唇基鲜黄色，后者为棕色或黑色；本种盾纵沟至少前面一小段清楚，后者则几乎或完全消失；本种基节前沟完全缺失，后者基节前沟存在，为较短且光滑的沟槽；本种腹部第 3、4 背板表面仅于近后缘处十分稀疏地横排数根刚毛，而后者腹部第 3、4 背板则均匀地布满细短毛。

107. 黄基后叉离颚茧蜂，中国新记录
Exotela flavicoxa (Thomson)，rec. nov.

（图 2-107）

Dacnusa flavicoxa Thomson，1895，20: 2327；Kloet et Hincks，1945: 240.

Exotela flavicoxa: Griffiths，1964，14: 887，1967，16（7/8）: 558；Shenefelt，1974: 1102.

雌虫　体长 2.0—2.5mm；前翅长 2.1—2.6mm。

头：触角 27—32 节，第 1、2、3 鞭节几乎等长，第 1 鞭节和倒数第 2 鞭节的长分别为宽的 2.5 倍和 1.8 倍。头部背面观较横宽，宽为长的 2.2 倍，复眼长约为上颊长的 1.2 倍；单眼区至后头间无纵沟；头顶及上颊区域几乎无被毛，后头稀疏地被一些细毛；脸表面较多毛，但相对光滑，中纵脊明显；唇基较不凸出，表面被较多细毛及少量细浅刻痕；上颚具 3 齿，不扩展，第 2 齿较明显长于两侧齿，且端部尖，第 1、3 齿稍钝。

胸：长为高的 1.3 倍。前胸两侧几乎无被毛，侧面三角区光滑亮泽，背板槽具粗刻纹；中胸盾片几乎布满细短毛，盾纵沟深，且约延伸至中胸盾片中部；中陷裂缝状，其长约占中胸盾片长的 1/2；小盾片较隆起，表面光滑，被较多细短毛，且后端毛甚密；中胸侧板大部分区域光滑亮泽，中部无被毛，基节前沟较宽，沟内刻纹明显、粗糙；侧观，后胸背板中脊较凸起，稍超过小盾片；并胸腹节布满粗糙刻纹，并稀疏地且较均匀地被有细短毛；后胸侧板表面光滑亮泽，稀疏但较均匀地被有细长毛。

翅：前翅轻微长于体；前翅翅痣长为 1–R1 脉长的 1.7 倍；r 脉长略短于翅痣宽，且与其始发点至翅痣基部的长度亦相等；3–SR+SR1 脉后半部较明显曲折；m–cu 脉几乎对叉式（轻微前叉）。

足：后足腿节长约为宽的 5.0 倍；后足胫节长为后足跗节长的 1.2 倍；后足第 3 跗节长为端跗节的 4/5。

腹：第 1 背板由基部至端部较显著扩大，中间长约为端部宽的 1.4 倍，表面稀疏地布满细短毛（显得较不明显），基部背脊通常愈合，并形成明显凸出的中纵脊（几乎达 T1 的后端，但少数情况下中纵脊不明显或分散成两条有所交叉的细脊纹）；腹部第 2 背板至腹末表面均光滑亮泽，且第 2 背板（特别是基半部）稀疏地分布有相对较多细短毛，由第 3 背板至端节各节近后缘处均具一横排刚毛；产卵器较短，未超出腹部末端。

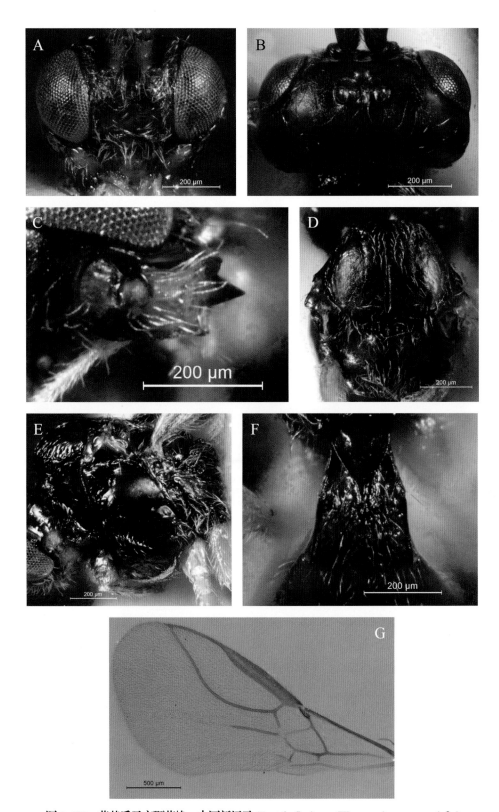

图 2-107　黄基后叉离颚茧蜂，中国新记录 *Exotela flavicoxa* (Thomson) , rec. nov. (♀)

A：头部正面观；B：头部背面观；C：上颚；D：中胸背板；E：胸部侧面观；F：腹部第 1 背板；G：前翅

体色：头部大部分区域、胸部及腹部第 1 背板均为黑色；触角整个鞭节为棕黑色，柄节和梗节略显黄褐色；唇基深棕色，上唇及上颚中间部分黄色，下颚须、下唇须淡黄色；翅透明，前翅翅痣浅褐色或黄棕色；前、中足跗节浅黄棕色，其余部分黄色，后足胫节端向 1/3 部分及整个跗节为暗棕色，其余部分为黄色；腹部第 1 背板以后各节为深棕色；产卵器鞘棕黑色。

雄虫　体长 2.3—2.6mm；触角 29—33 节。

研究标本　1♀，宁夏六盘山王化南，2001- Ⅷ -20，杨建全；1♀，宁夏六盘山王化南，2001- Ⅷ -20，林智慧；1♂，2♀♀，宁夏六盘山米缸山，2001- Ⅷ -22，林智慧；1♀，宁夏六盘山米缸山，2001- Ⅷ -22，季清娥；1♀，甘肃兴隆山，2008- Ⅷ -2，赵琼；1♂，黑龙江牡丹江牡丹峰，2011- Ⅶ -16，董晓慧；1♂，1♀，黑龙江漠河北极星广场，2011- Ⅶ -23，赵莹莹；1♂，2♀♀，黑龙江漠河，2012- Ⅶ -26，郑敏琳；1♂，黑龙江漠河，2012- Ⅶ -26，姚俊丽；1♂，1♀，黑龙江五大连池自然保护区，2012- Ⅷ -25，赵莹莹。

已知分布　宁夏、甘肃、黑龙江；韩国、蒙古、阿塞拜疆、保加利亚、捷克、德国、匈牙利、丹麦、瑞士、瑞典、波兰、荷兰、西班牙、爱尔兰、英国、俄罗斯、塞尔维亚、马德拉群岛。

寄主　已知寄生潜蝇属的白翅潜叶蝇 *Agromyza albipennis* Meigen、*Agromyza alunulata*（Hendel）、*Agromyza lucida* Hendel、*Agromyza megalopsis* Hering、*Agromyza nigripes* Meigen；角潜蝇属的 *Cerodontha*（*Poemyza*）*phalaridis* Nowakowski、*C.*（*P.*）*phragmitidis* Nowakowski、*C.*（*P.*）*pygmaea*（Meigen）和 *C.*（*P.*）*incise*（Meigen）。

108. 沟后叉离颚茧蜂，中国新记录
Exotela sulcata (Tobias)，rec. nov.

（图 2-108）

Pachysema sulcata Tobias，1962，31：134.

Exotela sulcata：Griffiths，1967，16（7/8）（1966）：786；Shenefelt，1974：1105；Papp，2004，50（3）：249.

雌虫　体长 2.3—2.4mm；前翅长 2.4—2.5mm。

头： 触角 28—29 节，第 1、2、3 鞭节长度比约为 10 ：9 ：8，第 1 鞭节和倒数第 2 鞭节的长分别为宽的 3.5 倍和 2.0 倍。头部背面观复眼后方轻微向内收敛，头宽为长的 2.1 倍，复眼长等于上颊长；单眼区中部至后头具一浅纵沟；后头及上颊下半部被较多刚毛，但不太稠密，头顶几乎无被毛；额较光滑，中部具一凹痕；脸几乎布满较密长毛（方向多朝上），相对光滑，仅被少量浅刻点，中纵脊位于脸上半部，较明显；唇基较凸出，

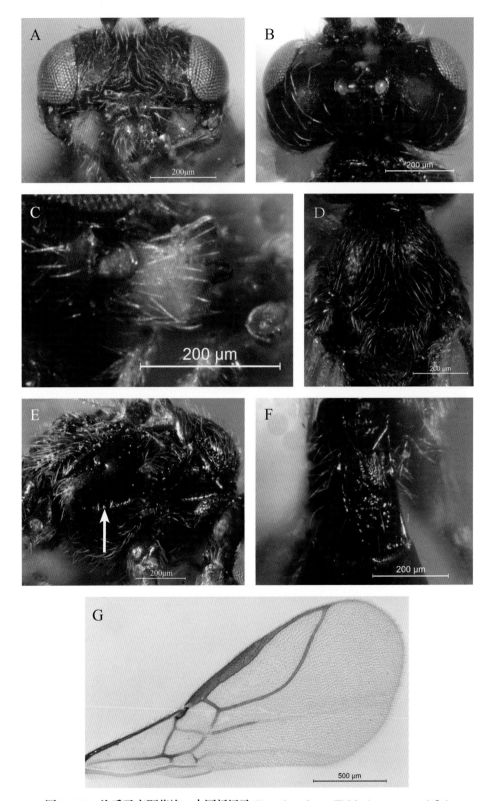

图 2-108　沟后叉离颚茧蜂，中国新记录 *Exotela sulcata* (Tobias), rec. nov. (♀)
A：头部正面观；B：头部背面观；C：上颚；D：中胸背板；E：胸部侧面观；F：腹部第 1 背板；G：前翅

表面被较多细毛，并具少量浅刻点；上颚具 3 齿，中齿不甚尖，且几乎与第 1 齿等长、略长于第 3 齿；下颚须 6 节；下唇须 4 节。

胸：长为高的 1.3 倍。前胸背板两侧光滑，几乎无被毛；中胸盾片几乎整个表面密布向后发散的细刚毛，除前缘具较多浅刻点，其他区域基本光滑；盾纵沟几乎缺失，仅见最前面极短一段（似 1 小凹坑）；中陷裂缝状，始于中胸盾片后缘，其向前延伸的长度约为中胸盾片长的 1/3；小盾片表面光滑亮泽，被少量细毛；基节前沟较宽大，沟内刻纹粗糙；后胸背板（侧观）中脊较明显凸起，稍高于小盾片，且顶部略尖；并胸腹节背面布满粗刻纹，并较零散地分布一些细短刚毛；后胸侧板表面较光滑，仅具少量浅刻痕，并略显稀疏地被有一些朝向后足基节的精细长毛。

翅：前翅翅痣长约为 1–R1 脉长的 1.8 倍；r 脉稍长于翅痣宽，其长约等于其始发点到翅痣基部间的翅痣长度；3–SR+SR1 脉后半部相对较直（仅极近端点处略弯）；m–cu 脉几乎对叉式（轻微前叉）；1–CU1∶2–CU1=5∶13；亚盘室封闭。

足：后足腿节长为宽的 5.5 倍；后足胫节略长于后足跗节；后足第 3 跗节与端跗节等长。

腹：第 1 背板由基部向端部明显扩大，中间长为端部宽的 1.6 倍，表面布满不规则刻纹、几乎无被毛；腹部第 2 背板至腹末表面均光滑，且第 2、3 背板表面几乎无刚毛，第 4 节开始各节均明显具一横排刚毛；产卵器轻微露出腹末端，产卵器鞘长为后足基跗节长的 4/5。

体色：虫体颜色较暗。头大部分区域、胸部及腹部第 1 背板均为黑色；触角通体棕黑色；唇基深棕色，上颚中部鲜黄色（中齿红棕色），上唇、下颚须及下唇须均暗黄棕色；足整体呈暗黄棕色或黄棕色，各足基节深棕黑色或暗黄棕色，各足腿节背面、胫节近端部及跗节通常为暗棕色；腹部第 1 背板以后各节为黄棕色或暗棕色。

雄虫　与雌虫相似；体长 2.2mm；触角 30—31 节。

研究标本　2 ♂♂，3 ♀♀，青海祁连山，2008– Ⅶ –11，赵琼；1 ♀，青海祁连山，2008– Ⅶ –11，赵鹏。

已知分布　青海；丹麦、爱尔兰、英国、俄罗斯。

寄主　已知寄生植潜蝇属的 *Phytomyza calthivora* Hendel 和 *Phytomyza calthophila* Hering。

109. 黄腹后叉离颚茧蜂，中国新记录
Exotela flavigaster Tobias，rec. nov.

（图 2–109）

Exotela flavigaster Tobias，1998: 322–323；Yu et al.，2016: DVD.

雌虫 体长 1.5—1.9mm；前翅长 1.7—2.2mm。

头：触角 21—27 节，第 1、2 和 3 鞭节长度比为 13∶11∶9，第 1 鞭节和倒数第 2 鞭节的长分别为宽的 5.0 倍和 2.5 倍。头部背面观复眼后方稍向内收敛，头宽为长的 2.0—2.5 倍，复眼长约为上颊长的 1.1 倍，脸宽且较平坦，表面多毛，并几乎布满细浅刻痕；唇基略凸，表面被细浅刻痕及少量细毛；上颚较小，具 3 齿，各齿大小、长短较接近；下颚须 6 节；下唇须 4 节。

胸：长为高的 1.3 倍。前胸背板两侧几乎无被毛，侧面三角区光滑亮泽，背板槽光滑；中胸盾片整个布满密毛及浅刻痕，但表面仍较具光泽，盾纵沟仅最前面一小段存在（具刻纹）；中陷短小；小盾片表面光滑，被少量细短毛；中胸侧板大部分区域光滑亮泽，中部无被毛，基节前沟较宽，但沟内刻纹较细弱；后胸背板中脊稍凸起；并胸腹节表面仅稀疏地被有少量细短毛，且前半部表面被较细刻纹，后半部大范围光滑；后胸侧板表面光滑，较稀疏地被有一些半贴面长刚毛。

翅：前翅长于体；前翅翅痣长约为 1-R1 脉长的 1.7 倍；r 脉始发点甚靠近翅痣基部；3-SR+SR1 脉后半部轻微曲折；m-cu 脉后叉式；1-CU1∶2-CU1=5∶16。

足：后足腿节长约为宽的 5.0 倍；后足胫节长为后足跗节长的 1.2 倍；后足第 2、3 跗节长分别为端跗节的 1.2 倍和 4/5。

腹：第 1 背板由基部至气门处稍微扩大，气门处至端部两边几乎平行，中间长约为端部宽的 1.7—1.8 倍，表面布满纵刻纹、毛十分稀少（仅后半部被少量刚毛），基部背脊明显、不汇合；腹部第 2 背板至腹末表面均光滑亮泽，且第 2、3 背板几乎无刚毛，第 3 背板之后各节均于其近后缘处被一横排刚毛；产卵器轻微露出腹末端，产卵器鞘长为后足基跗节长的 3/5。

体色：虫体呈红棕色或黄棕色（主要包括头、胸和腹部第 1 背板）；触角黄棕色，基部前 3 节通常比后方色浅；唇基棕黄色，上唇、上颚黄色（中齿棕红色），下颚须、下唇须浅黄色；翅透明，前翅翅痣褐黄色；足除端跗节浅黄褐色，其余部分均为黄色；腹部第 1 背板以后各节为棕黄色。

雄虫 体长 1.5—1.7mm；触角 22—26 节。

研究标本 1♂，吉林长白山露水河，1989-Ⅶ-28，周小华；1♂，2♀♀，吉林长白山露水河，1989-Ⅶ-30，杨建全；1♂，1♀，吉林长白山露水河，1989-Ⅶ-30，周小华；3♀♀，吉林长白山露水河，1989-Ⅶ-31，杨建全；2♂♂，4♀♀，吉林长白山露水河，1989-Ⅶ-31，周小华；1♂，吉林长白山快大茂，1989-Ⅷ-2，杨建全；2♀♀，吉林长白山东岗，1989-Ⅷ-9，周小华；1♂，1♀，宁夏六盘山龙潭林坊，2001-Ⅷ-15，林智慧；1♂，3♀♀，宁夏六盘山凉殿峡，2001-Ⅷ-21，林智慧；1♂，4♀♀，宁夏六盘山米缸山，2001-Ⅷ-22，梁光红；1♀，宁夏六盘山二龙河，2001-Ⅷ-23，季清娥。

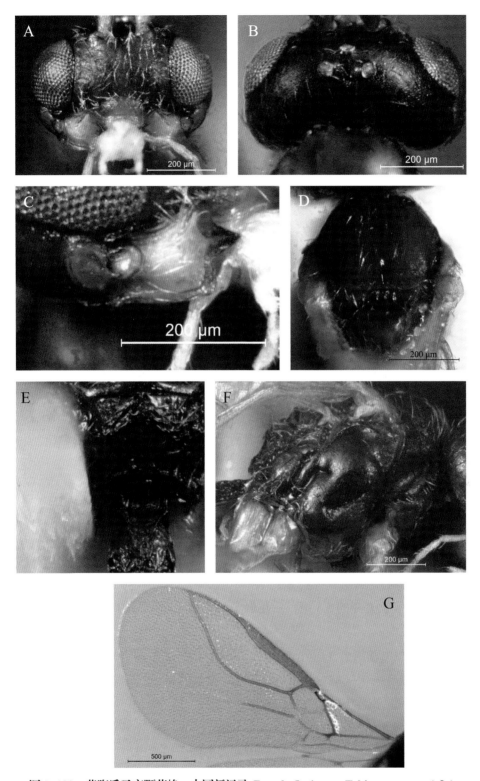

图 2-109　黄腹后叉离颚茧蜂，中国新记录 *Exotela flavigaster* Tobias , rec. nov. (♀)

A: 头部正面观；B: 头部背面观；C: 上颚；D: 中胸背板；E: 腹部第 1 背板及并胸腹节；F: 胸部侧面观；
G: 前翅

已知分布　宁夏、吉林；俄罗斯。

寄主　未知。

110. 皱脸后叉离颚茧蜂，新种
Exotela caperatus Zheng & Chen , sp. nov.

（图 2–110）

雌虫　正模，体长 2.2mm；前翅长 2.7mm。

头：触角 28 节，第 1 鞭节长为第 2、3 鞭节长的 1.2 倍和 1.3 倍，其第 2 鞭节长度小于胸部长的 1/5，第 1 鞭节和倒数第 2 鞭节的长分别为宽的 3.8 倍和 2.0 倍。头部背面观略显横宽，头宽为长的 2.3 倍，复眼长等于上颊长；单眼区中间至后头具一明显纵沟；上颊和头顶基本无被毛，后头稀疏的被有一些细刚毛；额较平坦，相对光滑，仅中部具一小凹刻；脸宽为高的 1.7 倍，表面甚为粗糙，布满皱纹及大量细长毛，中纵脊较明显（虽不太完整）；唇基略凸，表面光滑；上颚具 3 齿，中齿端部尖，第 1、3 齿钝；下颚须 6 节；下唇须 4 节。

胸：长为高的 1.3 倍。前胸背板两侧光滑，几乎无被毛；中胸盾片表面较光滑，其前缘和中叶前半部被较多密毛，中叶后方毛相对稀，侧叶大范围无被毛；盾纵沟不发达，仅最前面很短一段存在（未超过斜面处）；中陷较窄，其长约为中胸盾片长的 1/4；小盾片前沟较深，具 5 根纵短脊纹；小盾片表面光滑亮泽，被少量细短毛；中胸侧板大部分区域光滑亮泽，基节前沟较宽，沟内具明显刻纹；后胸背板（侧观）中脊稍凸起，略高于小盾片；并胸腹节背面密布较细刻纹，并相对稀疏地被有一些细长毛（中间稀少，两旁稍多）；后胸侧板前半部具较明显刻痕，后半部较光滑，并稀疏地被有少量朝向后足基节的长毛。

翅：前翅与 *Exotela cyclogaster* Foerster 近似。前翅翅痣长为 1–R1 脉长的 1.9 倍；m–cu 脉后叉式。

足：后足腿节长为宽的 5.3 倍；后足胫节长为后足跗节长的 1.3 倍；后足第 3 跗节与端跗节等长。

腹：第 1 背板由基部至气门处十分轻微扩大，气门之后两边平行，中间长约为端部宽的 2.0 倍，表面布满较精细纵刻纹、无被毛，基部背脊略显、不汇合；腹部第 2 背板至腹末表面均光滑，各节中后部均横向被一些刚毛；产卵器几乎不超出腹末端。

体色：触角几乎整个都为深棕色（除柄、梗节腹面及第 1 鞭节基部棕黄色）；头大部分区域棕黑色，唇基、上唇黄色，上颚中间部分浅黄色（中齿端半部暗红棕色）、下颚须及下唇须浅黄色；翅透明，前翅翅痣黄棕色；前、中足除跗节黄棕色，后足基节基部及背面大部分区域暗黄棕色，后足胫节端向 1/3 部分及整个跗节暗黄棕色，其余部分

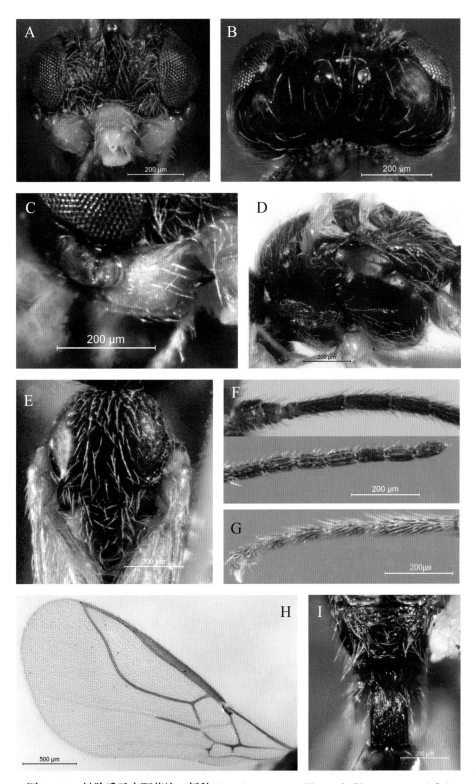

图 2-110　皱脸后叉离颚茧蜂，新种 *Exotela caperatus* Zheng & Chen, sp. nov.（♀）

A：头部正面观；B：头部背面观；C：上颚；D：胸部侧面观；E：中胸背板；F：触角基部和端部几节；
G：后足跗节；H：前翅；I：腹部第 1 背板及并胸腹节

均呈黄色；腹部第 1 背板黑色，其后各节为深棕色；产卵器鞘棕黑色。

变化：虫体整体颜色深浅略有变化；体长 2.0—2.4mm；前翅长 2.4—2.9mm；触角 25—31 节，第 1 鞭节为第 2 鞭节的 1.1—1.2 倍；腹部第 1 背板长为端部宽的 1.8—2.0 倍。

雄虫　与雌虫相似；但后足基节颜色加深程度及范围比雌虫小些，且触角第 1 鞭节长为第 2 鞭节的 1.3 倍；体长 1.8—2.4mm；触角 25—31 节。

研究标本　正模：♀，宁夏六盘山米缸山，2001- Ⅷ -22，杨建全。副模：1 ♀，宁夏贺兰山苏峪口，2001- Ⅷ -12，杨建全；2 ♂♂，5 ♀♀，宁夏六盘山米缸山，2001- Ⅷ -22，杨建全；3 ♂♂，7 ♀♀，宁夏六盘山米缸山，2001- Ⅷ -22，石全秀；5 ♀♀，宁夏六盘山米缸山，2001- Ⅷ -22，梁光红；4 ♂♂，8 ♀♀，宁夏六盘山米缸山，2001- Ⅷ -22，季清娥。

已知分布　宁夏。

寄主　未知。

词源　本新种拉丁名 "caperatus" 意为皱脸，主要根据本种脸部布满皱纹的特征予以命名。

注　本新种与 *Exotela senecionis* Griffiths 和 *Exotela cyclogaster* Foerster 都甚为相似，3 种的主要区别如表 3。

表 3　皱脸后叉离颚茧蜂与同属近似种比较

E. caperatus Zheng & Chen，sp. nov.	*E. senecionis* Griffiths	*E. cyclogaster* Foerster
触角第 1 鞭节为第 2 鞭节的 1.1—1.2 倍，中后部各鞭节长约为宽的 2.0 倍，第 2 鞭节长度小于胸部长的 1/5	触角第 1 鞭节为第 2 鞭节的 1.4—1.5 倍，中后部各鞭节长约为宽的 1.5 倍，第 2 鞭节长度大于胸部长的 1/5	触角第 1 鞭节为第 2 鞭节的 1.3—1.5 倍，中后部各鞭节长约为宽的 2.0 倍，第 2 鞭节长度大于胸部长的 1/5
基节前沟较宽，但刻纹较弱	基节前沟宽大，刻纹强	基节前沟中等宽度，刻纹较强
后胸侧板前半部具粗刻纹，后半部几乎光滑，且表面毛较稀疏	后胸侧板整个具粗糙网状刻纹，且表面毛相对较密	后胸侧板几乎整个光滑，最多仅少量浅刻痕，表面毛较稀疏
后足基节基部及背面大部分区域呈明显加深颜色	后足基节至少基半部颜色显著加深	后足基节颜色通常不加深，最多仅极基部处小范围加深

111. 赫拉后叉离颚茧蜂，中国新记录

Exotela hera (Nixon)，rec. nov.

（图 2-111）

Danusa hera Nixon，1937，4: 55；Kloet et Hincks，1945: 240.

Toxela hera: Nixon，1954，90: 275；Fischer，1962，14（2）：38.

Exotela hera: Griffiths，1967，16（7/8）（1966）: 559；Shenefelt，1974: 1103；Tobias，1998: 323；Belokobylskij et al.，2003，53（2）: 362；Papp，2004，21: 148，2005，66: 148；Yu et al.，2016: DVD.

雌虫　体长 2.5mm；前翅长 2.8mm。

头：触角 29 节，第 1、2 和 3 鞭节长度比为 3 : 2 : 2，第 1 鞭节端半部比基半部粗，第 1 鞭节和倒数第 2 鞭节的长分别为宽的 3.8 倍和 1.7 倍。头部背面观较显横宽，头宽为长的 2.3 倍，复眼长约为上颊长的 1.2 倍，后头被较多刚毛；额较平坦、光滑；脸较宽，表面略显粗糙、相对黯淡，且几乎布满长毛（方向基本均朝上）；唇基略凸出，表面光滑，并被少量细毛；上颚具 3 齿，中齿稍长于两侧齿、第 2、3 齿端部稍尖，第 1 齿相对钝；下颚须较长。

胸：长为高的 1.3 倍。前胸两侧几乎无被毛，背板侧面三角区光滑，背板槽亦无明显刻痕；中胸盾片表面较光滑，且除侧叶基本无毛，其余区域较均匀地布满细短毛；盾纵沟可见伸达中胸盾片纵向约 2/5 处；中陷细裂缝状，沟内具刻痕，始于中胸盾片后缘，其长约为中胸盾片长的 1/3；小盾片前沟较宽，沟内具 7 根细纵刻条；小盾片表面光滑，被少量细毛；中胸侧板大部分区域光滑亮泽，基节前沟较宽大，沟内具明显平行短刻纹；后胸背板中脊正常凸起；并胸腹节表面布满粗刻纹，并稀疏地被有细短刚毛，中纵脊缺；后胸侧板相对较光滑，仅被少量浅刻纹，表面布满长刚毛，但较稀疏，且方向基本朝后足基节。

翅：前翅翅痣较细长，其长约为 1-R1 脉长的 1.4 倍；r 脉始发点较靠近翅痣基部，其长为翅痣宽的 1.6 倍；3-SR+SR1 脉后半部明显曲折；m-cu 脉后叉式；1-CU1 : 2-CU1=10 : 19。

足：后足腿节长为宽的 5.5 倍；后足胫节长为后足跗节长的 1.2 倍；后足第 3 跗节略短于端跗节。

腹：第 1 背板由基部至气门处稍微扩大，气门至端部两边几乎平行，其长为端部宽的 1.7 倍，表面布满精细的纵刻纹、几乎无被毛，基部背脊略浅、不汇合；腹部第 2 背板至腹末表面均光滑亮泽，且第 3 背板近后缘被一横排刚毛，其后各背板仅零星被数根刚毛；产卵器较明显露出腹末端，产卵器鞘长为后足基跗节长的 7/10。

体色：虫体较暗色；触角棕黑色（柄节腹面棕黄色）；头部大部分区域、胸部及腹部第 1 背板黑色；唇基黄褐色，上唇、上颚中间部分铜黄色，下颚须、下唇须黄色；翅透明，前翅翅痣棕色；足除了后足胫节端半部和后足跗节明显暗棕色，其余基本为黄色；腹部第 1 背板以后各节为棕黑色。

雄虫　本研究尚未见；根据 Griffiths（1967）记载，触角 29—32 节（♀: 28—31 节）。

研究标本　1♀，黑龙江漠河松苑，2011-Ⅶ-24，董晓慧。

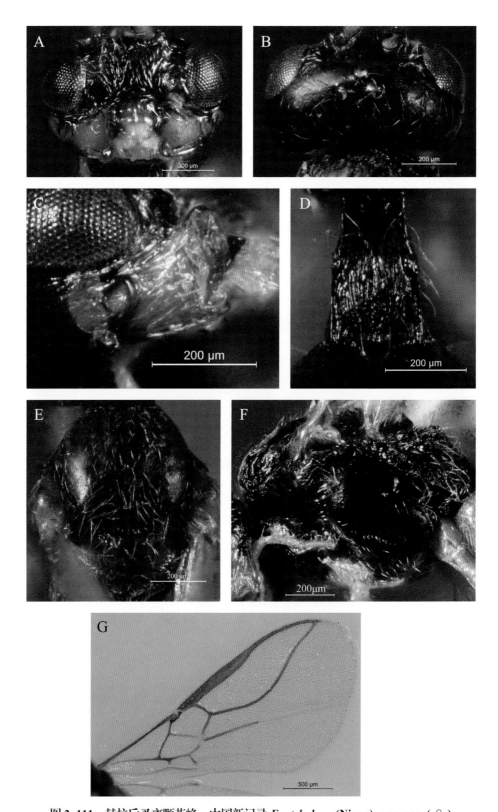

图 2-111 赫拉后叉离颚茧蜂，中国新记录 *Exotela hera* (Nixon)，rec. nov. (♀)

A：头部正面观；B：头部背面观；C：上颚；D：腹部第 1 背板；E：中胸背板；F：胸部侧面观；G：前翅

已知分布 黑龙江、蒙古；奥地利、匈牙利、德国、捷克、保加利亚、荷兰、波兰、罗马尼亚、西班牙、瑞士、瑞典、英国、俄罗斯。

寄主 成虫具趋光性；已知寄主为潜蝇属的 *Agromyza anthracina* Meigen、*Agromyza pseudoreptans* Nowakowski、*Agromyza reptans* Fallen 和 *Agromyza rufipes* Meigen。

112. 毛盾后叉离颚茧蜂，新种
Exotela chaetoscutatus Zheng & Chen , sp. nov.

（图 2-112）

雌虫 正模，体长 2.9mm；前翅长 3.3mm。

头：触角 34 节，第 1 鞭节长为第 2、3 鞭节长的 1.2、1.5 倍，第 1 鞭节和倒数第 2 鞭节的长分别为宽的 3.0 和 1.8 倍。头背面观宽为长的 2.3 倍，复眼长为上颊长的 1.2 倍；OOL：OD：POL=32：10：17，单眼区中间至后头具一极浅纵沟；上颊和头顶零星被一些刚毛，后头中部毛较稀少，两侧毛稍多；额较平坦、光滑，仅于两侧（复眼旁）被较密短毛；脸宽为高的 1.8 倍，表面几乎布满长毛，并具较多细浅刻点，中纵脊略显；唇基略显凸出，宽为高的 2.0 倍，表面具少量浅刻点及细毛；上颚具 3 齿，第 1 齿稍微向上扩展，第 2 齿呈三角形，几乎与第 1 齿等长，第 3 齿相对宽、短，略呈弧形；下颚须 6 节；下唇须 4 节。

胸：长为高的 1.3 倍。前胸背板两侧光滑，几乎无被毛；中胸盾片表面较光滑，且较均匀地布满细短毛；盾纵沟仅前方斜面处一小段可见；中陷窄、较浅，其长约为中胸盾片长的 1/4；小盾片前沟较宽、深，具 5 根纵短脊；小盾片表面光滑，被较多毛（背面略显稀疏，两侧缘及后端毛密）；中胸侧板大部分区域光滑亮泽，基节前沟较宽，沟内刻纹较清楚（粗细相间分布）；后胸背板中脊形成较钝的短背凸；并胸腹节背面除水平与斜面交界处具 2—3 根横向脊纹外，其余大部分区域仅被有相对较弱的细浅刻纹，且表面仅十分稀疏地被有一些长毛；后胸侧板表面光滑亮泽，较均匀地布满朝向后足基节的长毛。

翅：前翅翅痣细长，其长为 1-R1 脉长的 1.7 倍；3-SR+SR1 脉后半部明显曲折；m-cu 脉后叉式；1-CU1：2-CU1=9：20。

足：后足腿节长为宽的 4.7 倍；后足胫节长为后足跗节长的 1.2 倍；后足第 3 跗节与端跗节等长。

腹：第 1 背板由基部至气门处稍微扩大，由气门至端部两边平行，中间长约为端部宽的 2.0 倍，表面布满纵刻纹（后半部比前半部显得精细），且几乎无被毛；腹部第 2 背板至腹末表面均光滑，且刚毛较稀少；产卵器较短，但明显外露。

体色：触角柄节和环节为暗黄色，梗节暗棕色，鞭节全部棕黑色；头大部分区域棕

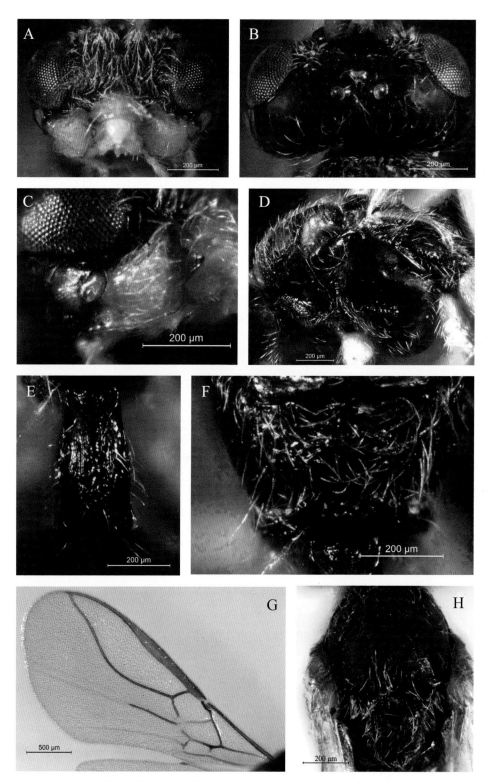

图 2–112　毛盾后叉离颚茧蜂，新种 *Exotela chaetoscutatus* Zheng & Chen , sp. nov. (♀)

A：头部正面观；B：头部背面观；C：上颚；D：胸部侧面观；E：腹部第 1 背板；F：并胸腹节；
G：前翅；H：中胸背板

黑色，唇基、上唇、下颚须及下唇须为黄色，上颚中间部分为浅黄色；胸部棕黑色；翅透明，前翅翅痣棕色；前、中足跗节棕色，后足胫节大部分区域加深至黄棕色，但其端向 1/3 部分为深棕色，后足跗节深棕色，足的其余部分均呈黄色；腹部第 1 背板黑色，其后各节为深棕色；产卵器鞘黄棕色。

变化：虫体各部位颜色甚浅略有变化，个别虫体脸为棕黄色；体长 2.5—2.9mm；前翅长 2.8—3.3mm；触角 31—36 节。

雄虫　与雌虫相似；体长 2.5—2.9mm；触角 34—37 节。

研究标本　正模：♀，宁夏六盘山龙潭，2001- Ⅷ -15，杨建全。副模：1 ♂，宁夏六盘山凉殿峡，2001- Ⅷ -21，石全秀；1 ♂，宁夏六盘山米缸山，2001- Ⅷ -22，梁光红；2 ♀♀，宁夏六盘山二龙河，2001- Ⅷ -23，杨建全。

已知分布　宁夏。

寄主　未知。

词源　本新种拉丁名"chaetoscutatus"意为盾片具毛的，这里是指小盾片多毛，明显区别于与其相近种类。

注　本种与皱脸后叉离颚茧蜂 *Exotela caperatus*，sp. nov. 最为相似，主要区别为：本种背面观复眼长为上颊长的 1.2 倍，后者背面观复眼长等于上颊长；本种产卵器较明显伸出腹部末端，后者则几乎不露出；本种后足基节颜色无加深，整个都为黄色，而后者的后足基节基部及背面大部分区域颜色明显加深；本种体长 2.5—2.9 mm，触角 31—37 节，后者体长 1.8—2.4 mm，触角 25—31 节；本种小盾片被毛明显多于后者；本种脸具刻点，后者具明显皱纹。

113. 苦荬蝇后叉离颚茧蜂，中国新记录
Exotela sonchina Griffiths , rec. nov.

（图 2-113）

Exotela sonchina Griffiths，1967，16（7/8）（1966）：790；Shenefelt，1974：1101.

Exotela（*Exotela*）*sonchina*: Tobias et Jakimavicius，1986: 7–231；Huflejt，1997: 75–114.

Exotela sonchina: Belokobylskij et Tobias，1997，47: 15；Tobias，1998: 323；Belokobylskij et al.，2003，53（2）：363；Papp，2003，49（2）：127，2004，50（3）：249，2005，66: 148，2007，53（1）：11；Yu et al.，2016: DVD.

雌虫　体长 1.9—2.3mm；前翅长 2.3—2.6mm。

头：触角 26—27 节，第 1 鞭节长为第 2、3 鞭节长的 1.3 倍和 1.6 倍，第 1 鞭节和倒数第 2 鞭节的长分别为宽的 4.5 倍和 1.8 倍。头背面观宽为长的 2.0 倍，复眼长约为上

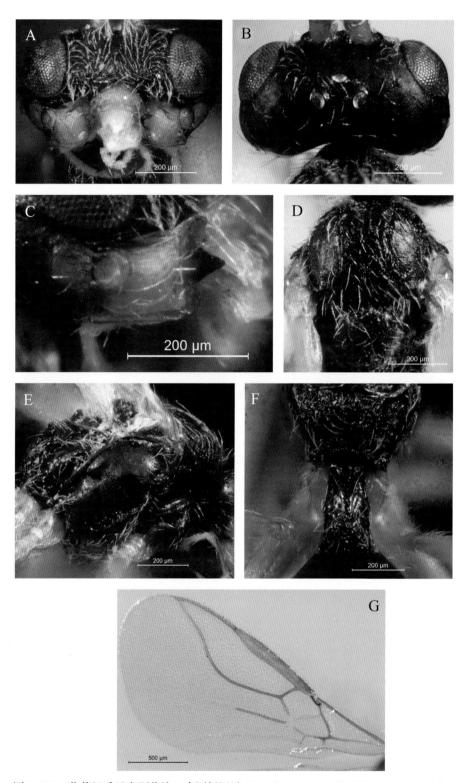

图 2–113 苦荬蝇后叉离颚茧蜂，中国新记录 *Exotela sonchina* Griffiths，rec. nov.（♀）

A：头部正面观；B：头部背面观；C：上颚；D：中胸背板；E：胸部侧面观；F：腹部第 1 背板及并胸腹节；

G：前翅

颊长的 1.2 倍；头顶几乎无被毛，上颊和后头稀疏地被有一些刚毛；脸宽为高的 1.7 倍，表面多毛，并具较多极浅的细刻点，中纵脊不明显；唇基较平坦，表面光滑；上颚较小，具 3 齿，中齿近等边三角形状，其端部尖，第 1、3 齿钝；下颚须 6 节；下唇须 4 节。

胸：长为高的 1.3 倍。前胸背板两侧光滑，无被毛；中胸盾片表面较光滑，除侧叶部分区域无被毛，其余部分均被有较密刚毛；盾纵沟延伸至接中胸盾片纵向近 1/3 处；中陷窄、较浅，长约为中胸盾片长的 1/3；小盾片前沟具 7 根短纵脊；小盾片表面光滑，稀疏地被一些细短毛；中胸侧板大部分区域光滑亮泽，中部无被毛，基节前沟宽大，内具粗糙刻纹；后胸背板中脊稍凸起；并胸腹节表面布满十分精细的刻纹，仅十分稀疏地分布少量细短刚毛；后胸侧板表面光滑亮泽，稀疏地被有少量长刚毛。

翅：前翅翅痣较细长，其长为宽的 7.5 倍，为 1–R1 脉长的 1.4 倍；r 脉长约等于其始发点到翅痣基部间的翅痣长度；3–SR+SR1 脉后半部甚曲折（轻微 "S" 形弯）；m–cu 脉后叉式；1–CU1 :2–CU1=5 :14。

足：后足腿节长约为宽的 5.0 倍；后足胫节长为后足跗节长的 1.1 倍；后足第 3 跗节与端跗节等长。

腹：第 1 背板由基部至气门处均匀扩大，气门处至端部两边几乎平行，中间长为端部宽的 1.7 倍，表面布满不太规则刻纹(仅略显纵向性)，仅十分稀疏地被有少量短刚毛(主要分布于靠近两侧边缘及后缘处，中部无被毛)，基部背脊略显、不汇合；腹部第 2 背板至腹末表面均光滑，各节背板均被有 1 横排细短刚毛；产卵器稍露出腹末端，产卵器鞘长为后足基跗节长的 4/5。

体色：头部大部分区域、胸部及腹部第 1 背板均显黑色或暗红棕色；触角柄节、梗节及第 1、2 鞭节呈显亮黄色，第 3 鞭节开始逐渐加深至棕黑色（第 5 鞭节基本已呈棕黑色）；唇基、上唇及上颚中间部分均为黄色，下颚须及下唇须均浅黄色（有点发白）；翅透明，前翅翅痣黄棕色；各足端跗节、后足胫节端部和后足跗节呈黄棕色，其余都为黄色；腹部第 1 背板以后各节为红棕色。

雄虫　本研究尚未知。根据 Griffiths（1967）记载，触角 25—28 节（♀：25—26 节）。

研究标本　2 ♀♀，宁夏贺兰山苏峪口，2001–Ⅷ–12，林智慧；2 ♀♀，宁夏贺兰山苏峪口，2001–Ⅷ–12，杨建全；1 ♀，宁夏贺兰山苏峪口，2001–Ⅷ–12，梁光红；1 ♀，宁夏贺兰山苏峪口，2001–Ⅷ–12，石全秀。

已知分布　宁夏；韩国、蒙古、匈牙利、德国、捷克、意大利、波兰、英国、瑞典、瑞士、俄罗斯。

寄主　成虫具趋光性；内寄生，已知寄主仅有植潜蝇属的 *Phytomyza marginella* Fallen、*P. obscurella* Fallen、*P. senecionis* Kaltenbach 和 *P. thysselini* Hende 等 4 种。

114. 环腹后叉离颚茧蜂，中国新记录
Exotela cyclogaster Foerster , rec. nov.

（图 2-114）

Exotela cyclogaster Foerster，1862，19: 274；Nixon，1943，79: 29；Griffiths，1964，14: 884，1967，16（7/8）（1966）：789；Shenefelt，1974: 1101；Tobias，1998: 323；Belokobylskij et al.，2003，53（2）：362；Papp，2004，21: 148，2005，66: 148，2007，53（1）：11；Yu et al.，2016: DVD.

Dacnusa bellina Nixon，1937，4: 56.（Syn. by Griffiths，1964）

雌虫 体长 1.5—2.3mm；前翅长 2.1—2.7mm。

头：触角 21—27 节，第 1 鞭节长为第 2、3 鞭节长的 1.3 倍和 1.5 倍，第 1 鞭节和倒数第 2 鞭节的长分别为宽的 4.5 倍和 2.0 倍。头部背面观复眼后方轻微向内收敛，头宽为长的 1.8—2.0 倍，复眼长约为上颊长的 1.2 倍；上颊和头顶被较多半贴面细短毛，后头几乎无被毛。脸较宽，表面几乎布满密毛，无明显刻痕，中纵脊不明显；唇基相对较平坦，表面基本光滑；上颚较小，具 3 齿，中齿稍长于两侧齿，且端部尖，第 1、3 齿钝；下颚须 6 节；下唇须 4 节。

胸：长为高的 1.3 倍。前胸背板两侧光滑，几乎无被毛；中胸盾片几乎布满较密细毛（但通常侧叶后部具部分无毛区域），但表面相对光滑；盾纵沟不发达，通常仅于中胸盾片前面斜坡处可见极短一段，有的几乎缺失；中陷较浅；小盾片表面光滑，稀疏地被一些细短毛；中胸侧板大部分区域光滑亮泽，中部无被毛，基节前沟较短，刻纹较清楚；后胸背板（侧观）中脊不明显凸起；并胸腹节背面被较多贴面毛，表面刻纹相对细小，且中部两边与后胸侧板毗邻区域十分光滑（与背面其他区域界限清晰）；后胸侧板表面光滑，稀疏地被有一些朝向后足基节的长毛。

翅：前翅翅痣细长，其长为 1-R1 脉长的 1.7 倍；r 脉长几乎等于其始发点到翅痣基部间的距离；3-SR+SR1 脉后半部较明显曲折；m-cu 脉后叉式；1-CU1 :2-CU1=7 :16。

足：后足腿节长约为宽的 5.5 倍；后足胫节长为后足跗节长的 1.1 倍；后足第 3 跗节与端跗节等长。

腹：第 1 背板由基部向端部较均匀扩大，中间长为端部宽的 1.5—1.7 倍，表面布满纵刻纹、几乎无被毛，基部背脊略显、不愈合；腹部第 2 背板至腹末表面均光滑，且仅零星被少量刚毛；产卵器轻微露出腹末端，产卵器鞘长为后足基跗节长的 3/5。

体色：虫体呈红棕色、暗红棕色或棕黑色；触角深棕色或黄棕色，且前 3 节通常比后方浅色；唇基黄色，上唇、上颚浅黄色（中齿红棕色）、下颚须及下唇须均浅黄色；

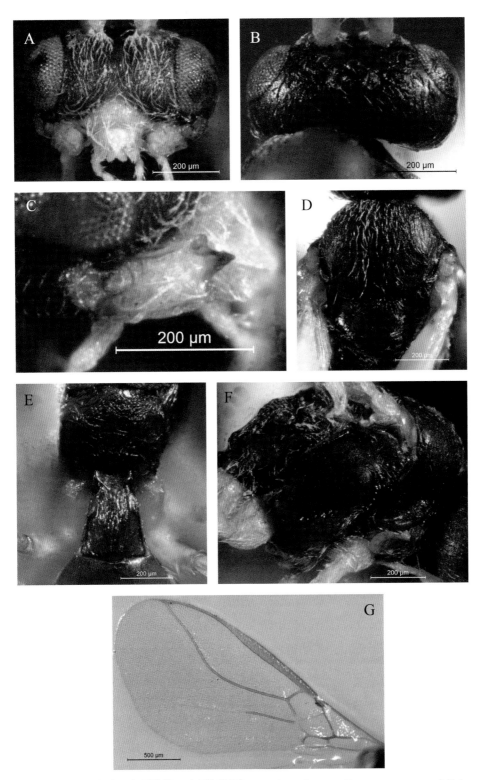

图 2-114　环腹后叉离颚茧蜂，中国新记录 *Exotela cyclogaster* Foerster , rec. nov. (♀)
A：头部正面观；B：头部背面观；C：上颚；D：中胸背板；E：腹部第 1 背板及并胸腹节；F：胸部侧面观；
G：前翅

翅透明，前翅翅痣浅黄棕色；足整体呈黄色，但后足胫节端半部及后足跗节颜色明显加深（通常为棕色或暗棕色）；腹部第 1 背板之后各节为黄棕色或暗棕色。

雄虫　与雌虫相似；体长 1.5—2.4mm；触角 22—28 节。

研究标本　2 ♀♀，湖北神农架天门垭，2000- Ⅷ -17，黄居昌；2 ♀♀，湖北神农架天门垭，2000- Ⅷ -17，杨建全；1 ♀，湖北神农架神农顶，2000- Ⅷ -22，黄居昌；1 ♂，湖北神农架神农顶，2000- Ⅷ -22，石全秀；1 ♀，宁夏贺兰山苏峪口，2001- Ⅷ -12，梁光红；2 ♀♀，宁夏贺兰山苏峪口，2001- Ⅷ -12，杨建全；1 ♂，2 ♀♀，宁夏六盘山龙潭，2001- Ⅷ -15，杨建全；4 ♂♂，4 ♀♀，宁夏六盘山米缸山，2001- Ⅷ -22，季清娥；1 ♂，1 ♀，宁夏六盘山二龙河，2001- Ⅷ -23，杨建全；1 ♂，1 ♀，甘肃兴隆山，2008- Ⅷ -2，赵琼；1 ♀，山西大同恒山主峰，2010- Ⅷ -29，常春光；1 ♀，山西大同恒山，2010- Ⅷ -29，姚俊丽；1 ♂，黑龙江牡丹江牡丹峰自然保护区，2011-7-15，郑敏琳；1 ♂，黑龙江牡丹江牡丹峰自然保护区，2011-7-16，赵莹莹；1 ♀，黑龙江牡丹江牡丹峰自然保护区，2011-7-16，郑敏琳；1 ♂，1 ♀，黑龙江牡丹江牡丹峰，2011-7-17，董晓慧；1 ♂，黑龙江牡丹江牡丹峰，2011-7-17，赵莹莹；1 ♀，黑龙江牡丹江牡丹峰，2011-7-17，郑敏琳；1 ♀，黑龙江牡丹江国家森林公园，2011-7-19，赵莹莹。

已知分布　湖北、宁夏、甘肃、山西、黑龙江；韩国、奥地利、匈牙利、阿塞拜疆、法国、波兰、德国、爱尔兰、英国、立陶宛、荷兰、瑞典、西班牙、葡萄牙、俄罗斯、乌克兰。

寄主　成虫具趋光性；内寄生，已知寄主有植潜蝇属的 15 个种，分别为 *Phytomyza aegopodii* Kaltenbach、*P. albiceps* Meigen、*P. angelicastri* Hering、*P. brunnipes* Brischke、*P. chaerophylli* Kaltenbach、*P. conii* Hering、*P. heracleana* Hering、*P. marginella* Fallen、*P. obscurella* Fallen、*P. pastinacae* Hendel、*P. simmi* Beiger，*P. sphondyliivora* Spencer、*P. spondylii* Robineau–Desvoidy，*P. thysselinivora* Hering 和 *P. virgaureae* Hering。

注　Griffiths（1967）将 *Exotela cyclogaster* Foerster 划分出 3 个亚种：*Exotela cyclogaster cyclogaster* Foerster、*Exotela cyclogaster* umbellina（Nixon） 和 *Exotela cyclogaster sonchina* Griffiths，本研究标本属于 *Exotela cyclogaster cyclogaster* Foerster。但后来 Tobias（1986，1998）又将它们作为单独的种来看待。

另外，本种与 *E. flavigaster* Tobias 很相似，主要区别为：本种前翅 3-SR+SR1 脉后半部明显曲折，而后者几乎不曲折；本种后足胫节端半部及后足跗节颜色明显加深（通常为暗棕色），而后者后足颜色几乎不加深，为较单一的黄色；后者头更显横宽。

（十）斗离颚茧蜂属，中国新记录 *Polemochartus* Schulz，rec. nov.

Polemochartus Schulz，1911，Zool. Annln. Mag.，4: 61（replacement name）. Type species（diatypic）: *Bracon areolaris* Nees，1812.

Polemon Giraud，1863，Verh. zool.–bot. Ges. Wien，13: 1267（not *Polemon* Jan，1858）. Type species（designated by Viereck，1914）: *Polemon liparae* Giraud.

Polemochartus Schulz 是反颚茧蜂亚科 Alysiinae 离颚茧蜂族 Dacnusini 族中很小的一个属，目前已知 6 个已描述种类。Giraud（1863）建立了本属，最初命名为 *Polemon*，但由于 *Polemon* Girau 与此前的不同物种同名，故后来 Schulz（1911）予其一个新名 *Polemochartus*。本专著仅记述了本属的 1 个中国新记录种。

属征 虫体较大型，4.5—11.5 mm；头部背面观复眼后方明显扩大；头顶和上颊具刻点；复眼无刚毛；唇基腹缘片几乎缺；上颚第 2 齿大、凸出且端部尖；跗爪竹片状；腹部第 1 节背板粗壮，且其长为端宽的 1.1—1.5 倍；第 2 背板布满纵刻纹，腹部第 3 背板也通常部分或大范围具刻纹，且腹部第 2—5 背板被有较密刚毛；雌虫腹部末端几节侧扁。

已知分布 古北区（东部和西部）。

寄主 已知仅寄生双翅目 Diptera 黄潜蝇科 Chloropidae 的 *Lipara* Meigen 属。卵至蛹期单一内寄生蜂。

注 本属与 *Sarops* Nixon 属最为相似，最明显区别是：本属腹部第 2—5 节背板短，且被有较密刚毛，腹部第 3 背板通常具刻纹；跗爪明显变形，呈片状，后方扩大。

115. 利帕里斗离颚茧蜂，中国新记录
Polemochartus liparae (Giraud)，rec. nov.

（图 2–115）

Polemon liparae Giraud，1863，13: 1268；Taschenberg，1866: 90；Dours，1873，3:86；Vollenhoven，1876，19:245；Marshall，1896，5:525；Bignell，1901，33: 688；Graeffe，1908，24: 157；Smits van Burgst，1919，62: 106.

Dacnusa（*Polemon*）*liparae*: Thomson，1895，20: 2330.

Polemochartus liparidis: Telanga，1935，1934（12）: 110.

Polemochartus liparae: Nixon，1942，78: 133；Kloet et Hincks，1945: 241；Shenefelt，1974: 1107；Maetô，1983，51（3）: 412；Tobias et Jakimavicius，1986: 7–231；Papp，

1992，84：159；Fischer，1994，26（1）：266；van Achterberg et Falcó，2001，75（8）：141；Belokobylskij et al.，2003，53（2）：364；Papp，2005，66：148；Yu et al.，2005，2016：DVD.

Coelinius（*Polemochartus*）*liparae*：Jiménez et Tormos，1990，58（Sec. Zool. 8）：61；Tobias，1998：302.

雄虫 体长 5.5mm；前翅长 3.6mm。

头：触角仅见 42 节（后部丢失），第 1、2、3 鞭节长度比为 16：12：11，第 1、2 鞭节长为宽的 2.7、2.0 倍，触角各鞭节均密被刚毛。头背面观宽为长的 1.5 倍，且于复眼后方较明显膨大，复眼长为上颊长的 4/5，OOL：OD：POL=18：7：8，头顶、后头和上颊均密被刚毛及大量浅刻点；额于触角窝后方显著下凹，凹陷区域中部具细刻纹；脸稍隆起表面布满细短毛和粗刻点；唇基侧面观之，几乎与脸平，表面较多毛，并布满粗刻点，且下缘中部明显凹陷；上唇较短，亦布满明显刻点；上颚具 4 齿，第 2 齿为附齿，位于第 3 齿背缘中下部，为 1 小叶凸状，第 3 齿长、尖，稍外弯，两侧齿相对短；下颚须 6 节，其长为头高的 4/5；下唇须 4 节。

胸：长为高的 2.0 倍。前胸背板背凹大，呈近圆形，背板侧面布满浅刻点及细短毛，前胸背板槽具较粗刻纹；中胸盾片整个表面密布细刚毛和刻点；盾纵沟发达，沟内具细平行短刻纹，且沟于中胸盾片后方中陷中部汇合；中陷窄、略浅，具细刻痕，约从后缘向前伸达中胸盾片的近 1/3 处；小盾片前沟深，且沟内脊纹仅见 1 明显中脊；小盾片表面具较多细刻点，但甚具光泽；中胸侧板绝大范围表面亮泽，仅稀疏分布一些细浅刻点；基节前沟窄、长，中部较深，沟内大部分为粗糙的平行短刻纹（仅前 1/3 部分为不规则粗刻纹）；中胸侧缝布满平行短刻纹，但越靠近背面部分越细短，靠近腹面变得相对粗长；并胸腹节表面布满曲折的网格状刻纹，中纵脊较长，约占并胸腹节表面长 1/2，无明显中区；后胸侧板几乎布满网格状刻纹（仅最前缘上部具一小块光滑区域），表面仅被有少量细短毛。

翅：前翅：1–SR 脉不加粗；r：3–SR+SR1：2–SR=2：11：4；r 脉起始于翅痣中点处；1–SR+M 脉略弯；3–SR+SR1 脉中后部较明显曲折；cu–a 脉后叉式，几乎垂直于 2–CU1 和 2–1A 脉；1–CU1：2–CU1=1：5。后翅 cu–a 脉垂直于 1–1A 脉；M+CU：1–M=25：14。

足：各足跗爪甚细长、略弯；后足腿节、胫节和基跗节长分别为宽的 4.7、11 和 7.7 倍；后足第 2 跗节长为基跗节长的 3/5，第 3 跗节为端跗节的 1.2 倍。

腹：腹部第 1 背板中间长为端部宽的 1.8 倍，表面布满粗糙纵纹，且密被十分精细的短刚毛；基部背脊于背板前部愈合后向后延伸至背板纵向 4/9 处；基部背凹较大且深；基侧凹宽大，且具明显刻纹；腹部第 2 背板基半部亦被有纵刻纹，端半部基本光滑，且 2、

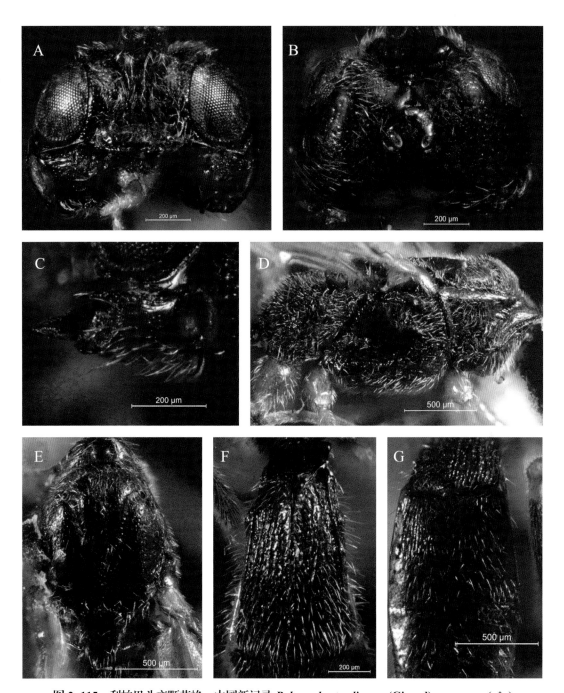

图 2-115 利帕里斗离颚茧蜂，中国新记录 *Polemochartus liparae* (Giraud)，rec. nov. (♂)
A：头部正面观；B：头部背面观；C：上颚；D：胸部侧面观；E：中胸背板；F：腹部第 1 背板；
G：腹部第 2 背板

3 背板的节间沟布满浅刻纹；第 3 背板至腹末表面基本光滑；第 2—5 节背板均布满较密细短刚毛（第 2 背板毛相对最密），第 5 节之后表面毛相对稀少。

体色：触角棕黑色；头部大部分区域、胸部及腹部第 1 背板黑色；上颚中部红棕色，上唇棕黑色，下颚须和下唇须铜黄色；前翅翅痣黄棕色；足整体铜黄色，但后足胫节和跗节前三节明显呈深棕色；腹部第 1 背板之后暗红棕色。

雌虫 本研究尚未知。

研究标本 1 ♂，福建武夷山挂墩，1985- Ⅵ -22，汤玉清。

已知分布 福建；奥地利、比利时、丹麦、法国、英国、匈牙利、意大利、波兰、西班牙、阿塞拜疆、德国、斯洛伐克、荷兰、瑞士、瑞典、俄罗斯、塔吉克斯坦。

寄主 已知寄生黄潜蝇科 Chloropidae 的 *Lipara lucens* Meigen 和 *Lipara similis* Schiner。

（十一）凸额离颚茧蜂属 *Proantrusa* Tobias

Proantrusa Tobias，1998，In: Ler，P.A.，4: 318. Type species（by original designation and monotypy）: *Proantrusa kasparyani* Tobias，1998

凸额离颚茧蜂属 *Proantrusa* 系 Tobias（1998）根据模式种 *Proantrusa kasparyani* Tobias 建立的 1 个单种属，模式产地为古北区东部的俄罗斯远东地区。目前本属共已知 2 种。

本专著摘录 1 个郑敏琳和 C. van Achterberg 等（2016）发表的新种，为本属中分布于中国的种类。

属征 头部背面观稍微横宽；额部前单眼前面区域具一小尖凸；唇基半圆形，其宽为中部高的 2 倍，且脸宽为唇基宽的 1.6—1.7 倍；上颚具 3 个大小相近的齿。前胸背板背凹由中等大小至几乎消失；前胸侧板无毛或具刚毛；盾纵沟不完整；后胸背板具一明显中刺或三角凸。前翅 1-SR 脉前翅 1-SR 脉长为其最小宽度的 3—7 倍；前翅翅痣近三角形，m-cu 脉前叉式。腹部第 1 背板长几乎等于其端宽；腹部第 2 背板光滑或者几乎布满纵刻纹；腹部第 2、3 节长度和为腹部总长度的 2/5；腹部第 3 背板光滑，且长度等于第 2 节。雌虫腹部第 4、5 背板光滑且外露；产卵器鞘具刚毛部位长度为后足胫节的 1/5。

已知分布 东古北区的俄罗斯远东和中国西北。

寄主 未知。

注 本属属于甲腹离颚属团 Trachionus genus-group，主要因为该属具有以下两个重要特征：1. 后胸背板具强突刺；2. 前翅 1-SR 脉由中等至较长（尽管腹部第 2 和 3 背板相对较短）。本属容易和离颚茧蜂族中的另一个属 *Laotris* Nixon，1943 混淆，主要由于都具有腹部第 3 节背板光滑和第 4 节显著外露这两个特征，主要区别是上颚及腹部第 1 节的形状不同。

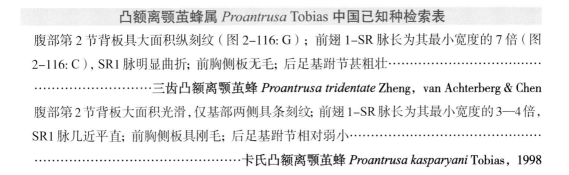

凸额离颚茧蜂属 *Proantrusa* Tobias 中国已知种检索表

腹部第 2 节背板具大面积纵刻纹（图 2–116：G）；前翅 1–SR 脉长为其最小宽度的 7 倍（图 2–116：C），SR1 脉明显曲折；前胸侧板无毛；后足基跗节甚粗壮·····················

·······················三齿凸额离颚茧蜂 *Proantrusa tridentate* Zheng，van Achterberg & Chen

腹部第 2 节背板大面积光滑，仅基部两侧具条刻纹；前翅 1–SR 脉长为其最小宽度的 3—4 倍，SR1 脉几近平直；前胸侧板具刚毛；后足基跗节相对弱小·····················

·····················卡氏凸额离颚茧蜂 *Proantrusa kasparyani* Tobias，1998

116. 三齿凸额离颚茧蜂

Proantrusa tridentate Zheng，van Achterberg & Chen

（图 2–116）

Proantrusa tridentate Zheng，van Achterberg & Chen，2016：385–388

雌虫 体长 4.0mm；前翅长 3.4mm。

头：触角 31 节，其长度和前翅长相等，触角第 1 鞭节长为第 2 鞭节的 1.3 倍，第 1、2 和倒数第 2 鞭节长分别为宽的 2.5 倍、1.7 倍和 1.6 倍。头部背面观稍显横宽，其宽为中部长的 2.1 倍；复眼长为上颊长的 1.4 倍，且上颊向复眼后方轻微收窄；OOL：OD：POL=20：8：7；上颚具 3 齿，齿少向外弯，第 2 齿尖、等边，第 1、3 齿较钝；下颚须 6 节，其长为头部高的 1.2 倍；脸宽为高的 1.7 倍，具长毛、少量刻点和 1 较弱中纵脊；额光滑，无毛，并于前单眼前方的中部具一尖刺凸，触角窝附近轻微下凹；唇基半圆形。

胸：胸长为高的 1.5 倍；前胸侧板大范围齿状刻纹，无被毛；中胸盾片前部具密毛，其余部分被稀疏刚毛；盾纵沟很短，仅于中胸盾片前部斜面处可见，沟深并具平行短刻条；小盾片前沟宽，并具明显刻条；小盾片较凸出，仅两侧被有稀疏刚毛；后胸背板具一强中刺；并胸腹节向后缓斜，布满网状刻纹和稀疏刚毛；中胸侧板大范围光滑、无毛；基节前沟甚宽大，较浅，并具刻纹；中胸侧缝背向刻条精细，腹向则较粗糙；后胸侧板大范围光滑，具较多长毛指向后足基节方向。

翅：前翅长为宽的 2.5 倍；翅痣较短，近三角形，且其长为宽的 3.2 倍；前翅 r 脉始发于翅痣中点略前处；前翅 1–R1 脉长为翅痣长的 1.4 倍；3–SR+SR1 脉稍向后弯；r

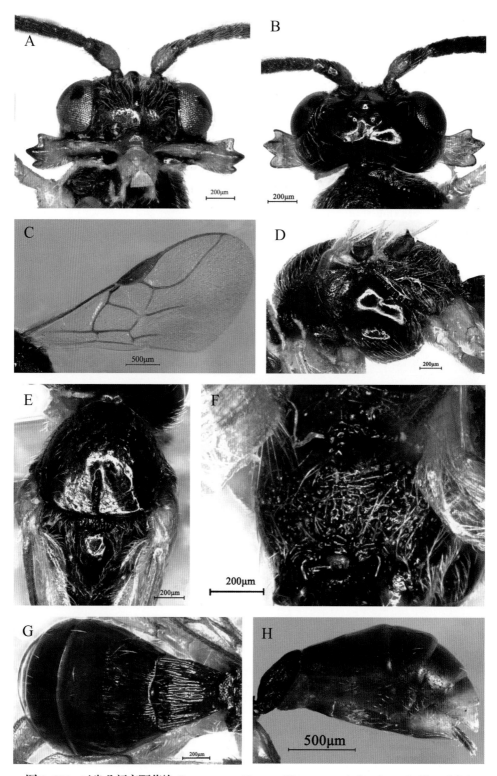

图 2–116 三齿凸额离颚茧蜂 *Proantrusa tridentate* Zheng , van Achterberg & Chen（♀）

A：头部正面观；B：头部背面观；C：前翅；D：胸部侧面观；E：胸部背板；F：并胸腹节；G：腹部第 1–4 节背板；H：腹部侧面观

脉长分别为翅痣最大宽度的 9/10、1–SR+M 脉的 2/5 和 3–SR+SR1 脉的 1/5；1–SR 脉长为其最小宽度的 7 倍；SR1 脉甚曲折；1–SR+M 脉稍弯；m–cu 脉前叉式。后翅长为宽的 3.1 倍。

足：后足基节光滑并具细刚毛；后足腿节长为宽的 3.9 倍；后足胫节长为跗节长的 1.1 倍；后足基跗节长为宽的 3.7 倍，为第 2 跗节长的 1.8 倍，为跗节第 2—5 节长度和的 3/5；后足内外胫节距长分别为基跗节长的 2/5 和 3/10。

腹：腹部第 1 背板长几乎等于其端部宽，由基部向端部均匀变宽，具明显纵条纹；腹部第 2 背板长度为端部宽的 2/5，几乎布满纵条纹，仅靠近两侧边缘处光滑；第 3 背板及其后各节背板均光滑，且第 3 背板长度等于第 2 背板长度；产卵器短，但轻微伸出腹部末端，产卵器鞘着生刚毛的位置长度为后足胫节长的 1/5。

体色：整体显黑色。触角暗棕色，除了柄节基部呈黄色；唇基棕黄色；上唇、下颚须和下唇须均浅黄色；上颚黄色，但中齿呈黄棕色；足总体呈黄色，但跗节和胫节端部棕色；腹部第 1、2 背板红棕色，第 3—5 背板除了近基部处黄棕色至黄色总体也呈红棕色，腹部其余部分黄棕色至黄色；产卵器鞘黄棕色。

雄虫 与雌虫相似。触角 34 节；基节前沟刻痕更明显。

寄主 未知。

已知分布 宁夏。

注 本种内容为摘录自作者等 2016 年发表的新种的文章。

（十二）扩颚离颚茧蜂属 *Protodacnusa* Griffiths

Protodacnusa Griffiths，1964，Beitr. Ent.，14（7–8）：891. Type species（by original designation and monotypy）：*Alysia tristis* Nees，1834.

扩颚离颚茧蜂属 *Protodacnusa* Griffiths 系 Griffiths（1964）根据 Alysia tristis Nees 建立。本属目前在离颚茧蜂族中是一个较小的属，已知 18 种，其中中国已描述 6 种（Mao 等，2015）。本专著记述了中国扩颚离颚茧蜂属 1 中国新记录种，并编制该属已知种检索表。

属征 头大型，背面观其宽度为中胸背板两翅基片间宽的 1.4—1.6 倍；背面观上颊于复眼后方明显膨大（两侧平行或向两后外侧扩大），上颊长等于或大于复眼宽；上颚宽大，通常具 3 齿（如少数情况具 4 齿，则前翅 1–R1 脉十分短，且 CU1b 脉缺），第 1 齿强烈向上扩展，第 3 齿侧方延伸成弧片状或形成 1 弱角度；前翅翅痣相对较长，其上下边平行或呈楔形，1–R1 脉通常较短，第 1 亚盘室相对较宽、短；并胸腹节毛较稀少；

腹部第 1 背板较短，具刻纹，无中纵脊，几乎无毛或被稀疏刚毛；雌虫产卵器通常较短，其长度通常短于后足跗节。

已知分布 古北区和东洋区。

寄主 已知寄主为潜蝇属 *Agromyza*。

扩颚离颚茧蜂属 *Protodacnusa* Griffiths 已知种检索表

1. 前翅 CU1b 脉缺，第 1 亚盘室后下方开放···2

前翅 CU1b 存在，第 1 亚盘室后下方基本封闭···9

2. 腹部第 1 背板十分宽大，由基部向端部强烈扩大，其中间长度不长于端部宽度·············3

腹部第 1 背板不甚宽大，由基部向端部不强烈扩大，其中间长度长于端部宽度·············4

3. 腹部第 1 背板中间长等于端部宽，背板后部具精细纵条纹；基节前沟具刻纹；上颚第 1 齿相对不宽大，略显尖；前翅翅痣上下边平行，长为宽的 6.0 倍；触角 28—30 节；体长 2.8—3.2 mm；已知分布俄罗斯（亚洲部分）、蒙古······**阿穆尔扩颚离颚茧蜂** *P. amurensis*（Telenga）

腹部第 1 背板中间长短于端部宽，端部宽约为中间长的 1.2 倍，背板具皱纹；基节前沟光滑；上颚第 1 齿强壮、钝；前翅翅痣甚修长，上下边接近平行，长为宽的 10.0 倍；触角 15 节；体长 1.4 mm；已知分布蒙古·····················**宽腰扩颚离颚茧蜂** *P. effunda* Papp

4. 基节前沟具刻纹···5

基节前沟光滑或缺失···7

5. 头部背面观几乎呈方形，上颊于复眼后方不向外侧膨大；上颚第 1 齿强壮，稍钝；前翅翅痣楔形，长为宽的 8.0 倍、为 1-R1 脉长的 2.0 倍；体长 3.3 mm；已知分布蒙古·····················

·····························**方头扩颚离颚茧蜂** *P. cubiceps* Papp

头部背面观复眼后方明显向外侧膨大···6

6. 上颚具明显 4 齿，第 3、4 齿甚短小，但明显；盾纵沟存在，约延伸至中胸盾片前半部；前翅翅痣楔形，长为宽的 7.0 倍，r 脉短于翅痣宽；腹部第 1 背板具纵刻纹（雌）或均匀皱纹（雄）；触角 18—22 节；体长 1.6—1.9 mm；已知分布中国（内蒙古）·····················

·····························**二型扩颚离颚茧蜂** *P. dimorphus* Mao，He & Chen

上颚具 3 齿，第 3 齿延伸成十分钝宽的缘片状；盾纵沟缺；前翅翅痣上下边平行，其长约为宽的 8.0 倍，r 脉长于翅痣宽；腹部第 1 背板具不规则皱纹；触角 27—36 节；体长 2.0—3.0 mm；已知分布古北区（欧洲、中国）···

·····························**暗扩颚离颚茧蜂，中国新记录** *P. tristis*（Nees），rec. nov.

7. 上颚齿不明显；盾纵沟明显，延伸至中胸盾片近中部；前翅翅痣楔形，长为宽的 6.3 倍、为 1-R1 脉长的 3.3 倍，r 脉始发于翅痣近基部；腹部第 1 背板近三角形，几乎无毛，其中间长为端宽的 1.2 倍；触角 18 节；体长 1.6 mm；已知分布中国（内蒙古）·····················

·····························**弱齿扩颚离颚茧蜂** *P. defectivus* Mao，He & Chen

上颚具明显 3 齿…………………………………………………………………………8

8. 腹部第 1 背板长为端宽的 1.5—1.7 倍，且被较多毛；盾纵沟缺；触角 23—28 节；体长 2.5—3.0mm；已知分布阿塞拜疆、德国、匈牙利、土耳其、蒙古……………………………………………………………………………露丝扩颚离颚茧蜂 *P. ruthei* Griffiths

腹部第 1 背板长为端宽的 1.2 倍，几乎无毛；盾纵沟明显，延伸至中胸盾片近中部；触角 17—22 节；体长 1.6—1.8 mm；已知分布中国（内蒙古）………………………………………………………………贺兰山扩颚离颚茧蜂 *P. helanensis* Mao，He & Chen

9. 基节前沟明显，且具刻纹……………………………………………………………10

基节前沟缺失………………………………………………………………………16

10. 头部背面观呈方形，于复眼后方不向外侧膨大；腹部第 1 背板长为端宽的 1.2—1.4 倍，均匀分布有不明显细刚毛；腹部第 2 背板布满刚毛；产卵器鞘短，不伸出腹末端；触角 24—28 节；体长 1.6—2.8 mm；已知分布捷克、斯洛伐克、德国、匈牙利、瑞士、西班牙、瑞典、伊朗、蒙古、韩国………………………贫扩颚离颚茧蜂 *P. aridula*（Thomson）

头部背面观复眼后方明显向外侧膨大……………………………………………11

11. 前翅翅痣甚宽大，基半部明显宽大，向后端显著变窄，上下边明显不平行（Maetô 1983，图 17；Tobias 1998，图 119: 9；Mao 等 2015，图 5: D）……………………………12

前翅翅痣相对修长，上下边平行或几乎如此（Mao 等 2015，图 6: D）…………15

12. 前翅 1–CU1 脉极短，1–M 脉和 cu–a 脉几乎交汇（Maetô 1983，图 17）………13

前翅 1–CU1 脉相对长，1–M 脉和 cu–a 脉明显分离（Mao 等 2015，图 5: D）…………14

13. 上颚宽大，第 1 齿较显著向上扩展，第 2 齿尖；腹部第 2 背板仅具两排刚毛；前翅第 1 盘室宽为高的 1.4 倍；体长 4.0 mm；已知分布日本……鳞扩颚离颚茧蜂 *P. jezoensis* Maetô

上颚轻微向上扩展，第 2 齿不甚尖；腹部第 2 背板均匀布满刚毛；前翅第 1 盘室宽为高的 1.7 倍；体长 3.5 mm；已知分布俄罗斯…………………东方扩颚离颚茧蜂 *P. orientalis* Tobias

14. 前翅第 1 盘室宽为高的 1.6 倍；后足腿节相对细长，其长为最宽处的 4.6 倍；上颚 3 齿发达，第 1 齿强壮，第 2 齿尖，第 3 齿呈薄片状；腹部第 2、3 背板大部分区域被毛，之后背板仅于其近后缘处具 2 排刚毛；触角 35 节；体长 4.0 mm；已知分布中国（福建）………………………大齿扩颚离颚茧蜂 *P. magnidentis* Mao，He & Chen

前翅第 1 盘室宽为高的 1.9 倍；后足腿节较粗短，其长为最宽处的 2.8 倍；上颚甚粗壮，但 3 齿相对较不明显；腹部第 1 背板其后各节背板均只在其近后缘处具一排刚毛；触角 30 节；体长 4.0 mm；已知分布蒙古…………………宽室扩颚离颚茧蜂 *P. dilata* Papp

15. 腹部第 1 背板光滑，第 3 背板仅于近后缘处分布 1 排刚毛；中胸盾片密布刚毛；基节前沟窄；触角 27 节；体长 2.5 mm；体色全黑；已知分布中国（青海）……………………………………………………………黑扩颚离颚茧蜂 *P. nigra* Mao，He & Chen

腹部第 1 背板具浅纵刻纹，第 3 背板具 4—5 排精细刚毛均匀分布于整个表面；中胸盾片大范围无毛；基节前沟宽大；触角 30—32 节；体长 2.0 mm；已知分布爱尔兰、阿塞拜疆、希腊、匈牙利、西班牙、伊朗、韩国·················**海滨扩颚离颚茧蜂** *P. litoralis* Griffiths

16. 腹部第 1 背板光滑亮泽；并胸腹节光滑亮泽；前翅翅痣细长，上下边平行，长为宽的 10.0 倍、为 1-R1 脉的 5.0 倍，r 脉长等于翅痣宽；触角 22 节；体长 1.7 mm；已知分布蒙古·····················**平腰扩颚离颚茧蜂** *P. subparalella* Papp

腹部第 1 背板具明显皱纹···17

17. 头部背面观宽为长的 1.5 倍；侧观胸部较长，其长为高的 1.7 倍；并胸腹节几乎光滑，仅于其后缘具一些不规则皱纹；前翅翅痣长为宽的 6.0—7.0 倍、为 1-R1 脉长的 2.0 倍，r 脉长等于翅痣宽；触角 21—23 节；体长 1.8—2.1 mm；已知分布蒙古·················

·····················**麦瑞纳扩颚离颚茧蜂** *P. meriva* Papp

头部背面观宽为长的 2.0 倍；侧观胸部较短，其长为高的 1.2 倍；并胸腹节布满细皱纹；前翅翅痣长为宽的 8.3 倍、为 1-R1 脉长的 1.7 倍，r 脉长度大于翅痣宽度；触角 26 节；体长 2.8 mm；已知分布中国（内蒙古）·········**长鞘扩颚离颚茧蜂** *P. longicaudatus* Mao，He & Chen

117. 暗扩颚离颚茧蜂，中国新记录
Protodacnusa tristis (Nees)，rec. nov.

（图 2-117）

Alysia tristis Nees，1834: 1–320.

Dacnusa tristis（Nees）：Thomson，1895: 2141–2339；Marshall，1896: 1–635，1897: 1–31；Szépligeti，1904，22: 1–253；Telenga，1935，1934（12）: 107–125；Nixon，1937: 1–88，1943: 159–168，1946: 298；Fischer，1962，14: 29–39.

Protodacnusa tristis（Nees）：Griffiths，1964，14（7–8）: 892；Shenefelt，1974: 1108；Tobias et Jakimavicius，1986: 7–231，.Perepechayenko，2000，8（1）: 57–79；Papp，2002: 557–581，2004，21: 111–154，2005，66:137–194，2009，30（1）: 1–35.

雌虫　体长 3.0mm；前翅长 2.9mm。

头：触角 31 节，第 1 鞭节为第 2 鞭节长的 1.3 倍。头部背面观于复眼后方显著膨大，头宽为长的 1.8 倍，为中胸背板两翅基片间宽的 1.6 倍，复眼长为上颊长的 4/5，OOL：OD：POL=18：9：5；头顶、额区和上颊光滑亮泽，稀疏地分布着一些西细刚毛；脸正面观较宽大，其宽为高的 1.4 倍，表面光滑，较多白毛，但中纵向区域无毛；唇基厚，稍凸出于脸平面；上唇具较密长毛；上颚具 3 齿，第 1 齿强烈向上扩展，并呈耳叶状，第 2 齿端部尖，呈等边三角形，第 3 齿延伸成十分钝宽的缘片状。

胸：长为高的 1.4 倍。前胸两侧无毛，侧面三角区大部分区域光滑亮泽，仅后下方

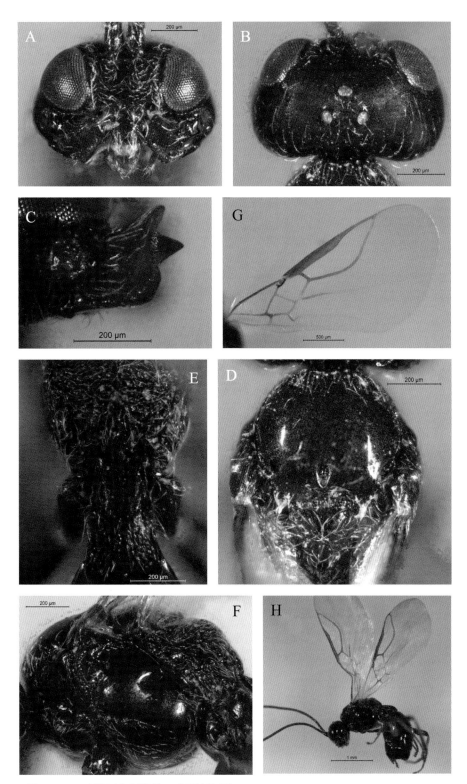

图2-117 暗扩颚离颚茧蜂，中国新记录 *Protodacnusa tristis* (Nees) , rec. nov. (♀)

A: 头部正面观；B: 头部背面观；C: 上颚；D: 中胸背板；E: 并胸腹节＋腹部第1背板；F: 胸部侧面观；

G: 前翅；H: 整体侧观

具少量前刻纹；中胸盾片表面光滑亮泽，除前缘具一些长刚毛，其他区域几乎无毛；盾纵沟仅最前面"斜坡处"一小段可见，且具刻纹；中胸盾片后方中陷较深，呈橄榄型；小盾片光滑亮泽，表面被有一些细毛；基节前沟细较长（由前向后延伸至中胸侧板横向约 2/3 处），沟内具明显短刻条；并胸腹节表面布满粗糙但较均匀刻纹，无中纵脊，表面毛稀少；后胸侧板前半部较光滑，后半部具明显细刻纹，表面毛稀疏（指向后足基节方向）。

翅：前翅翅痣上下边平行，长约为宽的 8.0 倍，为 1–R1 脉长的 2.2 倍；前翅 r 脉长为翅痣宽的 1.2 倍；3–SR+SR1 脉后端略上弯；前翅 m–cu 脉前叉式。

足：后足腿节长为宽的 6 倍；后足跗节为后足胫节 4/5；后足第 2 跗节长为基跗节的 1/2。

腹：第 1 背板由基部向后均匀扩大，中间长为端部宽的 1.6 倍，表面布满不规则皱纹，被零星刚毛；第 2 背板至腹末表面均光滑亮泽，且第 3 背板之后各节均较密地被有一横排短刚毛；产卵器短，不伸出腹部末端。

体色：整体暗黑色；触角暗褐色；头部大部分区域、胸部及腹部第 1 背板黑色；上颚中部红棕色，上唇棕黑色，下颚须和下唇须浅褐色；足色暗，各足基节和转节均近黑色，后足腿节和中后足腿节大部分区域暗褐色；腹部第 1 背板之后各节暗褐色。

雄虫　未知。

研究标本　1 ♀，青海祁连山，2008– Ⅶ –11，赵琼。

已知分布　青海。

寄主　未知。

（十三）沙罗离颚茧蜂属，中国新记录 *Sarops* Nixon, rec. nov.

Sarops Nixon，1942，Ent. Mon. Mag.，78: 133. Type species（by original designation and monotypy）: *Sarops rea* Nixon，1942.

Nixon（1942）根据 *Sarops rea* Nixon 建立了沙罗离颚茧蜂属 *Sarops* Nixon，但 Griffiths（1964）将其视为 *Synelix* Foerster 属的异名属；Tobias（1998）将其纳入狭腹离颚茧蜂属 *Coelinius* Nees，作为其中一个亚属；Fischer（2001）恢复了 *Sarops* Nixon 作为属一级分类阶元的地位。本属目前已知种类不多，仅有 8 种（Yu 等，2016）。本专著记述已发现本属的 1 个中国新记录种和 1 个新种。

属征　头通常近方形，头顶和上颊无刻点且较有光泽；唇基宽且较平坦，无异常凹陷，腹缘不形成框边状；复眼无刚毛；上颚具 4 齿，其中附齿位于中齿背缘或腹缘，通常呈

1 弧形隆起状；胸部较长，盾纵沟发达；基节前沟长、具粗刻纹；前翅翅痣近梭形，r 脉始发于翅痣中点位置（或几乎如此），亚盘室封闭；腹部第 1 背板宽大，基部背凹中等大小，腹部第 2 背板具细刻纹，雌虫第 3 背板开始逐步侧扁，之后各节形成近刀片状。

已知分布 古北区、东洋区和热带区。

寄主 目前仅已知寄主为双翅目黄潜蝇科 Chloropidae。产卵于寄主幼虫期，从寄主蛹期羽化。

注 本属与狭腹离颚茧蜂 *Coelinius* Nees 较接近，许多研究者将其归入 *Coelinius* 属团。区别特征是：本属腹部明显不如后者伸长；翅痣近梭形延伸，而后者翅痣宽短。且本属与 *Polemochartus* Schulz 属也较相似，但与后者相比，本属腹部第 2—5 背板毛明显不如后者稠密，腹部第 3 背板无刻纹，且跗爪正常。

沙罗离颚茧蜂属 *Sarops* Nixon 中国已知种检索表

中胸侧缝光滑（图 2-118: E）；并胸腹节前部较大范围表面几乎光滑；后胸侧板前半部光滑；腹部第 2 和 3 背板间的节间缝甚深；头部背面观，复眼长等于上颊长；前翅翅痣长明显长于前翅 1-R1 脉长……**塔尔山沙罗离颚茧蜂，新种** *Sarops taershanensis* Zheng & Chen，sp. nov.
中胸侧缝具明显平行短刻条（图 2-119：D）；并胸腹节整个布满刻纹；后胸侧板整个具粗糙刻纹；腹部第 2 和 3 背板间的节间缝很浅；头部背面观，复眼长大于上颊长；前翅翅痣与前翅 1-R1 脉等长……**波波夫沙罗离颚茧蜂，中国新记录** *Sarops popovi* Tobias，rec. nov.

118. 塔尔山沙罗离颚茧蜂，新种
Sarops taershanensis Zheng & Chen，sp. nov.

（图 2-118）

雌虫 正模，体长 4.7mm；前翅长 3.2mm。

头：触角 35 节，第 1、2、3 鞭节的长度比为 7∶6∶6，第 1、2 和倒数第 2 鞭节长分别为宽的 3.1 倍、2.2 倍和 2.0 倍。头背面观宽为长的 1.4 倍，复眼长等于上颊长；OOL∶OD∶POL=43∶10∶15；后头光滑，中间毛十分稀少，两旁及上颊被较多长刚毛；额于两触角窝后方甚下凹，且中部具少量浅刻痕；脸宽为高的 1.7 倍，较为较隆起，表面较光滑、亮泽，并被较多细长毛；唇基相对较短、宽，侧观略低于脸中部最高点，表面具少量浅刻点及细毛；上唇甚短，表面具细刻点；上颚具 4 齿，中齿（第 3 齿）长（大大长于两侧齿）、端部尖且稍外弯，附齿（第 2 齿）为中齿背缘基半部 1 较宽大隆起，第 1、4 齿相对短小；下颚须 5 节，且其长为头部高的 4/5；下唇须 4 节。

胸：长为高的 2.0 倍。前胸背板具一宽大的近圆形背凹，两侧面光滑亮泽、无被毛，仅近后缘处具少量刻痕，背板槽前半部具平行短刻纹，后半部刻纹不规；中胸盾片几乎

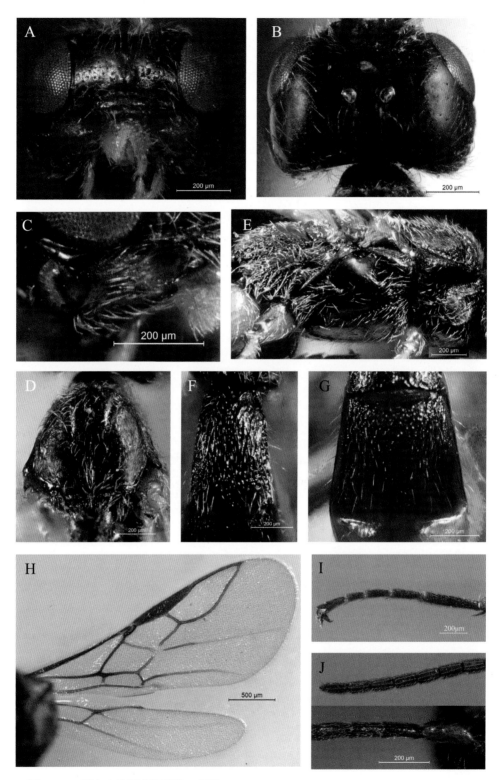

图 2–118 塔尔山沙罗离颚茧蜂，新种 *Sarops taershanensis* Zheng & Chen , sp. nov.(♀)

A：头部正面观；B：头部背面观；C：上颚；D：中胸背板；E：胸部侧面观；F：腹部第 1 背板；
G：腹部第 2 背板；H：前后翅；I：后足跗节；J：触角基部和端部几节

整个表面被有较密毛，大部分区域基本光滑，仅被有少量极浅刻痕（中叶前半部略多）；盾纵沟伸达中胸盾片中后部，但明显沟槽状仅至背板中部，后方为较浅沟痕；中陷裂口状、较长，从中胸盾片后缘伸达背板中部；小盾片前沟较宽大，但甚浅，沟内具数根细刻条；小盾片表面光滑亮泽，两侧被较多毛；中胸侧板较光滑亮泽，基节前沟甚长，沟内布满平行短刻纹；中胸侧缝细、光滑；后胸背板表面几乎无被毛，且中部不明显凸起；并胸腹节长，前面的 2/5 区域表面较为光滑（仅被少量浅刻点），且无被毛，后面区域表面布满粗糙的网状刻纹，并被较多长刚毛，中纵脊较短，仅伸达并胸腹节 1/4 处；后胸侧板被较多长毛（基本指向后部），且侧板前半部光滑，后半部布满粗糙刻纹。

翅：前翅：翅痣长为宽的 5.0 倍；为 1-R1 脉长的 1.3 倍；r 脉起始于翅痣中点，其长为翅痣宽的 1.2 倍；1-SR+M 脉较明显 "S" 形弯；3-SR+SR1 脉后半部甚曲折；m-cu 脉稍微前叉式；cu-a 脉后叉式，1-CU1 脉有所加粗、强骨化，1-CU1：2-CU1=2：11。后翅 M+CU 脉与 1-M 脉的长度比为 20：11。

足：后足腿节长为宽的 3.0 倍；后足胫节略短于后足跗节；后足胫节距长分别为后足基跗节长的 1/2、3/5；后足基跗节长为宽的 5.4 倍，第 3 跗节长为端跗节长的 4/5。

腹：腹部第 1 背板由基部至端部较明显扩大，中间长为端宽的 1.5 倍，表面毛甚稀少，刻纹显得曲折凌乱，但整体来看，具一定纵向性；基部背凹相对较小；腹部第 2 背板梯形，表面布满精细纵刻纹；第 2、3 背板间的节间沟相当深、光滑；第 3 背板开始向后逐步侧扁，背板表面绝大部分区域，仅近基部的中间部分具细浅刻纹；第 4 背板之后完全侧扁为片状；产卵器短。

体色：触角除柄节和梗节腹面黄色，其余各节均为深棕色；头部大部分区域、胸部及腹部第 1 背板黑色；上颚中部暗黄棕色，上唇、下颚须和下唇须黄色；前翅翅痣黄棕色；足除各足端跗节褐色、后足胫节黄棕色和后足跗节浅褐色，其余部分基本铜黄色；腹部两侧面基本为亮黄色至铜黄色，第 2 背板暗红棕色，第 3、4 背板铜黄色，第 4 节之后的背面和腹面均为棕黑色。

雄虫　未知。

研究标本　正模：♀，青海西宁塔尔山，2008- Ⅵ -11，赵琼。

已知分布　青海。

寄主　未知。

词源　本新种拉丁名 "taershanensis" 是以正模标本来源地青海的"塔尔山"来命名。

注　本种与 *Sarops popovi* Tobias 最为接近，两者主要区别为：本种中胸侧缝光滑，后者具明显平行短刻纹；本种并胸腹节前面的 2/5 区域表面较光滑，后者则整个布满不规则刻纹；本种后胸侧板前半部光滑，后者则整个布满粗糙刻纹；本种腹部第 2、3 背板间的节间沟相当深，而后者则较浅；本种复眼等长于上颊，后者复眼长于上颊；本种前翅翅痣长为 1-R1 脉长的 1.3 倍，后者前翅翅痣长约等长于 1-R1 脉。

119. 波波夫沙罗离颚茧蜂，中国新记录

Sarops popovi Tobias , rec. nov.

（图 2–119）

Sarops popovi Tobias, 1962, 31: 118；Tobias et Jakimavicius, 1986: 7–231；Jakimavicius, 1991: 42–47；Perepechayenko, 2000, 8（1）: 57–79；Papp, 2003, 49（2）: 128, 2004, 50（3）: 250, 2005, 66: 149；Fischer, 2005, 106B: 93–106；Yu et al., 2005, 2016: DVD.

Synelix popovi: Shenefelt, 1974: 1112；Fischer, 1976, 33: 6–8；Jiménez et Tormos, 1990, 58（Sec. Zool. 8）: 62.

Coelinius（*Sarops*）*popovi:* Tobias, 1998: 311.

雌虫 体长 2.7—3.8mm；前翅长 2.6—3.6mm。

头：触角 33—38 节，第 1、2 和倒数第 2 鞭节长分别为宽的 3.3、2.8 和 2.0 倍。头背面观宽为长的 1.6 倍，复眼长为上颊长的 1.2 倍；OOL：OD：POL=17：5：7；后头光滑，中间几乎无被毛，两旁毛较多；额光滑，于两触角窝后方显著下凹；脸较光滑亮泽，且为较明显凸面，表面被较多细长毛，脸宽为高的 1.5 倍；唇基宽为高的 3.0 倍，表面具浅刻痕，并被较多刚毛；上颚具 4 齿，第 2 齿为附齿，位于第 3 齿背缘中部，为 1 较弱凸起（有的甚不明显），第 3 齿长、尖，端部稍外弯；下唇须 4 节。

胸：长为高的 1.8 倍。前胸背板背凹大且深，近圆形，两边几乎无被毛，且除侧面三角区前半部光滑，其余部分均被有刻纹；中胸盾片整个表面被较密长刚毛，且被有较多刻痕（中叶前半部甚为明显）；盾纵沟发达，明显 "V" 形，沟较深、内具细刻痕；中陷细长、深，从中胸盾片后缘向前伸达背板中叶中部位置；小盾片表面光滑亮泽，但多毛；中胸侧板较光滑亮泽，基节前沟较为细长，沟内布满平行短刻纹；中胸侧缝甚细，内具精细齿状刻痕；并胸腹节长，表面布满不规则刻纹，并被少量细毛，无中纵脊；后胸侧板表面布满粗糙刻纹，并于中后部被较多长刚毛（指向后方）。

翅：前翅翅痣长约等于 1–R1 脉长；r 脉起始于翅痣中点处；1–SR+M 脉较明显 "S" 形弯；3–SR+SR1 脉后半部稍曲折；m–cu 脉稍微前叉式；cu–a 脉显著后叉式，1–CU1：2–CU1=1：4。后翅 M+CU 脉约为 1–M 脉 2.0 倍。

足：后足腿节长为宽的 3.8 倍；后足胫节与后足跗节等长；后足第 3 跗节与端跗节等长。

腹：腹部第 1 背板由基部至端部稍有扩大，中间长为端宽的 1.8—2.0 倍，表面布满刻纹（具一定纵向性）及并稀疏被有刚毛；基部背凹较深，中等大小；腹部第 2 背板长约为第 1 背板长的 7/10，表面布满纵刻纹（较之第 1 背板刻纹显得精细、相对规则），

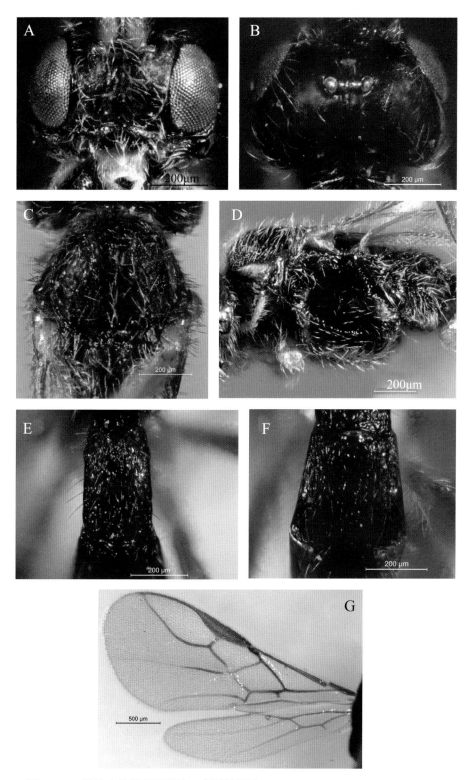

图 2-119 波波夫沙罗离颚茧蜂，中国新记录 *Sarops popovi* Tobias , rec. nov. (♀)
A：头部正面观；B：头部背面观；C：中胸背板；D：胸部侧面观；E：腹部第 1 背板；F：腹部第 2 背板；
G：前后翅

但有时端半部大部分光滑；第 3 背板开始由基部向端部缩小，表面通常光滑，但有时于基半部中间被有较浅的细刻纹；第 4 背板之后完全侧扁为片状；产卵器短。

体色：触角深棕色，柄节腹面及第 1、2 鞭节棕黄色；头部大部分区域黑色或棕黑色；上颚中部暗黄棕色，上唇、下颚须和下唇须黄色；前翅翅痣黄棕色；胸部黑色；足除腿节背面、胫节端半部及跗节稍显黄棕色，其余部分基本呈黄色；腹部第 1 背板黑色或棕黑色，腹部第 2 背板暗红棕色或暗黄棕色，第 2 背板之后黄棕色或暗黄棕色。

雄虫 与雌虫相似；体长 2.7—3.5mm；触角 33—37 节；触角和足颜色比雌虫暗些。

研究标本 3♂♂，3♀♀，宁夏六盘山龙潭，2001- Ⅷ -15，林智慧；1♂，1♀，宁夏六盘山龙潭，2001- Ⅷ -15，杨建全；1♂，宁夏六盘山泾源，2001- Ⅷ -15，梁光红；1♂，宁夏六盘山西峡，2001- Ⅷ -17，梁光红；1♀，宁夏六盘山西峡，2001- Ⅷ -17，杨建全；2♂♂，6♀♀，宁夏六盘山王化南，2001- Ⅷ -20，杨建全；4♂♂，2♀♀，宁夏六盘山王化南，2001- Ⅷ -20，季清娥；2♂♂，2♀♀，宁夏六盘山王化南，2001- Ⅷ -20，杨建全；1♂，宁夏六盘山王化南，2001- Ⅷ -20，梁光红；1♂，宁夏六盘山王化南，2001- Ⅷ -20，林智慧；1♀，宁夏六盘山凉殿峡，2001- Ⅷ -21，季清娥；1♂，宁夏六盘山米缸山，2001- Ⅷ -22，杨建全；1♂，宁夏六盘山二龙河，2001- Ⅷ -23，季清娥；1♀，宁夏六盘山西峡，2001- Ⅷ -23，杨建全；7♂♂，2♀♀，青海祁连县祁连山，2008- Ⅶ -11，赵琼；1♀，青海祁连县祁连山，2008- Ⅶ -11，赵琼；1♀，青海贵德，2008- Ⅶ -18，赵琼。

已知分布 宁夏、青海；韩国、蒙古、阿塞拜疆、捷克、匈牙利、西班牙、俄罗斯、立陶宛。

寄主 未知。

（十四）甲腹离颚茧蜂属 *Trachionus* Haliday

Trachionus Haliday, 1833a, Ent. Mag., 1（ⅲ）: 265. Type species（by original designation and monotypy）: "*Chelonus mandibularis*"（= *Sigalphus mandibularis* Nees, 1816）.

Aenone Haliday, 1833a, Ent. Mag., 1（ⅲ）: 267（nom. nud.; not Aenone Lamarck, 1818）, 1838, Ent. Mag., 5（3）: 214; Shenefelt, 1974, Hym. Catalogus: 1109.（Syn. by van Achterberg, 1997）

Aenone Curtis, 1837, London: 123（not *Aenone* Lamarck, 1818）. Type species（designated by van Achterbger, 1997）: *Sigalphus mandibularis* Nees, 1816.（Syn. by van Achterberg, 1997）

Oenone Haliday, 1839, Lon. Balleire: 3（not *Oenone* Lamarck, 1818）. Type species（designated by Haliday, 1840）: *Sigalphus mandibularis* Nees, 1816.（Syn. by van Achterberg, 1997）

Symphya Foerster，1862，Verh. naturh. Ver. preuss. Rheinl. & Westph.，19: 273. Type species（by original designation and monotypy）: *Sigalphus mandibularis* Nees，1816.（Syn. by van Achterberg，1997）

Anarmus Ruthe（in Brischke），1882，Schr. naturh. Ges. Dan.，5（3）: 138. Type species（designated by van Achterbger，1997）: *Sigalphus mandibulris* Nees，1816.（Syn. by van Achterberg，1997）

甲腹离颚茧蜂属 *Trachionus* Haliday 是全北区种类和数量都不丰富的属，目前已知 17 种，其中 11 种来自古北区（包括中国已知 4 种），6 种来自新北区。关于甲腹离颚茧蜂属 *Trachionus* 的属名有效性一直以来存在争议，在使用 *Trachionus* Haliday 之前的最近时期 *Symphya* Foerster 则是绝大多数学者认为有效的该属名称，直到 C. van Achterberg（1997）分析并解释了 Haliday 根据模式种 *Chelonus mandibulris* 建立 *Trachionus* 有效性，*Symphya* 才被作为该属同物异名。Perepechayenko（2000）根据腹部背板第 4 节或之后几节是否外露将该属划分为两个亚属，即 *Trachionus* s. str. 和 *Planiricus*。但我们对 Perepechayenko 的这种亚属划分方式尚存疑义（雄性腹部背板第 4 节或之后几节经常向后端凸露），故本专著暂不将其作亚属归类。本专著新增并记述了本属 1 个新种和 2 个中国新记录种，并编制了该属中国已知种检索表。

属征　最显著特征为腹部第 2、3 背板愈合，并向后方延伸形成布满粗壮刻纹的甲壳状，其长度为整个腹部的 3/5—4/5，且覆盖住第 4 背板及其后各节（或末端不超过 3 节外露）。其他主要特征为：虫体较大型、粗壮，通常被有大量粗糙的皱纹及刻痕；背面观头部较横宽；唇基较小；上颚具 4 齿（仅 *T. ringens* 具 5 齿），第 2 齿尖，第 3 齿通常圆；背观前胸背板不可见，背凹缺；基节前沟存在，具刻纹；后胸背板中部具一强刺突；前翅翅痣短，1–SR 脉长。

已知分布　古北区东、西部，新北区。

寄主　已知寄生潜蝇科 Agromyzidae 的潜蝇属 *Agromyza* Fallen、枝潜蝇属 *Dizygomyza* Hendel 和菲潜蝇属 *Phytobia* Lioy 的几个种类。为内寄生，寄生寄主卵，伴随至寄主蛹期羽化。

注　本属同 *Epimicta* Foerster 属最为接近，上颚具 4 齿、后盾片强凸起以及腹部第 2 背板布满纵刻纹等特征都支持了这两个属应为姐妹群的假说（Nixon 1943 和 Riegel 1982）。但与后者相比，最明显区别是：本属的后盾片更强烈凸起，腹部形成明显强大的背甲状。

甲腹离颚茧蜂属 *Trachionus* Haliday 中国已知种检索表

1. 小盾片较为凸起，几乎布满十分粗糙刻点（图 2-122：D）；腹板侧沟存在，至少于基节前沟下方前部形成一大量刻点区域··2

小盾片相对平坦、光滑，最多散布一些细刻点（Cui 等，2015，图 4）；腹板侧沟缺······5

2. 中胸盾片大范围光滑，盾纵沟十分明显，两盾纵沟之间区域基本光滑（图 2-120：D）；头背面观，复眼长为上颊长 1.3 倍；后胸背板中刺凸起程度几乎与小盾片平面平············

··················阿克氏甲腹离颚茧蜂，新种 *T. achterbergi* Zheng & Chen, sp. nov.

中胸盾片大范围具粗糙刻痕刻点，至少两盾纵沟之间区域布满粗刻痕，盾纵沟由于背板粗糙刻痕则不明显（图 2-122：D）；头背面观，复眼长至少为上颊长的 2.0 倍；后胸背板中刺大大超出小盾片平面（图 2-121：F）··3

3. 上颚较明显向上端扩展（Cui 等，2015，图 44）；头部单眼区正常（Cui 等，2015，图 40）；腹板侧沟仅于基节前沟下前方形成一刻点聚集区域（Cui 等，2015，图 35）········

··················近异颚甲腹离颚茧蜂 *T. mandibularoides* Cui & van Achterberg

上颚不向上端扩展；头部单眼区强烈凸起（图 2-121：B）；腹板侧沟明显，呈带刻痕的凹沟···4

4. 口上沟不完整（图 2-121：A）；中胸侧板大范围具强刻纹，仅于其中部一小片区域光滑（图 2-121：F）；脸布满清晰刻点（图 2-121：A）；体色呈深红色·····················

··················科氏甲腹离颚茧蜂，中国新记录 *T. kotenkoi*（Perepechayenko）, rec. nov.

口上沟完整（图 2-122：A）；中胸侧板大范围光滑（图 2-122：F）；脸几乎光滑（图 2-122：A）；体色呈黑色···异颚甲腹离颚茧蜂，中国新记录 *T. mandibularis*（Nees）, rec. nov.

5. 腹部第 2 背板端半部具约 60 根规则、精细且中等光泽的条刻纹（Cui 等，2015，图 5）；后胸背板中刺长，其最高点达小盾片表面刚毛顶端水平面（Cui 等，2015，图 10）；并胸腹节（侧面观）均匀地向后方降低，脊明显侧后方突出（Cui 等，2015，图 4）；上颚无腹向第 4 齿（Cui 等，2015，图 46）···········缺脊甲腹离颚茧蜂 *T. acarinatus* Cui & van Achterberg

腹部第 2 背板端半部具约 30 根粗糙、十分有光泽的皱状条刻纹（Cui 等，2015，图 26）；后胸背板中刺中等长度，其最高点在小盾片表面刚毛顶端水平面之下（Cui 等，2015，图 32）；并胸腹节（侧面观）成角度地向后方降低，脊几乎不向侧后方突出（Cui 等，2015，图 25）；上颚具腹向第 4 齿或叶凸（Cui 等，2015，图 43，图 45）··················6

6. 上颚黑色，中部具不规则横向尖凸，并具微小的第 4 和 5 齿（Cui 等，2015，图 28，图 30，图 45）；后足胫节内侧 1/3 部分棕黄色；前胸侧板近后方处无横脊（Cui 等，2015，图 24）；并胸腹节横脊粗糙且不规则；盾纵沟后部宽（Cui 等，2015，图 25）··················短沟甲腹离颚茧蜂 *T. brevisulcatus* Cui & van Achterberg

上颚基本呈棕色，平整，中部无尖凸，具中等大小第 4 齿（Cui 等，2015，图 17，图 43）；后足胫节内侧 1/3 部分乳白色；前胸侧板近后方处具横脊（Cui 等，2015，图 13）；并胸腹节横脊不明显或缺；盾纵沟后部甚窄（Cui 等，2015，图 14）··················白胫甲腹离颚茧蜂 *T. albitibialis* Cui & van Achterberg

120. 阿克氏甲腹离颚茧蜂，新种

Trachionus achterbergi Chen & Zheng, sp. nov.

（图 2–120）

雌虫 正模，体长 3.7mm；前翅长 3.2mm。

头：触角 33 节，第 1、2、3 鞭节长度比为 15：12：10，第 1、2 鞭节的长分别为宽的 2.2 倍和 1.8 倍，鞭节中后部各节方形（长几乎等于宽）。头部背面观于复眼后方轻微收敛，复眼较凸出，头宽为长的 2.0 倍，复眼为上颊长的 1.3 倍，单眼椭圆形，单眼区正常，仅微隆起，OOL：OD：POL=50：13：13；头顶、上颊均被一些刚毛及较多毛孔形成的浅刻点，后头中部毛相对稀疏，两侧稍密；额于触角窝后方微凹，中部具少量刻纹；脸区稍隆起（中间微凹），脸宽为高的 2.2 倍，表面多毛且布满粗糙刻点，中纵脊不清楚；口上沟深，且较宽，脸最下缘与唇基上缘明显分离；唇基较凸出，宽为高的 2.0 倍，表面布满与脸区类似的刻点；上唇倒梯形，表面布满细刻纹；上颚具 4 齿、均外弯，第 1 齿钝，第 2 齿端部相对尖，但不明显长于第 1 齿，第 3 齿宽大，位于第 2、4 齿间的中部，呈半圆形，第 4 齿小；下唇须 4 节。

胸：长为高的 1.5 倍。前胸背板无背凹，两侧面无被毛，但布满粗糙刻纹和刻点，前胸背板槽布满粗壮的齿状脊纹；中胸盾片表面除盾纵沟和中陷外，基本光滑，且分布有较多细刚毛，但仅前缘甚密，其余大部分区域相对稀疏；盾纵沟发达，沟延伸至背板后缘汇合，沟内刻痕十分粗糙；中陷亦十分发达，由中胸盾片后缘伸达其前缘，且整个具明显齿状刻痕，其后部与盾纵沟汇结成一个宽大粗糙的凹槽；小盾片前沟宽且深，具 3 条粗壮纵脊；小盾片较隆起，表面布满强刻纹；中胸侧板中部大范围光滑亮泽，基节前沟宽大，沟内布满粗壮刻纹；中胸侧缝整个具明显齿状刻痕；腹板侧沟仅为浅凹，长度约为中胸侧板腹边缘 1/2，内具浅刻痕；后胸背板具中刺，凸起程度几乎与小盾片平；并胸腹节表面布满网状粗刻纹，并稀疏被有少量长刚毛，中纵脊短，但后端分叉出两条脊纹；后胸侧板表面亦布满网状刻纹，并于中后部稀疏地被有细刚毛。

翅：前翅膜质、透明，翅痣较短、半椭圆形，其长为宽的 3.3 倍，为 1–R1 脉长的 4/5；前翅 r 脉长等于翅痣宽；1–SR+M 脉明显弯曲；3–SR+SR1 脉后半部，且后方大部分直；前翅 cu-a 脉明显后叉式，且甚倾斜；后翅 M+CU：1–M=7：3。

足：前足胫节距长为前足基跗节长的 1/2；后足腿节长为宽的 3.0 倍；后足跗节长与后足胫节等长，端跗节长为第 3 跗节长的 1.4 倍。

腹：腹部前三节形成发达的腹甲，表面布满纵刻纹；第 1、2 节背板节间沟明显，第 2、3 节节间沟仅为浅沟痕；腹部第 1 背板中间长等于端部宽，背面观，腹甲中部之后扩大不明显，末端较强烈下弯，且第 3 节之后处最末端露出外，仅见 1 节稍露出微露；从侧面观之，腹甲之后可见 3 节稍露出，下生殖板强烈下倾（于腹末形成巨大张开状），产

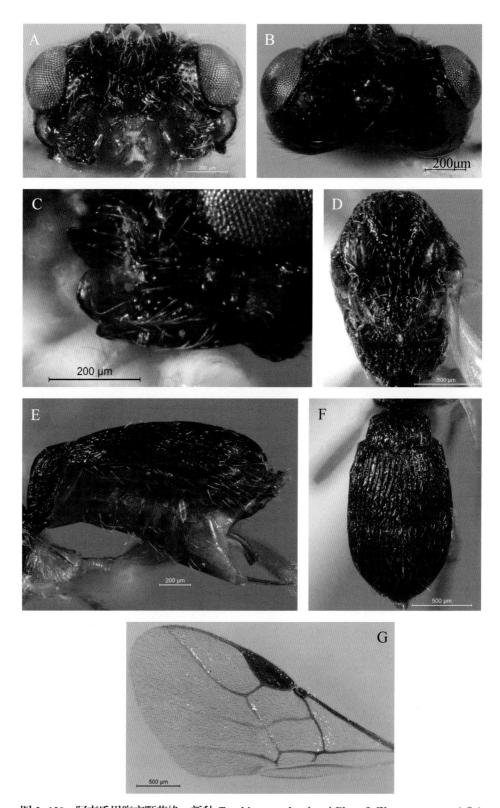

图 2-120　阿克氏甲腹离颚茧蜂，新种 *Trachionus achterbergi* Chen & Zheng , sp. nov. (♀)

A：头部正面观；B：头部背面观；C：上颚；D：胸部背板；E：腹部侧面观；F：腹部背面观；G：前翅

卵器鞘于中间伸出，而产卵管则于最下方相对平直伸出。

体色：触角柄节和梗节暗黄色，鞭节棕色；头部大部分区域黑色；唇基暗红棕色，上颚中间部分棕黄色（基半部稍暗），上唇暗黄色，下颚须和下唇须黄色；胸部为红黑色；足除后足胫节端部及后足跗节黄褐色，其余部分黄色；腹部背板暗红色，腹板棕黄色。

雄虫 未知。

研究标本 正模：♀，宁夏六盘山西峡，2001- Ⅷ -17，林智慧。

已知分布 宁夏。

寄主 未知。

词源 本新种拉丁学名 "achterbergi" 是以著名膜翅目分类学家 C. van Achterberg 的名字命名，以表达敬意。

注 本种与 *Trachionus mandibularis*（Nees）最为接近，主要区别为：两者上颚形状差异较大，本种上颚比后者显得宽大，后者更显窄，且后者第 2 齿明显比前者更显得尖、长；本种脸部具大量粗刻点，后者脸部无明显刻点；本种背面观复眼长等于上颊长，后者复眼长为上颊长的 1.7 倍；本种中胸盾片大部分区域光滑，且盾纵沟明显，后者则大范围布有粗状刻纹，盾纵沟轮廓不明显。

121. 科氏甲腹离颚茧蜂，中国新记录
Trachionus kotenkoi (Perepechayenko), rec. nov.

（图 2-121）

Symphya kotenkoi Perepechayenko，1997，5（2）：60–62.

Trachionus（*Trachionus*）*kotenkoi*: Perepechayenko，2000，34（3）：29–38，2000，8（1）：57–79.

雄虫 体长 3.5mm；前翅长 3.1mm。

头：触角 33 节，第 1、2、3 鞭节长度比为 13：10：10，末端最后 1 节明显增长，其长为倒数第 2 节长的 2.0 倍，第 1 鞭节、倒数第 2 鞭节的长分别为宽的 2.0、1.8 倍。头背面观较短，头宽为长的 2.1 倍，于复眼后方甚收敛，复眼长为上颊长的 2.0 倍，单眼较大，略呈椭圆形，单眼区强隆起，OOL：OD：POL=92：37：33；脸宽为高的 2.0 倍，表面布满长毛和明显粗刻点，无明显中纵脊；口上沟不完整，中间部分消失（与脸平），两侧存在，且较深；唇基较凸出，表面具刻痕及少量短刚毛；上颚不扩展，具 4 齿，第 2 齿尖且较长，明显长于其他齿，第 3 齿圆，但相对较窄，大小与第 1 齿接近，第 4 齿最小。

胸：长为高的 1.4 倍。前胸两侧布满粗糙刻纹，几乎无被毛；中胸盾片表面几乎布

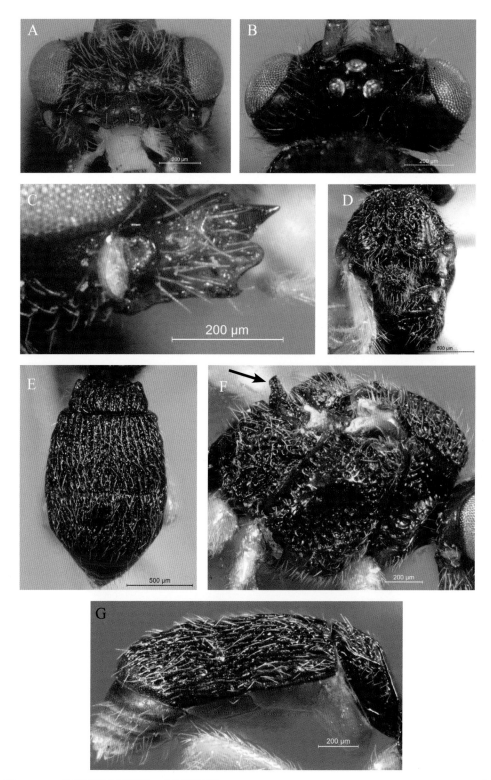

图 2–121　科氏甲腹离颚茧蜂，中国新记录 *Trachionus kotenkoi* (Perepechayenko)，rec. nov, (♂)
A：头部正面观；B：头部背面观；C：上颚；D：中胸背板；E：腹部背面观；F：胸部侧面观；
G：腹侧面观

满刚毛和十分粗壮的刻纹；盾纵沟不明显和中陷均不太清楚（由于背面的粗壮刻纹）；小盾片甚隆起，表面亦布满十分粗糙刻纹，且后部具较多刚毛；中胸侧板中部区域（约占中胸侧板 1/4 面积）光滑亮泽，其余（包括基节前沟）部分均布满粗壮刻纹；基节前沟十分宽大，几乎占据中胸侧板一半面积，沟内布满强刻纹；腹板侧沟较深，长度约为中胸侧板腹边缘长的 3/4，内具较粗糙刻痕；后胸背板中刺强烈凸起，大大超出小盾片平面；并胸腹节水平部分短，斜面处较宽大，水平部分存在中纵脊存在（很短），整个并胸腹节布满粗糙刻纹，并具一些不太规则的脊，表面仅于两侧被有少量刚毛；后胸侧板表面亦是被满强刻纹，且仅具零星几根刚毛。

翅：前翅翅痣近椭圆形，其长约为宽的 3.0 倍，为 1–R1 脉长的 4/5；前翅 r 脉长等于翅痣宽；1–SR+M 脉较明显 "S" 形弯；3–SR+SR1 脉后半部不明显曲折。

足：后足腿节略显粗短，其长为宽的 3 倍；后足跗节略短于后足胫节。

腹：腹部整体观，腹部前三节成背甲状，表面布满极为粗壮的纵刻纹；第 1、2 节背板节间沟明显，第 2、3 背板节间沟浅；腹部第 1 背板端部宽为基部宽的 2.1 倍，中间长为端部宽的 9/10，第 3 背板中部具一浅横沟，第 3 节之后各节甚短，背面观之稍露出第 3 节背板末端。

体色：触角柄节和梗节黄色，鞭节浅棕色；头部大部分区域、胸部及腹部背板深红色；上颚中部棕黄色，唇基棕色，上唇浅黄色，下颚须和下唇须浅黄色；足黄色；腹部腹板黄色。

雌虫　本研究暂未见。

研究标本　1 ♂，吉林长白山露水河，1989– Ⅶ –29，周小华。

已知分布　吉林；乌克兰。

寄主　未知。

122. 异颚甲腹离颚茧蜂，中国新记录
Trachionus mandibularis (Nees)，rec. nov.

（图 2–122）

Sigalphus mandibularis Nees，1816，7（1813）：254.

Chelonus（*Trachionus*）*mandibularis*: Haliday，1833：265.

Aenone mandibularis: Curtis，1837：123.

Alysia（*Oenone*）*mandibularis*: Haliday，1839：4.

Oenone mandibularis: Blanchard，1840，3：345；Marshall，1895：390；Rudow，1918，52：12；Morley，1924，57：194.

Symphya mandibularis: Foerster，1862，19：273；Kirchner，1867：139；Dours，1874，3：86；Dalla Torre，1898，4：30；Gaulle，1907，39：189；Nixon，1943，79：33；Shenefelt，1974：1110；Zaykov，1982，28：176；Tobias et Jakimavicius，1986：7–231；Fischer，1994，26（1）：

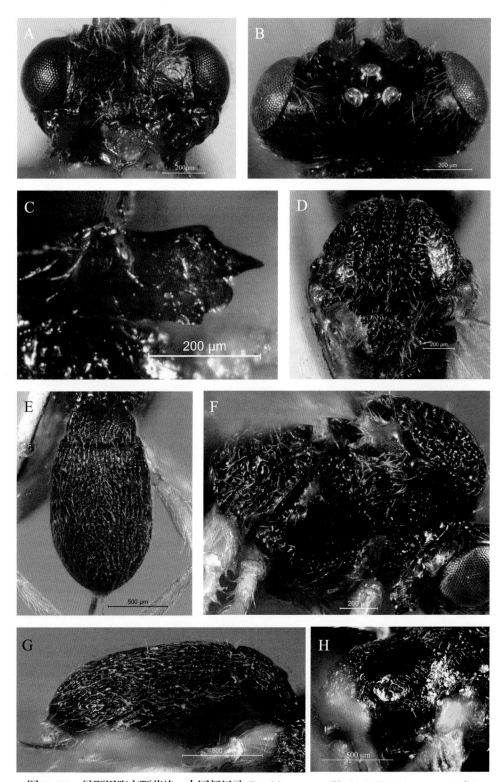

图 2–122　异颚甲腹离颚茧蜂，中国新记录 *Trachionus mandibularis* (Nees)，rec.nov.（♀）

A：头部正面观；B：头部背面观；C：上颚；D：中胸背板；E：腹部背面观；F：胸部侧面观；G：腹侧面观；H：胸侧腹面观

249–288；Tobias，1998: 311.

Anarmus mandibularis: Brischke，1882，5（3）: 138.

Dacnusa (Aenone) mandibularis: Thomson，1895，20: 2310.

Trachionus mandibularis: O'Connor et al.，1999: 1–123；Belokobylskij et al.，2003，53（2）: 364；Papp，2003，49（2）: 128，2004，50（3）: 250，2005，66: 148，2007，53（1）: 12.

Trachionus (Trachionus) mandibularis: Perepechayenko，2000，34（3）: 29–38，2000，8（1）: 57–79.

雌虫　体长 3.7mm；前翅长 3.2mm。

头：触角 35 节，第 1、2、3 鞭节长度比为 7 : 6 : 5，第 1 鞭节、倒数第 2 鞭节的长分别为宽的 2.0 倍和 1.5 倍，鞭节最后两节几乎等长；背面观头短，于复眼后方较收敛，头宽为长的 2.1 倍，复眼长为上颊长的 1.8 倍，单眼较大，近椭圆形，单眼区较强隆起，OOL : OD : POL=40 : 15 : 13；脸正面观宽为高的 1.9 倍，被较多长毛，但不太稠密，表面基本光滑，仅被少量浅刻点，中纵脊可见，但较弱；口上沟甚明显、较深且完整；唇基略凸出，宽为高的 1.9 倍，表面具少量浅刻痕；上颚不扩展，具 4 齿，第 2 齿尖且长，明显长于其他齿，第 1、4 齿较短且稍钝，第 3 齿位于第 2、4 齿间的中部，呈半圆形。

胸：长为高的 1.4 倍。前胸两侧无被毛，且除背板侧面三角区中上部光滑，其他部分均布满粗糙刻痕和脊纹；中胸盾片表面除侧叶后半部偏外侧区域光滑，其余部分布满强刻纹，整个背板稀疏地被有细短刚毛；盾纵沟和中陷均不清楚；小盾片表面亦布满强刻纹，两侧被较密毛；中胸侧板绝大范围光滑亮泽，基节前沟宽大，沟内具数条粗壮刻纹；中胸侧缝具齿状刻痕，但前半部弱，后半部强；腹板侧沟宽大（由前向后变窄），长度约为中胸侧板腹边缘长的 2/3，内具较粗糙刻痕；后胸背板中刺强烈凸起，大大超出小盾片平面；并胸腹节水平部分短，斜面处宽大，整个并胸腹节布满近似网格状粗刻纹（不均匀、无规则），表面几乎无被毛；后胸侧板表面亦是刻纹粗壮，刚毛十分稀少。

翅：前翅膜质、透明，翅痣较短，其长为 1–R1 脉长的 4/5；前翅 r 脉长等于翅痣宽；1–SR+M 脉呈近 "S" 形弯；3–SR+SR1 脉后半部略显曲折；前翅 CU1b 脉弱，但亚盘室封闭。

足：足正常；后足腿节长为宽的 3.3 倍；后足跗节长为后足胫节长的 9/10，端跗节长为第 3 跗节长的 1.3 倍。

腹：腹部前三节形成发达的腹甲，表面布满十分粗壮的纵刻纹；第 1、2 节背板节间沟明显，之后部分无明显沟痕；腹部第 1 背板端部宽为基部宽的 2.5 倍，中间长等于端部宽，背面观，腹甲末端强烈下弯，且第 3 节之后各节均隐于腹甲内，仅最末端微露，以及产卵器明显露出。

体色：触角柄节和梗节深棕色，鞭节棕色；头部大部分区域、胸部及腹部背板（可见部分）黑色；上颚中部和唇基暗红棕色，上唇浅黄色，下颚须和下唇须浅黄色；足除后足胫节端部及后足跗节棕色，其余部分黄色。

雄虫 本研究尚未见。

研究标本 1♀，宁夏六盘山凉殿峡，2001- Ⅷ -21，林智慧。

已知分布 宁夏；韩国、日本、蒙古、比利时、保加利亚、法国、德国、斯洛伐克、丹麦、匈牙利、英国、爱尔兰、摩尔多瓦、荷兰、波兰、瑞典、瑞士、土耳其、俄罗斯、乌克兰。

寄主 已知寄生角潜蝇属的 *Dizygomyza* 某些种类和大潜蝇属的 *Phytobia cerasiferae* Kangas。

参考文献

［1］陈家骅，伍志山．1994. 中国反颚茧蜂族 [M]. 北京：中国农业出版社．

［2］陈学新，何俊华，徐志宏，等．2001. 斑潜蝇寄生性天敌研究和应用概况 [J]. 中国生物防治，17（1）：30-34.

［3］何俊华，陈学新，马云．2000. 中国动物志 昆虫纲 第18卷 膜翅目 茧蜂科（一）[M]. 北京：科学出版社．

［4］毛娟．2015. 中国离颚茧蜂族 Dacnusini 分类研究 [D/OL]. 杭州：浙江大学，[2015-9-7]. http://d.g.wanfangdata.com.cn/Thesis_Y2784099.aspx.

［5］唐健，ELOKOBYLSKIJ S A，陈学新．2001，稻田寄生蜂中国新记录种报道 [J]. 昆虫分类学报，23:151-152.

［6］问锦曾，王音，雷仲仁．2004. 南美斑潜蝇寄生蜂二中国新记录种 [J]. 昆虫分类学报，26（1）：67-68.

［7］杨华，赵莉，崔元玕，等．2005. 新疆蔬菜斑潜蝇发现两种寄生蜂 [J]. 新疆农业科学，42（6）：389-391.

［8］ABRAHAM R, CARSTENSEN B. 1982. Die Schilfgallen von *Lipara*-Arten (Diptera: Chloropidae) und ihre Bewohner im Schilf der Haseldorfer Marsch bei Hamburg [J]. Entomologische Mitteilungen aus dem Zoologischen Staatsinstitut und Zoologischen Museum Hamburg, 7 (116): 269-277.

［9］ALFKEN J D. 1924. Die Insekten des Memmert [J]. Abh. Naturw. Ver. Bremen, 25:358-481.

［10］ANONYMOUS. 1960. Secretariat du service d'identification des Entomophages. Liste d'identification No. 3[J]. Entomophaga, 5: 337-373.

［11］ASHMEAD W H. 1890. On the Hymenoptera of Colorado; descriptions of new species, notes and a list of the species found in the State [J]. Bulletin of the Colorado Biological Association, 1: 1-47.

［12］ASHMOLE N P, NELSON J M, SHAW M R, et al. 1983. Insects and spiders on snowfields in the Cairngorms, Scotland [J]. Journal of Natural History, 17:599-613.

［13］ASTAFUROVA YU V. 1998. *Coelinius* (*Chaenon & Lepton*). In: Ler, P.A. 'Key to the insects of Russian Far East [M]. Vol. 4. Neuropteroidea, Mecoptera, Hymenoptera. Pt 3.' Dal'nauka, Vladivostok, 304-307.

［14］AUBERT J F. 1966. In: Liste d'identification No.7 (Présentée par le Service d'Identification des Entomophages) [J]. Entomophaga, 11(1): 135-151.

［15］BALDUF W V. 1963. A distinct type of host–parasite relation among insects [J]. Annals of the Entomological Society of America, 56:386–391.

［16］BALEVSKI N. 1989. Species composition and hosts of family Braconidae (Hymenoptera) in Bulgaria [J]. Acta Zoologica Bulgarica, 38: 24–45.

［17］BALEVSKI N. 1998. Some new species of the Braconid parasitoid fauna of Bulgaria (Hymenoptera: Braconidae) isolated from different new Lepidopterous insect hosts [J]. Acta Entomologica Bulgarica, 4(2–4): 11–16.

［18］BALEVSKI N. 1999. Catalogue of the braconid parasitoids (Hymenoptera: Braconidae) isolated from various phytophagous insect hosts in Bulgaria [J]. Pensoft, Sofia & Moscow, 1999: i–vi, 1–126.

［19］BALEVSKI N, VELCHEVA N. 2001. Contribution to the study on some trophic relationships between braconid parasitoids (Hymenoptera: Braconidae) and phytophagous insect pests in Bulgaria [J]. Acta Entomologica Bulgarica, 7(3–4): 36–42.

［20］BELOKOBYLSKIJ S A, TOBIAS V I. 1997. On the braconid wasps of the subfamily Alysiinae (Hymenoptera, Braconidae) from Kuril Islands [J]. Far Eastern Entomologist, 47: 1–17.

［21］BELOKOBYLSKIJ S A, TAEGER A. 2001. Braconidae. In: Dathe, H.H.; Taeger, A.; Blank, S.M. (Eds.) "Verzeichnis der Hautflügler Deutschlands (Entomofauna Germanica 4)"[M]. Entomolische Nachrichten und Berichte (Dresden), Bieheft 7. 103–115.

［22］BELOKOBYLSKIJ S A, TAEGER A, VAN ACHTERBERG C, et al. 2003. Checklist of the Braconidae (Hymenoptera) of Germany [J]. Beiträge zur Entomologie, 53(2): 341–435.

［23］BELSHAW R, FITTON M, HERNIOU E, et al. 1998. A phylogenetic reconstruction of the Ichneumonoidea (Hymenoptera) based on the D2 variable region of 28S ribosomal RNA [J]. Systematic Entomology, 23(2): 109–123.

［24］BERRY J A. 2007. Alysiinae (Insecta: Hymenoptera: Braconidae) [J]. Fauna of New Zealand, 58: 3–94.

［25］BETREM J G. 1951. Voor Nederland nieuwe exodonte Braconiden [J]. Tijdschrift voor Entomologie, 94: xvii–xix.

［26］BEYARSLAN A, INANC F. 2001. Ein neuer Beitrag zur Kenntnis der türkischen Dacnusini Foerster 1862 (Hymenoptera: Braconidae: Alysinae) [J]. Linzer Biologische Beitraege, 33(1): 263–268.

［27］BIGNELL G C. 1882. Contributions towards the fauna of the neighbourhood of Plymouth. Hymenoptera: Ichneumonidae. Arranged according to T.A. Marshall's catalogue, published by the Entomological Society of London [J]. Journal of the Plymouth Institution, 8:

279–284.

［28］BIGNELL G C. 1901. The Ichneumonidae (parasitic flies) of South Devon. Part II. Braconidae [J]. Transactions of the Devonshire Association for the Advancement of Science. 33: 657–692.

［29］BILLUPS T R. 1891. Two and a half hours' investigation of the entomology of Oxshott [J]. Entomologist, 24:201–204.

［30］BILLUPS T R. 1897. Additional notes on the hymenopterous and dipterous parasites, bred by members of the South London Entomological and Natural History Society during the years 1891 and 1892 [J]. Proceedings of the South London Entomological and Natural History Society, 1896:80–87.

［31］BLAIR K G. 1946. Parasites of *Lipara lucens* Mg [J]. Proceedings and Transactions of the South London Entomological and Natural History, 1945–46: 5–6.

［32］BLANCHARD E. 1840. Histoire naturelle des insectes. Animaux Articules par M. Brullé. Lacour et Ce [M]. Paris, 672 pp.

［33］BLÖSCH C. 1906. Verzeichnis einiger Braconiden und Ichneumoniden aus der Umgebung von Laufenburg (Aargau) [J]. Mitteilungen der Schweizerischen Entomologischen Gesellschaft, 11: 221–234.

［34］BRAJKOVIC M M. 1989. Knowledge of the Braconidae (Hymenoptera) fauna in Yugoslavia. (in Serbian with English summary) [J]. Glasnik Prirodnjackog Muzeja I Beogradu Seriya B Bioloske Nauke, 44: 127–138.

［35］BURGHELE A D. 1959. New Rumanian species of Dacnusini (Hym. Braconidae) and some ecological observations upon them [J]. Entomologist's Monthly Magazine, 95: 121–126.

［36］BURGHELE A D. 1959. Contributii la studiul unor Himenoptere care paraziteaza stadii acvatice de insect [J]. Analele dell'Universita C.I. Parhon, Serie St. Naturii, 22: 143–169.

［37］BURGHELE A D. 1960. Zwei neue Arten von Dacnusini (Hymenoptera, Braconidae) nebst einer Liste der aus Rumaenien bekannten Arten [J]. Zeitschrift der Arbeitsgemeinschaft Österreichischer Entomologen, 12: 95–100.

［38］BURGHELE A D. 1960. Neue Beiträge zur Kenntnis der Dacnusinen (Hymenoptera, Braconidae) [J]. Entomologisk Tidskrift, 81: 131–139.

［39］BURGIO G, LANZONI A, NAVONE P, et al. 2007. Parasitic Hymenoptera fauna on Agromyzidae (Diptera) colonizing weeds in ecological compensation areas in northern Italian agroecosystems [J]. Journal of Economic Entomology, 100(2): 298–306.

［40］CALLAN E M. 1940. Hymenopterous parasites of willow insects[J]. Bulletin of Entomological Research, 31: 35–44.

［41］CAPEK M, LUKAS J. 1989. Apocrita Parasitica, Ichneumoidea, Braconidae [J]. Acta Faunistica Entomologica Musei Nationalis Pragae, 19: 27–44.

［42］CAPEK M, HOFMANN C. 1997. The Braconidae (Hymenoptera) in the collections of the Musée cantonal de Zoologie, Lausanne [J]. Litterae Zoologicae (Lausanne), 2: 25–162.

［43］CARPENNTER G D H. 1950. Some insects (excluding Lepidoptera) from the Shetland Isles[J]. Entomologist's Monthly Magazine, 86: 268–269.

［44］CAVRO E. 1954. Catalogue des Hyménoptères du département du nord et des régions limitrophes. III. Terebrants (parasites porte–tarière) [J]. Bulletin de la Société Entomologique du Nord de la France. Suppl,75: 1–134.

［45］CREVECOEUR A, MARÉCHAL, P. 1933. Matériaux pour servir à l'établissement d'un nouveau catalogue des Hyménoptères de Belgique. III [J]. Bulletin et Annales de la Societe Royale d'Entomologie de Belgique, 73: 143–160.

［46］CUI Q, VAN ACHTERBERG C, TAN J L, et al. 2015. The genus *Trachionus* Haliday, 1833 (Hymenoptera, Braconidae, Alysiinae) new for China, with description of four new species [J]. Zookeys, 512: 19–37.

［47］CURTIS J. 1826. British Entomology; being illustrations and descriptions of the genera of insects found in Great Britain and Ireland [J]. Annals & Magazine of Natural History, 3: 120 & 141.

［48］CURTIS J. 1829. British Entomology; being illustrations and descriptions of the genera of insects found in Great Britain and Ireland [J]. Annals & Magazine of Natural History, 6:289.

［49］CURTIS J. 1837. A guide to an arrangement of British insects; being a catalogue of all the named species hitherto discovered in Great Britain and Ireland [M]. Second edition, greatly enlarged. London. 294 pp. (copied 87–126).

［50］DALE C W. 1893. Two additions to the British Hymenoptera [J]. Entomologist's Monthly Magazine, (2)4: 115.

［51］DALLA T C G de. 1898. Catalogus Hymenopterorum. Volumen IV. Braconidae [M]. Guilelmi Engelmann. Lipsiae. 323 pp.

［52］DEL B G. 1984. Osservazioni sul ciclo biologico di *Liriomyza trifolii* (Burgess) (Diptera Agromyzidae) su gerbera e sui suoi nemici naturali in Toscana [J]. Redia, 67: 435–448.

［53］DEL B G. 1989. Natural enemies of *Liriomyza trifolii* (Burgess), Chromatomyia horticola (Goureau) and *Chromatomyia syngenesiae* Hardy (Diptera Agromyzidae) in Tuscany (Italy) [J]. Redia, 72(2): 529–544.

［54］DELY–DRASKOVITS A, PAPP J, THURÓCZY C, et al. 1993. Über die in *Lipara*–Gallen (Diptera: Chloropidae) lebenden Hymenopteren in der Schweiz [J]. Mitteilungen der Schweizerischen Entomologischen Gesellschaft, 66: 35–40.

［55］DOCAVO A I. 1955. Contribución al conocimiento de los Braconidae de España, Tribu Dacnusini (1er trabajo) [J]. Graellsia, 13: 1–34.

［56］DOCAVO A I. 1962. Contribución al conocimiento de los Braconidae de España. I. Nuevos hallazgos de géneros y species [J]. Entomophaga, 4(4): 343–348.

［57］DOCAVO A I. 1965. Nuevas aportaciones al conocimiento de los Dacnusini de España (Hym., Braconidae) [J]. Graellsia, 21: 25–39.

［58］DOCAVO A I, SAIZ J, TORMOS J. 1986. Aportaciones al conocimiento de los Dacnusini de Espana (1) (Hym.: Braconidae, Alysiinae). [Contributions to the study of the Dacnusini of Spain (Hymenoptera, Braconidae, Alysiinae).] [J] Boletin de la Asociacion Española de Entomologia, 10: 107–112.

［59］DOCAVO A I, JIMÉNEZ R, TORMOS J. 1987. New data on *Chaenusa* Haliday, 1839, *Dacnusa* Haliday, 1833, *Synelix* Foerster, 1862 and *Protodacnusa*, Griffiths, 1964 in the Iberian Peninsula (Spain, Portugal) (Hymenoptera: Braconidae, Alysiinae) [J]. Boletin de la Real Sociedad Espanola de Historia Natural. Seccion Biologica, 83(1–4): 73–78.

［60］DOCAVO A I, JIMÉNEZ R, TORMOS J, et al. 1987. Braconidae and Chalcidoidea (Hymenoptera, Apocrita, Terebrantia) parasites of Agromyzidae (Diptera, Cyclorrhapha) in Valencia (Spain) [J]. Investigacion Agraria Produccion Y Proteccion Vegetales, 2(2): 195–209.

［61］DOCAVO A I, Tormos, J. 1988. Further developments in the study of Spanish Dacnusini (II) (Hymenoptera, Braconidae) [J]. Boletin de la Asociacion Española de Entomologia, 12: 161–163.

［62］DOCAVO A I, TORMOS J, ASIS J D, et al. 1992. Dacnusini (Hymenoptera, Braconidae, Alysiinae) en la provincia de Valencia (Espana) [J]. Miscellania Zoologica (Barcelona), 16: 105–111.

［63］DOCAVO A I, TORMOS J, FISCHER M. 2002. Three new species of Chorebus from Spain (Hymenoptera: Braconidae: Alysiinae) [J]. Florida Entomologist, 85(1): 208–215.

［64］DONISTHORPE H. 1927. The guests of British ants [M]. London. 244 pp. (Ichneumonoidea in pp. 85–91).

［65］DOURS A. 1873. Catalogue synonymique des Hymenopteres de France [J]. Mémoires de la Société Linneene du Nord de la France, 3: 1–230.

［66］DOWTON M, BELSHAW R, AUSTIN A D, et al. 2002. Simultaneous molecular and morphological analysis of braconid relationships (Insecta: Hymenoptera: Braconidae) indicates independent mt–tRNA gene inversions within a single wasp family [J]. Journal of Molecular Evolution, 54(2): 210–226.

［67］DREA J J, JEANDEL D, GRUBER F. 1982. Parasites of agromyzid leafminers

(Diptera: Agromyzidae) on alfalfa in Europe [J]. Annals of the Entomological Society of America, 75(3): 297–310.

［68］DYE P M. 1977. A study of *Phytomyza ranunculi* (Schrank) (Dipt., Agromyzidae) and its insect parasites [J]. Entomologist's Monthly Magazine, 112: 155–168.

［69］FAHRINGER J. 1929. Entomologische Ergebnisse der schwedischen Kamtschatka– Expedition 1920–1922 [J]. Arkiv foer Zoologi, 21A(8): 1–12.

［70］FAHRINGER J. 1935. Schwedisch–chinesische wissenschaftliche Expedition nach den nordwestlichen Provinzen Chinas, 26. Hymenoptera. 4. Braconidae Kirby [J]. Arkiv foer Zoologi, 27A(2): 1–15.

［71］FALCOZ L. 1926. Observations biologiques sur divers insectes des environs de Vienne en Dauphiné (4e note). Hyménoptères [J]. Bulletin de la Société Entomologique de France, 1926: 130–134.

［72］FATHI S A A. 2011. Tritrophic interactions of nineteen canola cultivars – *Chromatomyia horticola* – parasitoids in Ardabil region. Munis Entomology & Zoology, 6 (1): 449–454.

［73］FERRIÈRE C. 1928. Braconides de la Suisse [J]. Mitteilungen der Schweizerischen Entomologischen Gesellschaft, 14(1): 5–14.

［74］FERRIÈRE C. 1930. XIII. Teil. Hymenoptera parasitica. In: Beier M. "Zoologische Forschungsreise nach den Jonischen Inseln und dem Peloponnes" [J]. Sitzungsberichte der Deutschen Akademie der Wissenschaften. Wien, 139: 393–406.

［75］FERRIÈRE C. 1947. Hymenopteres terebrants du Parc National Suisse et des regions limitrophes [J]. Ergebnisse der Wissenschaftlichen Untersuchung des Schweizerischen Nationalparks, 2(15): 1–56.

［76］FISCHER M. 1962. Die Dacnusini Niederösterreichs (Hymenoptera, Braconidae) [J]. Zeitschrift der Arbeitsgemeinschaft Österreichischer Entomologen, 14: 29–39.

［77］FISCHER M. 1965. Die Braconidae des Steiermärkischen Landesmuseums "Joanneum" in Graz (Hymenoptera, Braconidae) [J]. Mitt. Abt. Zool. Bot. Landesmus "Joanneum" Graz 21: 1–29.

［78］FISCHER M. 1976. Durchsicht der Gattung *Synelix* Foerster (Hymenoptera, Braconidae, Alysiinae) [J]. Bollettino del Laboratorio di Entomologia Agraria 'Filippo Silvestri' Portici. 33: 3–13.

［79］FISCHER M. 1994. Untersuchungen über Dacnusini der Alten Welt (Hymenoptera, Braconidae, Alysiinae) [J]. Linzer Biologische Beiträge, 26(1): 249–288.

［80］FISCHER M. 1998. Kieferwespen: uber neue und alte Taxa der Alysiini und Dacnusini (Hymenoptera, Braconidae, Alysiinae) [J]. Stapfia, 55: 481–505.

［81］FISCHER M. 1999. Einiges über Kieferwespen (Hymenoptera, Braconidae, Alysiinae) [J]. Linzer Biologische Beitraege, 31(1): 5–56.

［82］FISCHER M. 2001. Genauere Studien an jüngst beschriebenen Dacnusini aus dem Fernen Osten Russlands und weiteren Formen aus der Paläarktis (mit einem Anhang ueber Alysiini) (Hymenoptera, Braconidae, Alysiinae) [J]. Linzer Biologische Beitraege, 33(1): 35–82.

［83］FISCHER M, TORMOS J, DOCAVO I, et al. 2004. A new species of *Antrusa* and three new species of *Chorebus* (Hymenoptera: Braconidae) from the Iberian Peninsula. Florida Entomologist, 87(3): 306–311.

［84］FISCHER M. 2004. Einige neue Brackwespen (Insecta: Hymenoptera: Braconidae) und weitere Formen der Kiefer– und Madenwespen (Alysiinae, Opiinae) [J]. Annalen des Naturhistorischen Museums in Wien. Serie B Botanik und Zoologie, 105B (2003): 277–318.

［85］FISCHER M. 2005. Beschreibungen von neuen und schon bekannten Zweizellen– Kieferwespen (Insecta: Hymenoptera: Braconidae: Alysiinae: Dacnusini) [J]. Annalen des Naturhistorischen Museums in Wien Serie B Botanik und Zoologie, 106B: 93–106.

［86］FISCHER M. 2006. Über *Coelalysia* Cameron und einige Dacnusini (Hymenoptera, Braconidae, Alysiinae) [J]. Linzer Biologische Beitraege, 38(2): 1365–1390.

［87］FISCHER M. 2010. Some new taxa of pine wasps from the collection of the Biology Centre of the Upper Austrian Provincial Museum in Linz (Hymenoptera, Braconidae, Alysiinae). Einige neue Taxa der Kieferwespen aus der Sammlung des Biologiezentrums des Oberoesterreichischen Landesmuseums in Linz (Hymenoptera, Braconidae, Alysiinae) [J]. Linzer Biologische Beitraege, 42 (1): 635–657.

［88］FISCHER M, LASHKARI BOD A, RAKHSHANI E, et al. 2011. Alysiinae from Iran (Insecta: Hymenoptera: Braconidae: Alysiinae) [J]. Annalen des Naturhistorischen Museums in Wien. B., 112: 115–132.

［89］FITCH E A. 1880. Insects bred from *Cynips kollarii* galls [J]. Entomologist, 13: 252–263.

［90］FORDHAM W J. 1926. Insects in the Swansea neighbourhood [J]. Entomologist's Monthly Magazine, 62: 98.

［91］FÖRSTER A. 1862. Synopsis der Familien und Gattungen der Braconiden [J]. Verhandlungen des Naturhistorischen Vereins der Preussischen Rheinlande und Westfalens, 19: 225–288.

［92］FRANCES V L, JIMÉNEZ R. 1989. Dacnusini (Hymenoptera, Braconidae Alysiinae), parasites of mining flies (Diptera, Agromyzidae) [J]. Miscellania Zoologica, 13: 97– 104.

［93］FULMEK L. 1968. Parasitinsekten der Insektengallen Europas[J]. Beiträge zur

Entomologie, 18(7/8): 719–952.

［94］GAMMEL A. 1930. Beiträge zur Kenntnis der Schlupfwespen Ungarns [J]. Folia Entomologica Hungarica, 2: 113–116.

［95］GANIEY I G, USHCHEKOV A T, MUZAFAROV I S, et al.. 1993. Potato leaf [miner] and its parasites in greenhouses in Tatarstan[J]. Zashchita Rastenii (Moscow). 7, iyul' 1993: 12–13.

［96］GANNOTA E. 1993. Five species of *Chorebus* (Hymenoptera, Braconidae, Alysiinae, Dacnusini) new to Finland [J]. Entomologica Fennica, 4(1): 13.

［97］GARRIDO A, TORMOS J, BEITIA F. 1992. Explanatory notes on agromyzids (Dipt.) injurious to chickpea and their parasitoids (Hym.: Braconidae, Eulophidae) [J]. Annales de la Société Entomologique de France, 28(1): 111–112.

［98］GAULD I D, HUDDLESTON T. 1976. The Nocturnal Ichneumonoidea of the British Isles, including a key to genera [J]. Entomologist's Gazette,27: 35–49.

［99］GAULLE J de. 1908. Catalogue systématique et biologique des Hyménoptères de France. (Extrait de la Feuille des Juenes Naturalistes, années 1906, 1907, 1908) [M]. Paul Klincksieck. Paris. 172 pp.

［100］GEORGIEV G T, BOYADZHIEV P. 2002. New parasitoids of *Paraphytomyza populi* (Kltb.) (Diptera, Agromyzidae) in Bulgaria [J]. Anzeiger fuer Schaedlingskunde, 75(3): 69–71.

［101］GHAHARI H, FISCHER M, CETIN E O, et al.. 2010. A contribution to the braconid wasps (Hymenoptera: Braconidae) from the forests of northern Iran [J]. Linzer Biologische Beitraege, 42 (1): 621–634.

［102］GHAHARI H, FISCHER M, SAKENIN H, et al. 2011. A contribution to the Agathidinae, Alysinae, Aphidiinae, Braconinae, Microgastrinae and Opiinae (Hymenoptera: Braconidae) from cotton fields and surrounding grasslands of Iran [J]. Linzer Biologische Beitraege, 43 (2): 1269–1276.

［103］GHAHARI H, FISCHER M. 2011. A study on the Braconidae (Hymenoptera: Ichneumonoidea) from some regions of northern Iran [J]. Entomofauna, 32 (8): 181–193.

［104］GHAHARI H, FISCHER M, PAPP J. 2011. A study on the braconid wasps (Hymenoptera: Braconidae) from Isfahan province, Iran [J]. Entomofauna, 32 (16): 261–270.

［105］GHAHARI H, FISCHER M, PAPP J. 2011. A study on the Braconidae (Hymenoptera: Ichneumonoidea) from Qazvin province, Iran [J]. Entomofauna, 32 (9): 197–204.

［106］GHAHARI H, FISCHER M. 2011. A contribution to the Braconidae (Hymenoptera: Ichneumonoidea) from north–western Iran [J]. Calodema, 134: 1–6.

［107］GIMENO C, BELSHAW R, QUICKE D L J. 1997. Phylogenetic relationships of the Alysiinae/Opiinae (Hymenoptera: Braconidae) and the utility of cytochrome b, 16S and 28S D2 rRNA [J]. Insect Molecular Biology, 6(3): 273–284.

［108］GODINHO M, MEXIA A. 2000. Leafminers (*Liriomyza* sp.) importance in greenhouses in the Oeste region of Portugal and its natural parasitoids as control agents in IPM programs [J]. IOBC WPRS Bulletin, 23(1): 157–161.

［109］GRAHAM A R. 1965. A preliminary list of natural enemies of Canadian agricultural pests [M]. Canada Department of Agriculture. Research Institute. Belleville. Information Bulletin No. 4. 179 pp.

［110］GRIFFITHS G C D. 1956. Host records of Dacnusini (Hym. Braconidae) from leaf–mining Diptera [J]. Entomologist's Monthly Magazine, 92: 25–30.

［111］GRIFFITHS G C D. 1962. The Agromyzidae (Diptera) of Woodwalton Fen [J]. Entomologist's Monthly Magazine, 98: 125–155.

［112］GRIFFITHS G C D. 1964. The Alysiinae (Hym. Braconidae) parasites of the Agromyzidae (Diptera) I. General questions of taxonomy, biology and evolution [J]. Beiträge zur Entomologie, 14(7–8): 823–914.

［113］GRIFFITHS G C D. 1967. The Alysiinae (Hym. Braconidae) parasites of the Agromyzidae (Diptera) II. The parasites of *Agromyza* Fallén [J]. Beiträge zur Entomologie, 16(5/6)(1966): 551–605.

［114］GRIFFITHS G C D. 1967. The Alysiinae (Hym. Braconidae) parasites of the Agromyzidae (Diptera) III. The parasites of *Paraphytomyza* Enderlein, *Phytagromyza* Hendel, and *Phytomyza* Fallén [J]. Beiträge zur Entomologie, 16(7/8)(1966): 775–951.

［115］GRIFFITHS G C D. 1967. The Alysiinae (Hym. Braconidae) parasites of the Agromyzidae (Diptera) IV. The parasites of *Hexomyza* Enderlein, *Melanagromyza* Hendel, *Ophiomyia* Braschnikov and *Napomyz*a Westwood [J]. Beiträge zur Entomologie, 17(5/8): 653–696.

［116］GRIFFITHS G C D. 1968. The Alysiinae (Hym. Braconidae) parasites of the Agromyzidae (Diptera) V. The parasites of *Liriomyza* Mik and certain small genera of Phytomyzinae[J]. Beiträge zur Entomologie, 18(1/2): 5–62.

［117］GRIFFITHS G C D. 1968. The Alysiinae (Hym. Braconidae) parasites of the Agromyzidae (Diptera) VI. The parasites of *Cerodontha* Rondani s.l.[J]. Beiträge zur Entomologie, 18(1/2): 63–152.

［118］GRIFFITHS G C D. 1984. The Alysiinae (Hym. Braconidae) parasites of the Agromyzidae (Diptera). VII. Supplement [J]. Beiträge zur Entomologie, 34: 343–362.

［119］GROMYSZ K K, GROCHOWSKA M. 1992. Respiration rates of some developmental stages of *Polemochartus liparae* (Giraud) (Hymenoptera) and its host *Lipara similis* Schiner (Diptera) [J]. Comparative Biochemistry and Physiology a Comparative Physiology, 102(3): 473–476.

[120] CROFT P, COPLAND M J W. 1993. Size and fecundity in *Dacnusa sibirica* Telenga [J]. IOBC–WPRS Bulletin, 16(8): 53–56.

[121] CROFT P, COPLAND M J W. 1994. The influence of humidity on emergence in *Dacnusa sibirica* Telenga (Hymenoptera: Braconidae) [J]. Biocontrol Science and Technology, 4(3): 347–351.

[122] GUPPY J C, MELOCHE F, HARCOURT D G. 1988 Seasonal development, behavior, and host synchrony of *Dacnusa dryas* (Nixon) (Hymenoptera: Braconidae) parasitizing the alfalfa blotch leafminer, *Agromyza frontella* (Rondani) (Diptera: Agromyzidae) [J]. Canadian Entomologist, 120: 145–152.

[123] HAINES F H. 1936. List of insects found near Aviemore, Inverness–shire, from June 20th to July 2nd, 1933 [J]. Journal of the Society for British Entomology, 1: 131–141.

[124] HALIDAY A H. 1833. An essay on the classification of the parasitic Hymenoptera of Britain, which correspond with the Ichneumones minuti of Linnaeus [J]. Entomological Magazine, 1(iii): 259–276, 333–350.

[125] HALIDAY A H. 1839. Hymenoptera Brittanica: Alysia[M]. London. Balleire. 28 pp.

[126] HAVILAND M D. 1922. On the larval development of *Dacnusa areolaris* Nees (Braconidae), a parasite of Phytomyzinae (Diptera) with a note on certain chalcid parassites of phytomyzids [J]. Parasitology, 14: 167–173.

[127] HELLÉN W. 1931. Verzeichnis der in den Jahren 1926–1930 für die Fauna Finnlands neu hinzugekommenen Insektenarten [J]. Notulae Entomologicae, 11: 51–66.

[128] HELLÉN W. 1938. Für die Fauna Finnlands neue Braconiden (Hym.) [J]. Notulae Entomologicae, 18: 108–114.

[129] HUFLEJT T. 1999. The type material of subfamilies Alysiinae and Opiinae (Hymenoptera: Braconidae) in the Museum and Institute of Zoology PAS, Warsaw [J]. Bulletin of the Museum and Institute of Zoology. PAS, 2: 19–37.

[130] IRWIN A G. 1985. *Phytomyza thysselini* Hendel (Diptera: Agromyzidae), a leaf-mining fly new to Britain [J]. Entomologist's Gazette, 36(2): 103.

[131] IVANOV E V. 1980. Braconids of the tribe Dacnusini (Hymenoptera, Braconidae) of the Lenkoran lowland and Talysh Mountains [J]. Entomologicheskoye Obozreniye, 59(3)1980: 631–633.

[132] JAKIMAVICIUS A. 1991. 23 new for the Lithuanian fauna braconid species (Hymenoptera, Braconidae) found in 1969–1990 [J]. In: Novye I Redkie Dlya Litvy Vidy

Nasekomykh Soobshcheniya I Opisaniya, 1991: 42–47.

［133］JIMÉNEZ R, TORMOS J. 1990. Les especies Espanyoles pertanyents al grup de generes *Coelinius* (Hymenoptra: Braconidae: Alysiinae: Dacnusini) [J]. Butlleti de la Institucio Catalana d'Historia Natural, 58 (Sec. Zool. 8): 61–63.

［134］JOHNSON W F. 1904. Ichneumonidae and Braconidae from the north of Ireland [J]. Irish Naturalist, 13: 255–256.

［135］JOURDAN M L, RUNGS C. 1935. Observations sur quelques Hymenopteres du Maroc [J]. Bulletin de la Société des Sciences Naturelles Maroc, 14(1934): 204–213.

［136］KADLUBOWSKI W, PIEKARSKA H. 1984. Contribution to the knowledge of the Ichneumonid fauna (Hymenoptera, Parasitica), occurring in apple orchards in the Poznan region [J]. Roczniki Nauk Rolniczych Seria E Ochrona Roslin, 14(1–2): 47–71.

［137］KELSEY J M. 1937. The ragwort leaf–miner (*Phytomyza atricornis* Mg.) and its parasite (*Dacnusa areolaris* Nees) [J]. New Zealand Journal of Science and Technology, 18: 762–767.

［138］KERRICH G J. 1932. Additions to the Ichneumonoid fauna of Wicken Fen [J]. Natural History of Wicken Fen. Cambridge, 6: 560–566.

［139］KILLINGTON F J. 1933 The parasites of Neuroptera with special reference to those attacking British species [J]. Transactions of the Entomological Society of South England, 8: 84–91.

［140］KILLINGTON F J. 1936. A monograph of the Brirish Neuroptera [M]. Volume 1. London. 269. (Parasiten: 171–178).

［141］KIRCHNER L. 1867. Catalogus Hymenopterorum Europae [M]. Vindobonae. 285.

［142］KLOET G S, HINCKS W D. 1945. A check list of British insects [M]. Kloet & Hincks, Stockport. 483.

［143］KONISHI K, MAETÔ K. 2000. Ichneumonoidea, Evanioidea, Trigonaloidea and Ibaliidae (Hymenoptera) from the Imperial Palace, Tokyo [J]. Mem. Natn. Sci. Mus., 36: 307–323.

［144］KU D S, HAN M J, AIIN S B. 1998. Two newly recorded species of the genus *Dacnusa* Haliday (Hymenoptera: Braconidae: Alysiinae) parasitic on agromyzid flies in Korea [J]. Korean Journal of Applied Entomology, 37(2): 109–115.

［145］KU D S, BELOKOBYLSKIJ S A, CHA J Y. 2001. Hymenoptera (Braconidae) [M]. Economic Insects of Korea 16. Insecta Koreana. Suppl. 23: 283.

［146］KULA R R, ZOLNEROWICH G, FERGUSON C J. 2006. Phylogenetic analysis of *Chaenusa sensu lato* (Hymenoptera: Braconide) using mitochondrial NADH 1 dehyrogenase gene sequences [J]. Journal of Hymenoptera Research, 15(2): 251–295.

［147］KULA R R, ZOLNEROWICH G. 2008. Revision of New World *Chaenusa* Haliday *sensu lato* (Hymenoptera: Braconidae: Alysiinae), with new species, synonymies, hosts, and distribution records [J]. Proceedings of the Entomological Society of Washington, 110(1): 1–60.

［148］KULA R R, MARTINEZ J J, CABRERA W, et al.. 2009. Supplement to revision of New World *Chaenusa* Haliday *sensu lato* (Hymenoptera: Braconidae: Alysiinae) [J]. Proceedings of the Entomological Society of Washington, 111(3): 641–655.

［149］KÜHLHORN F. 1962. Über parasitische Hautflügler in Viehställen (Ichneumondae, Braconidae, Diapriidae, Proctotrupidae, Eulophidae, und Pteromalidae). (Untersuchungen über die Insektenfauna von Räumen: 2) [J]. Zeitschrift für Angewandte Zoologie, 49(4): 525–538.

［150］LACK D. 1932. Further notes on insects from St. Kilda in 1931 [J]. Entomologist's Monthly Magazine, 68: 139–145.

［151］LECLERCQ J. 1952. Liste de Braconides (Hym.) récoltés en Belgique [J]. Bulletin et Annales de la Societe Entomologique de Belgique, 88: 241–244.

［152］LI T, VAN ACHTERBERG C. 2017. A new species of genus *Chorebus* Haliday (Hymenoptera, Alysiinae) parasitizing *Hexomyza caraganae* Gu (Diptera, Agromyzidae) from NW China [J]. Zookeys, 663: 145–155.

［153］LONG K D. 2004. Key to the subfamilies of Braconidae (Hymenoptera) and a complementary list of Braconid wasp species from Vietnam. (in Vietnamese with English summary) [J]. Tap Chi Sinh Hoc [Journal of Biology] Vietnamese Academy of Science and Technology, 26(3A): 8–14.

［154］LOZAN A I. 2004. Alysiinae wasps (Hym., Braconidae) attracted by light trap in an alder carr forest of central Europe [J]. Entomologist's Monthly Magazine, 140(1683–1684): 221–231.

［155］Lozan A I, BELOKOBYLSKIJ S A, VAN ACHTERBERG C, et al. 2010. Diversity and distribution of Braconidae, a family of parasitoid wasps in the Central European peatbogs of South Bohemia, Czech Republic [J]. Journal of Insect Science (Tucson), 10(16): 1–21.

［156］LUKAS J. 1980. Some new information of Braconids (Hym.) in the southern region of central part of the River Vah valley [J]. Biologia, 35(8): 577–585.

［157］Lukas, J. 1992. The contribution on occurrence of braconids (Hymenoptera, Braconidae) of the surroundings of the Klak village[J]. Rosalia, 8: 149–158.

［158］LYLE G T. 1933. A catalogue of British Braconidae [J]. Transactions of the Royal Entomological Society of London, 81: 67–74.

［159］MAETÔ K. 1983. A systematic study on the genus *Polemochartus* Schulz (Hymenoptera, Braconidae), parasitic on the genus *Lipara* Meigen (Diptera, Chloropidae) [J]. Kontyu, 51(3): 412–425.

［160］MAO J, HE J H, CHEN X X. 2015. The discovery of the genus *Protodacnusa* Griffiths, 1964 (Hymenoptera: Braconidae, Alysiinae) in China, with descriptions of six new species [J]. Zootaxa, 3990 (3): 355–368.

［161］MARCZAK P. 1989. Braconidae (Hymenoptera) of moist meadows on the Mazovian Lowland [J]. Memorabilia Zoologica, 43: 265–277.

［162］MARÉCHAL P. 1938. Sur trois *Coelinius* de la collection Thomson (Hymén., Braconidae, Dacnusinae) [J]. Bulletin et Annales de la Société Entomologique de Belgique, 78: 201–229.

［163］MARSHALL T A. 1872. A catalogue of British Hymenoptera; Chrysididae, Ichneumonidae, Braconidae, and Evanidae [M]. A. Napier. London. The Entomological Society of London, 136 pp.

［164］MARSHALL T A. 1874. New British species, corrections of nomenclature, etc. (Cynipidae, Ichneumonidae, Braconidae, and Oxyura.) [J]. Entomologist's Annual, 1874: 114–146.

［165］MARSHALL T A. 1895. A monograph of the British Braconidae Part VI. XXIV. Alysiides cont [J]. Transactions of the Royal Entomological Society of London, 1895: 363–398.

［166］MARSHALL T A. 1896. Les Braconides. In: André E. (ed.) "Species des Hymenopteres d'Europe et d'Algerie." [M]. Tome 5. 635. Gray 1891.

［167］MARSHALL T A. 1897. A monograph of British Braconidae. Part VII [J]. Transactions of the Entomological Society of London, 1897: 1–31.

［168］MARSHALL T A. 1899. A monograph of British Braconidae. Part VIII [J]. Transactions of the Entomological Society of London, 1899:1–79.

［169］MARSHALL T A. 1900. Les Braconides (Supplément). In: André E. (ed.) 1897–1900. "Species des Hymenopteres d'Europe et d'Algerie." [M]. Paris. Tome 5 bis. 369 pp.

［170］MASETTI A, LANZONI A, BURGIO G. 2010. Effects of flowering plants on parasitism of lettuce leafminers (Diptera: Agromyzidae) [J]. Biological Control, 54 (3): 263–269.

［171］MASSEE A M, THOMAS F J D, HEY G L. 1935. The fauna of the weevil "sack–band". II [J]. Annals and Magazine of Natural History, (10)16: 350–354.

［172］MELIS A. 1935. Contributo alla conoscenza morfologica e biologica della *Phytomyza atricornis* Meig [J]. Redia, 21: 205–262.

［173］MICHALSKA Z. 1973. Parasitic Hymenoptera of mining insects. I. The

Alysiinae (Braconidae) parasites of Diptera from the genus *Agromyza* Fall. and *Phytomyza* Fall. (Agromyzidae) [J]. Badania Fizjograficzne nad Polska Zachodnia, 26: 89–96.

［174］MICHALSKA Z. 1973. Parasitic Hymenoptera of mining insects. II. The Alysiinae (Braconidae) parasites of Diptera from the genus *Cerodontha* Rond. S.L., *Liriomyza* Mik. and Trilobomyza Hd.. (Agromyzidae) [J]. Badania Fizjograficzne nad Polska Zachodnia, 26: 97–105.

［175］MICHALSKA Z. 1982. Alysiinae (Hymenoptera, Braconidae) unrecorded for the fauna of Bulgaria and Jugoslavia [J]. Przeglad Zoologiczny, 26(3–4): 413–415.

［176］MICHALSKA Z. 1984. Contribution to the knowledge of the Alysiinae (Hymenoptera, Braconidae), parasites of mining Diptera in Poland. (in Polish with English summary) [J]. Polskie Pismo Entomologiczne, 54(2): 367–376.

［177］MICHALSKA Z. 1987. Studies on Alysiinae (Hymenoptera, Braconidae) parasites of mining Agromyzidae (Diptera) in Wielkopolska region. Badania Fizjograficzne nad Polska Zachodnia. Seria C [J]. Zoologia, 35: 25–32.

［178］MICZULSKI B. 1983. Contribution to the knowledge of the fauna of Hymenoptera of grain crops in the environs of Lublin. (in Polish with English & Russian summaries) [J]. Roczniki Nauk Rolniczych. Seria E, 10(1980)(1/2): 27–58.

［179］MORLEY C. 1911. Clare Island survey. Hymenoptera [J]. Proceedings of the Royal Irish Academy, 31(24): 1–18.

［180］MORLEY C. 1924. Notes on British Braconidae XIII. Dacnusides [J]. Entomologist,. 57: 193–198.

［181］MORLEY C. 1924. Notes on British Braconidae XIII. Dacnusides [J]. Entomologist, 57: 250–255.

［182］MUESEBECK C F W, WALKLEY L M. 1951. Family Braconidae. In: Muesebeck C.F.W., Krombein K.V. & Townes H.K. (Eds.) " Hymenoptera of America North of Mexico – Synoptic catalog." [J] U.S. Dept. Agriculture Monograph No. 2: 90–184.

［183］MUESEBECK C F W. 1958. Family Braconidae. In: Krombein K.V. (Ed.) "Hymenoptera of America North of Mexico synoptic catalog (Agriculture Monograph No. 2), first supplement." [J] United States Government Printing Office, Washington, D.C. U.S.A.18–36.

［184］MURRAY J. 1941. Some species of *Dacnusa* (Hym. Braconidae) in Dumfriesshire [J]. Entomologist's Monthly Magazine, 77: 167–168.

［185］NEES VON ESENBECK C G. 1811. Ichneumonides Adsciti, in Genera et Familias Divisi [J]. Magazin Gesellschaft Naturforschender Freunde zu Berlin, 5(1811). 37.

［186］NEES VON ESENBECK C G. 1812. Ichneumonides Adsciti, in Genera et Familias Divisi [J]. Magazin Gesellschaft Naturforschender Freunde zu Berlin, 6(1812): 183–

221.

［187］NEES VON ESENBECK C G. 1816. Ichneumonides Adsciti, in Genera et Familias Divisi [J]. Magazin Gesellschaft Naturforschender Freunde zu Berlin, 7(1813): 243– 277.

［188］NEES VON ESENBECK C G. 1819. Appendix ad J.L.C. Gravenhorst conspectum generum et familiarum Ichneumonidum, genera et familias Ichneumonidum adscitorum exhibens[J]. Nova Acta Physico Medica Acad. Ceasar. Leop. Carol. Erlangen, 9(1818): 299–310.

［189］NEES VON ESENBECK C G. 1834. Hymenopterorum Ichneumonibus affinium monographiae, genera Europaea et species illustrantes. 1[M]. Stuttgartiae et Tubingae, 320.

［190］NIXON G E J. 1937. British species of *Dacnusa* (Braconidae) [J]. Transactions of the Society for British Entomology, 4: 1– 88.

［191］NIXON G E J. 1943. A revision of the European Dacnusini (Hym., Braconidae, Dacnusinae) [J]. Entomologist's Monthly Magazine, 79: 159–168.

［192］NIXON G E J. 1944. A revision of the European Dacnusini (Hym., Braconidae, Dacnusinae) [J]. Entomologist's Monthly Magazine, 80: 88–108.

［193］NIXON G E J. 1944. A revision of the European Dacnusini (Hym., Braconidae, Dacnusinae) [J]. Entomologist's Monthly Magazine, 80: 140–151.

［194］NIXON G E J. 1944. A revision of the European Dacnusini (Hym., Braconidae, Dacnusinae) [J]. Entomologist's Monthly Magazine, 80: 193–200.

［195］NIXON G E J. 1944. A revision of the European Dacnusini (Hym., Braconidae, Dacnusinae) [J]. Entomologist's Monthly Magazine, 80: 249–255.

［196］NIXON G E J. 1945. A revision of the European Dacnusini (Hym., Braconidae, Dacnusinae) [J]. Entomologist's Monthly Magazine, 81: 189–204.

［197］NIXON G E J. 1945. A revision of the European Dacnusini (Hym., Braconidae, Dacnusinae) [J]. Entomologist's Monthly Magazine, 81: 217–229.

［198］NIXON G E J. 1946. A revision of the European Dacnusini (Hym., Braconidae, Dacnusinae) [J]. Entomologist's Monthly Magazine, 82: 279–300.

［199］NIXON G E J. 1948. A revision of the European Dacnusini (Hym., Braconidae, Dacnusinae) [J]. Entomologist's Monthly Magazine, 84: 207–224.

［200］NIXON G E J. 1949. A revision of the European Dacnusini (Hym., Braconidae, Dacnusinae) [J]. Entomologist's Monthly Magazine, 85: 289–298.

［201］NIXON G E J. 1954. A revision of the European Dacnusini (Hym., Braconidae, Dacnusinae) [J]. Entomologist's Monthly Magazine, 90: 257–290.

［202］NORTON F. 1931. The Ichneumonidae of Glamorgan[J]. Transactions of the

Cardiff Naturalist's Society, 64(1931–1933): 108–111.

［203］O'CONNOR J P, NASH R, VAN ACHTERBERG C. 1999. A catalogue of the Irish Braconidae (Hymenoptera: Ichneumonoidea) [J]. Occasional Publication of the Irish Biogeographical Society. 4: 123.

［204］OKADA M. 2002. Present status of biological pesticide in Japan [J]. Agrochemicals Japan, 80: 2–5.

［205］PAPP J, OEHLKE J. 1982. Zur Brackwespenfauna der Insel Hiddensee. Ein Beitrag zur Fauna von Naturschutzgebieten der DDR (Insecta, Hymenoptera, Braconidae) [J]. Faunistische Abhandlungen, 9: 185–193.

［206］PAPP J. 1992. New Braconid wasps (Hymenoptera, Braconidae) in the Hungarian Natural History Museum, 3 [J]. Annales Historico–Naturales Musei Nationalis Hungarici, 84:129–160.

［207］PAPP J. 1994. Hymenoptera species in *Lipara* galls (Diptera, Chloropidae) in Hungary [J]. Folia Entomologica Hungarica. 55: 65–91.

［208］PAPP J, REZBANYAI–RESER L. 1996. Contributions to the braconid fauna of Monte Generoso, Canton Ticino, southern Switzerland (Hymenoptera: Braconidae) [J]. Entomologische Berichte Luzern, 35: 59–134.

［209］PAPP J, VAN ACHTERBERG, C, VAN ZUIJLEN J W A, et al.. 1996. Braconidae (Schildwespen) [M]. In: Zuijlen, J.W.A. van; Peeters, R.M.J.; Wielink, P.S. van; Eck, A.P.W. van; Bouvy, E.H.M. 'Brand–stof. Een inventarisatie van de entomofauna van het natuurresrvaat 'De Brand' in 1990'. Insektenwerkgroep K.N.N.V.–afdeling Tilburg. Nederland, 119–128.

［210］PAPP J. 2002. The Braconid wasps (Hymenoptera: Braconidae) of the Ferto–Hansag National Park (NW Hungary) [J]. The Fauna of the Ferto–Hansag National Park, 557–581.

［211］PAPP J. 2003. Braconidae (Hymenoptera) from Korea, XXI. Species of fifteen subfamilies [J]. Acta Zoologica Academiae Scientiarum Hungaricae, 49(2): 115–152.

［212］PAPP J. 2004. First outline of the braconid fauna of Southern Transdanubia, Hungary (Hymenoptera, Braconidae), VII. Alysiinae: Dacnusini, Orgilinae and Sigalphinae [J]. Somogyi Muzeumok Kozlemenyei, 16: 343–352.

［213］PAPP J. 2004. A monograph of the braconid fauna of the Bakony Mountains (Hymenoptera, Braconidae) V. Agathidinae, Alysiinae. (in Hungarian with English summary) [J]. Folia Musei Historico Naturalis Bakonyiensis, 21: 111–154.

［214］PAPP J. 2004. Braconidae (Hymenoptera) from Mongolia XV. subfamily Alysiinae: Dacnusini [J]. Acta Zoologica Academiae Scientiarum Hungaricae, 50(3):245–269.

［215］PAPP J. 2005. A checklist of the Braconidae of Hungary (Hymenoptera) [J]. Folia Entomologica Hungarica, 66: 137–194.

［216］PAPP J. 2005. Braconidae (Hymenoptera) from Mongolia, XVI. Subfamilies Gnamptodontinae, Brachistinae, Euphorinae, Alysiinae [J]. Acta Zoologica Academiae Scientiarum Hungaricae, 51(3): 221–251.

［217］PAPP J. 2006. A monograph of the braconid fauna of the Bakony Mountains (Hymenoptera, Braconidae) VII. 19 subfamilies [J]. Folia Musei Historico–Naturalis Bakonyiensis, 23: 71–111.

［218］PAPP J. 2007. Braconidae (Hymenoptera) from Korea XXII. Subfamily Alysiinae [J]. Acta Zoologica Academiae Scientiarum Hungaricae, 53(1): 1–38.

［219］PAPP J. 2007. Braconidae (Hymenoptera) from Greece, 6 [J]. Notes fauniques de Gembloux, 60(3): 99–127.

［220］PAPP J. 2009. Contribution to the braconid fauna of the former Yugoslavia, V. Ten subfamilies (Hymenoptera, Braconidae) [J]. Entomofauna, 30(1): 1–35.

［221］PAPP J. 2009. Braconidae (Hymenoptera) from Korea XXIII. Subfamilies Agathidinae and Alysiinae [J]. Acta Zoologica Academiae Scientiarum Hungaricae, 55(3): 235–261.

［222］PAPP J. 2009. Nine new *Chorebus* Haliday species from central Europe (Hymenoptera, Braconidae, Alysiinae: Dacnusini) [J]. Annales Historico Naturales Musei Nationalis Hungarici, 101: 101–130.

［223］PAPP J. 2009. A monograph of the braconid fauna of the Bakony Mountains (Hymenoptera, Braconidae) VII. Supplement 14 subfamilies. (in Hungarian with English summary) [J]. Folia Musei Historico–Naturalis Bakonyiensis, 26: 33–45.

［224］PAPP J. 2013. Dacnusines from Korea: new and known species (Hymenoptera: Braconidae: Alysiinae: Dacnusini) [J]. Acta Zoologica Academiae Scientiarum Hungaricae, 59(3): 229–265.

［225］PARFITT E. 1881. The fauna of Devon. Order Hymenoptera. Family Ichneumonidae. Section Pupivora [J]. Report and Transaction of the Devonshire Association of Advance Science, 13: 241–292.

［226］PEREPECHAYENKO V L. 1994. The species of braconids new for the fauna of Ukraine. (in Russian) [J]. Izvestiya Kharkovskogo Entomologitchestogo Obshchestva, 2(2):36–39. (missing p.37)

［227］PEREPECHAYENKO V L. 1997. A new species of the genus *Symphya* Foerster (Hymenoptera: Braconidae: Alysiinae: Dacnusini) from the Ukraine [J]. Izvestiya Kharkovskogo Entomologitchestogo Obshchestva, 5(2): 60–62.

［228］PEREPECHAYENKO V L. 1998. Contribution to the fauna of Braconid–flies of thye genus *Chorebus* Haliday (Hymenoptera: Braconidae: Alysiinae: Dacnusini) from the basin of the Breda River (Ukraine) [J]. Izvestiya Kharkovskogo Entomologitchestogo Obshchestva, 6(1): 89–94.

［229］PEREPECHAYENKO V L. 2000. Review of braconid wasps of the genus *Trachionus* (Hymenoptera, Braconidae, Alysiinae) of Palaearctic [J]. Vestnik Zoologii, 34(3): 29–38

［230］PEREPECHAYENKO V L. 2000. Review of genera of the tribe Dacnusini (Hymenoptera: Braconidae: Alysiinae) of Palaearctic region [J]. Izvestiya Kharkovskogo Entomologitchestogo Obshchestva, 8(1): 57–79.

［231］PEREPECHAYENKO V L . 2008. An annotated list of the braconid wasps of the tribe Dacnusini (Hymenoptera: Braconidae: Alysiinae) of Ukraine. II Genera with haired eyes and genera with 4–toothed mandibles. (in Russian with English summary) [J]. Kavkazskii Entomologicheskii Byulleten, 4 (3) : 363–380.

［232］PEREPECHAYENKO V L . 2010. Typification of mandibles of laeger parasitic Braconidae of Dacnusini tribe [R]. The South of Russia: ecology, development, 126–133.

［233］PERKINS J F, NIXON G E J. 1939. Insecta, Hymenoptera, Ichneumonoidea [J]. The Victoria history of the counties of England: A history of the county of Oxford, 1: 139–144.

［234］PETERSEN B. 1956. The zoology of Iceland. Volume III. Part 49–50. Hymenoptera [M]. Copenhagen and Reyjavik. E. Munksgaard, 176.

［235］PIMENTEL D, AL–HAFIDH R. 1963. The coexistence of insect parasites and hosts in laboratory ecosystems [J]. Annals of the Entomological Society of America, 56:676–678.

［236］PRIORE R, TREMBLAY E. 1994. Nuovi parassitoidi (Hymenoptera: Braconidae) della *Liriomyza bryoniae* (Kaltenbach) (Diptera Agromyzidae) [J]. Bollettino del Laboratorio di Entomologia Agraria Filippo Silvestri, 49 (1992): 31–39.

［237］PRIORE R, TREMBLAY E. 1995. Parassitoidi (Hymenoptera Braconidae) di alcuni ditteri fillominatori (Diptera Agromyzidae) [J]. Bollettino del Laboratorio di Entomologia Agraria Filippo Silvestri, 50 (1993): 109–120.

［238］QUICKE D L J, VAN ACHTERBERG C, GODFRAY H C J. Comparative morphology of the venom gland and reservoir in opiine and alysiine braconid wasps (Insecta, Hymenoptera, Braconidae) [J]. Zoologica Scripta, 26(1): 23–50.

［239］RIEGEL G T. 1982. The American species of Dacnusinae, excluding certain Dacnusini (Hymenoptera: Braconidae) [J]. Novitates Arthropodae, 1(3): 1–185.

［240］ROMAN A. 1910. Notizen zur Schlupfwespensammlung des schwedischen Reichsmuseums [J]. Entomologisk Tidskrift, 31:109–196.

［241］ROMAN A. 1917. Braconiden aus den Färöern [J]. Arkiv foer Zoologi, 11(7): 1–10.

［242］ROMAN A. 1925. Braconidae nebst Nachtrag zu den Ichneumoniden. In: Dampf A. & Rosen′ K.V. "Fauna Faeröensis. Ergebnisse einer Reise nach den Faeröer, ausgefuehrt im Jahre 1912" [J]. Entomologiske Meddelelser, 14: 410–425.

［243］RONDANI C. 1872. Degli Insetti parassiti e delle loro vittime [J]. Bollettino della Societa Entomologica Italiana, 4: 41–78, 229–258.

［244］RONDANI C. 1876. Repertorio degli insetti parassiti e delle Loro Vittime [J]. Bollettino della Societa Entomologica Italiana, 8: 54–70.

［245］RUDOW F. 1918. Braconiden und ihre Wirte [J]. Entomologische Zeitschrift, 32: 4, 7–8, 11–12, 15–16.

［246］RUSCHKA F, THIENEMANN A. 1913. Zur Kenntnis der Wasser–Hymenopteren [J]. Zeitschrift für Wissenschaftliche Insektenbiologie, 9: 82–87.

［247］RUSCHKA F, FULMEK L. 1915. Verzeichnis der an der K.K. Pflanzenschutz–Station in Wien erzogenen parasitischen Hymenoptera [J]. Zeitschrift für Angewandte Entomologie, 2: 390–412.

［248］RUTHE J F. 1859. Verzeichniss der von Dr. Staudinger im Jahre 1856 auf Island gesammelten Hymenopteren [J]. Stettiner Entomologische Zeitung, 20: 305–322.

［249］SACHTLEBEN H. 1954. Parasiten der Möhrenfliege, *Psila rosae* Fabr [J]. Beiträge zur Entomologie, 4: 219–220.

［250］SCHIODTE G. 1837. Om et nyt genus af brakonaglige Ichneumoner [J]. Naturhistorisk Tidskrift, 1: 596–605.

［251］SCHOBER H. 1959. Biologische und ökologische Untersuchungen an Grasmonokulturen [J]. Zeitschrift für Angewandte Zoologie, 46: 401–455.

［252］SCHULZ W A. 1910. Süßwasser–Hymenoptera aus dem See von Overmeire [J]. Annales de Biologie Lacustre, 4: 194–210.

［253］SHARANOWSKI B J, DOWLING A P G, SHARKEY M J. 2011. Molecular phylogenetics of Braconidae (Hymenoptera: Ichneumonoidea), based on multiple nuclear genes, and implications for classification [J]. Systematic Entomology, 36: 549–572.

［254］SHENEFELT R D. 1974. Braconidae 7. Alysiinae. Hymenopterorum Catalogus (nova editio) [M]. 11: 937–1113.

［255］SHI M, CHEN X X, VAN ACHTERBERG C. 2005. Phylogenetic relationships among the Braconidae (Hymenoptera: Ichneumonoidea) inferred from partial 16S rDNA, 28S rDNA D2, 18S rDNA gene sequences and morphological characters [J]. Molecular Phylogenetics and Evolution, 37(1): 104–116.

［256］SILFVERBERG H. 1996. Chnages 1991–1995 in the list of Finnish insects [J]. Entomologica Fennica, 7:39–49.

[257] SMITH F. 1853. List of the specimens of British animals in the collection of the British Museum. Part XIII. Nomenclature of Hymenoptera [M]. Taylor & Francis. London. 73 pp.

[258] SMITS VAN BURGST C A L. 1919. Braconidae(Hym.) faun. nov. spec. aanwezig in de collectie van het Rijk [J]. Tijdschrift voor Entomologie, 62: 104–106.

[259] SNELLEN VAN VOLLENHOVEN S C. 1873. Nieuwe naamlist van Nederlandsche vliesvleugelige Insecten (Hymenoptera) [J]. Tweede Stuk. Tijdschrift voor Entomologie, 16: 147–220.

[260] SNELLEN VAN VOLLENHOVEN S C. 1874. Voor Nederland niewe bladwespen en ichneumoniden [J]. Tijdschrift voor Entomologie, 17: lxv–lxvi.

[261] SNELLEN VAN VOLLENHOVEN S C. 1876. Additions to the checklist of Dutch Hymenoptera[J]. Tijdschrift voor Entomologie, 19: 211–257.

[262] SPEISER P. 1908. Notizen über Hymenopteren [J]. Schriften der Naturforschenden Gesellschaft Danzig. (N.F.) 12(2): 31–57.

[263] STELFOX A W. 1953. The association of *Dacnusa ampliator* Nees (Hym., Braconidae) with hogweed [J]. Entomologist's Monthly Magazine, 89: 67.

[264] STELFOX A W. 1954. New species of Dacnusinae (Hym., Braconidae) from Ireland [J]. Entomologist's Monthly Magazine, 90: 159–165.

[265] STELFOX A W. 1957. Further new species of Dacnusini (Hym., Braconidae) from Ireland and notes on several other species [J]. Entomologist's Monthly Magazine, 93: 111–120.

[266] STELFOX A W. 1959. *Miota cebes* Nixon (Hym., Diapriidae, Belytinae) and other Hymenoptera in Northern Ireland [J]. Entomologist's Monthly Magazine, 95: 79.

[267] STELLWAAG F. 1921. Die Schmarotzerwespen (Schlupfwespen) als Parasiten [J]. Monographien zur Angewandten Entomologie, 6:100.

[268] STRAND E. 1906. Nye bidrag til Norges hymenopter– og dipterfauna. I. Snyltehvepse, samlede saerlig i Hallingdal og Hatfjelddalen [J]. Nytt Magasin for Naturvidenskapene, 44: 95–101.

[269] SZÉPLIGETI G. 1904. Hymenoptera. Fam. Braconidae [J]. Genera Insectorum, 22:1–253.

[270] TAKADA H. 1977. Descriptions of two new species of the genus *Dacnusa* Haliday from Japan (Hymenoptera: Braconidae) [J]. Akitu, 11: 1–5.

[271] TAKADA H, KAMIJO K. 1979. Parasite complex of the garden pea leaf–miner, *Phytomyza horticola* Gourea, in Japan [J]. Kontyu, 47(1): 18–37.

[272] TALITZKY V I, KUSLITZKY W S. 1990. Parasitic Hymenoptera of Moldavia [M]. 304.

［273］TASCHENBERG E L. 1866. Die Hymenopteren Deutschlands nach ihren Gattungen und theilweise nach ihren Arten als Wegweiser für angehende Hymenopterologen und gleichzeitig als Verzeichniss der Halle'schen Hymenopterenfauna [J]. Eduard Kummer, Leipzig. 277.

［274］TELENGA N A. 1935. Uebersicht der aus U.S.S.R. bekannten Arten der Unterfamilie Dacnusinae (Braconidae, Hymenoptera) [J]. Vereinsschrift der Gesellschaft Luxemburger Naturfreunde, 1934(12): 107–125.

［275］TELENGA N A. 1935. Neue und weniger bekannte palaearktische Braconiden (Hym.) [J]. Arbeiten über Physiologische und Angewandte Entomologie, 2: 271–275.

［276］THIENEMANN A. 1916. Ueber Wasserhymenopteren [J]. Zeitschrift für Wissenschaftliche Insektenbiologie, 12: 49–54.

［277］THOMSON C G. 1895. LII. Bidrag till Braconidernas Kännedom [J]. Opuscula Entomologica, 20: 2141–2339.

［278］TOBIAS V I. 1962. Contribution to the fauna of the subfamily Alysiinae (Hymenoptera, Braconidae) of the Leningrad region [J]. Trudy Zoologicheskogo Instituta. Leningrad, 31: 81–137.

［279］TOBIAS V I. 1966. New species and genus of Braconids (Hymenoptera, Braconidae) from Turkmenia and adjacent territories [J]. Trudy Zoologicheskogo Instituta. Leningrad, 37: 111–131.

［280］TOBIAS V I. 1971. Review of the Braconidae (Hymenoptera) of the U.S.S.R.[J]. Trudy Vsesoyuznogo Entomologicheskogo Obshchestva, 54: 156–268.

［281］TOBIAS V I, JAKIMAVICIUS A B. 1973. Supplementary data about the braconid (Hymenoptera, Braconidae) fauna of Lithuania. (in Russian with English summary) [J]. Acta Entomologica Lituanica, 2: 23–38.

［282］TOBIAS V I, JAKIMAVICIUS A B. 1986. Alysiinae & Opiinae [M]. In: Medvedev G.S. (ed.) 'Opredelitel Nasekomych Evrospeiskoi Tsasti SSSR 3, Peredpontdatokrylye 4. Opr. Faune SSSR.'147(3), 7–231.

［283］TOBIAS V I. 1998. Alysiinae (Dacnusini) and Opiinae [M]. In: Ler, P.A. 'Key to the insects of Russian Far East. Vol. 4. Neuropteroidea, Mecoptera, Hymenoptera. Pt 3.' Dal'nauka, Vladivostok. 299–411, 558–655.

［284］TOKUMARU S, ABE Y. 2006. Hymenopterous parasitoids of leafminers, *Liriomyza sativae* Blanchard, *L. trifolii* (Burgess), and *L. bryoniae* (Kaltenbach) in Kyoto Prefecture. (in Japanese with English summary) [J]. Japanese Journal of Applied Entomology and Zoology. 50(4): 341–345.

［285］TORMOS J, SENDRA A. 1987. The Spanish species of the genus *Exotela* Foerster, 1862 (Hymenoptera, Braconidae) [J]. Miscellania Zoologica, 11: 179–186.

［286］TORMOS J, GAYUBO S F, ASIS J D. 1988. Alysiinae of the Vall d'Aran (Spain) (Hymenoptera, Braconidae). (in Spanish with English summary) [J]. Miscellania Zoologica, 12: 368–370.

［287］TORMOS J, VERDU M J. 1989. Notas sobre Braconidae y Chalcidoidea de Portugal (Hym., Apocrita: Terebrantia) [J]. Arquivos do Museu Bocage. Nova Serie, 1(23): 349–352.

［288］TORMOS J, GAYUBO S F, ASIS J D, et al. 1989. Primera contribución la conocimiento de los Braconidae (Hy., Apocrita, Terebrantia) parásitos de Agromyzidae (Dipt., Cyclorrapha) en la provincia de Salamanca [J]. Anales de Biologia. Murcia, 15(4): 83–86.

［289］TORMOS J, GAYUBO S F. 1990. Alysiinae (Hymenoptera, Braconidae) parasites of Agromyzidae (Diptera, Cyclorrapha) in Valencia (Spain) [J]. Orsis (Organismes I Sistemes), 5: 135–139.

［290］TORMOS J, PARDO X, JIMÉNEZ R, et al. 2003. Descriptions of adults, immature stages and venom apparatus of two new species of Dacnusini: *Chorebus pseudoasphodeli* sp.n., parasitic on *Phytomyza chaerophili* Kaltenbach and *C. pseudoasramenes* sp.n., parasitic on *Cerodontha phragmitophila* Hering (Hymenoptera: Braconidae: Alysiinae; Diptera: Agromyzidae) [J]. European Journal of Entomology, 100(3): 393–400.

［291］VALENTINE E W. 1967. A list of the hosts of entomophagous insects of New Zealand [J]. New Zealand Journal of Science, 10: 1100–1210.

［292］VALENTINE E W, WALKER A K. 1991. Annotated catalogue of New Zealand Hymenoptera [R]. D.S.I.R. Plant Protection Report No. 4.

［293］VAN ACHTERBERG C. 1974. Some Braconidae (Hymenoptera) new to Norway [J]. Norsk Entomologisk Tidsskrift, 21(1): 110.

［294］VAN ACHTERBERG C. 1976. A preliminary key to the subfamilies of the Braconidae (Hymenoptera) [J]. Tijdschrift voor Entomologie, 119(3): 33–78.

［295］VAN ACHTERBERG C. 1988. The Genera of *Aspilota*–group and Some Descriptions of Fungicolous Alysiini from the Netherlands (Hymenoptera:Braconidae:Alysiinae) [J]. Zoologische Verhandelingen, 247: 3－88.

［296］VAN ACHTERBERG C. 1997. Revision of the Haliday collection of Braconidae (Hymenoptera) [J]. Zoologische Verhandelingen, 314: 115

［297］VAN ACHTERBERG C, FALCÓ J V. 2001. *Cuniculobracon verdui* gen. nov. & spec. nov. and a new species of *Polemochartus* Schulz (Hymenoptera: Braconidae) from Spain, with a note on *Eremita* Kasparyan (Hymenoptera: Ichneumonidae) [J]. Zoologische Mededelingen Leiden, 75(8): 137–146.

［298］VAN ACHTERBERG C, REZBANYAI-RESER L. 2001. Zur Insektenfauna der Umgebung von Lauerz, Kanton Schwyz. 1. Sägel (455 m) und Schuttwald (480 m). IV

Hymenopter 1: Braconidae (Brackwespen) [J]. Entomologische Berichte Luzern, 45:109–122.

［299］VAN ACHTERBERG C. 2007. Coppice woods: hotspots for parasitoid wasps[J]. Entomologische Berichten Amsterdam, 67(6): 204–208.

［300］VAN ACHTERBERG C, AGUIAR A M F. 2009. Additions to the fauna of Braconidae from Madeira and Selvagens Islands, with the description of five new species (Hymenoptera: Braconidae: Homolobinae, Alysiinae, Opiinae) [J]. Zoologische Mededelingen (Leiden), 83(4): 777–797.

［301］VAN ACHTERBERG C, Prinsloo G L. 2012. Braconidae (Hymenoptera: Opiinae, Alysiinae) reared from aquatic leaf–mining Diptera on Lagarosiphon major (Hydrocharitaceae) in South Africa [J]. African Entomology, 20 (1): 124–133.

［302］VIDAL S. 1993. Determination list of entomophagous insects [J]. Nr. 12. IOBC–WPRS Bulletin, 16(3): 1–9.

［303］VIDAL S. 1997. Determination list of entomophagous insects [J]. Nr. 13. IOBC–WPRS Bulletin, 20(2): 1–8.

［304］WEN J Z, WANG Y, LEI Z R. 2004. Two new record species of parasitic wasps (Hymenoptera: Braconidae: Eucolidae) on *Liriomyza huidobrensis* (Diptera: Agromyzidae) from China. (in Chinese) [J]. Entomotaxonomia, 26(1): 67–68.

［305］WITHYCOMBE C L. 1923. Notes on the biology of some British Neuroptera (Planipennia) [J]. Transactions of the Royal Entomological Society of London, 1922: 501–594.

［306］WHARTON R A, AUSTIN A D. 1991. Revision of Australian Dacnusini (Hymenoptera; Braconidae: Alysiinae): Parasitoids of cyclorrhaphous Diptera [J]. Journal of the Australian Entomological Society, 30(3): 193–206.

［307］WHARTON R A, YODER M J, GILLESPIE J J, et al. 2006. Relationships of *Exodontiella*, a non–alysiine, exodont member of the family Braconidae (Insecta, Hymenoptera) [J]. Zoologica Scripta, 35: 323–340.

［308］WRIGHT D W, GEERING Q A, ASHBY D G. 1947. The insect parasites of the carrot fly, Psila rosae Fab.[J]. Bulletin of Entomological Research, 37: 507–529.

［309］YARI Z, MENDOZA EC, FELIPO F J P, et al. 2016. A faunistic survey on the genus *Chorebus* Haliday (Hymenoptera: Braconidae, Alysiinae, Dacnusini) in Eastern Iran [J]. Journal of Insect Biodiversity and Systematics, 2(3): 355–366.

［310］YILDIRIM E M, CIVELEK H S, CIKMAN E, et al. 2010. Contributions to the Turkish Braconidae (Hymenoptera) fauna with seven new records [J]. Turkiye Entomoloji Dergisi, 34 (1): 29–35.

［311］YILMAZ T, BEYARSLAN A. 2008. The first record of *Trachionus mandibularis* (Nees 1816) (Hymenoptera: Braconidae: Alysiinae) in Turkey [J]. Linzer Biologische Beitraege, 40(2): 1363–1366.

［312］YU D S, VAN ACHTERBERG K, HORSTMANN K. 2016. Taxapad 2016, Ichneumonoidea 2015. Database on flash-drive. www.Taxapad.com, Nepean, Ontario, Canada.

［313］YULDASHEV E J. 2006. Braconid-wasps (Hymenoptera, Braconidae) in Uzbekistan. (in Russian with English summary) [J]. Uzbekskii Biologicheskii Zhurnal, (2005); 5: 41-47.

［314］YULDASHEV E J. 2006. On the fauna of braconid-wasps of the subfamilies Opiinae and Alysiinae (Hymenoptera; Braconidae) [J]. Uzbekskii Biologicheskii Zhurnal, 6: 43-45.

［315］ZALDIVAR-RIVERÓN A, MORI M, QUICKE D L J. 2006 Systematics of the cyclostome subfamilies of braconid parasitic wasps (Hymenoptera: Ichneumonoidea): A simultaneous molecular and morphological Bayesian approach [J]. Molecular Phylogenetics and Evolution, 38(1): 130-145.

［316］ZAYKOV A N. 1982. The European species of *Symphya* Förster (Hymenoptera: Braconidae) [J]. Acta Zoologica Hungarica, 28: 171-179.

［317］ZAYKOV A N. 1986. A faunistic contribution to the study of tribe Dacnusini (Hymenoptera, Braconidae) in Bulgaria [J]. Acta Zoologica Bulgarica, 30: 61-63.

［318］ZHENG M L, CHEN J H, VAN ACHTERBERG C. 2013. The discovery of the rare genus *Epimicta* Foerster (Hymenoptera: Braconidae) in China, with a description of a new species [J]. Zootaxa, 3613(2): 190-194.

［319］ZHENG M L, VAN ACHTERBERG C, CHEN J H. 2016. A New Species of the genus *Proantrusa* Tobias (Hymenoptera: Braconidae: Alysiinae) from Northwestern China [J]. Florida Entomologist, 99(3): 385-388.

［320］ZHENG M L, CHEN J H, VAN ACHTERBERG C. 2017. First report of the genus *Coeliniaspis* Fischer (Hymenoptera, Braconidae, Alysiinae) from China and Russia [J]. Journal of Hymenoptera Research, 57: 135-142.

［321］ZHENG M L, CHEN J H. 2017. A new species and three newly recorded species of the dacnusine genus *Dacnusa* Haliday (Hymenoptera: Braconidae: Alysiinae) from China [J]. Zootaxa, 4232 (4): 511-522.

［322］ZHENG M L, CHEN J H. 2017. The dacnusine genus *Chorebus* Haliday (Hymenoptera: Braconidae: Alysiinae) from China [J]. Zootaxa, 4294 (2): 170-180.

［323］ZIKIC V, BRAJKOVIC M, TOMANOVIC Z. 2000. Preliminary results of Braconid fauna research (Hymenoptera: Braconidae) found in Sicevo Gorge, Serbia [J]. Acta Entomologica Serbica, 5(1-2): 95-110.

ABSTRACT

Systematic Studies on Dacnusini of China
(Hymenoptera: Braconidae Alysiinae)

Chen Jiahua   Zheng Minlin

(Research Institute of Beneficial Insects, College of Plant Protection, Fujian Agriculture and Forestry University, Fuzhou, Fujian, China, 350002)

This book covers a taxonomic study of tribe Dacnusini Foerster (Hymenoptera: Braconidae: Alysiinae) from China. This study is conducted based on more than 8000 related specimens from China. This book has recorded 134 species from the different areas of China, of which 41 species are new to science, and 68 species are new to China. All species in this paper are given full descriptions and illustrated with figures. The information about host, distribution and some notes of biology are provided in this paper. All types for studying are deposited in the Research Institute of Beneficial Insects of Fujian Agriculture and Forestry University. The new species and newly recorded taxa are listed as follows:

New species: *Amyras gladius*, sp. nov.; *Chaenusa fulvostigmatus*, sp. nov.; *Chorebus (Stiphrocera) avenula*, sp. nov.; *Chorebus (Stiphrocera) cavatifrons*, sp. nov.; *Chorebus (Stiphrocera) pappi*, sp. nov.; *Chorebus (Stiphrocera) cecidium*, sp. nov.; *Chorebus (Stiphrocera) hyalodesa* sp. nov.; *Chorebus (Stiphrocera) fulvipetiolus*, sp. nov.; *Chorebus (Stiphrocera) triangulus* sp. nov.; *Chorebus (Stiphrocera) xingjiangensis*, sp. nov.; *Chorebus (Stiphrocera) fujianensis*, sp. nov.; *Chorebus (Stiphrocera) moheana*, sp. nov.; *Chorebus (Stiphrocera) liupanshana*, sp. nov.; *Chorebus (Stiphrocera) longithoracalis*, sp. nov.; *Chorebus (Stiphrocera) shennongjiaensis*, sp. nov.; *Chorebus (Stiphrocera) latimandibula*, sp. nov.; *Chorebus (Chorebus) chaetocornis*, sp. nov.; *Chorebus (Chorebus) nixoni*, sp. nov.; *Chorebus (Chorebus) xuthosa*, sp. nov.; *Chorebus (Chorebus) zhuozishana*, sp. nov.; *Chorebus (Phaenolexis) longicaudus*, sp. nov.; *Chorebus (Phaenolexis) systolipetiolus*, sp. nov.; *Chorebus (Phaenolexis) gracilipetiolus*, sp.nov.; *Chorebus (Phaenolexis) breviskerkos*, sp. nov.; *Coelinidea glabrum*, sp. nov.; *Coelinidea avellanpalpis*, sp. nov.; *Dacnusa (Dacnusa) asternaulus*, sp. nov.; *Dacnusa (Pachysema) fischeri*, sp. nov.; *Dacnusa (Pachysema)* *heilongjianus*, sp. nov.; *Dacnusa* (*Pachysema*) *ningxiaensis*, sp. nov.; *Dacnusa* (*Pachysema*) *cheni*, sp. nov.; *Dacnusa* (*Pachysema*) *qilianshanensis*, sp. nov.; *Dacnusa* (*Pachysema*) *flavithorax*, sp. nov.; *Exotela longicorna*, sp. nov.; *Exotela quadridentata*, sp. nov.; *Exotela infuscatus*, sp. nov.; *Exotela maculifacialis*, sp. nov.; *Exotela caperatus*, sp. nov.; *Exotela chaetoscutatus*, sp. nov.; *Sarops taershanensis*, sp. nov.; *Trachionus achterbergi*, sp. nov..

New records of genera for China: *Amyras* Nixon, 1943; *Coelinidea* Viereck, 1913; *Coelinius* Nees, 1819; *Exotela* Foerster, 1862; *Polemochartus* Schulz, 1911; *Sarops* Nixon, 1942.

New records of species for China: *Amyras clandestina* (Haliday, 1839); *Chaenusa trumani* Kula, 2008; *Chaenusa ireneae* Kula, 2008; *Chorebus* (*Etriptes*) *bermus* Papp, 2009; *Chorebus* (*Etriptes*) *talaris* (Haliday, 1839); *Chorebus* (*Stiphrocera*) *diremtus* (Nees, 1834); *Chorebus* (*Stiphrocera*) *cubocephalus* (Telenga, 1935); *Chorebus* (*Stiphrocera*) *glabriculus* (Thomson, 1895); *Chorebus* (*Stiphrocera*) *flavipes* (Goureau, 1851); *Chorebus* (*Stiphrocera*) *hilaris* Griffiths, 1967; *Chorebus* (*Stiphrocera*) *fallaciosae* Griffiths, 1967; *Chorebus* (*Stiphrocera*) *melanophytobiae* Griffiths, 1968; *Chorebus* (*Stiphrocera*) *ganesus* (Nixon, 1945); *Chorebus* (*Stiphrocera*) *granulosus* Tobias, 1998; *Chorebus* (*Stiphrocera*) *andizhanicus* Tobias, 1966; *Chorebus* (*Stiphrocera*) *groschkei* Griffiths, 1967; *Chorebus* (*Stiphrocera*) *resus* (Nixon, 1937); *Chorebus* (*Stiphrocera*) *plumbeus* Tobias, 1998; *Chorebus* (*Stiphrocera*) *cinctus* (Hallday, 1839); *Chorebus* (*Stiphrocera*) *perkinsi* (Nixon, 1944); *Chorebus* (*Stiphrocera*) *eros* (Nixon, 1937); *Chorebus* (*Stiphrocera*) *asramenes* (Nixon, 1945); *Chorebus* (*Stiphrocera*) *poemyzae* Griffiths, 1968; *Chorebus* (*Stiphrocera*) *pachysemoides* Tobias, 1998; *Chorebus* (*Stiphrocera*) *ovalis* (Marshall, 1896); *Chorebus* (*Chorebus*) *esbelta* (Nixon, 1937); *Chorebus* (*Chorebus*) *miodes* (Nixon, 1949); *Chorebus* (*Chorebus*) *affinis* (Nees, 1812); *Chorebus* (*Chorebus*) *alua* (Nixon, 1944); *Chorebus* (*Chorebus*) *uliginosus* (Haliday, 1839); *Chorebus* (*Phaenolexis*) *cytherea* (Nixon, 1937); *Chorebus* (*Phaenolexis*) *pulchellus* Griffiths, 1967; *Chorebus* (*Phaenolexis*) *nomia* (Nixon, 1937); *Chorebus* (*Phaenolexis*) *senilis* (Nees, 1812); *Chorebus* (*Phaenolexis*) *serus* (Nixon, 1937); *Chorebus* (*Phaenolexis*) *nerissus* (Nixon, 1937); *Chorebus* (*Phaenolexis*) *gracilis* (Nees, 1834); *Chorebus* (*Phaenolexis*) *elegans* Tobias, 1998; *Chorebus* (*Phaenolexis*) *rondanii* (Giard, 1904); *Chorebus* (*Phaenolexis*) *bicoloratus* Tobias,1998; *Chorebus* (*Phaenolexis*) *xiphidius* Griffiths,1967; *Chorebus* (*Phaenolexis*) *leptogaster* (Haliday, 1839); *Coelinidea arctoa* (Astafurova, 1998); *Coelinidea nigripes* (Ashmead, 1890); *Coelinidea ruficollis* (Herrich–Schaffer, 1838); *Coelinidea acicula* Riegel, 1982; *Coelinidea muesebecki* Riegel, 1982; *Coelinius anceps* (Curtis, 1829); *Dacnusa* (*Dacnusa*) *confinis* Ruthe, 1859; *Dacnusa* (*Dacnusa*) *faeroeensis* (Roman, 1917); *Dacnusa*

(*Dacnusa*) *pubescens* (Curtis, 1826); *Dacnusa (Dacnusa) areolaris* (Nees, 1811); *Dacnusa (Dacnusa) tarsalis* Thomson, 1895; *Dacnusa (Pachysema) brevistigma* (Tobias, 1962); *Dacnusa (Pachysema) umbelliferae* Tobias, 1998; *Dacnusa (Pachysema) plantaginis* Griffiths, 1967; *Dacnusa (Pachysema) soldanellae* Griffiths, 1967; *Exotela flavicoxa* (Thomson, 1895); *Exotela sulcata* (Tobias, 1962); *Exotela flavigaster* Tobias, 1998; *Exotela hera* (Nixon, 1937); *Exotela sonchina* Griffiths, 1967; *Exotela cyclogaster* Foerster, 1862; *Polemochartus liparae* (Giraud, 1863); *Sarops popovi* Tobias, 1962; *Protodacnusa tristis* (Nees, 1834); *Trachionus kotenkoi* (Perepechayenko, 1997); *Trachionus mandibularis* (Nees, 1816).

Key to genera of the tribe Dacnusini (Hym., Braconidae, Alysiinae) from China

1. Metanotum distinctly and acutely protruding dorsally (Fig. 2–116: D; 2–121: F); combined length of the second and the third metasomal tergites 0.6–0.8 or 0.4 times total length of metasoma; pronope absent··2

– Metanotum not or slightly protruding dorsally; combined length of the second and the third metasomal tergites 0.3–0.5 times total length of metasoma; pronope variable····················3

2. Frons with small median tooth in front of anterior ocellus (Fig. 2–116: B); length of 2nd and 3rd metasomal tergites of ♀ 0.4 times total length of metasoma······*Proantrusa* Tobias, 1998

– Frons without small median tooth in front of anterior ocellus; length of 2nd and 3rd metasomal tergites of ♀ 0.6–0.8 times total length of metasoma················*Trachionus* Haliday, 1833

3. Mesoternum always with a strongly rugose–sculptured subtriangle area on its posterior part between the middle coxae (Fig.1–5: A); dorsope of first metasomal tergite absent or nearly so (Fig. 2–77: G); vein 2–R1 of fore wing usually rather long (Fig. 2–74: E)····················
··*Coelinidea* Viereck, 1913

– Mesoternum without a distinct rugose–sculptured area on its posterior part, often nearly smooth there (Fig.1–5: B); dorsope of first metasomal tergite present (Fig. 2–77: G); vein 2–R1 of fore wing short or absent··4

4. Metasoma of ♀ elongate and blade–like compressed (Fig.2–75: I); head long in dorsal view (Fig.2–79: B); vein r of fore wing issued behind the middle of pterostigma (Fig. 2–79: F)·····5

– Metasoma of ♀ shorter and usually not or less compressed (except *Sarops* Nixon); head more or less transverse in dorsal view; vein r of fore wing usually issued between base and middle of pterostigma or from its middle ··· 6

5. Clypeus flattened and with ventral lamella, or more or less depressed medially and sublaterally protruding (Fig.2–71: A); the second metasomal tergite carapace–like as a

narrow rectangular shield with sharp lateral crease (Fig.2–71: E)······*Coeliniaspis* Fischer, 2010

– Clypeus more or less convex and without depression, ventral protuberances or lamella; the second metasomal tergite normal and without complete sharp lateral crease (Fig.2–79: E)······*Coelinius* Nees, 1818

6. Third mandible tooth lobe–shaped, similar to the second tooth and with small tooth below it (Fig. 2–102:B); the second tergite largely sculptured (Fig.2–102:D); third–fifth metasomal tergites densely setose ······*Epimicta* Foerster, 1862

– Third mandible tooth distinctly shorter or narrower than the second tooth and without small tooth below it; second–fifth tergites variable······7

7. Eyes distinctly setose······*Chaenusa* Haliday, 1839

– Eyes virtually glabrous······8

8. Second–fifth metasomal tergites short and densely setose (Fig.2–115: G); third tergite usually partly or largely sculptured; tarsal claws lamelliform widened apically in lateral view······*Polemochartus* Schulz, 1911

– Second–fifth tergites sparsely setose, rarely only the second tergite setose basally; third tergite smooth; tarsal claws normal cylindrical apically in lateral view······9

9. Second metasomal tergite largely finely sculptured (Fig.2–119: F); vein r of fore wing submedially issued from pterostigma (Fig.2–119: G)······*Sarops* Nixon, 1942

– Second tergite smooth, if sculptured then coarser and usually only partly so; vein r of fore wing issued between base and middle of pterostigma······10

10. Mandible with a fourth protuberance, usually on the ventral margin of the second tooth (middle tooth) (Fig.2–30: C); precoxal sulcus present, at least as a smooth depression; metapleuron densely setose, its setae usually forming a rosette (Fig.1–6: A, B); vein CU1b of fore wing often absent······*Chorebus* Haliday, 1833

– Mandible without a fourth protuberance and second tooth somewhat longer than both lateral teeth, or with only 2 teeth; if rarely with a fourth protuberance then precoxal sulcus completely absent or vein m–cu of fore wing postfurcal; setae of metapleuron usually sparser, more or less directed ventro–apically, not forming a rosette; vein CU1b of fore wing variable ······11

11. Mandible enlarged, usually with tooth 1 strongly expanded apically (Fig.2–1: C; Fig.2–117: C); head massive, distinctly wider than mesosoma, in dorsal view, usually swollen behind eyes, with the temples at least as broad as the eye–width ······12

– Mandible usually not enlarged and expanded; head normal, not so distinctly wider than mesosoma, in dorsal view, usually not swollen behind eyes, with the temples usually not broader than the eye–width; if rarely mandible with tooth1 strongly expanded apically and head distinctly swollen behind eyes, then vein m–cu of fore wing postfurcal (e.g. *Exotela dives* (Nixon)) ···13

12. Head, in dorsal view, somewhat swollen behind eyes (Fig.2–2: B); pterostigma elliptical and usually wider and darker in male than female; first subdiscal cell short and closed following the present of vein CU1b (Fig.2–2: G, H); precoxal sulcus smooth or absent; first metasomal tergite robust and not longer than its apical width (Fig.2–2: E)··············
··*Amyras* Nixon, 1943

– Head, in dorsal view, strongly swollen behind eyes (Fig.2–117: B) or more or less parallel–sided (Papp 2005, Fig.78); pterostigma usually long and parallel–sided, not distinctly wider and darker in male than female; first subdiscal cell usually slender and vein CU1b present or absent; precoxal sulcus variable; if pterostigma relatively wide (cuniform) , then precoxal sulcus present and sculptured and first subdiscal cell closed apically (Maetô 1983, Fig.17; Tobias 1998, Fig.119: 9); f First metasomal tergite usually not or less robust, usually longer than its apical width, and if robust, then pterostigma parallel–sided···*Protodacnusa* Griffiths, 1964

13. Vein m–cu of fore wing postfurcal (Fig.2–111: G), if rarely interstitial or slightly antefurcal, then precoxal sulcus present, sculptured···················*Exotela* Foerster, 1862

– Vein m–cu of fore wing distinctly antefurcal (Fig.2–88: G), if interstitial or slightly antefurcal, then precoxal sulcus absent, smooth························ *Dacnusa* Haliday, 1833

Genus Amyras Nixon, 1943

New species from China

1. *Amyras gladius* Chen & Zheng, sp. nov.

Diagnose: This species is similar to *Amyras clandestine* (Haliday), but can be separated from the latter by following characters: mesoscutum smooth and nearly bare; propodeum with less and shallow rugosity; first metasomal tergite nearly bare and with shallow longitudinal striate–rugosity; metapleuron more smoother and with less pubescence; vein r of fore wing obviously shorter.

Male: Similar to female, but pterostigma distinctly darker than female.

Holotype：♀ , Mt. Wulancabuzhuozi, Nei Menggu, 2012– Ⅷ –6, Zheng Minlin.

Paratype: 2 ♀♀, Mt. Wulancabuzhuozi, Nei Menggu, 2012– Ⅷ –4, Zhao Yingying; 1 ♀, Mt. Wulancabuzhuozi, Nei Menggu, 2012– Ⅷ –6, Yao Junli; 1 ♂, Nuanquan, Weixian, Hebei, 2011– Ⅷ –29, Yao Junli.

Host: Unknown.

Key to the Species of genus *Amyras* Nixon from China

1. Mesoscutum nearly bare except for a few pubescence very sparsely distributing along the course of the notauli; first metasomal tergite virtually bare; antenna with 26–27 segments······*Amyras gladius* Chen & Zheng, sp. nov.

– Mesoscutum largely and densely pubescent; first metasomal tergite distinctly covered with many short pubescence; antenna with 32–39 segments······ ······*Amyras clandestina* (Haliday), rec. nov.

Genus *Chaenusa* Haliday, 1839

New species from China

1. *Chaenusa fulvostigmatus* Zheng & Chen, sp. nov.

Diagnose: This species is similar to *Chaenusa ireneae* Kula, can be separated from the latter by following characters: Obliquce sulcus on the sides of pronotum only slightly rugose; mesoscutum smooth, notauli nearly extend to the middle part of mescutum; pterostigma of fore wing brown, vein r issued on middle of pterostigma; apical antennal segments more slender.

Male: Unknown.

Holotype: ♀, Mt. Wulancabuzhuozi, Nei Menggu, 2011– Ⅷ –5, Yao Junli.

Host: Unknown.

Key to the Species of genus *Chaenusa* Haliday from China

1. Mandible with 4 teeth······2

– Mandible with 3 teeth, the second tooth developed and pointed; pterostigma of fore wing wide, subtriangle, vein r issued somewhat before the middle of pterostigma and shorter than pterostigma wideth; first metasomal tergite 2.0 times as long as apically wide, striated; ovipositor short, not projecting beyond the apical tergite in the retracted position; antenna with 18–21 segments; body length 1.8 mm; known distribution: China (Zhejiang), Hungary, Romania, Lithuania, Russia, Ukraine······*Chaenusa orghidani* Burghele

2. Mandible with an additional tooth between tooth 1 and tooth 2(middle tooth) (Fig.2–3: C); pterostigma of fore wing long and narrow (Fig.2–3: G); First metasomal tergite strongly widened toward its apex, 1.3 times as long as apically wide (Fig.2–3: F)·······················
···*Chaenusa trumani* Kula, rec. nov.

– Mandible with an additional tooth between tooth 2 (middle tooth) and tooth 3; pterostigma of fore wing short, subtriangle (Fig.2–4: E); first metasomal tergite relatively elongated, not strongly widened toward its apex, more than 2.0 times as long as apically wide (Fig.2–4: F; Fig.2–5: F)···3

3. Obliquce sulcus on the sides of pronotum slightly rugose; mesoscutum smooth, notauli nearly extend to the middle part of mescutum; pterostigma of fore wing brown, vein r issued on middle of pterostigma (Fig.2–4: E)········*Chaenusa fulvostigmatus* Zheng & Chen, sp. nov.

– Obliquce sulcus on the sides of pronotum clearly entirely crenulate; mesoscutum more or less subcoriaceous; notauli undeveloped, only with their lateral extensions (i.e. at the "shoulders") visible; pterostigma of fore wing yellowish, vein r issued in front of pterostigma (Fig.2–5: G)·······························*Chaenusa ireneae* Kula, rec. nov.

Genus *Chorebus* Haliday, 1833

New species from China

1. *Chorebus* (*Stiphrocera*) *avenula* Zheng & Chen, sp. nov.

Diagnose: This species is close to *Chorebus* (*Stiphrocera*) *albipes* (Haliday), but can be easily separated from the latter by following characters: vein 1–SR+M of forewing absent; notauli extend to the posterior part of mesoscutum; propodeum and metapleuron densely pubescent.

Male: Similar to female.

Holotype: ♀, Honghua, Shennongjia, Hubei, 2000– VIII –27, Yang Jianquan.

Paratype: 1 ♀, Yangri, Shennongjia, Hubei, 1988– VII –26, Zhang Liqin; 1 ♂, Songbo, Shennongjia, Hubei, 1988– VII –30, Yang Jianquan; 2 ♂ ♂, 1 ♀, Muyu, Shennongjia, Hubei, 1988– VIII –5, Yang Jianquan; 3 ♂ ♂, 6 ♀ ♀, Muyu, Shennongjia, Hubei, 1988– VIII –8, Zhang Liqin; 3 ♂ ♂, 5 ♀ ♀, Hongping, Shennongjia, Hubei, 1988– VIII –11, Zhang Liqin; 1 ♂, 2 ♀ ♀, Hongping, Shennongjia, Hubei, 1988– VIII –11, Huang Juchang; 2 ♂ ♂, 1 ♀, Hongping, Shennongjia, Hubei, 1988– VIII –11, Yang Jianquan; 1 ♂, 4 ♀ ♀, Hongping, Shennongjia, Hubei, 1988– VIII –16, Yang Jianquan; 2 ♂ ♂, 1 ♀, Honghua, Shennongjia, Hubei, 2000– VIII –27, Ji Qinge; 1 ♀, Honghua, Shennongjia,

Hubei, 2000– Ⅷ –27, Huang Juchang; 1 ♀, Muyu, Shennongjia, Hubei, 2000– Ⅷ –24, Yang Jianquan; 2 ♂ ♂, Muyu, Shennongjia, Hubei, 2000– Ⅷ –25, Ji Qinge; 1 ♀, Muyu, Shennongjia, Hubei, 2000– Ⅷ –25, Song Dongbao; 1 ♀, Honghua, Shennongjia, Hubei, 2000– Ⅷ –27, Huang Juchang.

Host: Unknown.

2. *Chorebus* (*Stiphrocera*) *cavatifrons* Chen & Zheng, sp. nov.

Diagnose: This species is similar to *Chorebus* (*Stiphrocera*) *glabriculus* (Thomson), but can be separated from the latter by following characters: first metasomal tergite strongly widen towards its apex, about 1.1 times as long as apically wide; propodeum more or less sparsely pubescent; frons with a small pit on its middle part; mandible not expanded at all.

Male: Similar to female.

Holotype：♀, National forest park, Mudanjiang, Heilongjiang, 2011– Ⅶ –18, Zheng Minlin.

Paratype: 1 ♂, National forest park, Mudanjiang, Heilongjiang, 2011– Ⅶ –18, Zheng Minlin; 1 ♀, National forest park, Mudanjiang, Heilongjiang, 2011– Ⅶ –18, Yao Junli.

Host: Unknown.

3. *Chorebus* (*Stiphrocera*) *pappi* Chen & Zheng, sp. nov.

Diagnose: This species is quite similar to *Chorebus* (*Stiphrocera*) *andizhanicus* Tobias, but can be distinguished from the latter by following characters: mesoscutum nearly smooth and very sparsely pubescent; notauli almost absent; mesonotal midpit of mesoscutum short.

Male: Similar to female.

Holotype：♀, Wusutu, Huhehaote, Neimenggu, 2011– Ⅷ –8, Zheng Minlin.

Paratype: 1 ♂, Zhuanlongzang, Baotou, Neimenggu, 2010– Ⅸ –5, Chang Chunguang; 1 ♀, Tuquanxian, Neimenggu, 2011– Ⅶ –29, Yao Junli; 1 ♀, Youjizhongqidaiqintala, Keerqin, Neimenggu, 2011– Ⅶ –30, Yao Junli; 1 ♂, 9 ♀ ♀, Wetland reserve, Keerqin, Neimenggu, 2011– Ⅶ –31, Zheng Minlin; 2 ♀ ♀, Wetland reserve, Keerqin, Neimenggu, 2011– Ⅶ –31, Dong Xiaohui; 1 ♀, Wusutu, Huhehaote, Neimenggu, 2011– Ⅷ –8, Zheng Minlin; 1 ♀, Wusutu, Huhehaote, Neimenggu, 2011– Ⅷ –8, Yao Junli; 1 ♀, Wusutu, Huhehaote, Neimenggu, 2011– Ⅷ –8, Zhao Yingying; 1 ♀, Park Luqiao, Erlianhaote, Neimenggu, 2011– Ⅷ –23, Huangfen; 1 ♀, Mohexian, Neimenggu, 2011– Ⅷ –23, Yao Junli; 1 ♀, Forest Park Baicheng, Jilin, 2011– Ⅷ –1, Zheng Minlin; 3 ♀ ♀, Forest Park Baicheng, Jilin, 2011– Ⅷ –1, Zhao Yingying; 1 ♀, Forest Park Baicheng, Jilin, 2011– Ⅷ –2, Yao Junli; 1 ♀, Forest Park Baicheng, Jilin, 2011– Ⅷ –2, Dong Xiaohui; 9 ♂ ♂,

18 ♀ ♀ , Protection zone, Xianghai, Tongyu, Jilin, 2011– Ⅷ –16, Huangfen; 14 ♂ ♂ ,

15 ♀ ♀ , Protection zone, Xianghai, Tongyu, Jilin, 2011– Ⅷ –16, Zhao Yingying.

Host: Unknown.

4. *Chorebus (Stiphrocera) cecidium* Chen & Zheng, sp. nov.

Diagnose: This species is similar to *Chorebus (Stiphrocera) nobilis* Griffiths, but can be separated from the latter by following characters: first metasomal tergites strongly widened towards its apex, 1.1 times as long as its apical width; mesopleuron lagerly smooth above the precoxal sulcus; precoxal sulcus wide posteriorly; antenna with 28–35 segments.

Male: Similar to female.

Holotype: ♀ : Gujiaozi, Lingwu, Ningxia, 2010– Ⅴ –5, Collectors do not know.

Paratype: 2 ♂ ♂ ,1 ♀ , Gujiaozi, Lingwu, Ningxia, 2010– Ⅴ –5, Collectors do not know.

Host: Only having known that they came from insect gall on the *Caragana Korshinskii* Kom

5. *Chorebus (Stiphrocera) hyalodesa* Chen & Zheng, sp. nov.

Diagnose: This species is similar to *Chorebus (Stiphrocera) granulosus* Tobias, but can be distinguished from the latter by following characters: head behind eyes hardly expanded; mandible hardly expanded; mesopleuron largely covered with small granulose–sculpture, but much shallower; vein 3–SR+SR1 of fore wing almost whitely transparent; length of hind tibias equal to the length of hind tarsus; first metasomal tergite strongly widened towards its apex.

Male: Unknown.

Holotype: ♀ , National Forest Park, Mudanjiang, Heilongjiang, 2011– Ⅶ –18, Zheng Minlin.

Host: Unknown.

6. *Chorebus (Stiphrocera) fulvipetiolus* Chen & Zheng, sp. nov.

Diagnose: This species is close to *Chorebus (Stiphrocera) andizhanicus* Tobias, but can be distinguished from the latter by following characters: first metasomal tergite yellow and without any pubescence on the apical corners; body much smaller; antenna with fewer segments.

Male: Similar to female.

Holotype：♀ , Tuquanxian, Neimenggu, 2011– Ⅶ –29, Yao Junli.

Paratype: 1 ♂ , 1 ♀ , Youjizhongqidaiqintala, Keerqin, Neimenggu, 2011– Ⅶ –30, Zheng Minlin; 1 ♂ , Youjizhongqidaiqintala, Keerqin, Neimenggu, 2011– Ⅶ –30, Yao Junlin; 3 ♀ ♀ , Wetland zone, Keerqin, Neimenggu, 2011– Ⅶ –31, Zhao Yingying; 2 ♀ ♀ ,

Wetland zone, Keerqin, Neimenggu, 2011– Ⅶ –31, Dong Xiaohui; 1 ♀, Dinosaur Park, Erlianhaote, Neimenggu, 2011– Ⅷ –22, Huangfen; 2 ♂ ♂, 7 ♀ ♀, Forest Park, Baicheng, Jilin, 2011– Ⅷ –1, Zheng Minlin; 2 ♂ ♂, 4 ♀ ♀, Forest Park, Baicheng, Jilin, 2011– Ⅷ – 1, Yao Junli; 1 ♂, 1 ♀, Tongyuxian, Baicheng, Jilin, 2011– Ⅷ –15, Zhao Yingying; 1 ♂, Nature reserve, Xianghai, Jilin, 2011– Ⅷ –16, Huangfen.

Host: Unknown.

7. *Chorebus* (*Stiphrocera*) *triangulus* Chen & Zheng, sp. nov.

Diagnose: This species is similar to *Chorebus* (*Stiphrocera*) *andizhanicus* Tobias, but can be distinguished from the latter by following characters: mesoscutum not so rough (especially on its front part); first metasomal tergite brownish–yellow, with much less pubescence, pubescence on its apical corners distinctly less denser; pronope large and subtriangular.

Male: Similar to female, but T1 brown.

Holotype：♀, Hongping, Shennongjia, Hubei, 2000– Ⅷ –21, Shi Quanxiu.

Paratype: 1 ♀, Sanxiang, Mt. Wuyi, Fujian, 1998– Ⅷ –13, Zhao Xiaobin; 1 ♀, Daan, Mt. Wuyi, Fujian, 1998– Ⅸ –1, Ge Jianhua; 1 ♂, Huixian, Longnan, Gansu, 2008– Ⅷ –31, Yang Jianquan; 1 ♀, Mt. Tianhu, Wudalianchi, Heilongjiang, 2000– Ⅷ –13, Zhao Yingying.

Host: Unknown.

8. *Chorebus* (*Stiphrocera*) *xingjiangensis* Chen & Zheng, sp. nov.

Diagnose: This species is close to *Chorebus* (*Stiphrocera*) *rufimarginatus* (Stelfox), but can be distinguished from the latter by following characters: first metasomal tergite strongly widened towards its apex and with less pubescence, dorsal carina not meeting; propodeum with denser pubescence. This species also similar to *C.* (*S*) *andizhanicus*, but latter: with distinct tufts of pubescence at the corners of first metasomal tergite; sheath of ovipositor shorter than first segments of hind tarsus; vein 3–SR+SR1 of fore wing rather curved on its apical half.

Male: Similar to female.

Holotype：♀, Fukang, Xinjiang, 2008– Ⅷ –24, Zhaoqiong.

Paratype: 2 ♀ ♀, Botanical garden, Wulumuqi, Xijiang, 2008– Ⅷ –7, Zhaoqiong; 2 ♀ ♀, Changji, Xijiang, 2008– Ⅷ –11, Zhaoqiong; 1 ♀, Shihezi, Xijiang, 2008– Ⅷ –17, Zhaoqiong; 2 ♂ ♂, 1 ♀, Miquan, Xinjiang, 2008– Ⅷ –24, Yang Jianquan; 1 ♀, Fukang, Xinjiang, 2008– Ⅷ –24, Zhaoqiong.

Host: Unknown.

9. *Chorebus* (*Stiphrocera*) *fujianensis* Chen & Zheng, sp. nov.

Diagnose: This species is similar to *Chorebus* (*Stiphrocera*) *perkinsi* (Nixon), but can be separated from the latter by following characters: mesoscutum much densely and extensively pubescent; tooth–3 of the mandible small and weak, distinctly smaller than tooth–2; first metasomal tergite virtually parallel–sided; length of hind tibias equal to the length of tarsus.

Male: Similar to female.

Holotype：1 ♀, Jiulongkeng, Guangze,Fujian, 2002– Ⅶ –25, Lu Baoqian

Paratype: 1 ♀, Tongmu, Wuyi, Fujian, 1981– Ⅴ –5, Huang Juchang; 1 ♀, Guadun, Wuyi, Fujian, 1981– Ⅳ –28, Hanying; 1 ♀, Tongmu, Wuyi, Fujian, 1986– Ⅶ –13, Liu Minghui; 1 ♂, 1 ♀, Dazhulan, Wuyi, Fujian, 1986– Ⅶ –15, Qiu Lezhong; 1 ♂, Guadang, Wuyi, Fujian, 1986– Ⅶ –19, Qiu Zhidan; 1 ♀, Mt. Guanggang, Wuyi, Fujian, 1986– Ⅶ – 21, Qiu Zhidan; 2 ♀ ♀, Dazhulan, Wuyi, Fujian, 1986– Ⅶ –23, Chen Jiahua; 1 ♀, Tongmu, Wuyi, Fujian, 1986– Ⅸ –21, Xu Jianfei; 1 ♀, Tongmu, Wuyi, Fujian, 1988– Ⅶ –23, Guan Yubin; 1 ♀, Sanxiang, Wuyi, Fujian, 1988– Ⅸ –19, Shen Tianshun; 1 ♂, Dazhulan, Wuyi, Fujian, 1993– Ⅷ –18, Zhang Feiping; 1 ♀, Dazhulan, Wuyi, Fujian, 1993– Ⅸ –3, Yang Jianquan; 1 ♀, Chazhou, Guangze, Fujian, 2001– Ⅷ –10, Chen Qianjin; 1 ♀, Chazhou, Guangze, Fujian, 2001– Ⅷ –10, Huang Juchang.

Host: Unknown.

10. *Chorebus* (*Stiphrocera*) *moheana* Zheng & Chen, sp. nov.

Diagnose: This species is similar to *Chorebus* (*Stiphrocera*) *venustus* (Tobias), but can be separated from the latter by following characters: mesoscutum with much more pubescence; mesosoma longer; metapleuron much coarser; mandible not expanded; antenna with more segments.

Male: Similar to female.

Holotype：♀, Songyuan, Mohexian, Heilongjiang, 2011– Ⅶ –24, Zhao Yingying.

Paratype: 1 ♂, 5 ♀ ♀, Songyuan, Mohexian, Heilongjiang, 2011– Ⅶ –24, Zhao Yingying; 5 ♀ ♀, Songyuan, Mohexian, Heilongjiang, 2011– Ⅶ –24, Zheng Minlin.

Host: Unknown.

11. *Chorebus* (*Stiphrocera*) *liupanshana* Chen & Zheng, sp. nov.

Diagnose: This species is close to *Chorebus* (*Stiphrocera*) *asramenes* (Nixon), but can be distinguished from the latter by following characters: mandible with tooth–1 not expanded, tooth–3 relatively big; notauli at least distinct on anterior part of mesoscutum; colour of hind coxae and hind femurs much lighter.

Male: Similar to female.

Holotype：♀, Erlonghe, Mt. Liupan, Ningxia, 2001– Ⅷ –23, Yang Jianquan.

Paratype: 1 ♀, Hongping, Shennongjia, Hubei, 2000– Ⅷ –21, Yang Jianquan; 1 ♂, Liangdianxia, Mt. Liupan, Ningxia, 2001– Ⅷ –21, Yang Jianquan; 2 ♂ ♂, 2 ♀ ♀, Mt. Migang, Mt. Liupan, Ningxia, 2001– Ⅷ –22, Shi Quanxiu; 1 ♀, Mt. Migang, Mt. Liupan, Ningxia, 2001– Ⅷ –22, Liang Guanghong; 1 ♀, Mt. Migang, Mt. Liupan, Ningxia, 2001– Ⅷ –22, Yang Jianquan; 1 ♂, Mt. Migang, Mt. Liupan, Ningxia, 2001– Ⅷ –22, Lin Zhihui; 1 ♂, Mt. Migang, Mt. Liupan, Ningxia, 2001– Ⅷ –22, Shi Quanxiu; 1 ♂, Erlonghe, Mt. Liupan, Ningxia, 2001– Ⅷ –23, Yang Jianquan; 1 ♀, Erlonghe, Mt. Liupan, Ningxia, 2001– Ⅷ –23, Ji Qinge; 1 ♀, Erlonghe, Mt. Liupan, Ningxia, 2001– Ⅷ –23, Shi Quanxiu.

Host: Unknown.

12. *Chorebus* (*Stiphrocera*) *longithoracalis* Chen & Zheng, sp. nov.

Diagnose: This species is close to *Chorebus* (*Stiphrocera*) *asramenes* (Nixon), but can be distinguished from the latter by following characters: mesosoma distinctly longer; notauli much more developed; subdiscal cell of fore wing closed.

Male: Antenna with 42–46 segments, much more than female's; metasoma longer than female; legs darker; other characters similar to female.

Holotype：♀, Mt. Qilian, Qinghai, 2008– Ⅶ –11, Zhaoqiong

Paratype: 31 ♂ ♂, 1 ♀, Mt. Qilian, Qinghai, 2008– Ⅶ –11, Zhaoqiong; 19 ♂ ♂, Mt. Qilian, Qinghai, 2008– Ⅶ –11, Zhaopeng.

Host: Unknown.

13. *Chorebus* (*Stiphrocera*) *shennongjiaensis* Chen & Zheng, sp. nov.

Diagnose: This species is close to *Chorebus* (*Stiphrocera*) *gentianellus* Griffiths, but can be distinguished from the latter by following characters: notauli absent; precoxal sulcus rather shallow and weakly rugose; vein 3–SR+SR1 not strongly curved; legs brightly colored..

Male: Similar to female, but body somewhat light–colored.

Holotype：♀, Tianmenya, Shennongjia, Hubei, 2000– Ⅷ –20, Song Dongbao.

Paratype: 1 ♂, Hongping, Shennongjia, Hubei, 2000– Ⅷ –19, Huang Juchang; 4 ♂ ♂, 7 ♀ ♀, Tianmenya, Shennongjia, Hubei, 2000– Ⅷ –20, Ji Qinge; 1 ♂, 3 ♀ ♀, Tianmenya, Shennongjia, Hubei, 2000– Ⅷ –20, Shi Quanxiu; 1 ♂, 4 ♀ ♀, Tianmenya, Shennongjia, Hubei, 2000– Ⅷ –20, Song Dongbao; 1 ♂, 1 ♀, Tianmenya, Shennongjia, Hubei, 2000– Ⅷ –20, Huang Juchang; 1 ♂, 3 ♀ ♀, Tianmenya, Shennongjia, Hubei,

2000– Ⅷ –20, Yang Jianquan; 5 ♂ ♂ , 3 ♀ ♀ , Hongping, Shennongjia, Hubei, 2000– Ⅷ –21, Yang Jianquan; 1 ♀ , Hongping, Shennongjia, Hubei, 2000– Ⅷ –21, Song Dongbao; 1 ♂ , Shennongding, Shennongjia, Hubei, 2000– Ⅷ –22, Yang Jianquan; 1 ♀ , Muyu, Shennongjia, Hubei, 2000–Ⅷ–23, Shi Quanxiu; 1 ♀ , Muyu, Shennongjia, Hubei, 2000– Ⅷ – 24, Song Dongbao.

Host: Unknown.

14. *Chorebus* (*Stiphrocera*) *latimandibula* Zheng & Chen, sp. nov.

Diagnose: This species is close to *Chorebus* (*Stiphrocera*) *freya* (Nixon), but can be distinguished from the latter by following characters: notauli undeveloped, very short; hind tibias and hind tarsus equal in length; mandible distinctly expanding upward, tooth–3 rather small.

Male: Similar to females.

Holotype： ♀ , Nature protection area，Xianghai, Tongyu, Jilin, 2011– Ⅷ –16, Zhao Yingying.

Paratype: 1 ♀ , Mt. Wulanchabuzhuozi, Neimenggu, 2011– Ⅷ –5, Zheng Minlin; 1 ♂ , Dinosaur Park, Erlianhaote, Neimenggu, 2011– Ⅷ –22, Yao Junli; 2 ♂ ♂ , 2 ♀ ♀ , Manzhouli, Neimenggu, 2012– Ⅶ –8, Zheng Minlin; 1 ♂ , Manzhouli, Neimenggu, 2012– Ⅶ –8, Lu Baoqian.

Host: Unknown

15. *Chorebus* (*Chorebus*) *chaetocornis* Chen & Zheng, sp. nov.

Diagnose: This species is close to *Chorebus* (*Chorebus*) *esbelta* (Nixon), but can be distinguished from the latter by following characters: the size of the ovipositor sheath almost same to the first segment of hind tarsus; antenna of both male and female entirely and densely setose; labial palp with 3–segments; subdiscal cell open posteriorly at the lower part.

Male: Similar to female.

Holotype： ♀ , Motuo, Xizang, 2012–– Ⅷ –6, Zhang Wangzhen.

Paratype： 1 ♂ , 4 ♀ ♀ , Motuo, Xizang, 2012–– Ⅷ –6, Zhang Wangzhen

Host: Unknown.

16. *Chorebus* (*Chorebus*) *nixoni* Chen & Zheng, sp. nov.

Diagnose: This species is similar to *C.* (*C.*) *ruficollis* (Stelfox) and *C.*(*C.*) *esbelta* (Nixon), but it can be separated from them by following characters: pronotum entirely bright brownish–yellow (in *C.*(*C.*) *esbelta*, black); ovipositor not so long and so strongly projected beyond the metasoma; pubescence of the first metasomal tergite clearly not like the *C.* (*C.*) *ruficollis*

(Stelfox).

Male: Unknown.

Holotye：♀，Mt. Wulancabuzhuozi, Nei Menggu, 2011– Ⅷ –5, Yao Junli.

Host: Unknown.

17. *Chorebus* (*Chorebus*) *xuthosa* Chen & Zheng, sp. nov.

Diagnose: This species is close to *Chorebus* (*Chorebus*) *ruficollis* (Stelfox), but it can be separated from the latter by following characters: pronotum dark yellowish–brown, same to the rest of the thorax; the lower part of sides of pronotum densely pubescent; mesonotal midpit virtually absent; metanotum densely pubescent.

Male: Similar to female, but setae of the first three segments of antenna somewhat sparser than segments beyond them.

Holotype：♀，Honghua, Shengnongjia, Hubei, 2000– Ⅷ –27, Yang Jianquan.

Paratype：1 ♀，Da Zhulan, Mt. Wuyi, Fujian, 1986– Ⅶ –15, Chen Jiahua; 1 ♂，Da Zhulan, Mt. Wuyi, Fujian, 1986– Ⅶ –15, Jiang Risheng; 1 ♀，Guadang, Mt. Wuyi, Fujian, 1986– Ⅹ –3, Xu Jianfei; 1 ♀，Gua Dangding, Mt. Wuyi, Fujian, 1988– Ⅷ –13, Shen Tianshun; 1 ♀，Yu Jiaping, Mt. Long Xi, Jiang Le, Fu Jian, 2010– Ⅷ –30,Yang Jianquan.

Host: Unknown.

18. *Chorebus* (*Chorebus*) *zhuozishana* Zheng & Chen, sp. nov.

Diagnose: This species is close to *Chorebus* (*Chorebus*) *siniffa* (Nixon), but it can be separated from the latter by following characters: ovipositor of female distinctly projecting beyond the apical tergite in the retracted position; first metasomal tergite distinctly widened towards its apex; metasoma with a lighter colour.

Male: Similar to female, but additional tooth (tooth –3) of the mandible nearly absent, first metasomal tergite somewhat slender, 1.7–2.0 times as long as apically wide.

Holotye：♀，Mt. Wulancabuzhuozi, Nei Menggu, 2011– Ⅷ –5, Yao Junli.

Polotype：1 ♂, 2 ♀♀，Mt. Wulancabuzhuozi, Nei Menggu, 2011– Ⅷ –5, Yao Junli; 1 ♂, 1 ♀，Mt. Wulancabuzhuozi, Nei Menggu, 2011– Ⅷ –5, Zhao Yingying; 1 ♂, 1 ♀，Mt. Wulancabuzhuozi, Nei Menggu, 2011– Ⅷ –5, Zheng Minlin.

Host: Unknown.

19. *Chorebus* (*Phaenolexis*) *longicaudus* Chen & Zheng, sp. nov.

Diagnose: This species is similar to *Chorebus* (*Phaenolexis*) *pulchellus* Griffiths, but it can be separated from the latter by following characters: ovipositor of female obviously longer; first metasomal tergite distinctly widened towards apex; tooth–4 of the mandible weak and indistinct; metasoma with lighter colour; in dorsal view, head distinctly narrowed behind eyes.

Male: Unknown.

Holotype：♀, Nature protection area, Wudalianchi, Heilongjiang, 2012– Ⅷ –15, Zhao Yingying.

Host: Unknown.

20. *Chorebus* (*Phaenolexis*) *systolipetiolus* Zheng & Chen, sp. nov.

Diagnose: This species is similar to *Chorebus* (*Phaenolexis*) *xiphidius* Griffiths, but it can be separated from the latter by following characters: first metasomal tergite obviously narrowed towards its apex; ovipositor only slightly projecting beyond the apical tergite, its sheath obviously shorter than the first segment of hind tarsus; in dorsal view of the head, eyes shorter than temples.

Male: Similar to female.

Holotype：♀, Nature protection area, Wudalianchi, Heilongjiang, 2012– Ⅷ –15, Zhao Yingying.

Paratype：2 ♂ ♂, Mt. Daliantai, Liaoning, 2012– Ⅶ –8, Zhao Yingying; 1 ♀, Xianrendongzhen, Zhuanghe, Liaonig, 2012– Ⅶ –13, Zhao Yingying.

Host: Unknown.

21. *Chorebus* (*Phaenolexis*) *gracilipetiolus* Chen & Zheng, sp.nov.

Diagnose: This species is similar to *Chorebus* (*Phaenolexis*) *stilfer* Griffiths, but it can be separated from the latter by following characters: in the front view of the head, eyes not so strongly convergent on the lower part of the face as latter, the shortest distance between two eyes 0.4 times the width of head; mesoscutum not so extensively and densely pubescent as latter.

Male: Similar to female, but the first three segments of antenna somewhat sparsely setose.

Holotype：♀, Dongping, Mt. Longqi, Jiang Le, Fujian, 2010– Ⅸ –1, Guo Junjie.

Polotype: 1 ♂, Mali, Mt. Wuyi, Fujian, 1981– Ⅸ –25, Huang Juchang; 1 ♀, Sanxiang, Mt. Wuyi, Fujian, 1981– Ⅴ –16, Kong Liuliu; 1 ♀, Sanxiang, Mt. Wuyi, Fujian, 1986– Ⅶ –22, Zou Mingquan; 1 ♀, Dazhulan, Mt. Wuyi, Fujian, 1986– Ⅶ –23, Chen Jiahua; 1 ♀, Guadang, Mt. Wuyi, Fujian, 1988– Ⅷ –20, Liu Jianwen; 1 ♀, Sanxiang, Mt. Wuyi, Fujian, 1993– Ⅸ –18, Zou Mingquan; 1 ♂, Sanxiang, Mt. Wuyi, Fujian, 1995– Ⅸ –23, Chen Jiahua; 1 ♀, Hongben, Mt. Longxi, Jiangle, Fujian, 2010– Ⅷ –20, Turong; 1 ♂, Hongben, Mt. Longxi, Jiangle, Fujian, 2010– Ⅷ –20, Chang Chunguang; 1 ♂, Hongben, Mt. Longxi, Jiangle, Fujian, 2010– Ⅷ –22, Guo Junjie; 1 ♀, Hongben, Mt. Longxi, Jiangle,

Fujian, 2010– Ⅷ –22, Turong; 1 ♂, Bishichang, Mt. Longxi, Jiangle, Fujian, 2010– Ⅷ –31, Yang Jianquan; 1 ♂, Dongping, Mt. Longxi, Jiangle, Fujian, 2010– Ⅸ –1, Yang Jianquan; 1 ♂, Muyu, Shennongjia, Hubei, 2000– Ⅷ –23, Shi Quanxiu; 2 ♀ ♀, Muyu, Shennongjia, Hubei, 2000– Ⅷ –24, Yang Jianquan; 2 ♀ ♀, Muyu, Shennongjia, Hubei, 2000– Ⅷ –25, Ji Qinge; 1 ♀, Muyu, Shennongjia, Hubei, 2000– Ⅷ –25, Song Dongbao.

Host: Unknown.

22. *Chorebus* (*Phaenolexis*) *breviskerkos* Chen & Zheng, sp. nov.

Diagnose: This species is close to *Chorebus* (*Phaenolexis*) *flicornis* Griffiths, but it can be separated from the latter by following characters: ovipositor sheath distinctly shorter than the length of the first metasomal tergite; notauli more developed, mesonotal midpit distinctly longer.

Male: Unknown.

Holotype：♀, National Forest Park, Mudanjiang, Heilongjiang, 2011– Ⅶ –18, Zheng Minlin.

Host: Unknown.

Key to the Species of genus *Chorebus* Haliday from China

1. Hind coxae lacking tuft of hairs above, if a slightly developed tuft of hair present, then mesosoma short, not more than 1.3 times as long as high·· 2

– Hind coxae with distinct tuft of hairs above (Fig.1–6: B), ifa tuft of hair inconspicuous, then precoxal sulcus represented by a smooth linear groove; mesosoma usually elongate; vein 3–SR+SR1 somewhat uniformly curved; first metasomal tergite usually long and parallel–sided; precoxal sulcus quite long···40

2. Hind coxae distinctly rugose, at least basally (Fig.2–7: G); the lower part of metapleuron tuberculately raised and with long pubescence; second metasomal tergite often rugose basally (Fig.2–7: F); notauli slightly developed; ovipositor of female concealed or slightlyn exserted. (**Subgenus** *Etriptes* Nixon)···3

– Hind coxae smooth; the lower part of metapleuron either with small and somewhat lustrous tubercle which is surrounded by dense semiappressed pubescence forming somewhat distinct rosette (Fig.1–6:A, B) or tubercle not developed and without long pubescence; the second metasomal tergite always smooth; notauli variable; ovipositor of female usually distinctly exserted (**Subgenus** *Stiphrocera* Foerster)···5

3. Second metasomal tergite at least rugose basally·· 4

– Second metasomal tergite smooth·····························*C.* (*E.*) *bermus* Papp, rec. nov.

4. Second metasomal tergite rugose basally (Fig.2–7: F); precoxal sulcus narrow and only feebly rugose (Fig.2–7: D); notauli indicated only anteriorly; antenna 30–34–segmented··*C. (E.) talaris* (Haliday), rec. nov.

– Second metasomal tergite almost entirely rugose (Fig.2–8: E); precoxal sulcus wide and strongly crenulated (Fig.2–8: F); notauli somewhat shallow but complete; antenna 26–28–segmented···*C. (E.)huangi* Zheng & Chen

5. Metapleuron with dense pubescence forming a distinct rosette around the swelling on its lower half···6

– Pubescence of metapleuron not form a rosette···38

6. Mesoscutum with pubescence on its anterior the face, but its dorsal surface nearly bare except for a few hairs along the course (or former course) of the notauli, both its central and lateral lobes are virtually bare···7

– Pubescence of mesoscutum more extensive, extending on its dorsal surface at least over the anterior part of the central lobe···17

7. Head subcubical (less than 1.5 times as wide as long) (Fig.2–10: B); mesosoma elongate; mandible not expanded, with tooth 2 long and pointed (Fig.2–10: C)······················ 8

– Head more transverse (over 1.5 times as wide as long); mesosoma and mandible variable······ 9

8. First metasomal tergite with small tufts of pubescence in its apical corners (Fig.2–9: E); legs largely light yellow coloured; the second and the third metasomal tergite yellowish, much lighter in colour than apical part of metasoma·········*C. (S.) diremtus* (Nees), rec. nov.

– First metasomal tergite lacking tufts of pubescence in its apical corners (Fig.2–10: D); legs largely dark brownish, at least middle and hind coxae darkened; metasoma black or dark brown···*C. (S.) cubocephalus* (Telenga), rec. nov.

9. Vein 1–SR+M of fore wing absent (Fig.2–11: G)······ *C. (S.) avenula* Zheng & Chen, sp. nov.

– Vein 1–SR+M of fore wing present···10

10. First metasomal tergite bare or sparsely pubescent, without distinct whitish tufts pubescence in its apical corners (although in some species the pubescence usually becomes slightly denser here)···11

– First metasomal tergite with distinct whitish tufts of pubescence at its apical corners (Fig.2–17: F)···15

11. Maxillary palpi very short (much shorter than the height of head), with the apical segment contrastingly darkened···12

– Maxillary palpi long (at most slightly shorter than the height of head), more or less uniformly coloured···13

12. First metasomal tergite strongly widened toward its apex (Fig.2–12: F), only 1.2 times as long as apically wide; propodeum sparsely pubescent; frons with a small hollow on its middle part···*C. (S.) cavatifrons* Chen & Zheng, sp. nov.

– First metasomal tergite not so strongly widened towards its apex (Fig.2–13: F), 1.7–1.8 times as long as apically wide; propodeum densely pubescent; frons without any hollow···*C. (S.) glabriculus* (Thomson), rec. nov.

13. First 3 flagellar segments of antenna yellow, in any case much lighter in colour than succeeding segments; first metasomal tergite 1.8–1.9 times as long as apically wide (Fig.2–14: F) ···*C. (S.) flavipes* (Goureau) , rec. nov.

– Flagellum of antenna entirely dark colored; first metasomal tergite 1.4–1.5 times as long as apically wide···14

14. Sides of pronotum largely rugose; length of hind tibia equal to the length of hind tarsus···*C. (S.) hilaris* Griffiths, rec. nov.

– Sides of pronotum largely smooth; hind tibia about 1.2 times as long as hind tarsus··*C. (S.) fallaciosae* Griffiths, rec. nov.

15. Head distinctly broadened behind eyes (Fig.2–17: B); mandible with tooth 1 much expanded towards their apex(Fig.2–17: C)···········*C. (S.) pappi* Chen & Zheng, sp. nov.

– Head hardly broadened behind eyes; mandible at most very slightly widened towards their apex···16

16. Mesoscutum quite smooth; notauli absent or only with the lateral extensions distinct; very small species (about 1.3–1.5 mm) with 19–23 antennal segments··························· ···*C. (S.) melanophytobiae* Griffiths, rec. nov.

– Mesoscutum entirely covered with fine scaly–reticulate ground sculpture (Fig.2–19: D); relatively larger species (about 2.7 mm) with more than 32 antennal segments···*C. (S.) ganesus* (Nixon), rec. nov.

17. Vein CU1b rather developed , forming a distinct angle with the transverse section of vein 3–CU1···*C. (S.) cecidium* Chen & Zheng, sp. nov.

– Vein CU1b usually very weak or absent···18

18. Mandible large, usually with tooth 1 quite expanded towards the apex of the mandible (Fig.2–23: C)···19

– Mandible relatively small, tooth 1 not or only slightly expanded towards the apex of mandible ··26

19. Mesopleuron largely covered with fine granular sculpture (or subcoriaceous) (Fig.2–21: D) ···20

– Mesopleuron largely smooth, without granular sculpture; head, in dorsal view, always obviously broadened behind eyes ···21

20. Mesopleuron rough, distinctly covered with fine granular sculpture (Fig.2–21: D); head, in dorsal view, quite broadened behind eyes (Fig.2–21: B); the first metasomal tergite about 1.8 times as long as apically wide (Fig.2–21: F) ·········*C. (S.) granulosus* Tobias, rec. nov.

– Mesopleuron weakly covered with fine granular sculpture; head, in dorsal view, not broadened behind eyes (Fig.2–22: B); length of the first metasomal tergite nearly equal to its apical width (Fig.2–22: B) ····················*C. (S.) hyalodesa* Chen & Zheng, sp. nov.

21. First metasomal tergite yellow or brownish–yellow ·······································22

– First metasomal tergite brownish–black or black ···23

22. First metasomal tergite yellow (Fig.2–23: F); metapleuron with dence pubescence, but hardly forming a rosette (Fig.2–23: E); vein 3–SR+SR1 of fore wing evenly curved on its apical haft (Fig.2–23: G); antenna with 21–24 segments ·· ··*C. (S.) fulvipetiolus* Chen & Zheng, sp. nov.

– First metasomal tergite brownish–yellow (Fig.2–24: F); metapleuron with dence pubescence forming a rosette (Fig.2–24: E); vein 3–SR+SR1 of fore wing unevenly curved on its apical haft (Fig.2–24: G); antenna with 27–29 segments ·································· ······································*C. (S.) triangulus* Chen & Zheng, sp. nov.

23. First metasomal tergite with distinct whitish tufts of pubescence at its apical corners (Fig. 2–25: F) ··· *C. (S.) andizhanicus* Tobias, rec. nov.

– First metasomal tergite without distinct whitish tufts pubescence in its apical corners ······24

24. First metasomal tergite quite widened toward its apex (Fig. 2–26: E), 1.2 times as long as apically wide ·······························*C. (S.) xingjiangensis* Chen & Zheng, sp. nov.

– First metasomal tergite almost parallel–sided (Fig.2–27: F), about 2.5 times as long as apically wide ···25

25. Notauli indistinct; first metasomal tergite entirely and evenly setose (but can't conceal the sculpture of tergite) (Fig.2–27: F) ····················*C. (S.) groschkei* Griffiths, rec. nov.

– Notauli distinctly extend to the middle part of mesoscutum; first metasomal tergite virtually bare, at most very sparsely setose (Fig.2–28: F) ···············*C. (S.) resus* (Nixon), rec. nov.

26. First metasomal tergite elongate, at least twice as long as apically wide, almost or completely parallel–sided, virtually bare ··· 27

– First metasomal tergite distinctly pubescent, if virtually bare, then neither elongate nor parallel–sided ···28

27. Mesosoma short (Fig.2–29: C), about 1.2 times as long as high; first metasomal tergite

slightly widened toward its apex, about 2.1 times as long as apically wide (Fig.2–29: F)⋯ ⋯⋯⋯⋯⋯⋯⋯⋯⋯⋯⋯⋯⋯⋯⋯⋯⋯⋯⋯⋯*C. (S.) fujianensis* Chen & Zheng, sp. nov.

– Mesosoma distinctly elongate (Fig.2–30: E), about 1.6 times as long as high; first metasomal tergite parallel–sided, about 2.7 times as long as wide (Fig.2–30: F) ⋯⋯⋯⋯⋯⋯⋯⋯⋯⋯⋯⋯⋯⋯⋯⋯*C. (S.) moheana* Zheng & Chen, sp. nov.

28. Antenna with about 19 segments⋯⋯⋯⋯⋯⋯⋯⋯*C. (S.) plumbeus* Tobias, rec. nov.

– Antenna with at least 29 segments⋯⋯⋯⋯⋯⋯⋯⋯⋯⋯⋯⋯⋯⋯⋯⋯⋯⋯⋯29

29. Mesosoma about 1.3 times as long as high⋯⋯⋯⋯⋯⋯⋯⋯⋯⋯⋯⋯⋯⋯⋯30

– Mesosoma elongate, at least 1.5 times as long as high⋯⋯⋯⋯⋯⋯⋯⋯⋯⋯ 33

30. First metasomal tergite elongate, at least 1.8 times as long as wide, parallel–sided or only slightly widened towards its apex⋯⋯⋯⋯⋯⋯⋯⋯⋯⋯⋯⋯⋯⋯⋯⋯⋯ 31

– First metasomal tergite 1.4–1.6 times as long as apically wide, distinctly widened toward its apex(Fig.2–32: F)⋯⋯⋯⋯⋯⋯⋯⋯⋯⋯⋯⋯*C. (S.) cinctus* (Hallday), rec. nov.

31. First metasomal tergite very sparsely pubescent (Fig.2–33: F); antenna with 34–39 segments⋯⋯⋯⋯⋯⋯⋯⋯⋯⋯⋯⋯⋯⋯⋯⋯⋯*C. (S.) perkinsi* (Nixon), rec. nov.

First metasomal tergite somewhat densely pubescent (Fig.2–34: F)⋯⋯⋯⋯⋯⋯⋯⋯ 32

32. Antenna with 44–50 segments; the first metasomal tergite completely parallel–sided, 2.3 times as long as apically wide (Fig.2–34: F)⋯⋯⋯*C. (S.) liupanshana* Chen & Zheng, sp. nov.

– Antenna with 36–43 segments; first metasomal tergite slightly widened toward its apex, twice as long as apically wide⋯⋯⋯⋯⋯⋯⋯⋯⋯⋯⋯*C. (S.) eros* (Nixon), rec. nov.

33. Mandible with tooth 2 long and usually pointed, but tooth 3 always very small and relatively weak⋯⋯⋯⋯⋯⋯⋯⋯⋯⋯⋯⋯⋯⋯⋯⋯⋯⋯⋯⋯⋯⋯⋯⋯34

– Mandible not as above, if tooth 2 seems long and pointed, then tooth 3 rather developed (quite distinct and relatively bigger)⋯⋯⋯⋯⋯⋯⋯⋯⋯⋯⋯⋯⋯⋯⋯⋯⋯36

34. Notauli developed (Fig.2–36: C); mesosoma quite long, 1.7 times as long as high; antennal segments: ♂:42–46, ♀: only about 30⋯⋯⋯*C. (S.) longithoracalis* Chen & Zheng, sp. nov. Notauli undeveloped⋯⋯⋯⋯⋯⋯⋯⋯⋯⋯⋯⋯⋯⋯⋯⋯⋯⋯⋯⋯⋯⋯⋯⋯35

35. Mesoscutum rough (at least largely punctate–sculptured on its anteriorly half; precoxal sulcus long, clearly rugose–sculptured (Fig.2–37: C); antenna with 29–38 segments⋯⋯⋯⋯⋯⋯⋯⋯⋯⋯⋯⋯⋯⋯⋯⋯⋯*C. (S.) asramenes* (Nixon), rec. nov.

– Mesoscutum rather smooth; precoxal sulcus shallow and with rather weak rugose–sculpture (Fig.2–38: E); antenna with 23–27 segments⋯⋯⋯⋯⋯⋯⋯⋯⋯⋯⋯⋯⋯⋯⋯ ⋯⋯⋯⋯⋯⋯⋯⋯⋯⋯⋯ *C. (S.) shennongjiaensis* Chen & Zheng, sp. nov.

36. Notauli complete; tooth 3 of the mandible relatively weak, quite small (Fig.2–39: C); apical

half of vein 3–SR+SR1 of fore wing relatively straight (Fig.2–39: G)·······················

··*C. (S.) poemyzae* Griffiths, rec. nov.

– Notauli visible only before half part of mesoscutum; tooth 3 of the mandible rather developed (Fig.2–40: C); apical half of vein 3–SR+SR1 of fore wing more or less unevenly curved (Fig.2–40:G)···37

37. Notauli almost absent, extremely short; the transverse diameter of the eyes as long as temples; the first metasomal tergite with weak tufts of pubescence at its apical corners (Fig.2–40: E)····························· *C. (S.) pachysemoides* Tobias, rec. nov.

– Notauli extend to about half part of the mesoscutum; the transverse diameter of the eyes 1.2 times as long as temples; the first metasomal tergite with rather strong tufts of pubescence at its apical corners (Fig.2–41: F)·······················*C. (S.) ovalis* (Marshall), rec. nov.

38. The middle area of metapleuron largely hairless, smooth and shiny; vein 1–R1 of fore wing very short (Fig.2–42: E); antenna with 18–21 segments···································

···*C. (S.) latimandibula* Zheng & Chen, sp. nov.

– Metapleuron with somewhat denser long hairs all over; vein 1–R1 of fore wing obviously longer (Fig.2–43: F); antenna with 25–37 segments·······························39

39. Clypeus strongly protruding, shield–like (Fig.2–43: A); mandible distinctly expanded upward (Fig.2–43: C); notauli very short, restrained on oblique anterior part of mesoscutum (Fig.2–43: D)·······················*C. (S.) convexiclypeus* Zheng & Chen

– Clypeus slightly protruding, not shield–like (Li & van Achterberg 2017, Fig.7); mandible not expanded (Li & van Achterberg 2017, Fig.12–19); notauli almost complete (Li & van Achterberg 2017, Fig.4)·······················*C. (S.) hexomyzae* Li & van Achterberg

40. Vein 3–SR+SR1 of fore wing rather uniformly curved; mandible thin and long, seems with 3 teeth as the third tooth usually formed a faint projection; labial palps with 3 or 4 segments (**Subgenus *Chorebus* s. str.**)···41

– Vein 3–SR+SR1 of fore wing not uniformly curved, usually S–shaped bend or straightened on its apical half; mandible distinctly with 4 teeth, if seemingly 3–toothed, then wide; labial palps 4–segmented.(**Subgenus *Phaenolexis* Foerster**)·······························50

41. Mesoscutum with its dorsal surface completely bare except for a few pubescence along the course of the notauli; sides of pronotum strongly shining and almost bare; back of head largely bare ···42

– Not as above; pubescence of mesoscutum more extensive, extending at least onto the anterior part of the central lobe···48

42. First metasomal tergite densely pubescent except its longitudinal middle area almost glabrous

···43

– First metasomal tergite virtually glabrous·· 45

43. Transverse diameter of the eyes 1.2 times as long as temples; eyes only slightly converged on the lower part of the face (Fig.2–44: A); labial palpi 3–segmented·····················
···*C. (C.) chaetocornis* Chen & Zheng, sp. nov.

– Transverse diameter of the eyes as long as temples; in the front view of the head, eyes somewhat distinctly converged on the lower part of the face (Fig.2–45: A); labial palpi 4–segmented··· 44

44. Prothorax entirely bright brownish–yellow (Fig.2–45: B); ovipositor sheath as long as the first segment of hind tarsus···························· *C. (C.) nixoni* Chen & Zheng, sp. nov.

– Prothorax black, like the rest of the thorax; ovipositor sheath 1.4 times as long as the first segment of hind tarsus·······································*C. (C.) esbelta* (Nixon), rec. nov.

45. Labial palpi 3–segmented···46

– Labial palpi 4–segmented···47

46. Third to tenth flagellar segments of female antenna conspicuously thickened; ovipositor sheath thin and short, hardly projecting beyond the apical tergite in the retracted position··*C.(C.) miodes* (Nixon), rec. nov.

– Flagellum of the female antenna not unusually thickened; ovipositor sheath stout, conspicuously projecting beyond the apical tergite in the retracted position·················
···*C. (C.) xuthosa* Chen & Zheng, sp. nov.

47. Transverse diameter of the eyes about 0.9 times as long as temples; ovipositor sheath very slightly projecting beyond the apical tergite in the retracted position, about 0.6 times as long as the first segment of hind tarsus; antenna with 20–26 segments·····················
···*C. (C.) affinis* (Nees), rec. nov.

– Transverse diameter of the eyes about 1.3 times as long as temples; ovipositor sheath somewhat stout, conspicuously projecting beyond the apical tergite in the retracted position, 1.3 times as long as the first segment of hind tarsus; antenna with 26–30 segments·······························*C. (C.) zhuozishana* Zheng & Chen, sp. nov.

48. Mesosoma (including its sides) conspicuously covered with fine scaly–reticulate sculpture, its surface dim and rough(Fig.2–51: E,F)·················*C. (C.) densepunctatus* Burghele

– Mesosoma normal, nothing as above···49

49. First metasomal tergite almost parallel–sided, about 2.3 times as long as apically wide, densely pubescent (Fig.2–52: F)·····························*C. (C.) alua* (Nixon), rec. nov.

– First metasomal tergite strongly widened toward its apex, 1.2 times as long as apically wide, virtually bare (Fig.2–53: E)·······················*C.* (*C.*) *uliginosus* (Haliday), rec. nov.

50. First metasomal tergite not more than 2.0 times as long as apically wide, densely pubescent (but usually sparse or bare along its centre–line)··51

– First metasomal tergite longer and more than 2.0 times as long as apically wide, usually virtually bare, at most pubescent basally; if pubescence noticeable, then precoxal sulcus smooth or nearly so···55

51. Precoxal sulcus visible as a smooth linear groove (Fig.2–54: E); ovipositor sheath thin and short, hardly projecting beyond the apical tergite in the retracted position·················
···*C.* (*P.*) *cytherea* (Nixon), rec. nov.

– Precoxal sulcus distinctly rugose–costate (Fig.2–55: G), at least on its anterior half; ovipositor sheath quite stout, strongly projecting beyond the apical tergite in the retracted position (Fig.2–55: H)···52

52. Notauli complete, converging on the posterior part of mesoscutum·······················53

– Notauli undeveloped, visible only on the anterior incline of mesoscutum ················ 54

53. First metasomal tergite distinctly widened towards its apex, 1.5 times as long as apically wide (Fig.2–55: D); tooth 4 of the mandible very small, unconspicuous (Fig.2–55: C)·····
···*C.* (*P.*) *longicaudus* Chen & Zheng, sp. nov.

– First metasomal tergite only very slightly widened towards its apex, 1.8 times as long as apically wide (Fig.2–56: E); tooth 4 of the mandible conspicuous·······························
···*C.* (*P.*) *pulchellus* Griffiths, rec. nov.

54. Antenna with 38–42 segments (♀); mandible relatively narrow, not at all widened towards their apex; pubescence of back of head tending to form tufts above the base of the mandible (Fig. 1–3)·······································*C.* (*P.*) *nomia* (Nixon), rec. nov.

– Antenna with 29–36 segments (♂ 、 ♀); mandible slightly widened towards their apex; pubescence of back of head not forming distinct tufts near the base of the mandible··*C.* (*P.*) *senilis* (Nees), rec. nov.

55. Precoxal sulcus visible as a smooth linear groove···56

– Precoxal sulcus distinctly rugose–costate··57

56. Tooth 1 of the mandible enormously expanded, completely hiding the clypeus in lateral view of the head (Fig.2–59: C); 33–40 antennal segments······*C.* (*P.*) *serus* (Nixon), rec. nov.

– Tooth 1 of the mandible not or hardly expanded (Fig.2–60: C); 26–32 antennal segments···*C.* (*P.*) *nerissus* (Nixon), rec. nov.

57. Tooth 1 of the mandible distinctly broadened···58

– Tooth 1 of the mandible slightly developed··61

58. Tooth 1 of the mandible very distinctly developed, just concealing clypeus in lateral view of the head ; metasoma compressed at its apex in female ···59

– Tooth 1 of the mandible, though considerably developed, not concealing clypeus in lateral view of the head; metasoma not compressed in female ··60

59. Antenna with 28–35 segments; first metasomal tergite about 2.4 times as long as apically wide(Fig.2–61:D); colours of metasoma beyond petiole yellowish–brown ··············· ··*C. (P.) gracilis* (Nees), rec. nov.

– Antennal segments: ♂ : 46–49, ♀ : 37–41; first metasomal tergite about 2.8 times as long as apiclly wide(Fig.2–62:F); colours of metasoma beyond petiole dark reddish– brown ··*C. (P.) selene* (Nixon)

60. First metasomal tergite rather thin and long, about 4.0 times as long as apically wide(Fig.2–63: E); notauli uncomplete; ovipositor sheath stout, somewhat strongly projecting beyond the apical tergite in the retracted position ······*C. (P.) elegans* Tobias, rec. nov.

– First metasomal tergite not so thin and long, about 2.5 times as long as apically wide(Fig.2–64: E); notauli complete; ovipositor sheath slightly projecting beyond the apical tergite in the retracted position ························*C. (P.) rondanii* (Giard), rec. nov.

61. First metasomal tergite narrowed towards its apex (Fig.2–65: G) ······························ ································*C. (P.) systolipetiolus* Zheng & Chen, sp. nov.

– First metasomal tergite parallel–sided (Fig.2–66: H) ···62

62. Mandible with tooth 2 long and pointed (Fig.2–66: C) ···63

– Mandible with tooth 2 not long and usually seems short ·· 64

63. Notauli undeveloped, only with their lateral extensions (i.e. at the "shoulders") visible; mandible narrow, with tooth 2 very long and pointed (Fig.2–66: C) ························ ································ *C. (P.) gracilipetiolus* Chen & Zheng, sp.nov.

– Notauli complete, converging on the posterior part of mesoscutum; mandible with tooth 2 not so sharply long as above ·····················*C. (P.) breviskerkos* Chen & Zheng, sp. nov.

64. Mesonotal midpit very long, nearly extending to the anterior edge of mesoscutum; notauli developed ································ *C. (P.) bicoloratus* Tobias, rec. nov.

– Mesonotal midpit short; notauli undeveloped ···65

65. Coxae yellow; ovipositor (♀) projecting beyond the apical tergite in the retracted position ································*C. (P.) xiphidius* Griffiths, rec. nov.

– Coxae black or brownish black; ovipositor (♀) not or only slightly projecting beyond the apical tergite in the retracted position ·················*C. (P.) leptogaster* (Haliday), rec. nov.

Genus *Coeliniaspis* Fischer, 2010

Only a species from China

Coeliniaspis insularis (Tobias, 1998)

Genus *Coelinidea* Viereck, 1913

New species from China

1. *Coelinidea glabrum* Zheng & Chen, sp. nov.

Diagnose: This species is close to *Coelinidea acicula* Riegel, but can be separated from the latter by following characters: hind coxae, second metasomal tergite, and main area of mesopleuron smooth (not subcoriaceous at all); sides of pronotum obviously smoother; body much larger.

Male: Similar to female, but antenna distinctly longer and with more segments, metasoma not compressed apically.

Holotype：♀, Datong, Qinghai, 2008– Ⅵ –20, Zhaoqiong.

Paratype: 4 ♂ ♂ , Caojiazhai, Xining, Qinghai, 2008– Ⅵ –4, Zhaoqiong; 3 ♂ ♂ , Minhe, Qinghai, 2008– Ⅵ –6, Zhaoqiong; 1♂, Pingan, Qinghai, 2008- Ⅵ -10, Zhaoqiong; 2♂♂,1♀, Mt. Taer, Qinghai, 2008- Ⅵ -11, Zhaoqiong; 12♂♂,2♀♀, Datong, Qinghai, 2008- Ⅵ -20, Zhaoqiong.

Host: Unknown.

2. *Coelinidea avellanpalpis* Chen & Zheng, sp. nov.

Diagnose: This species is close to *Coelinidea minnesota* Riegel, but can be separated from latter by following characters: the first metasomal tergite without a middle longitudinal keel; notauli not joined posteriorly; mesoscutum densely pubescent except the lateral lobes virtually bare; maxillary and labial palpi dark brown.

Male: more slender and darker than female; antenna with more segments.

Holotype：♀, Mt. Wulanchabuzhuozi, Neimenggu, 2011– Ⅷ –5, Zheng Minlin.

Paratype: 1 ♂ , 2 ♀ ♀ , Mt. Wulanchabuzhuozi, Neimenggu, 2011– Ⅷ –6, Yao Junli; 1 ♀ , Mt. Wulanchabuzhuozi, Neimenggu, 2011– Ⅷ –6, Zhao Yingying.

Host: Unknown.

Key to the Species of genus *Coelinidea* Viereck from China

1. Head, in dorsal view, tranverse, 1.5–1.7 times as wide as long (Fig.2–72: B) ················ ··*Coelinidea arctoa* (Astafurova), rec. nov.

  – Head (in dorsal view) subquadrate, elongate, or slightly transverse; never as much as 1.5 times wider than long (Fig.2–73: B) ··2

2. Metasomal tergites beyond the first one complete smooth·······································3

  – Metasomal tergites at least with the second tergites more or less rugose or subcoriaceous, though sometimes may be only weakly subcoriaceous·· 4

3. Antenna of females only slightly shorter than the length of the body (about 0.9 times as long as body), male and female with a similar number of antennal segments (♂ :37, ♀ :34– 35); face 1.5 times as wide as high （Fig.2–73: A）·····*Coelinidea nigripes* (Ashmead), rec. nov.

  – Antenna of female greatly shorter than the length of the body, male with much more antennal segments than female (♂ : 52–57, ♀ : 28–30); face 2.5 times as wide as high （Fig.2–74: A）·······································*Coelinidea glabrum* Zheng & Chen, sp. nov.

4. Notauli not converging on the mesoscutum (Fig.2–75: E); clypeus very strongly projecting, subduckbill (Fig.2–75: A); palps dark brown·· ···*Coelinidea avellanpalpis* Chen & Zheng, sp. nov.

  – Notauli clearly converging on the mesoscutum, essentially complete although sometimes may be weak (Fig.2–77: H); clypeus not so strongly projecting; papls mainly yellow······5

5. Prothorax and part of mesosoma (mesoternum and anterior half of mesoscutum) orange yellow or yellow, rest of the thorax black (Fig.2–76: C); mesosoma relatively not very long, 1.8 times as long as high···········*Coelinidea ruficollis* (Herrich–Schaffer), rec. nov.

  – Prothorax black, like the rest of the thorax; mesosoma very long, about 2.4–2.6 times as long as high··6

6. Antennal segments: ♂ :38–46, ♀ :26–33; the second metasomal tergite entirely covered with very fine granlulated sculptured (i.e. subcoriaceous), third metasomal tergite smooth······ ···*Coelinidea acicula* Riegel, rec. nov.

  – Antennal segments: ♂ : 41–46, ♀ : 47–54; the second metasomal tegite almost entirely covered with fine longitudinal rugosity, and same to the most part of the third metasomal tergite·· *Coelinidea muesebecki* Riegel, rec. nov.

Genus *Coelinius* Nees, 1818

Only one species from China

Coelinius anceps (Curtis), rec. nov.

Research Specimen: 2 ♂ ♂ , Qiliping, Mt. Wuyi, Fujian, 1981– Ⅳ –29， Hanyun.

Genus *Dacnusa* Haliday, 1833

New species from China

1. *Dacnusa* (*Dacnusa*) *asternaulus* Zheng & Chen,sp. nov.

Diagnose: This species is similar to *Dacnusa* (*Dacnusa*) *areolaris* (Nees), but can be separated from latter by following characters: mesoscutum almost glabrous; mesonotal midpit absent; marginal cell of fore wing very short.

Male: Unknown.

Holotype：♀ , Erlianhaoteguomen, Neimenggu, 2011– Ⅷ –21, Yao Junli.

Host: Unknown.

2. *Dacnusa* (*Pachysema*) *fischeri* Chen & Zheng, sp. nov.

Diagnose: This species is close to *Dacnusa* (*Pachysema*) *nigricoxa* Tobias, but can be separated from latter by following characters: in dorsal view, head stongly narrowed behind eyes; mesosoma somewhat longer, 1.4 times as long as high; propodeum and metapleuron distinctly with less pubescence; first flagellar segment distinctly longer than the second one; body much larger.

Male: Unknown.

Holotype：♀ , Longtan, Mt. Liupan, Ningxia, 2001– Ⅷ –15, Lin Zhihui.

Host: Unknown.

3. *Dacnusa* (*Pachysema*) *heilongjianus* Chen & Zheng, sp. nov.

Diagnose: This species is close to *Dacnusa* (*Pachysema*) *barkalovi* Tobias, but can be separated from latter by following characters: mesopleuron with distinctly rugose precoxal sulcus; vein 3–SR+SR1 of fore wing gently curved; ovipositor sheath distinctly longer than the first segment of hind tarsus; first metasomal tergite virtually bare.

Male: Unknown.

Holotype：♀, Mudanfeng, Mudanjiang, Heilongjiang, 2011– Ⅶ –17, Dong Xiaohui.

Paratype: 1 ♀, National Forest Park, Mudanjiang, Heilongjiang, 2011– Ⅶ –19, Zhao Yingying.

Host: Unknown.

4. *Dacnusa* (*Pachysema*) *gracilisulcata*, sp. nov.

Diagnose: This species is similar to *Chorebus* (*Stiphrocera*) *latimandibula*, sp. nov., but can be separated from latter by following characters: mandible with 3 teeth; precoxal sulcus narrow and smooth; first flagellar segment somewhat shorter (about 3.5 times as long as wide); antenna entirely dark.

Male: Similar to female.

Holotype：♀, Nuanquan, Weixian,Hebei, 2011– Ⅷ –29, Yao Junli.

Paratype: 1 ♀, Mt. Heng, Datong, Shanxi, 2010– Ⅷ –29, Yao Junl; 1 ♂, 2 ♀ ♀, Mt. Wulanchabuzhuozi, Neimenggu, 2011– Ⅷ –5, Zheng Minlin; 1 ♂, Mt. Wulanchabuzhuozi, Neimenggu, 2011– Ⅷ –5, Zhao Yingying; 3 ♀ ♀, Mt. Wulanchabuzhuozi, Neimenggu, 2011– Ⅷ –6, Zhao Yingying; 1 ♀, Mt. Wulanchabuzhuozi, Neimenggu, 2011– Ⅷ –6, Zheng Minlin; 1 ♂, 4 ♀ ♀, Nuanquan, Weixian,Hebei, 2011– Ⅷ –29, Yao Junli.

Host: Unknown.

5. *Dacnusa* (*Pachysema*) *ningxiaensis* Chen & Zheng, sp. nov.

Diagnose: This species is similar to *Dacnusa* (*Pachysema*) *subfasciata* Tobias, but can be separated from latter by following characters: sheath of ovipositor shorter than the first segment of hind tarsus; in dorsal view of the head, eyes 1.1 times as long as temples; mesosoma longer; notauli distinctly not reach to the middle part of mesoscutum.

Male: Unknown.

Holotype：♀, Migang, Mt. Liupan, Ningxia, 2001– Ⅷ –22, Lin Zhihui.

Paratype: 1 ♀, Migang, Mt. Liupan, Ningxia, 2001– Ⅷ –22, Liang Guanghong; 1 ♀, Migang, Mt. Liupan, Ningxia, 2001– Ⅷ –22, Shi Quanxiu.

Host: Unknown.

6. *Dacnusa* (*Pachysema*) *cheni* Zheng, sp. nov.

Diagnose: This species is close to *Dacnusa* (*Pachysema*) *abdita* (Haliday), but can be distinguished from latter by following characters: the second and the third metasomal tergites not so extensively setose, only with a few setae; posterior part of middle lobe of mesoscutum glabrous; vein m–cu of fore wing somewhat antefurcal; ovipositor of female projecting beyond the apical tergite

Male: Similar to female.

Holotype：♀, Mt. Migang, Mt. Liupan, Ningxia, 2001– Ⅷ –22, Ji Qinge.

Paratype: 1 ♀, Suyukou, Mt. Helan, Ningxia, 2001– Ⅷ –12, Lin Zhihui; 1 ♂, Longtan, Mt. Liupan, Ningxia, 2001– Ⅷ –15, Lin Zhihui; 1 ♀, Xixia, Mt. Liupan, Ningxia, 2001– Ⅷ –17, Lin Zhihui; 1 ♀, Liangdianxia, Mt. Liupan, Ningxia, 2001– Ⅷ –21, Liang Guanghong; 9 ♂♂, 10 ♀♀, Mt. Migang, Mt. Liupan, Ningxia, 2001– Ⅷ –22, Ji Qinge; 5 ♂♂, 10 ♀♀, Mt. Migang, Mt. Liupan, Ningxia, 2001– Ⅷ –22, Liang Guanghong; 5 ♂♂, 5 ♀♀, Mt. Migang, Mt. Liupan, Ningxia, 2001– Ⅷ –22, Shi Quanxiu; 4 ♂♂, 4 ♀♀, Mt. Migang, Mt. Liupan, Ningxia, 2001– Ⅷ –22, Lin Zhihui; 1 ♀, Mt. Migang, Mt. Liupan, Ningxia, 2001– Ⅷ –22, Yang Jianquan; 1 ♂, 1 ♀, Erlonghe, Mt. Liupan, Ningxia, 2001– Ⅷ –23, Yang Jianquan; 2 ♀♀, Erlonghe, Mt. Liupan, Ningxia, 2001– Ⅷ –23, Shi Quanxiu.

Host: Unknown.

7. *Dacnusa* (*Pachysema*) *qilianshanensis* Chen & Zheng, sp. nov.

Diagnose: This species is close to *Dacnusa* (*Pachysema*) *nigrella* Griffiths, but can be separated from latter by following characters: precoxal sulcus present; the first metasomal tergite not so strongly widened towards its apex; mesosoma shorter.

Male: Similar to female.

Holotype：♀, Mt. Qilian, Qinghai, 2008– Ⅶ –11, Zhaoqiong.

Paratype: 22 ♂♂, 9 ♀♀, Mt. Qilian, Qinghai, 2008– Ⅶ –11, Zhaoqiong.

Host: Unknown.

8. *Dacnusa* (*Pachysema*) *flavithorax* Zheng & Chen, sp. nov.

Diagnose: This species is close to *Dacnusa* (*Pachysema*) *soldanellae* Griffiths, but can be distinguished from latter by following characters: pterostigma of fore wing and vein 1–R1 equal in length, vein r shorter than the width of pterostigma; mesoscutum entirely setose; precoxal sulcus somewhat deep, long and smooth; hind tibias and hind tarsus almost equal in length; prothorax yellow.

Male: Similar to female, but pterostigma of fore wing shorter and darker than female.

Holotype：♀, Mudanfeng, Mudanjiang, Heilongjiang, 2011– Ⅶ –16, Dong Xiaohui。

Paratype: 1 ♂, Nature protection area, Mudanfeng, Qinghai, 2011– Ⅶ –15, Zheng Minlin. 1 ♀, Mudanfeng, Mudanjiang, Heilongjiang, 2011– Ⅶ –16, Dong Xiaohui; 1 ♂,

National Forest Park, Mudanjiang, Heilongjiang, 2011- Ⅶ -19, Zheng Minlin; 1 ♀ , Forest Park, Baicheng, Jilin, 2011- Ⅷ -2. Yao Junli; 2 ♂ ♂ , 5 ♀ ♀ , Nature protection area, Lishan, Jincheng, Shanxi, 2011- Ⅸ -17, Yao Junli.

Host: Unknown.

Key to the Species of genus *Dacnusa* Haliday from China

1. Vein 1–SR+M of fore wing absent (Fig.2–80: G); veins 3–CU1 and CU1b of fore wing robust widened, wider than vein m–cu (***Subgenus Aphanta*** Foerster)·······················2

– Vein 1–SR+M of fore wing present; veins 3–CU1 and CU1b of fore wing slender, not or slightly wider than vein m–cu···3

2. First metasomal tergite 1.1–1.3 times as long as apically wide (Fig.2–80: E); fore wing with pterostigma as long as, or less than , vein 1–R1 (Fig.2–80: G); mesoscutum with central lobe strongly sculptured anteriorly···················***Dacnusa (Aphanta) hospita*** (Foerster)

– First metasomal tergite 1.8–2.0 times as long as apically wide (Fig.2–81: E); fore wing with pterostigma distinctly longer than vein 1–R1 (Fig.2–81: F, H); mesoscutum almost smooth entirely···***Dacnusa (Aphanta) sasakawai*** Takada

3. Vein r of fore wing absent and basal part of vein 3–SR+SR1 stick along pterostigma (Fig.2–82: E) (***Subgenus Agonia*** Foerster)··············***Dacnusa (Agonia) adducta*** (Haliday)

– Vein r of fore wing present and basal part of vein 3–SR+SR1 remove from pterostigma······4

4. First metasomal tergite strongly widened towards its apex, often hardly longer than wide, its surface almost smooth or finely sculptured and usually covered with fairly dense pubescence; metapleuron and propodeum always densely covered with long pubescence; pterostigma of fore wing narrow and long, goes over the vein 3–SR, vein 3–SR+SR1 usually reaches or almost reaches the top of the fore wing; legs usually yellow. (***Subgenus Dacnusa*** Haliday)···5

– First metasomal tergite not so strongly widened towards its apex, usually long and much longer than wide, always sculptured and usually sparsely pubescent; metapleural and propodeal usually not densely pubescent; pterostigma of fore wing variable, but rarely so elongate, characterized by a sharp sexual dimorphism in shape and colours.(***Subgenus Pachysema*** Foerster)···11

5. Mesopleuron with a rugose precoxal sulcus···6

– Mesopleuron with a smooth precoxal sulcus (sometimes only a very shallow and smooth depression), or absent···8

6. Wings with the pterostigma conspicuously widened towards its apex (Fig.2–83: G), vein 1–R1 short and vein 3–SR+SR1 strongly curved , not or only weakly sinuate··*D. (D.) maculipes* Thomson

– Pterostigma of fore wing not or only slightly widened toward its apex······················7

7. Vein r of fore wing arising extremely close to the base of the pterostigma of fore wing (Fig.2–84: G); notauli very short, restrained on oblique anterior part of mesoscutum; precoxal sulcus weakly rugose (Fig.2–84: D)··············*D. (D.) confinis* Ruthe, rec. nov.

– Vein r arising not so extremely close to the base of the pterostigma (Fig.2–85: G); notauli extending to the horizontal area of mesoscutum; precoxal sulcus strongly rugose (Fig.2–85: D) ···*D. (D.) faeroeensis* (Roman), rec. nov.

8. Mandible with 4 teeth (extra tooth between the tooth 2 and 3) (Fig.2–86: C)················ ···*D. (D.) pubescens* (Curtis), rec. nov.

– Mandible with 3 teeth··9

9. Mesoscutum smooth and virtually bare, without a mesonotal midpit (Fig.2–87: E); 1–R1 of fore wing very short (Fig.2–87: G) ················· *D. (D.) asternaulus* Zheng & Chen, sp. nov.

– Mesoscutum entirely densely pubescent, mesonotal midpit present; 1–R1 of fore wing not so short···10

10. Notauli absent; head, in dorsal view, behind eyes not narrowed, length of the transverse diameter of the eyes equal to the length of temples; hind femurs about 4.5 times as long as wide···*D. (D.) areolaris* (Nees), rec. nov.

– Notauli anteriorly present; head, in dorsal view, behind eyes distinctly narrowed, the transverse diameter of the eyes 1.3 times as long as temples; hind femurs about 5.3 times as long as wide·····································*D. (D.) tarsalis* Thomson, rec. nov.

11. Mesopleuron with a rugose precoxal sulcus···12

– Mesopleuron with a smooth precoxal sulcus (or a shallow and smooth depression), or completely absent··13

12. Head, in dorsal view, very strongly narrowed behind eyes (Fig.2–90: B), the transverse diameter of the eyes 1.7 times as long as temples; penultimate antennal flagellum 1.2 times as long as wide; mesosoma short, about 1.2 times as long as high; metascutellum strongly arising to forming a sharp spine; length of body: 3.9 mm······································ ···*D. (P.) fischeri* Chen & Zheng, sp. nov.

– Head, in dorsal view, hardly narrowed behind eyes (Fig.2–91: B), the transverse diameter of the eyes 1.1 times as long as temples; penultimate antennal flagellum 2.1 times as long as wide; mesosoma somewhat elongate, about 1.4 times as long as high; metascutellum hardly protruding; length of body: 1.4–1.5 mm ···

··································· *D. (P.) heilongjianus* Chen & Zheng, sp. nov.

13. Vein m–cu of fore wing interstitial or slightly antefurcal ······················14

– Vein m–cu of fore wing distinctly antefurcal·································· 16

14. Tooth 1 of the mandible quite degenerative (very small, sometimes nearly absent) (Fig.2–92: G)······························*D. (P.) heterodentatus* Zheng & Chen

– Mandible with normal tooth 1··· 15

15. Vein m–cu of fore wing completely interstitial (Fig.2–93: G); ovipositor quite long, its sheath 2.0 times as long as the first segment of hind tarsus·································

··································· *D. (P.) ningxiaensis* Chen & Zheng, sp. nov.

– Vein m–cu of fore wing slightly antefurcal (Fig.2–94: H); ovipositor shorter, its sheath as long as the first segment of hind tarsus·······················*D. (P.) cheni* Zheng, sp. nov.

16. Legs very dark coloured, almost entirely black or dark brown; penultimate antennal flagellum 1.5 times as long as wide········*D. (P.) qilianshanensis* Chen & Zheng, sp. nov.

– Legs largely yellow, at most with the tarsi and the apex of the hind tibiae infuscated; penultimate antennal flagellum at least twice as long as wide·······················17

17. First metasomal tergite almost bare (often very sparsely distributes several pubescence) ··· 18

– First metasomal tergite distinctly with more pubescence (often entirely pubescent)······ 20

18. Pterostigma of fore wing shorter than vein 1–R1 (Fig.2–96: G); in male, pterostigma unicolorous; notauli absent···························*D. (P.) brevistigma* (Tobias), rec. nov.

– Pterostigma of fore wing longer than vein 1–R1 (Fig.2–97: F); in male, pterostigma with its anterior part much darker than posterior part (Fig.2–98: H); notauli at least anteriorly present···19

19. Propodeum entirely densely pubescent, almost completely concealing the surface underneath (Fig.2–97: G); notauli developed, extending to the posterior part of mesoscutum (Fig.2–97: D); mesonotal midpit extending to the middle part of mesoscutum···································· *D. (P.) umbelliferae* Tobias, rec. nov.

– Propodeum densely pubescent only on its two sides, the pubescence on its middle area rather sparse, cannot conceal the most surface underneath; notauli undeveloped, only with their lateral extensions (i.e. at the "shoulders") visible; mesonotal midpit very short, distinctly not reaching the middle part of mesoscutum·············*D. (P.) sibirica* Telenga

20. Pterostigma of female obviously tapering towards its apex; in male, pterostigma with its anterior part much darker than posterior part (Fig.2–99: H); head, in dorsal view, more or

less expanded (Fig.2–99: B)·······················*D. (P.) plantaginis* Griffiths, rec. nov.

– Pterostigma of female almost parallel–sided (Fig.2–101: G); in male, pterostigma unicolorous; head, in dorsal view, not narrowed at all (Fig.2–100: B)····················· 21

21. Pterostigma and vein 1–R1 of fore wing equal in length (Fig.2–100: F); hind tibiae and hind tarsus almost equal in length; prothorax yellow or brownish yellow (Fig.2–100: D); antenna with 23–25 segments····················*D. (P.) flavithorax* Zheng & Chen, sp. nov.

– Pterostigma of fore wing longer than vein 1–R1 (Fig.2–101: G); hind tibiae distinctly longer than hind tarsus; prothorax black, same to the rest of mesosoma; antenna with 26–31 segments·······································*D. (P.) soldanellae* Griffiths, rec. nov.

Genus *Epimicta* Foerster, 1862

Only one species from Chna

Epimicta sulciscutum Zheng, Chen & van Achterberg

Distribution: Heilongjiang (Northeastern China).

Genus Exotela Foerster, 1862

New species from China

1. *Exotela longicorna* Chen & Zheng, sp. nov.

Diagnose: This species is close to *Exotela dives* (Nixon), but can be distinguished from latter by following characters: antenna with 36–42 segments, body length 3.2–3.8 mm; notauli short but clear; precoxal sulcus strongly rugose; apical half of hind tibias and whole tarsus distinctly darkened.

Male: Similar to female.

Holotype：♀, Wanghuanan, Mt. Liupan, Ningxia, 2001– Ⅷ –20, Yang Jianquan.

Paratype: 1 ♂, Longtan, Mt. Liupan, Ningxia, 2001– Ⅷ –15, Lin Zhihui; 8 ♂ ♂, 6 ♀ ♀, Wanghuanan, Mt. Liupan, Ningxia, 2001– Ⅷ –20, Yang Jianquan; 6 ♂ ♂, 4 ♀ ♀, Wanghuanan, Mt. Liupan, Ningxia, 2001– Ⅷ –20, Ji Qinge; 2 ♂ ♂, 10 ♀ ♀, Wanghuanan, Mt. Liupan, Ningxia, 2001– Ⅷ –20, Lin Zhihui; 1 ♂, Wanghuanan, Mt. Liupan, Ningxia, 2001– Ⅷ –20, Shi Quanxiu; 2 ♂ ♂, 1 ♀, Erlonghe, Mt. Liupan, Ningxia, 2001– Ⅷ –23, Ji Qinge.

Host: Unknown.

2. *Exotela quadridentata* Chen & Zheng, sp. nov.

Diagnose: This species is close to *Exotela interstitialis* (Thomson), but can be distinguished from latter by following characters: mandible with tooth–1 hardly expanded; in the front view of the head, eyes only slightly converged; hind tarsus with third segment distinctly shorter than the fifth segment; ovipositor of female clearly projecting beyond the apical tergite.

Male: Unknown.

Holotype：♀, Migang, Mt. Liupan, Ningxia, 2001– Ⅷ –22, Liang Guanghong.

Paratype: 1 ♀, Migang, Mt. Liupan, Ningxia, 2001– Ⅷ –22, Liang Guanghong; 1 ♀, Migang, Mt. Liupan, Ningxia, 2001– Ⅷ –22, Yang Jianquan.

Host：Unknown.

3. *Exotela infuscatus* Chen & Zheng, sp. nov.

Diagnose: This species is similar to *Exotela gilvipes* (Haliday), but can be distinguished from latter by following characters: precoxal sulcus almost smooth; ovipositor relatively longer; legs distinctly darker. This species also closes to *Amyras clandestina* (Haliday), but can be separated from latter by that: mandible only slightly expanded; vein m–cu of fore wing interstitial or slightly postfurcal; first metasomal tergite not so strongly widen towards its apex; pterostigma of male and female almost same in shape and colours.

Male: Similar to female, but antenna with more segments, in dorsal view, head much distinctly widened.

Holotype：♀, Mt. Qilian, Qinghai, 2008– Ⅶ –11, Zhaoqiong.

Paratype: 55 ♂♂, 17 ♀♀, Mt. Qilian, Qinghai, 2008– Ⅶ –11, Zhaoqiong; 10 ♂♂, 1 ♀, Mt. Qilian, Qinghai, 2008– Ⅶ –11, Zhaopeng.

Host: Unknown.

4. *Exotela maculifacialis* Zheng & Chen, sp. nov.

Diagnose: This species is similar to *Exotela arunci* Griffiths, but can be separated from latter by following characters: clypeus bright yellow; notauli at least distinct anteriorly; precoxal sulcus completely absent; tergites 3 and 4 of metasoma sparsely distributed a row of setae close to the apical edge, not distributed over their surface;

Male: Similar to female.

Holotype：♀, Mt. Migang, Mt. Liupan, Ningxia, 2001– Ⅷ –22, Ji Qinge.

Paratype: 1 ♂, Suyukou, Mt. Helan. Ningxia, 2001– Ⅷ –12, Yang Jianquan; 1 ♂, 7 ♀♀, Mt. Migang, Mt. Liupan, Ningxia, 2001– Ⅷ –22, Liang Guanghong; 2 ♂♂,

4 ♀♀, Mt. Migang, Mt. Liupan, Ningxia, 2001– Ⅷ –22, Lin Zhihui; 1 ♂, :3 ♀♀, Mt. Migang, Mt. Liupan, Ningxia, 2001– Ⅷ –22, Ji Qinge; 3 ♀♀, Mt. Migang, Mt. Liupan, Ningxia, 2001– Ⅷ –22, Shi Quanxiu; 1 ♂, Mt. Xinglong, Gansu, 2008– Ⅷ –2, Zhaoqiong.

Host: Unknown.

5. *Exotela caperatus* Zheng & Chen, sp. nov.

Diagnose: This species is close to *Exotela senecionis* Griffiths, but can be separated from latter by following characters: first flagellar segment only about 1.1 times as long as the second one (latter about 1.4–1.5 times); precoxal sulcus rather weakly rugose; metapleuron with only its anterior half rugose and sparsely pubescent.

Male: Similar to female, but hind coxae somewhat lighter than female.

Holotype：♀, Mt. Migang, Liupan, Ningxia, 2001– Ⅷ –22, Yang Jianquan.

Paratype: 1 ♀, Suyukou, Mt. Helan, Ningxia, 2001– Ⅷ –12, Yang Jianquan; 2 ♂♂, 5 ♀♀, Mt. Migang, Liupan, Ningxia, 2001– Ⅷ –22, Yang Jianquan; 3 ♂♂, 7 ♀♀, Mt. Migang, Liupan, Ningxia, 2001– Ⅷ –22, Shi Quanxiu; 5 ♀♀, Mt. Migang, Liupan, Ningxia, 2001– Ⅷ –22, Liang Guanghong; 4 ♂♂, 8 ♀♀, Mt. Migang, Liupan, Ningxia, 2001– Ⅷ –22, Ji Qinge; 1 ♀, Mt. Xiaowutai, Weixian, Hebei, 2011– Ⅷ –28, Yao Junli.

Host: Unknown.

6. *Exotela chaetoscutatus* Zheng & Chen, sp. nov.

Diagnose: This species is similar to *Exotela caperatus*, sp. nov., but can be separated from latter by following characters: in dorsal view of the head, eyes longer than temples; ovipositor of female somewhat distinctly projecting beyond apical tergite; hind coxae yellow; body length 2.5–2.9 mm, antenna with 31–37 segments.

Male: Similar to female.

Holotype：♀, Longtan, Mt. Liupan, Ningxia, 2001– Ⅷ –15, Yang Jianquan.

Paratype: 1 ♂, Liangdianxia, Mt. Liupan, Ningxia, 2001– Ⅷ –21, Shi Quanxiu; 1 ♂, Mt. Migang, Mt. Liupan, Ningxia, 2001– Ⅷ –22, Liang Guanghong; 2 ♀♀, Erlonghe, Mt. Liupan, Ningxia, 2001– Ⅷ –23, Yang Jianquan.

Host: Unknown.

Key to the Species of genus *Exotela* Foerster from China

1. Mandible 4–toothed ···2
 – Mandible 3–toothed ···3

2. Mandible distinctly expanded towards its apex (Fig.2–103: D); head, in dorsal view, distinctly expanded behind eyes (Fig. 103: B); mesoscutum nearly entirely and densely pubescent vein m–cu of the fore wing very slightly postfurcal (Fig.2–103: F); antenna with 36–42 segments·······················*E. longicorna* Chen & Zheng, sp. nov.

– Mandible not expanded (Fig.2–104: C); head, in dorsal view, not expanded behind eyes (Fig. 2–104: B); mesoscutum with pubescence on its anterior face, but its dorsal surface nearly bare except for a few hairs along the course of the notaulice; vein m–cu of the fore wing interstitial (Fig.2–104: D); antenna (♀) with 20–21 segments·························· ·····························*E. quadridentata* Chen & Zheng, sp. nov.

3. Precoxal sulcus smooth or absent···4

– Precoxal sulcus present and always rugose (although sometimes only feebly rugose)······5

4. Head, in dorsal view, obviously expanded behind eyes (Fig.2–105: B); precoxal sulcus present; vein m–cu of fore wing interstitial (Fig.2–105: G); antennal segments: ♂ :28– 35, ♀ :24–27·····························*E. infuscatus* Chen & Zheng, sp. nov.

– Head, in dorsal view, not expanded behind eyes (Fig.2–106: B); precoxal sulcus absent; vein m–cu of fore wing distinctly postfurcal (Fig.2–106: G); antenna with 26–28 segments·····························*E. maculifacialis* Zheng & Chen, sp. nov.

5. Vein m–cu of the fore wing almost interstitial or slightly antefurcal····················6

– Vein m–cu of the fore wing postfurcal···7

6. Notauli distinctly extending to about middle part of mesoscutun (Fig.2–107: D); vein r of the fore wing shorter than the width of pterostigma (Fig.2–107: G); the second metasomal tergite distinctly setose; the second tooth of the mandible pointed and sharply longer than the rest teeth (Fig.2–107: C)·····························*E. flavicoxa* (Thomson), rec. nov.

– Notauli almost absent (Fig.2–108: D); vein r of the fore wing somewhat longer than the width of pterostigma (Fig.2–108: G); the second metasomal tergite hardly setose; the second tooth of the mandible not so pointed and hardly longer than the rest teeth (Fig.2–108: C) ·····························*E. sulcata* (Tobias), rec. nov.

7. Pterostigma 1.4 times as long as vein 1–R1 of fore wing; notauli distinctly extending to the horizontal area of mesoscutum·····························8

– Pterostigma at least 1.7 times as long as vein 1–R1 of fore wing; notauli very short, hardly extending to the horizontal area of mesoscutum·····························9

8. Vein 1–CU1 of fore wing rather long, 1–CU1 ：2–CU1= 10 ：19 (Fig.2–111: G); the first flagellomere of antenna 1.5 times as long as the second flagellomere, the second and the third flagellomere equal in length; third tarsomere of hind tarsus somewhat shorter than

hind telotarsus; antenna brownish–black except the ventral part of scapus brownish–yellow; antenna with 29–32 segments·································· *E. hera* (Nixon), rec. nov.

– Vein 1–CU1 of fore wing relatively short, 1–CU1 ∶ 2–CU1=5 ∶ 14 (Fig.2–113: G); the first flagellomere of antenna 1.3 times as long as the second flagellomere, the second flagellomere longer than the third one; third tarsomere and telotarsus of hind tarsus equal in length; scapus, pedicellus, the first and the second flagellomere of antenna bright yellow; antenna with 25–28 segments·······················*E. sonchina* Griffiths, rec. nov.

9. First metasomal tergite gradually widened toward its apex; vein 1–CU1 ∶ 2–CU1=7 ∶ 16; antenna with 21–28 segments, first flagellomere 4.5 times as long as wide; body length 1.5–2.4 mm ·······································*E. cyclogaster* Foerster, rec. nov.

– First metasomal tergite at least parallel–sided behind its spiracles··························10

10. Face strongly rugose; pterostigma 1.9 times as long as vein 1–R1; antenna with 25–31 segments; body length 1.8–2.4 mm······················*E. caperatus* Zheng & Chen, sp. nov.

– Face at most slightly rugose or finely punctate; pterostigma 1.7 times as long as vein 1–R1... ··11

11. Scutellum hardly setose; first flagellomere of antenna rather slender, 5.0 times as long as wide; vein 1–CU1 of fore wing rather short, 1–CU1 ∶ 2–CU1= 5 ∶ 16; antenna with 21–27 segments; body length 1.5–1.9 mm·······················*E. flavigaster* Tobias, rec. nov.

– Scutellum distinctly setose; first flagellomere of antenna not so slender 3.0 times as long as wide; vein 1–CU1 of fore wing relatively long, 1–CU1 ∶ 2–CU1= 9 ∶ 20; antenna with 31–37 segments; body length 2.5–3.3 mm·············*E. chaetoscutatus* Zheng & Chen, sp. nov.

Genus *Polemochartus* Schulz, 1911

Only one species from China

Polemochartus liparae (Giraud)，rec.nov.

Research Specimen: 1 ♂ , Guadun, Mt. Wuyi, Fujian, 1985– Ⅵ –22, Tang yuqing

Genus Proantrusa Tobias, 1998

Only one species from China

Proantrusa tridentate Zheng, van Achterberg & Chen

Distribution: Ningxia (Northwest China)

Genus *Protodacnusa* Griffiths, 1964

Known seven species from China

Protodacnusa tristis (Nees), rec. nov.

Protodacnusa dimorphus Mao, He & Chen

Protodacnusa defectivus Mao, He & Chen

Protodacnusa helanensis Mao, He & Chen

Protodacnusa magnidentis Mao, He & Chen

Protodacnusa nigra Mao, He & Chen

Protodacnusa longicaudatus Mao, He & Chen

Key to the Species of genus *Protodacnusa* Griffiths

1. Vein CU1b of fore wing absent, first subdiscal cell apico–posteriorly open ·············· 2
– Vein CU1b of fore wing present, first subdiscal cell apico–posteriorly closed··············9

2. First metasomal tergite quite robust, strongly broadening posteriorly, its length not longer than its apical width·······················3
– First metasomal tergite relatively slender, not so broadening posteriorly, its length longer than its apical width·······················4

3. First tergite finely striate posteriorly, its length equal to its apical width; precoxal sulcus rugose; first tooth of the mandible weaker and pointed; pterostigma parallel–sided, 6.0 times as long as wide; antenna with 28–32 segments; body 2.8–3.2 mm; Distribution: Asiatic Russia, Mongolia·······················*P. amurensis* (Telenga)
– First tergite evenly rugose, 0.8 times as long as apically wide; precoxal sulcus smooth; first tooth of the mandible strong and obtuse; pterostigma rather long, almost parallel–sided, 10.0 times as long as wide; antenna with 15 segments; body 1.4 mm; Distribution: Mongolia·······················*P. effunda* Papp

4. Precoxal sulcus rugose·······················5
– Precoxal sulcus smooth or absent·······················7

5. Head, in dorsal view, subquadrate (less transverse) and not swollen behind eyes; first tooth of the mandible strong, somewhat obtuse; pterostigma subcuneiform, 8.0 times as long as wide, 2.0 times the length of vein 1–R1; body 3.3 mm; Distribution: Mongolia·······················*P. cubiceps* Papp

– Head, in dorsal view, distinctly swollen behind eyes······································6

6. Mandible distinctly with 4 teeth, third and fourth tooth relatively small; notauli present but weak, extending to almost anterior half of the mesoscutum; pterostigma subcuneiform, 7.0 times as long as wide, vein r shorter than pterostigma width; first tergite longitudinally rugulose (♀) or evenly rugose (♂); antenna with 18–22 segments; body 1.6–1.9 mm; Distribution: China (Inner Mongolia)··························*P. dimorphus* Mao, He & Chen

  Mandible with 3 teeth, third tooth expanded laterally; notauli absent; pterostigma parallel–sided, 8.0 times as long as wide, vein r longer than pterostigma width; first tergite irregularly rugulose; antenna with 27–36 segments; body 2.0–3.0 mm; Distribution: Palaearctic (Europe, China)·······························*P. tristis* (Nees), rec. nov.

7. Mandible without distinct teeth; notauli distinct, extending to almost anterior half of the mesoscutum; pterostigma subcuneiform, 6.3 times as long as wide, 3.3 times the length of vein 1–R1, vein r issued from the basal end of pterostigma; first tergite subtriangle, hardly setose, 1.2 times as long as its apical width; antenna with 18 segments; body 1.6 mm; Distribution: China (Inner Mongolia)······················*P. defectivus* Mao, He & Chen

– Mandible with distinct 3 teeth··8

8. First tergite 1.5–1.7 times as long as its apical width, densely setose; notauli absent; antenna with 23–28 segments; body 2.5–3.0 mm; Distribution: Germany, Hungary, Azerbaijan, Turkey, Mongolia··· *P. ruthei* Griffiths

– First tergite 1.2 times as long as its apical width, hardly setose; notauli distinct, extending to about anterior half of the mesoscutum; antenna with 17–22 segments; body 1.6–1.8 mm; Distribution: China (Inner Mongolia)················*P. helanensis* Mao, He & Chen

9. Precoxal sulcus distinct and rugose···10

– Precoxal sulcus absent··16

10. Head, in dorsal view, subquadrate and not swollen behind eyes; the first tergite 1.2–1.4 times as long as its apical width, very sparsely and evenly setose; the second tergite almost entirely setose; ovipositor short, not projecting beyond the apical tergite in the retracted position; antenna with 24–28 segments; body 1.6–2.8 mm; Distribution: Czech Republic, Slovakia, Germany, Hungary, Sweden, Switzerland, Spain, Iran, Mongolia, Korea··*P. aridula* (Thomson)

– Head, in dorsal view, distinctly swollen behind eyes··································11

11. Pterostigma relatively wide, subcuneiform and distinctly not parallel–sided (Maetô 1983, Fig. 17; Tobias 1998, Fig. 119:9; Mao et al. 2015, Fig. 5: D) ·····························12

– Pterostigma relatively slender, parallel–sided or nearly so (Mao et al. 2015, Fig. 6: D)

··15

12. Vein 1–CU1 of fore wing quite short, vein 1–M and cu–a almost joint（Maetô 1983, Fig. 17）
··13

– Vein 1–CU1 of fore wing relatively long, vein 1–M and cu–a distinctly separate（Mao et al. 2015, Fig. 5: D）··14

13. Mandible large, with first tooth strongly expanded toward its apex, the second tooth pointed; the second metasomal tergite with two rows of setae; first discal cell of fore wing 1.4 as wide as high; body 4.0 mm; Distribution: Japan···················*P. jezoensis* Maetô

– Mandible only slightly expanded upward, the second tooth not so pointed; the second metasomal tergite evenly and entirely setose; first discal cell of fore wing 1.7 as wide as high; body 3.5 mm; Distribution: Russia························*P. orientalis* Tobias

14. First discal cell of fore wing 1.6 as wide as high; hind femur relatively slender, 4.6 times as long as broad maximally; mandible with 3 quite distinct teeth, first tooth strong, second tooth pointed, third tooth lamelliform; the second and the third tergites mainly setose, following tergites with two rows of setae along their hind margin respectively; antenna with 35 segments; body 4.0 mm; Distribution: China (Fujian)······*P. magnidentis* Mao, He & Chen

– First discal cell of fore wing 1.9 as wide as high; hind femur rather thick, 2.8 times as long as broad maximally; mandible rather strong but with teeth less distinct; the second tergite and the following tergites with a row of setae along their hind margin respectively; antenna with 30 segments; body 4.0 mm; Distribution: Mongolia···········*P. dilata* Papp

15. First tergite smooth, third tergite only with a row of setae along their hind margin; mesoscutum densely setose; precoxal sulcus narrow; antenna with 27 segments; body 2.5 mm; body almost entirely black; Distribution: China (Qinghai)···*P. nigra* Mao, He & Chen

– First tergite slightly and longitudinally striated, third tergite evenly and entirely with 4–5 rows of fine setae; mesoscutum largely glabrous; precoxal sulcus wide; antenna with 30–32 segments; body 2.0 mm; Distribution: Greece, Ireland, Spain, Hungary, Azerbaijan, Iran, Korea·······························*P. litoralis* Griffiths

16. First tergite smooth and shining; pterostigma long and narrow, parallel–sided, 10.0 times as long as wide, 5.0 times the length of vein 1–R1, length of vein r equal to the pterostigma width; antenna with 22 segments; body 1.7 mm; Distribution: Mongolia····················
··*P. subparalella* Papp

– First tergite distinctly rugose.······························17

17. Head, in dorsal view, 1.5 times as wide as long; mesosoma, in lateral view, rather long, 1.7 times as long as high; propodeum almost smooth, unevenly rugulose along its hind

margin; pterostigma 6.0–7.0 times as long as wide, 2.0 times the length of vein 1–R1, length of vein r equal to pterostigma width; antenna with 21–23 segments; body 1.8–2.1 mm; Distribution: Mongolia···*P. meriva* Papp

– Head, in dorsal view, 2.0 times as wide as long; mesosoma rather short, 1.2 times as long as high; propodeum almost entirely rugulose; pterostigma 8.3 times as long as wide, 1.7 times the length of vein 1–R1, vein r longer than pterostigma width; antenna with 26 segments; body 2.8 mm; Distribution: China (Inner Mongolia)······························
··*P. longicaudatus* Mao, He & Chen

Genus *Sarops* Nixon, 1942

New species from China

1. *Sarops taershanensis*, sp. nov.

Diagnose: This species is close to *Sarops popovi* Tobias, but can be separated from latter by following characters: see the key below.

Male: Unknown.

Holotype：♀, Mt. Taer, Xining, Qinghai, 2008– Ⅵ –11, Zhaoqiong.

Host: Unknown.

Key to the Species of genus *Sarops* Nixon from China

1. Posterior mesopleural furrow smooth (Fig.2–118: E); propodeum anteriorly largely smooth; metapleuron smooth on it anterior half; suture between the second and the third metasomal tergites quite deep; the transverse diameter of the eyes equal to the length of temples; pterostigma of fore wing 1.3 times as long as vein 1–R1···································
···*Sarops taershanensis* Zheng & Chen, sp. nov.

– Posterior mesopleural furrow obviously crenulate (Fig.2–119: D); propodeum entirely and irregularly rugose–sculptured; metapleuron entirely and roughly rugose–sculptured; suture between the second and the third metasomal tergites rather shallow; the transverse diameter of the eyes longer than the length of temples; pterostigma and vein 1–R1 of fore wing equal in length································*Sarops popovi* Tobias, rec. nov.

Genus *Trachionus* Haliday, 1833

New species from China

1. *Trachionus achterbergi* Zheng & Chen, sp. nov.

Diagnose: This species is close to *Trachionus mandibularis* (Nees), but can be separated from latter by following characters: mandible distinctly wider; face strongly punctated; in dorsal view of the head, eyes and temples almost equal in length; mesoscutum largely smooth, notauli distinct.

Male: Unknown.

Holotype：♀，Xixia, Mt. Liupan, Ningxia, 2001– Ⅷ –17. Lin Zhihui.

Host: Unknown.

Key to the Species of genus *Trachionus* Haliday from China

1. Scutellum rather convex and very coarsely punctate (Fig.2–122: D); sternaulus present, at least indicated as punctuate area below precoxal sulcus anteriorly·······························2

– Scutellum almost flat, smooth, at most punctulate (Cui et al. 2015, Fig.2–4); sternaulus absent ···5

2. Mesoscutum largely smooth, notauli distinct (Fig.2–120: D); in dorsal view of the head, eyes 1.3 times as long as temples; metanotum not very strongly protruding dorsally, its apex nearly on the same level with mesoscutum········· *T. achterbergi* Zheng & Chen, sp. nov.

– Mesoscutum largely and coarsely punctate, notauli indistinct because of coarse mesosutum (Fig.2–122: D); in dorsal view of the head, eyes at least 2.0 times as long as temples; metanotum very strongly protruding dorsally, far beyond the mesoscutum (Fig.2–121: F)··· ···3

3. Mandible distinctly expanded toward its apex (Cui et al. 2015, Fig.2–44); ocellar triangle normal (Cui et al. 2015, Fig.2–40); sternaulus indicated as punctuate area below precoxal sulcus anteriorly (Cui et al. 2015, Fig.2–35)·····*T. mandibularoides* Cui & van Achterberg

– Mandible not expanded toward its apex; ocellar triangle strongly convex (Fig.2–121: B); sternaulus distinct, indicated as a sculptured sulcus···4

4. Epistomal suture imcomplete (Fig.2–121: A); mesopleuron largely strongly rugose-sculptured, only a small area on its middle part smooth (Fig.2–121: F); face distinctly punctate (Fig.2–121: A); body dark red··········· *T. kotenkoi* (Perepechayenko), rec. nov.

– Epistomal suture complete (Fig.2–122:2–A); mesopleuron largely smooth (Fig.2–122: F); face almost smooth (Fig.2–122: A); body black·········*T. mandibularis* (Nees), rec. nov.

5. Apical half of the second metasomal tergite regularly and rather finely striate, with about 60 striae and moderately shiny (Cui et al. 2015, Fig.2–5); metanotal spine long, its highest point reaching the level of tips of setae of scutellum (Cui et al. 2015, Fig.2–10); propodeum, in lateral view, gradually and posteriorly lowered, carina distinctly protruding postero–laterally (Cui et al. 2015, Fig.2–4); mandible without fourth ventral tooth (Cui et al. 2015, Fig. 2–46)···························*T. acarinatus* Cui & van Achterberg

– Apical half of the second tergite coarsely rugose–striate, with about 30 striae and very shiny (Cui et al. 2015, Fig.2–26); metanotal spine medium–sized, its highest point remaining below the level of tips of setae of scutellum (Cui et al. 2015, Fig. 2–32); propodeum angularly lowered posteriorly in lateral view and carina hardly protruding postero–laterally (Cui et al. 2015, Fig. 2–25); mandible with fourth ventral tooth or lobe (Cui et al. 2015, Fig.2–43,2–45)···6

6. Mandible black, medially with irregular transverse crest and with minute fourth and the fifth teeth (Cui et al. 2015, Fig.2–28,2–30,2–45); medial third of hind tibia brownish yellow; propleuron without transverse carina subposteriorly (Cui et al. 2015, Fig.2–24); transverse carina of propodeum coarsely developed and irregular; notauli wide posteriorly (Cui et al. 2015, Fig.2– 25)·····················*T. brevisulcatus* Cui & van Achterberg

– Mandible mainly brown, flat, medially without crest and with medium–sized fourth tooth (Cui et al. 2015, Fig.2–17,43); medial third of hind tibia ivory; propleuron with transverse carina subposteriorly (Cui et al. 2015, Fig.2–13); transverse carina of propodeum indistinct or absent; notauli rather narrow posteriorly (Cui et al. 2015, Fig.2–14)······················ ···*T. albitibialis* Cui & van Achterberg

中名索引

学名索引

中国茧蜂（蚜茧蜂）专著目录

第一卷：1994 中国反颚茧蜂族（膜翅目：茧蜂科）

　　陈家骅　伍志山

　　中国农业出版社　218 页　335 千字

第二卷：2000 中国悬茧蜂（膜翅目：茧蜂科）

　　陈家骅　伍志山

　　福建科学技术出版社　230 页　368 千字

第三卷：2001 中国蚜茧蜂（膜翅目：蚜茧蜂科）

　　陈家骅　石全秀

　　福建科学技术出版社　273 页　459 千字

第四卷：2003 中国甲腹茧蜂（膜翅目：茧蜂科）

　　陈家骅　季清娥

　　福建科学技术出版社　328 页　523 千字

第五卷：2004 中国小腹茧蜂（膜翅目：茧蜂科）

　　陈家骅　宋东宝

　　福建科学技术出版社　354 页　566 千字

第六卷：2004 中国矛茧蜂（膜翅目：茧蜂科）

　　陈家骅　石全秀

　　福建科学技术出版社　274 页　438 千字

第七卷：2005 中国潜蝇茧蜂（膜翅目：茧蜂科）

　　陈家骅　翁瑞泉

　　福建科学技术出版社　269 页　431 千字

第八卷：2006 中国动物志 昆虫纲 第四十六卷 膜翅目 茧蜂科（四）窄径茧蜂亚科

　　陈家骅　杨建全

　　科学出版社　333 页　446 千字

第九卷：2006 中国小茧蜂（膜翅目：茧蜂科）

　　陈家骅　杨建全

　　福建科学技术出版社　304 页　500 千字

第十卷：2020 中国离颚茧蜂族（膜翅目：茧蜂科）

　　陈家骅　郑敏琳

　　福建科学技术出版社　448 页　600 千字

Monograph Catalog on Braconidae/Aphidiidae of China

Pars I 1994 The Alysiini of China (Hymenoptera, Braconidae)

Chen Jiahua Wu Zhishan

China Agriculture Press 218 pages

Pars II 2000 Systematic Studies on Meteorinae of China (Hymenoptera, Braconidae)

Chen Jiahua Wu Zhishan

Fujian Science and Technology Publishing House 230 pages

Pars III 2001 Systematic Studies on Aphidiidae of China (Hymenoptera, Aphidiidae)

Chen Jiahua Shi Quanxiu

Fujian Science and Technology Publishing House 273 pages

Pars IV 2003 Systematic Studies on Cheloninae of China (Hymenoptera, Braconidae)

Chen Jiahua Ji Qinge

Fujian Science and Technology Publishing House 328 pages

Pars V 2004 Systematic Studies on Microgasterinae of China (Hymenoptera, Braconidae)

Chen Jiahua Song Dongbao

Fujian Science and Technology Publishing House 354 pages

Pars VI 2004 Systematic Studies on Doryctinae of China (Hymenoptera, Braconidae)

Chen Jiahua Shi Quanxiu

Fujian Science and Technology Publishing House 274 pages

Pars VII 2005 Systematic Studies on Opiinae of China (Hymenoptera, Braconidae)

Chen Jiahua Weng Ruiquan

Fujian Science and Technology Publishing House 269 pages

Pars VIII 2005 Fauna Sinica Insecta Vol.46 Hymenoptera Braconidae (IV) Agathidinae

Chen Jiahua Yang Jianquan

Science Press 333 pages

Pars IX 2006 Systematic Studies on Braconinae of China (Hymenoptera, Braconidae)

Chen Jiaua Yang Jianquan

Fujian Science and Technology Publishing House 304 pages

Pars XX 2020 Systematic Studies on Dacnusini of China (Hymenoptera, Braconidae)

Chen Jiaua Zheng Minlin

Fujian Science and Technology Publishing House 448 pages